高等学校“十四五”新形态教材
石油高等教育“十四五”规划教材
高等学校化工类专业系列教材

能源转化催化原理

第2版

吴志杰　编著

课程资源

思政案例

中国石油大学出版社
CHINA UNIVERSITY OF PETROLEUM PRESS
山东·青岛

图书在版编目(CIP)数据

能源转化催化原理/吴志杰编著. --2 版. --青岛：
中国石油大学出版社，2022. 8(2024. 7 重印)

ISBN 978-7-5636-7411-4

Ⅰ. ①能… Ⅱ. ①吴… Ⅲ. ①能源—转化②能源—催化 Ⅳ. ①TK01

中国版本图书馆 CIP 数据核字(2022)第 038098 号

书　　名：能源转化催化原理
　　　　　NENGYUAN ZHUANHUA CUIHUA YUANLI
编　　著：吴志杰

责任编辑：岳为超(电话　0532-86981532)
责任校对：张晓帆(电话　0532-86983567)
封面设计：赵志勇

出 版 者：中国石油大学出版社
　　　　　(地址：山东省青岛市黄岛区长江西路 66 号　邮编：266580)
网　　址：http://cbs.upc.edu.cn
电子邮箱：shiyoujiaoyu@126.com
排 版 者：青岛汇英栋梁文化传媒有限公司
印 刷 者：日照日报印务中心
发 行 者：中国石油大学出版社(电话　0532-86983440)
开　　本：787 mm×1 092 mm　1/16
印　　张：19
字　　数：470 千字
版 印 次：2018 年 7 月第 1 版　2022 年 8 月第 2 版　2024 年 7 月第 2 次印刷
书　　号：ISBN 978-7-5636-7411-4
定　　价：57.00 元

第2版前言

《能源转化催化原理》第1版自出版以来，得到了高等院校、科研院所同仁及学生的厚爱，被选作化工类及相关专业本科生和研究生教材或参考书。笔者结合近几年催化领域的发展，对本书进行了修订。

自2011年我国学者提出单原子催化的概念以来，经过10多年的发展，科学家对催化理论和催化新材料制备方面的认识和研究愈加广泛和深入。为此，本书第2版中增加了一章单原子催化相关的内容和一章催化材料和催化剂制备相关的内容，主要介绍单原子催化相关的基本概念和发展现状以及催化剂制备的基础知识。另外，基于“双碳”(碳达峰与碳中和)目标背景，本书对第1版中一些能源转化催化过程的基础知识和案例做了更新与补充，并改正了个别错误。

本书新增加的第8章由中国科学院大连化学物理研究所罗文豪副研究员和齐海峰博士执笔，第9章由中国石油大学(北京)朱小春副教授执笔。其他各章执笔者与第1版相同。

本书在撰写过程中参考了国内外许多有关的著作，在此向各位作者深表谢意。本书的出版得到了中国石油大学(北京)化学工程与环境学院的大力支持，这里一并表示感谢。

由于作者水平有限，书中不妥之处恳请各位专家和读者不吝批评指正。

吴志连

2021年11月

第1版前言

中国石油大学(北京)于2011年开设能源化学工程专业,并在本科培养计划中规划了一门“能源转化催化原理”课程,相应地需要为该课程配套一部教材,这也是本书撰写的主要初衷。能源化工是催化学科应用研究最活跃,也是最主要的领域。尽管目前已有催化原理、工业催化或催化化学课程的教材涉及催化剂和催化技术在能源化工中的应用,但还没有教材完全符合“能源转化催化原理”课程所涵盖的能源化工的内容以及所倡导的案例教学方式(首先简单介绍催化相关基本概念和原理,然后以典型能源化工反应为例详细讨论催化基本原理的内涵和应用)。本书将在这方面做出创新,希望能够让读者通过能源转化的案例将催化学科的基础知识和基本原理联系起来,提升运用基本知识和基本原理解决实际问题的能力。

本书围绕煤炭、石油、天然气、生物质和非常规油气资源等转化为高附加值的油、气和精细化学品的加工技术,以及太阳能高效利用与燃料电池等能源转化利用新领域,结合催化剂和催化作用的基本概念与基本原理,系统介绍能源资源转化过程中涉及的催化反应过程和催化理论。全书共分7章,包括绪论、催化相关的基本概念、酸碱催化与能源资源转化制燃料和化学品、金属催化与能源资源转化制燃料和化学品、金属氧(硫)化物催化与能源资源转化制燃料和化学品、配位催化与金属-有机骨架材料、酶催化。

本书第1～4、第6、第7章由吴志杰负责撰写;第5章特邀中国石油天然气股份有限公司石油化工研究院教授级高级工程师葛少辉撰写,她将多年来在清洁汽、柴油生产研究中积累的能源化工领域的新成果深入浅出地介绍给读者,使本书内容更加充实。全书由吴志杰统稿并定稿。本书可作为石油化工、煤化工、天然气化工等能源化工相关专业本科生、研究生的教材，也可供相关领域的科研人员参考。

本书在撰写过程中参考和借鉴了大量国内外著作、文献和网络资料，在此特向各位作者和出版单位致以诚挚的谢意。

本人有太多需要感谢的人：感谢引导我进入催化学科的导师陶克毅先生，感谢先生及其课题组的导师和学长的指导与帮助；感谢我曾经工作过的加利福尼亚大学伯克利分校化工系 Enrique Iglesia 教授及其组内同事，通过他们我才能够拓展催化方面的知识。除此之外，还要感谢中国石油大学（北京）的同事在我工作期间对我的各种帮助。

由于作者水平有限，书中难免存在一些不足之处，诚恳希望各位专家和读者不吝指正，以使本书更加完善。

吴志连

2017 年 11 月

Contents 目 录

第1章

绪　论

催化是一门典型的跨学科综合交叉科学，涉及化学、材料、物理、生物、数学和工程等多个领域，位于基础研究和应用研究的交叉点。纵观整个现代催化的发展，催化技术和理论的重大突破与资源、能源、环境等的发展密切相关，而这 3 个方面都是能源化工关注的重点。可以说，能源转化在催化学科的应用领域占有举足轻重的地位。

能源资源包括煤炭、石油、天然气和生物质能等能提供含碳能源和化学品的一次能源资源，也包括水能、太阳能、风能、地热能、海洋能和核能等能直接转化成能量的一次能源资源。煤炭、石油、天然气和核能是不可再生资源；水能、太阳能、风能、生物质能、地热能和海洋能是可再生资源。能源转化通常是指一次能源资源通过加工转化成二次能源或化学品，如汽油、煤油、柴油、液化气、焦炭、甲醇、酒精、甲烷、低碳烯烃、芳烃和氢气等的过程。在这些涉及化学反应的过程中，催化剂及其相关技术起关键作用。

催化剂在物质转化（即化学反应）过程中起重要作用，能加速物质的转化。随着新能源资源的不断涌现，在其二次加工过程中，如何设计和筛选合适的催化剂和催化技术等显得尤为重要。例如太阳能和生物质能的利用目前还存在不少问题，要想大规模地使用太阳能和生物质能，就必须研究有效的转化办法等。本书主要研究能源转化中的催化作用问题，这对新能源的开发具有重要的指导意义。

早在"十一五"规划时期我国就明确提出"石油替代工程"，要求按照"发挥资源优势、依靠科技进步、积极稳妥推进"的原则，加快发展煤基、生物质基液体燃料和煤化工技术，统筹规划，有序建设重点示范工程，为"十二五"及更长期石油替代产业发展奠定基础。我国"十三五"时期开始着重强调能源绿色、低碳发展，突出能源的清洁高效利用和转化。最近，我国"十四五"规划中基于"双碳"目标的实现，提出协同推进能源低碳转型和供给保障，大规模发展新能源的要求。基于此，本书主要介绍化石能源和可再生能源清洁、低碳转化过程中的催化作用及其相关的关键技术。本书的内容主要体现在以下 2 个方面：① 催化过程的化学本质；② 能源转化中催化技术的基本要求和特征。

1.1　化石资源的催化转化

1.1.1　石油利用中的催化转化

目前，石油仍然是世界范围内燃料和化工原料的最主要来源，全球 90％的化工原料来自石油，即“油头化尾”。石油炼制中的主要催化过程包括催化裂化、催化异构化、催化重整、催化烷基化以及催化加氢（加氢处理、加氢裂化和加氢精制等），涉及加氢脱硫、加氢脱氮、加氢脱氧、加氢脱芳和加氢脱金属等反应。图 1.1 给出了石油炼制过程中涉及的主要催化反应。

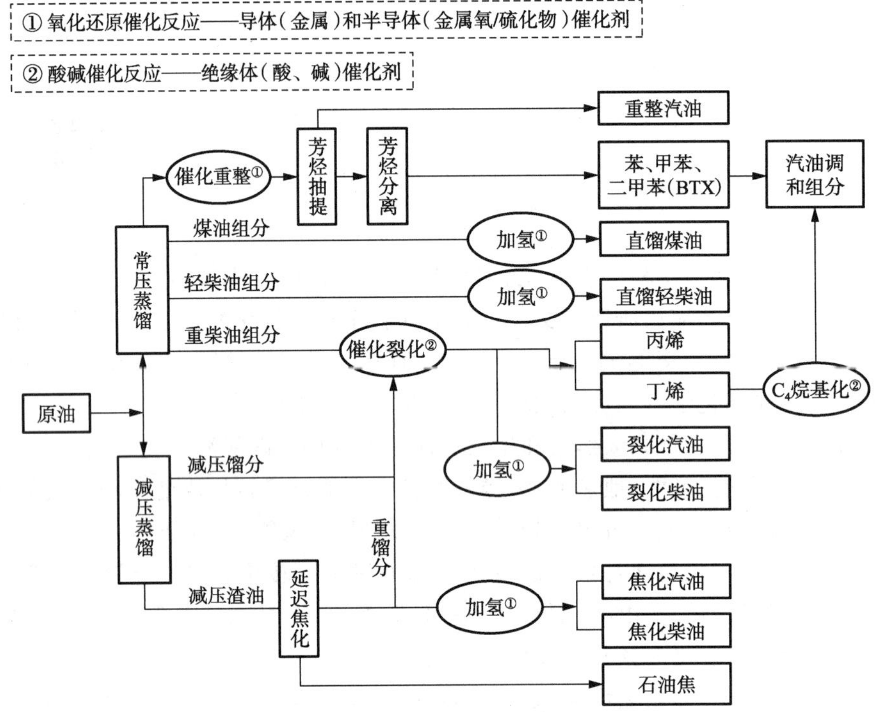

图 1.1　石油炼制过程中涉及的主要催化反应

目前，石油化工中的催化过程面临着原料劣质化（原油重质化和高硫化）和生产过程及其产品环保要求严苛所带来的巨大挑战。催化技术是解决这些问题的关键，是绿色石油化工的核心技术。进入“十四五”以来，在电动汽车产业迅猛发展、全球成品油市场趋于饱和的形势下，原油催化裂解技术可以“跳过”传统炼油的常减压蒸馏和原料精制等过程，直接将原油转化为轻质烯烃和芳烃，大幅度增加乙烯、丙烯和轻质芳烃等高价值化学品的产量，同时显著降低综合能耗和碳排放，已成为石油化工发展的新趋势。

1.1.2　煤炭和天然气利用中的催化转化

目前，煤炭是我国的主要能源，特别是在发电能源方面，76％靠煤炭。在煤炭的高效和清洁化利用过程中，涉及的催化技术主要有煤炭燃烧，煤炭发电排放的 CO_x，SO_x 和 NO_x 的有效脱除和净化，以及煤炭的液化方法，包括煤炭的干馏（焦化）、直接液化、间接液化及煤制合成气经化学合成（F-T 合成，即费托合成）转化为液体燃料和化工原料等过程。“十一五”以来，我国大力发展新型煤化工技术。新型煤化工是以煤炭为基本原料（燃料），以 C_1 化工技术为基础，以国家经济发展和市场急需的产品为方向，采用高新技术，优化工艺路线，充分注重环境友好和具有良好经济效益的新兴产业，包括煤炭液化（直接和间接）、煤炭气化、煤焦化、煤制合成氨、煤制甲醇和煤制烯烃等技术以及集煤转化、发电、冶金和建材等工艺为一体的煤化工联产和洁净煤技术。其中,以煤制合成气经 F-T 合成燃料和化工原料的 C_1 化工技术是近年来研究的热点,以此为纽带,可以实现煤炭、天然气甚至是生物质的高效利用(图 1.2)。由图 1.2 可知,合成气是煤炭和天然气综合利用的重要平台,提高合成气的利用效率是煤炭和天然气低碳、清洁转化的关键。其中,C—C 偶联精准调控被认为是合成气直接高效转化利用的关键。中国科学院大连化学物理研究所包信和团队近年来提出了 OX-ZEO 催化剂设计概念,他们通过部分还原的金属氧化物和沸石分子筛耦合设计出复合双功能催化剂,使 CO 活化与 C—C 偶联 2 个关键步骤有效分离,从而实现高选择性制备低碳烯烃、芳烃和高品质汽油等高附加值产品,这是当前该领域研究的热点和未来发展方向。

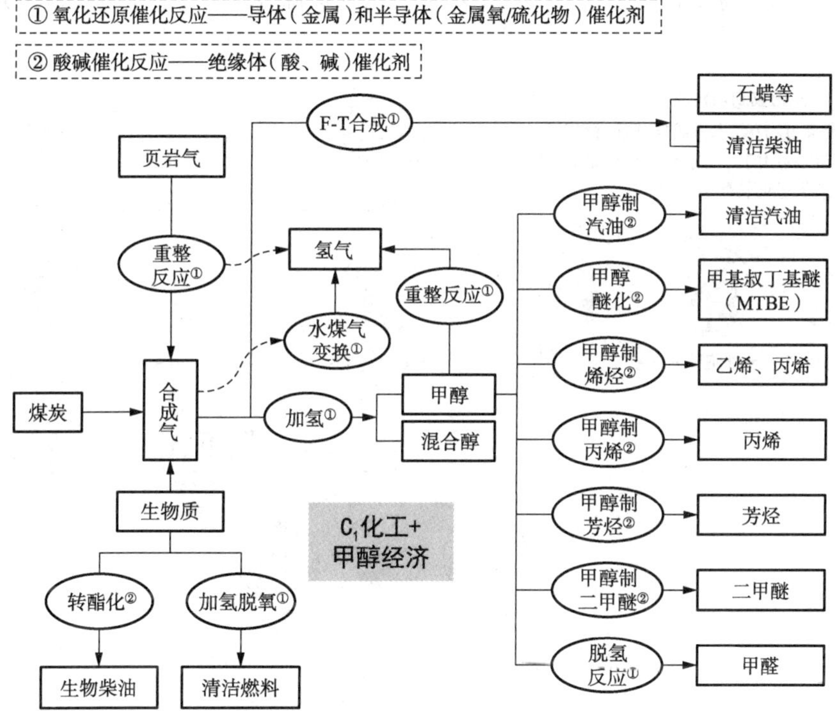

图 1.2 煤炭和天然气(页岩气)利用过程中涉及的催化反应

煤制清洁燃料关键技术包括煤制油(煤液化,coal to liquids,CTL)、煤制烯烃(甲醇制烯烃,methanol to olefins,MTO;甲醇制丙烯,methanol to propylene,MTP)、煤制天然气(合成气制天然气,syngas to natural gas,SNG)、煤制二甲醚和煤制乙二醇等,其中煤制油、煤制烯烃和煤制天然气是最重要的三大方向。目前,我国已经成为世界范围内煤制油和煤制烯烃应用最成功的国家。

1.2 新能源资源利用中的催化转化

新能源技术是 21 世纪世界经济发展中具有决定性影响的技术领域。新能源包括太阳能和生物质能等一次能源以及二次能源中的氢能等。

1.2.1 生物质能源催化转化

在太阳能的驱动下，生物提供了地球生态中最大量的可再生资源——生物质，使地球成为一个循环的可持续发展的生态系统。全球每年光合作用产生的生物质可达 960×10^8 t 有机碳，远远高于目前全世界化石资源的年消耗量。生物质是地球上唯一的可再生含碳资源，具备替代化石资源的潜力。从转化利用方式上看，生物质资源和化石资源具有很大的兼容性，完全可以利用现有的工业体系实现从石油基和煤基经济向生物基经济的转变，从而将目前源于化石资源的商品生产及服务转向源于生物类原材料。因此，世界各国在调整本国能源发展战略时，都把高效利用生物质资源中不可食用的资源(图 1.3)摆在高技术研究与开发的重要地位。

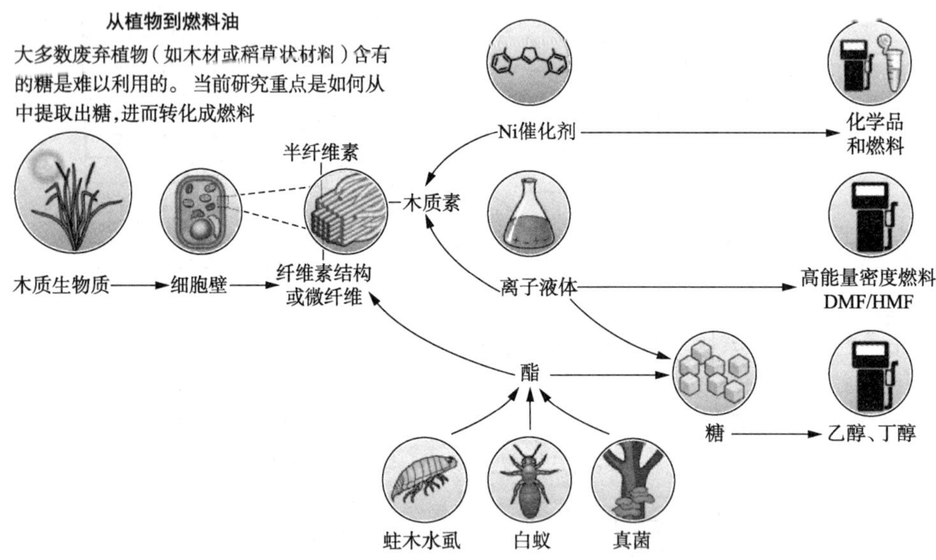

图 1.3 催化转化生物秸秆废弃物制备清洁油品的路径

DMF 为二羟甲基呋喃，HMF 为羟甲基糠醛

在生物质炼制过程中真正有效地利用可再生材料还需要许多方面的提高，特别是催化技术的突破，如生物质中含量最高的纤维素的催化降解技术、生物质原材料或中间体中多余氧的催化脱除技术等。降低生产成本(如生物柴油生产过程的副产物甘油的利用、纤维素的高效降解)、开发下游处理工艺(低成本回收和精制工艺)和闭路循环可持续系统等都是生物质利用面临的重要挑战。另外，随着我国各地“限塑令”的层层推进，可降解塑料制品日益受到重视，生物基可降解材料单体的高效合成与应用研究已经逐渐成为生物质催化转化的另一发展趋势，且工业应用前景广阔。

1.2.2 太阳能利用

太阳能由于其取之不竭、洁净无污染、可再生等优点，必将在未来的新能源开发中占据举足轻重的地位。利用太阳能制氢的可能途径包括太阳能发电与电解水制氢、太阳能高温集热分解水制氢、太阳能催化生物质重整制氢、光生物制氢及光催化分解水制氢等。其中，利用太阳能光催化分解水制氢被称为“21 世纪梦的技术”，受到国内外科学家的高度关注。

1.2.3 氢能利用

氢能在21世纪的世界能源舞台上可能成为举足轻重的二次能源。国家能源发展“十一五”规划中提出“加强能源前沿技术研究”，其中“重点发展的前沿技术”包括氢能及燃料电池等。氢能利用形式多样，可以是气态、液态和固态，适应储存、运输和不同环境的要求，能与现有的能源系统匹配和兼容，能方便地转换成电能、热能和机械功，且能源转化效率较高，将来由水制氢有可能实现不依赖化石资源的可持续循环。

氢能来源及其制备技术可以分为2类：

(1) 化石资源制氢——煤、天然气和重油催化制氢。

(2) 可再生能源制氢——核电、风电和水电电解水制氢，但利用太阳能分解水制氢被认为是高效制氢的基本途径，包括太阳能热解、电解和光解水制氢以及太阳能催化生物质重整制氢。

图1.4描述了未来催化技术发展后可能实现的高效能源资源转化制燃料的过程。人们可通过生物质资源气化得到生物合成气提供氢气，也可通过天然气(页岩气)重整制氢得到氢气，作为整个炼油化工的氢气来源；除传统的石油炼制外，还可利用生物质原材料、海藻等可再生能源进行生物催化转化得到汽油、柴油和航空燃料，或经过生物质炼制(加氢脱氧和加氢转化)得到柴油或航空燃料；可通过太阳能催化转化CO_2加氢得到燃料和化工产品，最终实现CO_2的零排放以及能源的最佳利用。这是从事能源转化领域的催化科学家规划的能源生产远景图。2021年，中国科学院大连化学物理研究所李灿团队攻克了液态阳光甲醇制备技术，他们利用太阳能、风能等可再生能源分解水制绿氢，再由绿氢与二氧化碳在催化剂作用下合成出甲醇，用以替代化石能源，实现碳的循环利用，为我国实现碳达峰、碳中和开辟了一条全新路径。

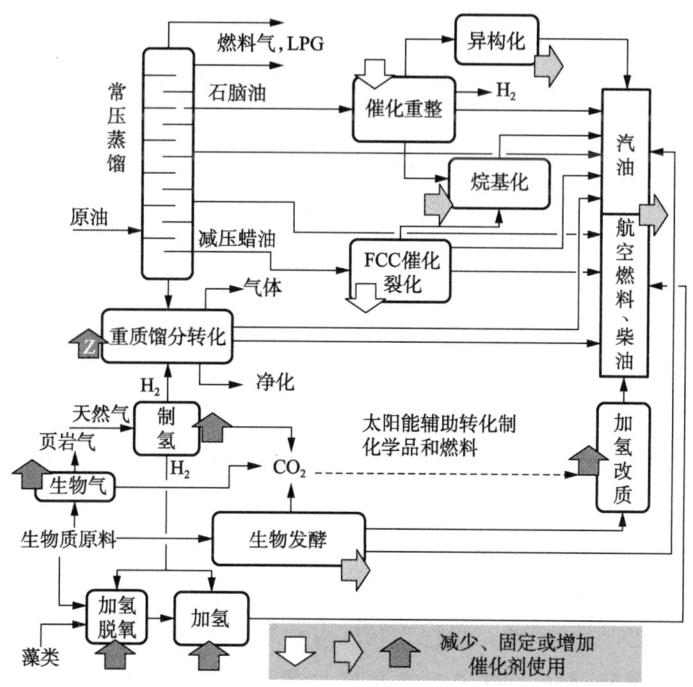

图1.4　可持续性燃料生产示意图

1.2.4 CO_2 的捕获与利用

CO_2 是最主要的温室气体,被广泛认为是全球气候变暖的“元凶”。应对气候变化的关键在于“控碳”,其必由之路是先实现碳达峰,而后实现碳中和。2020 年第 75 届联合国大会上,我国向世界郑重承诺力争在 2030 年前实现碳达峰,努力争取在 2060 年前实现碳中和。2021 年全国“两会”的政府工作报告中明确提出要扎实做好碳达峰和碳中和的各项工作。CO_2 作为一种无毒、普遍和可持续的 C_1 资源,对其固定及转化具有巨大的经济及应用价值。利用 CO_2 作为化学原料,通过催化转化的方法,大规模生产尿素、水杨酸、有机碳酸酯、甲醇和聚碳酸酯等产品的工艺和技术已经实现了工业应用。但是,化学工业目前消耗的 CO_2 只占 CO_2 消耗总量中的极小部分(约 0.1%),而且由于 CO_2 的热力学稳定性和动力学惰性,大多数涉及 CO_2 的反应需要苛刻的反应条件以及有不可避免的副产物生成,造成反应流程烦琐,从而经济效益很低。因此,如何高效、绿色地利用 CO_2,建立新颖高效的催化体系,具有极大的挑战和重要的意义。

CO_2 是高度对称的分子,CO_2 的动力学惰性体现在低压、低浓度下反应速率低。因此,低压下 CO_2 的快速转化反应是 CO_2 利用中最具挑战的课题。近年来,光、电促进的 CO_2 转化兼储能过程是低压下 CO_2 转化策略之一,目前仍然处于基础研究阶段。另外,动力学惰性决定了 CO_2 转化的关键在于发展高效的捕集材料以及催化体系。CO_2 分子中 C—O 键的极性和 π 电子使其易于受亲核试剂的进攻而发生氧化加成反应,这是 CO_2 化学转化的分子科学基础。一些学者相继提出了碳捕集与转化偶合、CO_2 分级可控还原功能化、利用多组分串联反应突破热力学限制及光促进的 CO_2 转化等策略以实现温和条件下 CO_2 转化制化学品。

1.3 催化学科的发展历史

最早记载有“催化现象”的资料可以追溯到 400 多年前德国炼金术士 A. Libavius(1540—1616 年)所著的 *Alchymia* 一书,而“催化作用”作为一个化学概念则是在这之后数百年,于 1835 年才由瑞典化学家 J. J. Berzelius(1779—1848 年)在其著名的“二元学说”基础上提出。他认为具有催化作用的物质除与一般元素和化合物一样,结构上由具有电性向导(正、负)的两部分(二元)组成之外,还具有一种所谓的“催化力”(catalytische craft)。由此,他引入“分解”(catalysis)一词,以与一般化学反应相区别。在这之后,催化研究获得了广泛发展。1894 年,德国化学家 W. Ostwald(1853—1932 年)认为催化剂是一种可以改变化学反应速率而又不存在于产物中的物质。

现代催化理论发展于 1925 年由 H. S. Taylor 提出的活性中心学说。90 多年来,现代催化理论大致经历了 3 个发展阶段。

(1) 第一阶段(1925—1950 年):根据均相反应发展起来的中间化合物理论,通过对反应动力学和吸附作用的研究,对活性中心作了概念性的了解;初生的催化理论本质上是“化学的”。

(2) 第二阶段(1950—1970 年):20 世纪 50 年代开始,催化理论探讨的主要对象是固体催化剂,当时占统治地位的多相催化剂理论是以固体能带概念为基础的催化电子理论。该理论采用固体能带模型,把化学反应中分子之间的作用——电子交换过程和决定半导体电学性质的电子传递过程等同起来;把催化剂的活性归因于固体中的电子(或空穴)浓度。这种模型纯粹是一个"物理模型",有相当的局限性。

(3) 第三阶段(1970 年至今):催化理论获得了新的发展,这主要归功于均相催化和酶催化研究所取得的惊人成就。当今催化理论的研究已完全不同于 20 世纪 50 年代,正处于由"物理模型"重新回到"化学模型"的重要变革阶段,其主要特点是通过多相、均相和生物酶催化三者相互渗透,弄清分子、配合物和酶的催化作用,并建立起正确的催化模型(化学模型),达到科学选择催化剂的目的。

另外,催化在能源转化中的应用始于 1918 年合成氨的工业化,同时,每次催化剂与催化相关理论和技术的重大进展都是因其在能源化工领域的重大突破而带动的。以下是自 1918 年以来能源转化中催化相关技术的重大突破。

• 1920 年,标准石油公司实现石油生产异丙醇工业化。

• 1921 年,通用汽车公司发现含铅汽油可以提高抗爆性。

• 1922 年,Franz Fischer 和 Hans Tiosch 发明了催化一氧化碳加氢制液态烃(汽油)的方法,即 F-T 合成。

• 1923 年,巴斯夫(BASF)公司以 $ZnO-Cr_2O_3$ 为催化剂成功开发用高压法由合成气生产甲醇的工艺。

• 1926 年,杜邦公司实现 CO 加氢制甲醇工业化。

• 1930 年,标准石油公司实现重整制氢工业化。

• 1936 年,Eugene Houdry 发展了固定床催化裂化制无铅汽油工艺。

• 1941 年,Lewis 和 Gilliland 发展了流化床催化裂化(FCC)制无铅汽油工艺 。

• 1953 年,Karl Ziegler 和 Giulio Natta 开发了低压条件下烯烃聚合生成聚合物的方法。

• 1970 年,ICI(Imperial Chemical Industry)公司成功开发以 $Cu-ZnO/Al_2O_3$ (Cr_2O_3)为催化剂用低压法由合成气生产甲醇的新工艺。

• 1974 年,通用汽车公司和福特公司开发出控制汽车尾气中一氧化碳和碳氢化合物的"两效"催化剂。

• 1976 年,美孚公司实现 ZSM-5 沸石催化甲醇制汽油(MTG)。

• 1990 年,美国推行碱催化植物油转酯化制备生物柴油的商业化。

• 1992 年,第一代商用无 Fe 合成氨催化剂问世。

• 2009 年,神华宁夏煤业集团有限责任公司采用德国鲁奇公司 MTP 技术实现甲醇制丙烯工业化;神华包头煤化工有限公司采用中国科学院大连化学物理研究所(简称大连化物所)DMTO 技术实现甲醇制烯烃工业化。

• 2010 年,美国页岩气大规模生产,石油化工、煤化工和天然气(页岩气)化工成为当前油品和基础化工品生产的三大主力。

纵观整个现代催化的发展历史，可以发现能源化工在催化发展中的重要地位。2016 年 7 月 25 日，欧洲催化研究集群(European Cluster on Catalysis)在《欧洲催化科学与技术路线图》中提出当今催化的三大挑战。

1) 发展催化解决能源与化工生产中的突出问题

(1) 化石资源利用问题。

① 页岩气的开发利用带来的挑战：脱氢或氧化脱氢制低碳烯烃、涉及 C—C 偶联的甲烷直接转化、低碳烷烃直接转化制燃料或高附加值产品。

② 重油(如油砂等)的高效转化技术。

③ 能源化工领域 CO_2 的减排以及 CO_2 转化制燃料和化学品。

④ 石油和生物质混炼技术。

(2) 生物质资源利用问题。

① 生物质催化转化反应机理和催化剂作用机制的深入研究，开发可工业化的催化剂。

② 生物质转化的集成技术(均相、非均相、生物、光电等反应)，满足原子经济性和能源经济性要求。

(3) CO_2 利用问题。

利用光能和生物质转化利用 CO_2 技术。

2) 发展催化实现清洁和可持续的未来

(1) 环境保护的催化技术。

① 水处理。

② 生物安全。

③ 工业废气：甲烷、N_2O、VOC(有机挥发物)的处理。

④ 内燃机尾气处理。

⑤ 催化燃烧。

(2) 化工生产过程的可持续性。

① 新的高分子材料和催化聚合技术。

② 重要精细化学品的绿色合成技术。

3) 应对催化的复杂性

(1) 原位表征技术。

(2) 集成的多催化剂/多反应器体系。

1.4 催化相关的资料

催化方面的资料是非常丰富的，下面介绍一些能够反映催化科学当前进展的经典资料。

1) 科学文献

(1) 催化评论性刊物(表 1.1)。

表 1.1　催化评论性刊物

刊物名	出版社
Advances in Catalysis	Elsevier
Catalysis Review—Science and Engineering	Taylor & Francis

(2) 催化学术期刊(表 1.2)。

表 1.2　催化学术期刊

期刊名	出版社
Nature Catalysis	Nature
ACS Catalysis	ACS
Catalysis Science & Technology	RSC
Chem Catalysis	Cell
Journal of Catalysis	Elsevier
Applied Catalysis:*B Environmental*	
Applied Catalysis:*A Generals*	
Catalysis Today	
Molecular Catalysis	
Catalysis Communications	
Electrocatalysis	
ChemCatChem	Wiley
Advanced Synthesis & Catalysis	
Biocatalysis and Biotransformation	
Topics in Catalysis	Springer
Catalysis Letters	
Catalysis Surveys from Asia	
Electrocatalysis	
Kinetics and Catalysis	
Reaction Kinetics,*Mechanisms and Catalysis*	
Catalysts	MDPI AG
Catalysis,*Structure & Reactivity*	Taylor & Francis
催化学报(*Chinese Journal of Catalysis*)	科学出版社
分子催化[*Journal of Molecular Catalysis*(*China*)]	
工业催化(*Industrial Catalysis*)	西北化工研究院

2) 专利文献

专利通常登载催化剂和催化工艺发明者不愿竞争者侵犯而请求法律保护的关键部分。

一般来说，专利中关于制备催化剂的细节以及反应的方式都是比较完整的，但对那些确实有效的催化剂的制法描述却相当简单——常常给出一个固定温度或者最多一组温度下的产率。另外，专利对发明本身潜在的缺点通常只字不提，如一种催化剂仅能在工业上无法接受的短时间内使它所催化的反应达到专利所描述的程度；催化剂可因中毒、烧结而失活等。

另外，国内外一些催化相关期刊会定期报道催化领域重要专利的授权、许可或转让情况，如 Elsevier 出版社的 *Focus on Catalysts* 刊物每期都有关于能源化工方面重要的催化相关专利的介绍。

3）催化相关图书

这里只列出一些经典催化相关的手册和系列书籍（表 1.3）。

表 1.3　催化相关的手册和系列书籍

书　名	主编或作者	出版社
Studies in Surface and Catalysis		Elsevier
Catalysis	J. Spivey, Y. F. Han, D. Shekhawat	RSC
Catalysis by Metal Complexes	D. Cole-Hamilton, P. Van Leeuwen	Springer
Catalysis, Sciences and Technology	J. R. Anderson, M. Boudart	Springer
Handbook of Heterogeneous Catalysis	G. Ertl, H. Knozinger, F. Schuth, J. Weitkamp	Wiley

参考文献

[1]　刘化章. 催化在能源转化中的作用[J]. 工业催化，2011，19(6)：1-15.

[2]　PERATHONER S, CENTI G. European Cluster on Catalysis, Science and Technology Roadmap on Catalysis for Europe: A Path to Create a Sustainable Future[M]. Brussels: European Commission, 2016.

[3]　LINDSTRÖM B, PETTERSSON L J. A Brief History of Catalysis[J]. Cattech, 2003, 7(4): 130-138.

[4]　SANDERSON K. A Chewy Problem[J]. Nature, 2011, 474: 12-14.

[5]　GUCZI L, ERDOÖHELYI A. Catalysis for Alternative Energy Generation[M]. Berlin: Springer, 2012.

[6]　NICHOLAS K M. Selective Catalysis for Renewable Feedstocks and Chemicals[M]. Berlin: Springer, 2014.

[7]　TRIANTAFYLLIDIS K, LAPPAS A, STÖCKER M. The Role of Catalysis for the Sustainable Production of Bio-fuels and Bio-chemicals[M]. Amsterdam: Elsevier, 2013.

[8]　张涛，刘志成，杨为民. 低碳烷烃与二氧化碳催化转化研究进展[J]. 中国科学：化学，2021，51(2)：154-164.

[9]　陈凯宏，李红茹，何良年. CO_2 活化和转化策略研究进展[J]. 有机化学，2020，40：2195-2207.

第2章

催化相关的基本概念

在研究一个化学反应体系时，有2类最基本的问题：第一类是这个反应能否进行？若能进行，它能进行到什么程度？即反应会停在什么平衡位置？其平衡组成如何？化学热力学能告诉人们关于这一类问题的答案。第二类是热力学上可行的反应进行得快慢如何？即需要多久能达到平衡位置？这类问题及其有关的问题属于化学动力学的研究范围。从经济上考虑，一个化学过程要付诸工业实践，必须有足够好的平衡产率，又有足够快的反应速率。现在谈论的催化相关的内容就是讨论催化剂如何影响化学反应速率。

2.1 催化剂和催化作用的基本概念

2.1.1 催化剂和催化作用的定义

催化剂的概念最早是1894年由德国化学家W. Ostwald定义的。Ostwald认为，催化剂是一种可以改变一个化学反应速率而又不存在于产物中的物质。该定义过于简单，是狭义的催化剂概念。现在催化剂的概念是通过催化剂在化学反应中的作用而得出的，是一个广义的催化剂概念。

1976年，国际理论（化学）与应用化学联合会（IUPAC）对“催化作用”（catalysis）给出的定义是：催化作用是一种化学作用，是靠用量极少而本身不被消耗的一种称为催化剂的外加物质来加速化学反应的。1981年，IUPAC在此基础上对“催化作用”的定义进行了修正：

A catalyst is a substance that increases the rate of a reaction without modifying the overall standard Gibbs energy change in the reaction, the process is called catalysis, and a reaction in which a catalyst is involved is known as a catalyzed reaction. This definition is equivalent to the statement that the catalyst does not enter into the overall reaction: it is both a reactant and product of the reaction.

催化剂是一种物质，它能够加快化学反应的速率，而不改变该反应的标准Gibbs自由能变化，此过程称为催化作用，涉及催化剂的反应称为催化反应。该定义等同于催化剂不参与整个反应的说法：它既是反应物，又是反应产物。（即催化剂自身最终并没有被消耗。）

事实上，IUPAC在1993年又将此内容作为“催化剂”（catalyst）的定义。这说明，催化作用和催化剂的定义是互为辩证的关系，类似于“先有鸡还是先有蛋”这类因果循环的问题。

在我国,催化学者在IUPAC定义的基础上又引出了催化作用定义的最重要的内涵——活化能的改变。例如,无机及分析化学中将催化反应做了如下定义:催化反应是通过催化剂改变反应所需的活化自由能,改变反应物的化学反应速率,反应前后催化剂的数量和性质均不发生改变的反应。应该说,这与目前大多数无机化学、物理化学和催化原理的教材给出的定义基本一致。

2.1.2 催化剂和催化作用定义的内涵

1) 催化剂是一种化学物质,参与反应

既然催化剂是一种化学物质,那么在诸多实验中看到的单纯利用热、光、电能够加快反应的现象就不能算是催化反应。催化剂作为一种化学物质,一方面,它的性质必然取决于其化学组成和结构,改变催化剂的性能可以通过其组成和结构的改变实现;另一方面,催化剂要参与反应,就必须遵循所有的化学作用原理,而不可能发生远程作用。

另外,催化反应按应用领域还可以分为电催化和光催化,那么此时的电和光是否可算作催化剂?答案是否定的。必须要注意,在石油化工和煤化工中,许多催化反应都需要在较高的温度下进行,而高温其实是因为催化剂需要一定的热(能量)来驱动其作用,即催化剂的作用需要一定的驱动力。对于上面提到的电催化和光催化,电和光的作用就是驱动催化剂发生作用。

2) 催化剂改变反应历程,但本身不能永久与反应物或产物结合

既然催化剂在反应过程中自身不能够被消耗,即不体现在产物里面,那么,催化剂和反应物或产物之间的作用就不能过强,以至于生成稳定的化合物。例如,高分子聚合中的链引发剂由于和产物结合在一起,就不能称作催化剂。

事实上,这一点的重要性往往被许多催化材料研发人员忽略。既然催化剂不能够与反应物或产物永久地生成稳定的化合物,那么在催化反应中,往往是一定量的催化剂就能够催化大量的反应物发生反应。也就是说,要评价一种催化剂的优劣,特别是其改变反应速率效果的优劣,应该选择合适的评价条件,如反应物的量应该远远大于催化剂的用量。如果读者感兴趣,不妨关注一下环境催化领域地下水和地表水催化处理有机污染物相关的文献。例如,有机氯化物一般难溶于水,在水溶液中的含量为10^{-6} mol/L数量级,当采用催化还原脱氯、氧化脱氯甚至吸附脱氯时,若在选择反应条件时没有考察催化剂加入量对反应的影响,则时常会出现催化剂有效活性组分的用量多于反应物量的情况,此时反应就不能称作催化反应,而是普通的化学反应。

另外,鉴于催化剂参与了反应,又不体现在反应产物中,催化科学家提出了“催化循环”的概念来描述催化剂参与反应的情况。催化循环在化学中是指关于催化剂的多步骤反应机理。催化循环是催化剂工作的主要方法,展示了催化剂前驱体到催化剂的转化。由于催化剂可以再生,所以习惯性地将催化循环描绘成环状的一系列化学反应。这样的循环(图2.1)中,初始步骤是催化剂结合一个或更多的反应物,最后步骤是产物脱离催化剂和催化剂的再生。

这里需要指出的是,当催化剂用量多于反应物的量时,反应之所以不能称作催化反应,一个重要的原因是此时催化循环难以形成。关于催化循环,下面以Fe催化剂催化合成氨为例对其进行简单讨论。

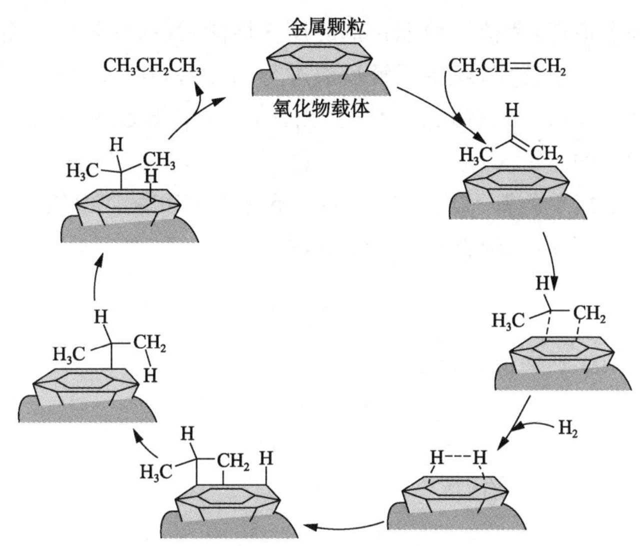

图 2.1 氧化物负载的金属催化剂催化丙烯加氢制备丙烷的循环

[例 2.1] Fe 催化剂催化氮气和氢气反应合成氨:

$$N_2 + 3H_2 \rightleftharpoons 2NH_3$$

Fe 催化剂表面参与化学反应,假设所发生的基元反应如下所示:

第 1 步 $N_2 + 2Fe \rightleftharpoons 2Fe{-}N$

第 2 步 $H_2 + 2Fe \rightleftharpoons 2Fe{-}H$

第 3 步 $Fe{-}N + 3Fe{-}H \rightleftharpoons Fe{-}NH_3 + 3Fe$

第 4 步 $Fe{-}NH_3 \rightleftharpoons NH_3 + Fe$

试画出催化循环。

解 如图 2.2 所示,Fe 催化剂实际上是第 1 步和第 2 步的反应物、第 4 步的产物,显然 Fe 催化剂参与了反应,但经过一次循环后又恢复如初。

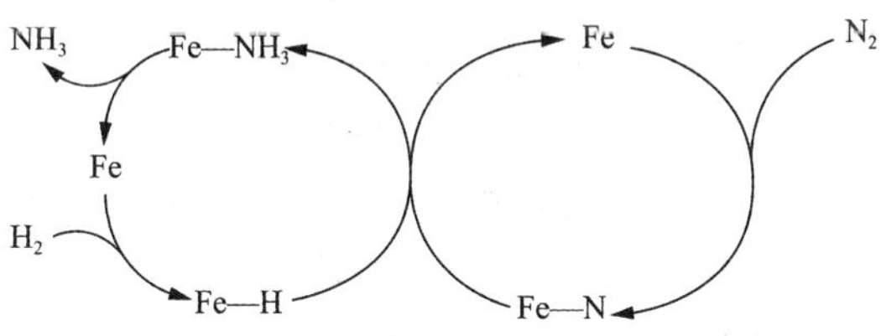

图 2.2 Fe 催化合成氨的催化循环示意图

3) 催化剂不能改变化学平衡,只能加快达到平衡的速率

IUPAC 的定义指出,催化剂不能改变反应的标准 Gibbs 自由能。由物理化学可知,$\Delta G^{\ominus} = -RT\ln K_p$,其中化学平衡常数 K_p 的大小取决于产物与反应物的标准 Gibbs 自由能之差 $\Delta G^{\ominus}$ 和反应温度 T。$\Delta G^{\ominus}$ 是状态函数,取决于过程的始态和终态,与过程无关。当反应体系确定,反应物与产物的种类、状态和反应温度一定时,反应的化学平衡位置即被确定,催化剂存在与否不影响 $\Delta G^{\ominus}$ 的数值,即 $\Delta G^{\ominus}_{催化}$ 与 $\Delta G^{\ominus}_{非催化}$ 相等。因此,催化作用只能加速一个热力学上允许的化学反应达到化学平衡状态。这一点实质上是告知催化相关的研究者

要明白的一个最基本道理:考核一种催化剂的反应性能,其前提是要了解该反应在热力学上是否被允许。如果是可逆反应,就要了解反应进行的方向和深度,确定反应平衡常数的数值以及它与外界条件的关系。只有在热力学上允许,平衡常数较大的反应用于评价催化剂的反应性能才是有意义的。

下面通过一个最简单的基元反应来讨论一下标准 Gibbs 自由能没有发生变化的意义。假设由 A 变成 B 是一个单一步骤的基元反应,即

$$A \underset{k_-}{\overset{k_+}{\rightleftharpoons}} B$$

根据质量作用定律,正、逆向反应速率分别为:

$$r_+ = k_+ C_A \tag{2.1}$$

$$r_- = k_- C_B \tag{2.2}$$

当体系达到平衡时,$r_+ = r_-$,有:

$$\frac{C_B}{C_A} = \frac{k_+}{k_-} = K \tag{2.3}$$

该式给出了可逆基元反应的平衡常数(K)与速率常数(k)的关系。显然,由此可得到一个非常重要的推论:对于可逆反应,催化剂能够加快正反应速率,同时也能加快逆反应速率。这就很好地解释了催化领域中经常提及的一种现象,即一种好的加氢催化剂同时也是一种优异的脱氢催化剂。

这一推论在催化剂的初步筛选中也是很实用的。例如,初步筛选合成甲醇催化剂,由 CO 和 H_2 合成甲醇,正反应需在高压下进行反应,而逆反应甲醇分解在常压下即可进行。初选催化剂用甲醇分解反应进行评价会更方便一些。

另外,在理解这一推论时应注意 2 个问题:第一,某一催化反应进行正反应和逆反应的操作条件(温度、压力、进料组成)往往会有很大差别,这可能会对催化剂产生一些影响。例如,反应温度高易引起金属催化剂晶粒变大,导致其活性随反应时间延长而迅速下降;反应压力高会引起催化剂表面吸附物种数量增加,导致活性和选择性发生变化。第二,对正反应或逆反应过程中所引发的副反应也需注意,因为这些副反应会引起催化剂性能的变化。例如,有机化合物在加氢-脱氢反应中,Ni 催化剂对加氢反应是非常活泼的,但对脱氢反应效果较差,这是因为脱氢反应中伴随的有机物积炭副反应会使催化剂迅速失活。

最后阐述一个容易令人困惑的观点:在可逆反应中,催化剂能加快正反应速率,也能加快逆反应速率,同时又能加快整个化学反应的速率。同样以最简单的基元反应为例:

$$A \underset{k_-}{\overset{k_+}{\rightleftharpoons}} B$$

显然,化学反应速率应为:

$$r = r_+ - r_- = k_+ C_A - k_- C_B \tag{2.4}$$

依前所述,催化剂能加快正反应速率,也能加快逆反应速率,且正反应速率和逆反应速率往往同比例增加。这说明,催化剂能够加快反应速率,是因为反应并未达到平衡,反应物 C_A 的浓度高于反应物 C_B 的浓度,即催化剂能够缩短反应达到平衡的时间。

图 2.3 显示了在许多催化反应过程中经常会观察到的一种现象,即催化反应速率随着反应转化率的提高而下降,在开始阶段一般较为平缓,随着时间的延长,反应转化

率越高，反应速率下降越快。该现象对催化研究具有重要的参考意义。例如，现代催化研究中，要评价一种催化剂的活性高低，催化学者提倡在保证数据准确性的前提下尽量在低转化率下考察反应速率，目前一般认为转化率 20% 以下测得的反应速率可以代表催化剂的本征活性。

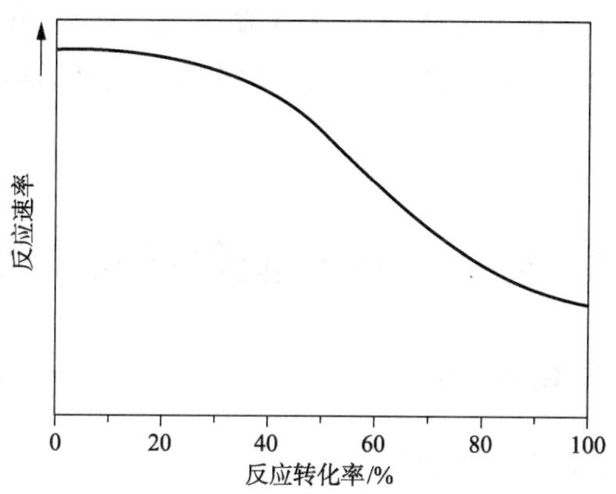

图 2.3　催化反应速率随反应转化率的变化关系图

以上主要是从 Gibbs 自由能与反应平衡常数的关系($\Delta G^{\ominus}=-RT\ln K_p$)进行分析讨论的。通过典型的 Gibbs 自由能公式 $\Delta G^{\ominus}=\Delta H^{\ominus}-T\Delta S^{\ominus}$ 可以得到 $-RT\ln K_p=\Delta H^{\ominus}-T\Delta S^{\ominus}$，即 $\ln K_p=-\Delta H^{\ominus}/RT-T\Delta S^{\ominus}/R$。众所周知，化学反应存在放热或吸热现象，那么反应的放热或吸热情况是否能够影响到催化剂加速化学反应速率的程度呢？答案是肯定的。化学反应涉及反应前后体积(分子数)变化。对于分子数不变或减少的反应(如水气变换反应或氢气燃烧反应)，$\Delta S^{\ominus}\leqslant 0$，而且大多数为放热反应($\Delta H^{\ominus}<0$)，反应平衡常数与温度的对应关系如图 2.4 所示；对于分子数增大的反应，$\Delta S^{\ominus}>0$，而且大多数为吸热反应($\Delta H^{\ominus}>0$)，反应平衡常数与温度的对应关系如图 2.5 所示。对于放热反应，低温下 $\ln K_p>0$，高温下 $\ln K_p\approx\Delta S^{\ominus}/R<0$，因此，为了得到可观的转化率，反应需要在低温下进行。由阿仑尼乌斯方程可知，化学反应温度越低，反应速率越慢，需要采用催化剂加速反应。可见，对于放热反应，催化剂影响反应速率效果显著。而对于吸热反应，低温下 $\ln K_p<0$，高温下 $\ln K_p\approx\Delta S^{\ominus}/R>0$，因此，为了得到可观的转化率，反应需要在高温下进行。由于反应温度较高，一般化学反应速率较快，此时催化剂的作用并不是体现在加快反应速率方面，而是体现在通过改变反应途径，避免高温下副反应的发生，提高反应的选择性上。

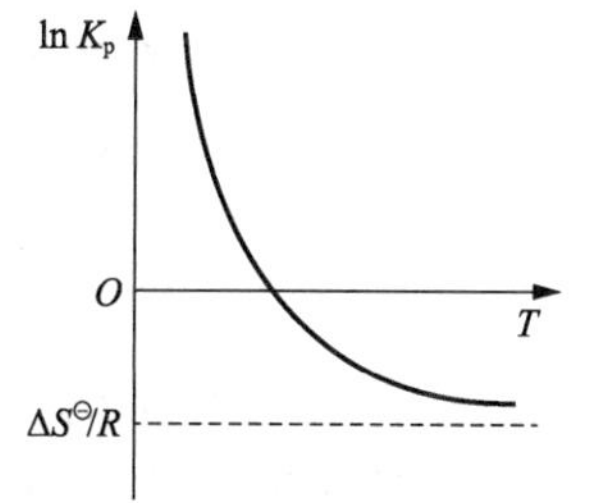

图 2.4　放热反应平衡常数与反应温度的关系

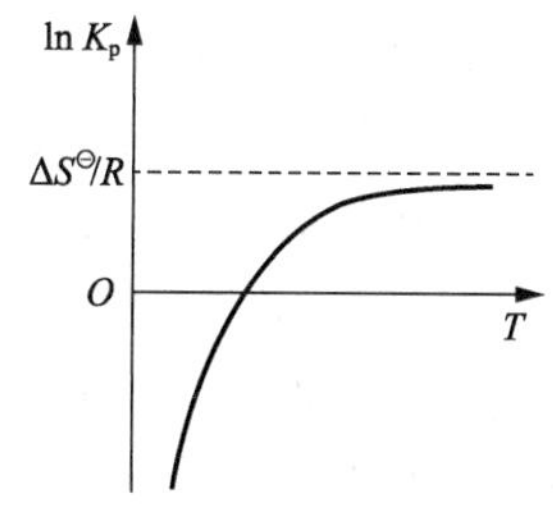

图 2.5　吸热反应平衡常数与反应温度的关系

4) 催化剂对加速化学反应速率具有选择性

选择性是催化剂的一个非常重要的特征。由前文关于催化剂和催化作用的定义可知，催化剂是一种化学物质，它参与了反应。催化剂的性质不同，和反应物发生的反应路径就会发生变化，就会得到不同的产物。

例如，对于乙烯氧化反应，如果采用金属镍作为催化剂，则乙烯和氧气能够发生剧烈燃烧得到 CO_2 和 H_2O；如果采用 $PdCl_2$-$CuCl_2$ 催化剂，则在 270 ℃时可以得到乙醛。这体现了催化剂能够控制反应的选择性。另外，如果该反应以 Ag/Al_2O_3 作为催化剂，则在 250 ℃时可以得到环氧乙烷。环氧乙烷和乙醛的分子式相同，是异构体，这体现了催化剂的异构体选择性控制。

2.2 催化反应和催化剂的分类

2.2.1 催化反应的分类

1）根据体系中催化剂和反应物的相分类

（1）均相催化反应(homogeneous catalytic reaction)：催化剂和反应物为均一的相。

① 催化剂和反应物均为气体时，为气相均相催化反应。例如，由 I_2(g)，NO(g)等气体分子催化的一些热分解反应。

② 催化剂和反应物均为液体时，为液相均相催化反应。例如，由酸、碱催化的水分解反应。

（2）多相催化反应(heterogenous catalytic reaction)：催化剂和反应物处于不同相。

在多相催化反应中，催化剂通常为固体。由气体反应物和固体催化剂组成的体系称为气-固多相催化反应体系。例如，金属 Ag 催化乙烯氧化合成环氧乙烷。由液体反应物和固体催化剂组成的体系称为液-固多相催化反应体系。例如，金属 Ni 催化油脂的加氢反应等。

（3）酶催化反应(enzyme catalytic reaction)。

酶本身呈胶体均匀分散在水溶液中(均相)，但反应却从反应物在其表面积聚开始(多相)，因此同时具有均相和多相的性质。

2）根据催化剂的作用机理分类

（1）氧化-还原反应(单电子转移)。

催化剂使反应物分子中的键裂解出现不成对电子，并在催化剂的电子参与下和催化剂形成均裂键。这类反应的主要机理是催化剂和反应物之间的单电子交换。对这类反应具有催化活性的固体(包括过渡金属及其化合物、半导体氧化物和硫化物等)具有接受和给出电子的能力。这类催化反应包括加氢、脱氢、氧化、脱硫等。

（2）酸碱催化反应(电子对转移)。

通过催化剂和反应物的自由电子对或在反应过程中由反应物分子的键非均裂形成的自由电子对使反应物与催化剂形成非均裂键。这类反应属于离子型机理，可从广义的酸碱概念来理解催化剂的作用。所用的催化剂包括主族元素的简单氧化物或它们的复合物以及具有酸碱性质的盐，不具有导电能力，一般为绝缘体。这类催化反应包括水合、脱水、裂化、烷基化、异构化、聚合等。

(3) 配位催化反应(配位作用)。

催化剂与反应物分子发生配位作用而使反应物分子活化。所用的催化剂是有机过渡金属化合物。这类反应包括烯烃氧化、烯烃氢甲酰化、烯烃聚合、烯烃加氢、烯烃加成、甲醇羰基化、烷烃氧化、芳烯氢化、酯交换等。

有些催化过程包含 2 种或 2 种以上不同反应机理的反应。例如,使用 Pt/Al_2O_3-Cl 作催化剂的催化重整过程,其中 Pt 是氧化-还原机理类型反应的催化剂,Cl 改性的 Al_2O_3 是酸碱催化机理类型反应的催化剂,因此该催化剂称为双功能(或多功能)催化剂。

除上述分类外,在有机化学领域,有机化学家经常会提及一种催化反应——不对称催化合成反应。不对称合成反应(asymmetric synthesis 或 asymmetric reaction)是指生成具有旋光活性产物的反应。在反应过程中因受分子内或分子外的手性因素的影响,试剂向反应物某对称结构的两侧进攻,进而在形成化学键时表现出不均等,结果得到不等量的立体异构体的混合物,具有旋光活性。而不对称催化合成反应则是将手性催化剂用于不对称合成反应。

2.2.2 催化剂的组成

催化剂可由单一物质组成,也可由多种组分组成。根据各组分在催化剂中的作用,可将它们分别定义如下。

1) 主催化剂(main catalyst)或活性组分(active components):催化作用的根本性物质

活性组分是催化剂中的必要组分,若没有它,催化反应就不会发生。例如,在合成氨所用的催化剂 $Fe-K_2O/Al_2O_3$ 中,若没有 K_2O 和 Al_2O_3,则 Fe 虽然具有催化活性,但是其活性小,寿命短。相反,如果催化剂中没有 Fe,则催化剂一点活性也没有。因此,Fe 是活性组分。

2) 共催化剂(cocatalyst)或协同催化剂

有的催化剂的活性组分不止一种,而且能同时起催化作用,这种催化剂称为共催化剂。例如,合成甲醇所用的催化剂 $CuO-ZnO/Al_2O_3$ 中,单独的 CuO 具有较好的活性,而单独的 ZnO 的活性则很小,但把两者组合起来却可制成活性很高的催化剂,所以 ZnO 是 CuO 的共催化剂,CuO 是活性组分。

3) 助催化剂或助剂(promoter)

助催化剂是催化剂中能够提高活性组分的活性、选择性,改善催化剂的耐热性、抗毒性、机械强度和寿命等性能的组分。一般而言,催化剂中只要添加少量助剂,就可明显达到改进催化剂催化性能的目的。因此,判断物质是助剂还是载体的一个重要依据就是看其含量的多少。

助剂通常可分为以下 2 种。

(1) 结构助剂:使催化活性组分粒度变小、表面积增大,可防止或延缓催化剂因烧结而活性降低等。

(2) 电子助剂:通过改变活性组分的电子结构来提高催化剂的活性和选择性。

4) 载体(support 或 carrier)

载体具有多种功能,最重要的是分散活性组分,作为活性组分的基底。它可以起增大表面积、提高耐热性和机械强度的作用，有时还能担当共催化剂和助剂的角色。例如，双功能 Pt/ZSM-5 催化剂中，载体 ZSM-5 沸石一般起酸催化的作用；Au/TiO_2 和 Pt/ZrO_2 等催化剂中，金属和载体之间会发生强相互作用(strong metal support interaction，SMSI)或电子相互作用(electronic metal-support interaction，EMSI)，载体和金属之间发生电子传输，可能生成具有更高活性的界面。载体与助剂的不同之处在于载体在催化剂中的含量一般大于助剂。

载体还可以用来改进催化剂的机械强度(包括耐磨性、硬度、抗压强度、耐冲击性)以及抵抗由于温度变化、相变等原因引起的各种应力。

2.2.3 催化剂的分类

催化剂按状态可分为液体催化剂和固体催化剂；按反应体系的相态可分为均相催化剂和多相催化剂。其中，均相催化剂包括酸、碱、可溶性过渡金属化合物和过氧化物催化剂等；多相催化剂包括固体酸催化剂、有机碱催化剂、金属催化剂、金属氧化物催化剂、络合物催化剂、稀土催化剂、分子筛催化剂等在反应中以固体形式存在的催化剂。

催化剂按反应类型可分为聚合、缩聚、酯化、缩醛化、加氢、脱氢、氧化、还原、烷基化、异构化等催化剂。

催化剂按导电性可分为绝缘体催化剂(如主族元素组成的固体酸和碱、沸石分子筛、Al_2O_3 等)、半导体催化剂[如过渡金属氧(硫)化物 TiO_2，CdS，ZnO，MoS_2 等]和导体催化剂(如金属催化剂等)。

2.3 催化剂的性质

2.3.1 催化剂的活性

催化剂的活性又称催化活性，是指催化剂对反应速率的影响程度，是判断催化剂性能高低的标准。换句话说，催化活性就是催化反应速率与非催化反应速率之差。二者相比之下，非催化反应速率小到可以忽略不计，所以催化活性实际上就等于催化反应速率，一般用以下2种方法表示。

(1) 转化数(turnover number，*TON*)：催化剂使用至失活时单位催化活性中心(即活性位，active site)上反应物转化至目的产物的反应的次数(适用于酶催化和金属有机催化)。

(2) 转化频率(turnover frequency，*TOF*)或转化速率(turnover rate，*TOR*)：单位时间每个催化活性中心反应物转化至目的产物的反应的次数(适用于多相催化)。

TOF 的概念源于酶催化。1996 年，Michel Boudart 为了评价酶催化反应速率以及转化效率，引入单位时间内单个活性位点的转化数(即 *TOF*)。*TOF* 衡量的是一种催化剂的催化反应速率，表示的是催化剂的本征活性(intrinsic activity)。

TOF 或 *TOR* 的表达式如下：

$$r_t = N^{-1}\mathrm{d}n/\mathrm{d}t \tag{2.5}$$

式中，r_t 为 *TOF* 或 *TOR*；N 为活性位的数目；n 为反应次数；t 为反应时间。

TOF 和 *TOR* 的标准单位是 s^{-1}；*TOR* 的常用单位是 $mol_{反应物}/(mol_{活性位} \cdot s)$，此时的意

义是单位时间每个催化活性位上反应物转化至目的产物的量。

Boudart 引入 *TOF* 的本意是为了给同一个模型反应比较不同催化剂(不同金属、不同晶体等)的本征活性建立一个科学的指标。但是为了让 *TOF* 的计算具有可比性,原则上需要计算位于动力学区间的反应初始速率。所谓的动力学区间,即指该区间内反应速率不受扩散影响,仅仅取决于催化活性位的性质。一般反应转化率在 20%以下时计算所得的 *TOF* 才能被认可,因为此时瞬时反应速率和平均反应速率近似相等,可以采用平均反应速率代替瞬时反应速率,且数据在误差范围内。

在介绍 *TOF* 的计算方法之前,需要对化学反应的一些基本概念进行阐述。

(1) 转化率:某一反应物(A)反应后转化的量与反应前的量的比值。转化率作为无因次指标,反映的可以是反应物转化的质量百分比或物质的量百分比,也可以是反应物转化的分子数百分比。转化率 X 的表达式为:

$$X=\frac{\text{转化的反应物总量}}{\text{反应物总量}}\times 100\% \tag{2.6}$$

(2) 选择性:催化剂除可以加速化学反应进行(即活性)外,还可以使反应向生成某一特定产物的方向进行,这就是催化剂的选择性。反应的选择性 S 的表达式为:

$$S=\frac{\text{目的产物总量}}{\text{转化的反应物总量}}\times 100\%=\frac{\text{目的产物产率}}{\text{转化率}}\times 100\% \tag{2.7}$$

若反应物和产物以质量为单位,则为质量选择性(%,质量分数);若以物质的量为单位,则为摩尔选择性(%,摩尔分数);若以碳含量为单位,则为碳选择性(%,碳含量百分数)。催化反应过程中不可避免会产生副反应,因此选择性总是小于 100%。

值得注意的是,在分析催化反应结果时,为了表示产物的分布,有时会依据产物的分布计算选择性(S')。如果不考虑物料平衡,此时的产物选择性并不能简单地等同于反应的选择性。

$$S'=\frac{\text{目的产物总量}}{\text{产物总量}}\times 100\% \tag{2.8}$$

(3) 产率(或收率):产率是工程和工业上经常使用的术语,它是指反应器在总的运转中消耗每单位数量的原料(反应物)所生成产物的数量。一般而言,目的产物的产率(Y)可以表述为反应物消耗于生成目的产物的量与反应物总量的百分比。选择性是转化率和产率的函数。通常产率、选择性和转化率三者的关系为:

$$\begin{aligned}Y&=\frac{\text{目的产物总量}}{\text{反应物总量}}\times 100\%\\&=\frac{\text{转化的反应物总量}}{\text{反应物总量}}\times\frac{\text{目的产物总量}}{\text{转化的反应物总量}}\times 100\%=XS\end{aligned} \tag{2.9}$$

若产率以摩尔分数计算,则其数值小于 100%;若以质量分数计算,则其数值可能超过 100%。例如,在部分氧化反应中,氧气被高选择性地结合到产物分子中,此时每分子产物质量大于每分子原料质量,因此,质量产率可超过 100%。

下面通过具体例子详细阐述 *TOF* 的计算过程。

[例 2.2] 0.05 g 磷钼酸催化剂(活性位含量 0.000 01 mol)用于固定床反应器的催化甲醇氧化脱氢制甲醛反应,反应温度为 200 ℃。研究发现,在催化剂表面发生如下反应:

$$CH_3OH+\frac{1}{2}O_2 \longrightarrow HCHO+H_2O$$

$$HCHO+2CH_3OH \longrightarrow (CH_3O)_2CH_2+H_2O$$

$$HCHO+\frac{1}{2}O_2+CH_3OH \longrightarrow HCOOCH_3+H_2O$$

$$2CH_3OH \longrightarrow CH_3OCH_3+H_2O$$

实验中，当以0.11 mmol/s的恒定速率(v)通入甲醇时，反应稳定后的产物浓度分布如下：CH_3OH为7.6 mmol/L，HCHO为0.10 mmol/L，$(CH_3O)_2CH_2$为0.005 mmol/L，$HCOOCH_3$为0.002 mmol/L，CH_3OCH_3为0.05 mmol/L。试计算：

(1) 反应的转化率；

(2) 产物中甲醛的摩尔选择性和碳选择性；

(3) 甲醇氧化脱氢反应的碳选择性和产率；

(4) 甲醇氧化脱氢活性。

解 (1) 转化率X的计算公式如下：

$$X=\frac{\text{反应掉的甲醇总量}}{\text{反应前甲醇总量}}\times 100\%$$

$$=\frac{\text{反应前甲醇总量}-\text{反应后产物中甲醇总量}}{\text{反应前甲醇总量}}\times 100\%$$

$$=\frac{n_{CH_3OH,0}-n_{CH_3OH}}{n_{CH_3OH,0}}\times 100\%$$

根据物料平衡，反应前甲醇总量等于反应产物中所有物质总量，即

$$n_{CH_3OH,0}=n_{CH_3OH}+n_{HCHO}+3n_{(CH_3O)_2CH_2}+2n_{HCOOCH_3}+2n_{CH_3OCH_3}$$

所以：

$$X=\frac{n_{HCHO}+3n_{(CH_3O)_2CH_2}+2n_{HCOOCH_3}+2n_{CH_3OCH_3}}{n_{CH_3OH}+n_{HCHO}+3n_{(CH_3O)_2CH_2}+2n_{HCOOCH_3}+2n_{CH_3OCH_3}}\times 100\%$$

$$=\frac{(C_{HCHO}+3C_{(CH_3O)_2CH_2}+2C_{HCOOCH_3}+2C_{CH_3OCH_3})\times V}{(C_{CH_3OH}+C_{HCHO}+3C_{(CH_3O)_2CH_2}+2C_{HCOOCH_3}+2C_{CH_3OCH_3})\times V}\times 100\%$$

$$=\frac{0.10+3\times 0.005+2\times 0.002+2\times 0.05}{7.6+0.10+3\times 0.005+2\times 0.002+2\times 0.05}\times 100\%=2.80\%$$

(2) 产物中甲醛的摩尔选择性为：

$$S_{mol,HCHO}=\frac{\text{产物中甲醛的物质的量}}{\text{所有产物的物质的量}}\times 100\%$$

$$=\frac{n_{HCHO}}{n_{HCHO}+n_{(CH_3O)_2CH_2}+n_{HCOOCH_3}+n_{CH_3OCH_3}}\times 100\%$$

$$=\frac{C_{HCHO}\times V}{(C_{HCHO}+C_{(CH_3O)_2CH_2}+C_{HCOOCH_3}+C_{CH_3OCH_3})\times V}\times 100\%$$

$$=\frac{0.10}{0.10+0.005+0.002+0.05}\times 100\%=63.69\%$$

产物中甲醛的碳选择性为：

$$S_{C,HCHO}=\frac{\text{产物中甲醛的碳含量}}{\text{所有产物的碳含量}}\times100\%$$

$$=\frac{n_{HCHO}}{n_{HCHO}+3n_{(CH_3O)_2CH_2}+2n_{HCOOCH_3}+2n_{CH_3OCH_3}}\times100\%$$

$$=\frac{C_{HCHO}\times V}{(C_{HCHO}+3C_{(CH_3O)_2CH_2}+2C_{HCOOCH_3}+2C_{CH_3OCH_3})\times V}\times100\%$$

$$=\frac{0.10}{0.10+3\times0.005+2\times0.002+2\times0.05}\times100\%=45.66\%$$

显然,产物中甲醛的摩尔选择性和碳选择性存在显著差别,摩尔选择性较高。其中,产物中甲醛的碳选择性的结果符合反应前后的碳平衡,可以作为反应中甲醛的选择性。这里之所以列出2种选择性的计算方法,是为了强调物料平衡在计算催化剂活性中的重要性,希望引起读者重视。

(3) 甲醇氧化脱氢反应的碳选择性和产率。

分析甲醇转化反应的产物分布可以发现,甲醇氧化脱氢反应的产物是甲醛。甲醛后续还会发生进一步氧化反应生成甲酸甲酯以及二甲氧基甲烷。因此,计算甲醇氧化脱氢反应的碳选择性和产率时,需要考虑产物甲酸甲酯中有1/2碳源于甲醛,产物二甲氧基甲烷中有1/3碳源于甲醛。因此,甲醇氧化脱氢反应的碳选择性计算如下:

$$S_{C,\text{氧化脱氢产物}}=\frac{\text{产物中氧化脱氢产物的碳含量}}{\text{所有产物的碳含量}}\times100\%$$

$$=\frac{n_{HCHO}+n_{(CH_3O)_2CH_2}+n_{HCOOCH_3}}{n_{HCHO}+3n_{(CH_3O)_2CH_2}+2n_{HCOOCH_3}+2n_{CH_3OCH_3}}\times100\%$$

$$=\frac{(C_{HCHO}+C_{(CH_3O)_2CH_2}+C_{HCOOCH_3})\times V}{(C_{HCHO}+3C_{(CH_3O)_2CH_2}+2C_{HCOOCH_3}+2C_{CH_3OCH_3})\times V}\times100\%$$

$$=\frac{0.10+0.005+0.002}{0.10+3\times0.005+2\times0.002+2\times0.05}\times100\%=48.86\%$$

甲醇氧化脱氢反应的产率为:

$$Y_{C,\text{氧化脱氢产物}}=XS_{C,\text{氧化脱氢产物}}=2.80\%\times49.77\%=1.39\%$$

(4) 根据式(2.5),甲醇氧化脱氢活性计算如下:

$$r_t=\frac{dn_{\text{氧化脱氢产物}}}{dt}\times\frac{1}{N_{\text{活性位}}}$$

$$\frac{dn_{\text{氧化脱氢产物}}}{dt}=\frac{d(n_{CH_3OH,0}XS_{C,\text{氧化脱氢产物}})}{dt}=vXS_{C,\text{氧化脱氢产物}}$$

$$r_t=\frac{vXS_{C,\text{氧化脱氢产物}}}{N_{\text{活性位}}}=\frac{0.10\times10^{-3}\times2.80\%\times49.77\%}{0.000\ 01}\text{s}^{-1}=0.139\ \text{s}^{-1}$$

[例2.3] 催化剂和反应温度如例2.2所示,在温度为200 ℃的固定床反应器中,改变甲醇的进料速度,得到以下结果。

(1) 以0.10 mmol/s的速率通入甲醇,反应稳定后的产物浓度分布如下:CH_3OH为7.6 mmol/L,HCHO为0.10 mmol/L,$(CH_3O)_2CH_2$为0.005 mmol/L,$HCOOCH_3$为0.002 mmol/L,CH_3OCH_3为0.05 mmol/L。

(2) 以 0.06 mmol/s 的速率通入甲醇，反应稳定后的产物浓度分布如下：CH_3OH 为 7.2 mmol/L，HCHO 为 0.1 mmol/L，$(CH_3O)_2CH_2$ 为 0.02 mmol/L，$HCOOCH_3$ 为 0.02 mmol/L，CH_3OCH_3 为 0.09 mmol/L。

(3) 以 0.13 mmol/s 的速率通入甲醇，反应稳定后的产物浓度分布如下：CH_3OH 为 7.9 mmol/L，HCHO 为 0.09 mmol/L，$(CH_3O)_2CH_2$ 为 0.001 mmol/L，$HCOOCH_3$ 为 0.000 5 mmol/L，CH_3OCH_3 为 0.04 mmol/L。

(4) 以 0.16 mmol/s 的速率通入甲醇，反应稳定后的产物浓度分布如下：CH_3OH 为 8.2 mmol/L，HCHO 为 0.08 mmol/L，$(CH_3O)_2CH_2$ 为 0.000 2 mmol/L，$HCOOCH_3$ 为 0.000 1 mmol/L，CH_3OCH_3 为 0.03 mmol/L。

试画出产物的碳选择性与反应转化率的关系图，并计算甲醇氧化脱氢反应的初始反应速率。

解 依据例 2.2 中求解甲醛碳选择性的方法，计算出不同条件下的产物碳选择性，见表 2.1。

根据表 2.1 数据作图即可得到图 2.6 所示的产物碳选择性与反应转化率的关系图。可以发现：① 甲醛的碳选择性随着转化率的增加而下降，二甲醚的碳选择性随着转化率的增加而缓慢增加，二甲氧基甲烷以及甲酸甲酯都是随着转化率的增加而逐渐增加；② 根据数据拟合的曲线，反推到转化率为 0 时，发现甲醛、二甲醚的碳选择性大于 0，而二甲氧基甲烷和甲酸甲酯的碳选择性为 0。

表 2.1 不同甲醇进料速率下的反应转化率、碳选择性和氧化脱氢反应活性数据

甲醇进料速率 /($mmol \cdot s^{-1}$)	反应转化率/%	碳选择性/%				氧化脱氢反应活性 r_t/s^{-1}
		HCHO	$(CH_3O)_2CH_2$	$HCOOCH_3$	CH_3OCH_3	
0.10	2.80	45.66	6.84	1.83	45.66	0.139
0.06	5.01	26.32	15.79	10.52	47.37	0.111
0.13	2.16	51.72	1.72	0.57	45.98	0.148
0.16	1.69	56.82	0.43	0.14	42.61	0.154

这种产物的碳选择性与反应转化率的关系图在诸多催化机理研究的专业文献里经常见到，它能直观地反映出反应的顺序，其绘制是催化动力学研究必须完成的一项最基本的实验项目。本例中，甲醛和二甲醚是初始反应产物，二甲氧基甲烷和甲酸甲酯是二次反应产物。

由图 2.6 可知，催化剂选择性与反应转化率之间具有密切关系，因此评价催化剂选择性的优劣同样需要慎重选择反应条件。另外，前文图 2.3 显示了催化反应中经常出现的一个现象：随着反应转化率的增加，反应活性逐渐下降。导致反应活性下降的原因很多，最为常见的是反应产物抑制反应。基于产物的抑制作用，研究反应机理的动力学专家一般注重的是初始反应速率，即转化率为 0 时的反应速率。在催化反应动力学领域经常用到的求取初始反应速率的方法是：在相同温度、相同反应物分压下，利用催化剂和反应物接触时间（进料速率）的改变得到不同反应转化率下的反应速率，然后以反应速率为纵坐标，反应转化率为横坐标进行线性拟合，如图 2.7 所示，图中曲线与纵坐标的交点（线性回归到反应转化率为 0 时）就是初始反应速率。注意：需要控制转化率较低（$<5\%$）时的情况，以保证求取初始反应

速率的准确性。

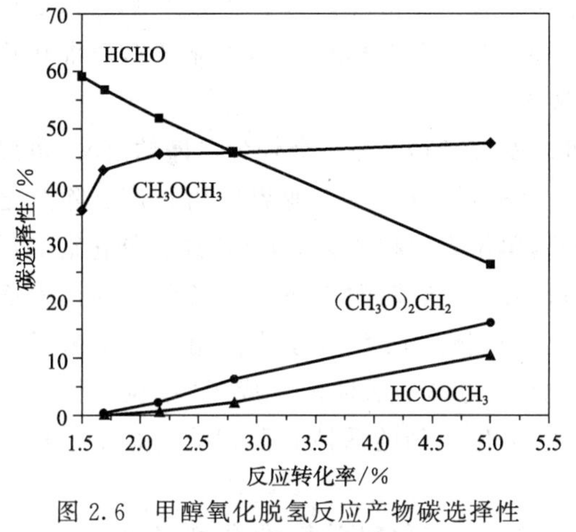

图 2.6 甲醇氧化脱氢反应产物碳选择性随反应转化率变化的关系图

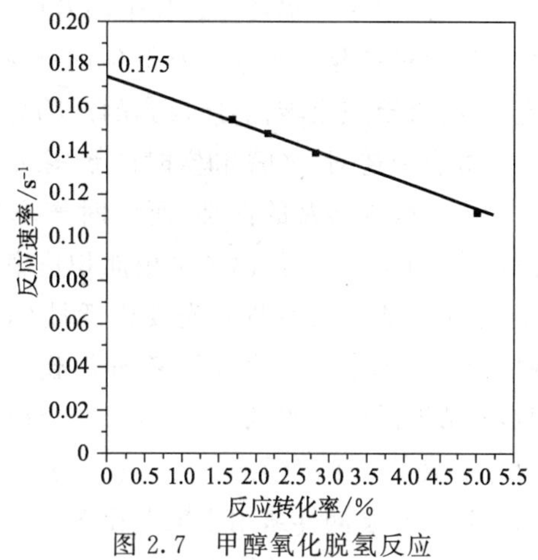

图 2.7 甲醇氧化脱氢反应初始反应速率的求取方法

[思考题 2.1] 如果用转化率或产率比较催化剂活性的高低,则其前提条件是什么?

[思考题 2.2] 求取反应的 *TOF* 时需要考虑哪些因素?

2.3.2 工业催化剂活性的表述方法

TOF 是近 30 年来逐渐被学术界认可的适宜的活性表述方法。除此之外,工业上常用与反应速率相近的空时产率来表示活性。

空时产率(space-time yield)也称时空产率、时空收率或时空得率,是指单位体积、单位面积或单位质量的催化剂在单位时间内反应物转化得到目的产物的数量(或者质量)。

Y_v 为单位体积催化剂在单位时间内反应物转化得到目的产物的物质的量:

$$Y_v[\mathrm{mol/(cm^3 \cdot h)}] = V^{-1}\mathrm{d}N_A/\mathrm{d}t \tag{2.10}$$

Y_s 为单位表面积催化剂在单位时间内反应物转化得到目的产物的物质的量:

$$Y_s[\mathrm{mol/(cm^2 \cdot h)}] = S^{-1}\mathrm{d}N_A/\mathrm{d}t \tag{2.11}$$

Y_w 为单位质量催化剂在单位时间内反应物转化得到目的产物的物质的量:

$$Y_w[\mathrm{mol/(g \cdot h)}] = W^{-1}\mathrm{d}N_A/\mathrm{d}t \tag{2.12}$$

式中,V,S,W 分别为催化剂的体积、表面积、质量。

通常在用空时产率对比催化剂活性时,要求反应温度、压力、原料组成相同,同时保证接触时间(空速)相同。但是,对于不同的催化剂,其单位体积、单位表面积或单位质量所含的活性位的数目(通常与活性位负载量相关)是不同的。对于简单的结构非敏感反应,催化剂活性组分相同或类似时,单位体积、单位表面积或单位质量所含活性位数目多的催化剂的转化率反而较高,进而导致空时产率高。但是,根据图 2.3 和图 2.6 所示的分析结果,高转化率会抑制反应的本征活性(*TOF*),由此可得:工业催化剂中,在某一条件下得到的空时产率高的催化剂,相应的本征活性并不一定是最高的。这一点往往会造成关于 *TOF* 的误解,即认为其对工业催化剂的开发没有指导意义。这里要强调的是,*TOF* 和空时产率的意义是不一样的。例如,研究反应机理和开发催化新材料时,*TOF* 能够给出客观的标准;开发工业催化剂时，空时产率符合实际需求。

另外，空时产率计算过程中涉及的产率可分为单程产率和总产率。单程产率是指反应物一次通过催化反应床层所得到的产物量。当反应物没有完全反应时，再循环返回催化反应床层，直至完全转化，所得到的产物总量称为总产率。

综合上述对 *TOF* 和空时产率概念的介绍可以发现，*TOF* 是一个较为严谨的定义，可以作为一个较为客观的标准；而空时产率较适合工业实际生产，在工业界应用较广。除此之外，1945 年，Beeck 提出了采用面积速率(area rate，单位表面积的速率)来描述膜催化剂的活性，这种说法后来逐渐演变成比活性(specific activity)。早期的表面积是指催化剂比表面积，因此，当时比活性侧重考虑负载型催化剂及其载体对活性组分的作用。后来为了与 *TOF* 结果保持一致，催化学者又将 *TOF* 求取方法中的单个活性位变成了“单位活性表面积”，形成了一个严谨的概念。在电催化领域，考察电催化剂的活性表面积就是基于这种考虑。这一概念同样适用于膜催化剂。

当然，*TOF* 的计算本身也存在一定的问题。对许多催化剂而言，催化剂表面活性位的定量分析很难得到准确的数据。例如，加氢脱硫所用硫化物催化剂的表面活性位的定量分析就是一个问题。另外，采用通用的化学吸附法测定金属催化剂表面活性位数目得到的仅仅是一个总数，即活性位的平均活性，无法区分金属表面具有不同活性的活性位(如金属晶体的晶角、晶面和晶棱上原子的配位数不同)的比例。此外，随着现代表征技术的发展，人们通过在线表征技术发现，在某些反应过程中，反应物、产物或反应的过渡态与催化剂表面之间发生化学作用会导致催化剂表面活性位结构发生变化，此时利用化学吸附法测定得到的假定活性位与实际参与反应的活性位存在区别。

2016 年，第 24 届索尔维会议围绕“Catalysis in Chemistry and Biology”议题，诸多当代催化领域的资深学者就催化剂活性位结构和定量分析开展深入讨论。可以发现，这种采用化学滴定而得到的基于平均统计的 *TOF* 并不能完美阐述诸如单位点催化剂、沸石分子筛等的限域效应(confinement effect)。例如，对于 MOR 沸石，Iglesia 教授等采用不同尺寸的有机碱滴定和原位红外光谱分析发现，位于十二元环的质子并不是反应活性位，位于八元环的质子才是酸催化反应的主活性位。此时，基于传统的氨气程序升温脱附(NH_3-TPD)得到的酸量计算 MOR 沸石的 *TOF* 显然是不合适的。可见，如何得到准确的催化剂活性仍然是目前催化研究中的主题之一。

对从事石油炼制、煤制油、煤制烯烃或生物质制油等采用混合原料生产油品和化工品的研发人员而言，理解 *TOF* 与工业催化剂活性表述的内涵对于开发高效的催化剂具有非常重要的意义。例如，在石油催化裂化制高辛烷值汽油反应中，对于催化裂化催化剂活性组分 Y 沸石的酸性质，通常有以下经典的论述：① 沸石分子筛应具有适宜的酸量，酸量越高，酸性越强，酸催化活性越高。② 酸量低时，酸催化活性低，裂化反应活性低；酸量高时，催化氢转移指数高，更容易发生芳构化反应生产高辛烷值组分芳烃；但是酸量过高时，容易发生急剧氢转移反应，生成稠环芳烃等积炭前驱物，导致催化剂失活，同时催化剂裂化活性增加，使裂化反应产物增多。以上论述由于和实际生产过程中的结果吻合，因此被许多从事沸石分子筛酸催化材料和催化剂的科研人员用于解释实验现象。在本书中，主要从 *TOF* 的角度出发重新探讨一下催化裂化反应的实验结果，并与经典论述相对比。在石油催化裂化工艺中，原料组成复杂，而且反应转化率高，所得到的产物都是二次反应的产物，催化剂的催化性能是多种反应平均的结果，并不能体现催化剂的本征活性（*TOF*）。石油化工中所提及的沸石分子筛的酸量实际上是单位质量沸石的酸性位含量，即酸密度，是基于单位质量或单位表面积计算的酸量，显然，催化剂浓度越高，总酸量越高。但是，就沸石分子筛而言，酸密度提高之后，由于沸石微孔内骨架电荷增多，孔内单个质子酸的酸性下降。如果酸性越强，活性越高，那么单个酸性位的活性反而应下降。如果从“结构敏感”反应的角度分析，则可以认为烯烃芳构化生成芳烃、稠环芳烃的本质是结构敏感反应，需要在特定的空间内具有足够数量的活性中心参与，因此，通过改变酸密度，可以控制能够生成芳烃和稠环芳烃的活性体的比例，进而控制积炭生成。另外，烯烃的裂解反应所需活性中心数量较少，当酸密度提高之后，裂化概率也提高。因此，沸石分子筛的酸密度不能过高，也不能过低，应具有适宜的酸量。综上，经典论述由于与实际生产现象形成直观关联，容易被催化领域之外的科研人员理解并接受；从 *TOF* 的角度进行的分析对于开发和设计沸石分子筛催化剂更有启发作用。如果人们能够精确地阐明质子酸的位置和环境对其本征活性的影响，也就能够实现酸性位的精确控制合成，那么针对反应分子的定向转化设计同样是可行的。这一过程涉及的就是目前石油化工常常提及的“分子炼油”领域中的催化材料和催化剂精准构筑。

［思考题 2.3］ 什么情况下 *TOF* 和空时产率可以等同？

2.3.3 催化剂的稳定性

催化剂的稳定性是指催化剂在使用条件下具有稳定活性的时间。稳定活性的时间越长，催化剂的稳定性越好。此外，催化剂的稳定性还包括多个方面，下面介绍其中的 4 个方面。

1）化学稳定性

催化剂在使用过程中保持其稳定的化学组成和化合状态，活性组分和助催化剂不产生挥发、流失或其他化学变化，这样催化剂就有较长的稳定活性时间。

2）耐热稳定性

催化剂在反应和再生条件下，在一定温度变化范围内，不因受热而破坏其物理-化学状态，产生烧结、微晶长大和晶相变化，从而保持良好的活性稳定性。

3）抗毒稳定性

催化剂不因在反应过程中吸附原料中杂质或毒性副产物而中毒失活，这种对有毒杂质毒物的抵抗能力越强，抗毒稳定性就越好。

4）机械稳定性

固体催化剂颗粒在反应过程中要具有抗摩擦、冲击、重压及温度骤变等引起的种种应力，使催化剂不产生粉碎破裂、不导致反应床层阻力升高或堵塞管道，使反应过程能够平稳进行。

催化剂的稳定性通常用催化剂寿命来表示。催化剂寿命是指催化剂在一定反应条件下维持一定反应活性和选择性的使用时间。这段时间称为催化剂的单程寿命。催化剂活性下降后经再生又可恢复活性，继续使用，累计的使用时间称为总寿命。

2.3.4 固体催化剂的宏观物性

均相催化剂和多相催化剂相比各有其优缺点。均相催化剂的催化反应条件温和、副反应少、选择性好、反应机理和活性中心易于阐明，但存在均相反应的反应器体积庞大、催化剂与产品分离困难等缺点。而均相催化剂的缺点恰恰又是多相催化剂的优点。为此，现代能源化工领域一般采用多相催化剂(通常指固体催化剂)。下面简单介绍一下固体催化剂的一些物性指标。

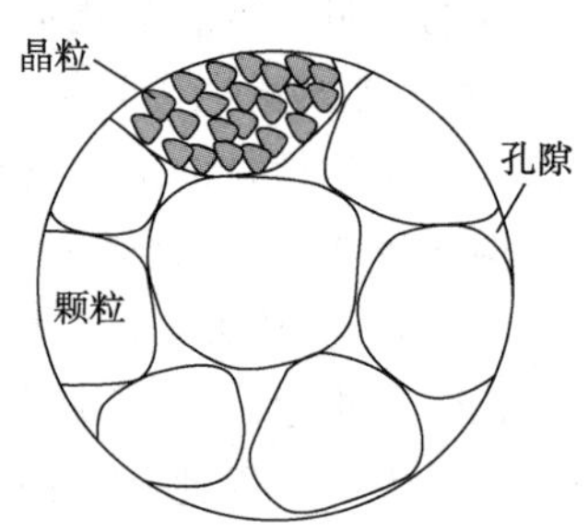

图 2.8 成型催化剂的颗粒结构

图 2.8 给出了成型催化剂的颗粒结构。工业固体催化剂一般是具有发达孔系的颗粒集合体，是由一定的原子(分子)或离子按照晶体结构规则组成含微孔的纳米级晶粒(原级粒子)；因制备化学条件和化学组成不同，若干晶粒聚集为大小不一的微米级颗粒(particle)，即二次粒子；通过成型工艺制备，若干颗粒又可堆积成球、条、锭片、微球粉体等不同几何外形的颗粒集合体，即粒团(pellet)，尺寸则随需要由几十微米到几毫米不等，特别情况下可达百毫米以上。

如图 2.9 所示，工业负载型金属加氢催化剂往往采用的是具有一定形状的成型催化剂(粒团，10^{-2} m 尺度)，这些被负载的粒团是由许多负载金属的载体颗粒(10^{-6} m 尺度)组成的，其中金属晶粒(10^{-9} m 尺度)是活性组分。

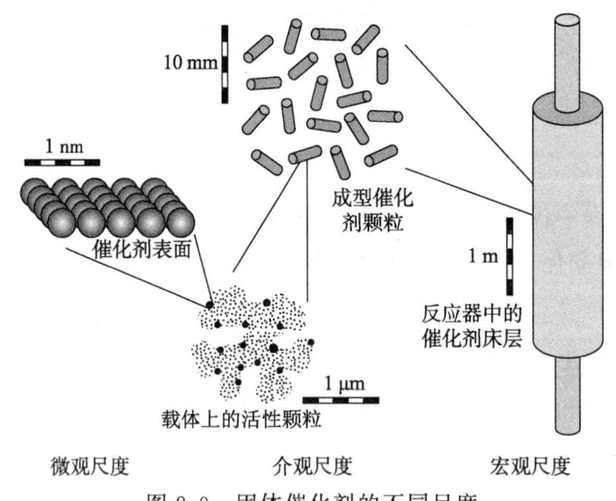

图 2.9 固体催化剂的不同尺度

近年来迅速发展的纳米材料是二次粒子纳米化或不存在二次粒子的颗粒集合体。实际成型催化剂的粒团与颗粒等效球半径比大于 10^2，颗粒或二次粒子间堆积形成的介(或大)孔孔隙与晶粒内和晶粒间微孔构成该粒团的孔隙结构；晶粒和颗粒间连接方式、接触点键合力以及接触配位数决定了粒团的抗破碎和磨损性能。

1) 颗粒尺寸

颗粒尺寸(particle size)称为颗粒度。实际的催化剂颗粒是成型的粒团，即颗粒集合体，因此狭义催化剂颗粒度是指成型粒团的尺寸。负载型催化剂负载的金属或其化合物粒子是晶粒或二次粒子，它们的尺寸符合颗粒度的正常定义。通常测定条件下不再人为分开二次粒子(颗粒)和粒团(颗粒集合体),其尺寸都泛称颗粒度。

单颗粒的颗粒度用粒径表示,又称颗粒直径。均匀球形颗粒的粒径就是球直径,非球形不规则颗粒的粒径用各种测量技术测得的等效球直径(d_{mean})表示。圆柱形等显著长度标度的催化剂成型粒团以实际几何特征尺寸标示,一般不简单地使用颗粒度含义。

2) 平均粒径和粒径分布

催化剂原料粉体、实际的微球状催化剂以及其组成的二次粒子等都是不同粒径的多分散颗粒体系,用统计的方法得到平均粒径和粒径分布(即粒度)是表征这类颗粒体系的必要数据。

表示粒径分布的最简单的方法是直方图,即测量颗粒体系最小至最大粒径范围,并将其划分为若干逐渐增大的粒径分级(粒级),以它们与对应尺寸颗粒出现的频率作图,频率内容可表示为颗粒数、质量、面积或体积。根据粒径分布图可以计算得到平均粒径。

3) 密度

催化剂的密度 ρ 是指单位体积内含有的催化剂的质量。

$$\rho=\frac{m}{V} \tag{2.13}$$

式中,V 为催化剂的体积;m 为催化剂的质量。

工业催化剂一般都是多孔材料,其表观体积(堆积体积)$V_{堆}$ 由三部分组成,即颗粒之间的孔隙体积 $V_{隙}$、颗粒内孔体积 $V_{孔}$ 和催化剂骨架所占体积 $V_{骨}$。

$$V_{堆}=V_{隙}+V_{孔}+V_{骨} \tag{2.14}$$

采用不同的体积计算基准,可得到不同的密度。

(1) 堆密度 $\rho_{堆}$。

$$\rho_{堆}=\frac{m}{V_{堆}}=\frac{m}{V_{隙}+V_{孔}+V_{骨}} \tag{2.15}$$

$V_{堆}$ 一般是将催化剂放置于量筒中,敲打量筒直至体积不变测得的体积。

(2) 颗粒密度(假密度) $\rho_{假}$。

$$\rho_{假}=\frac{m}{V_{堆}-V_{隙}}=\frac{m}{V_{孔}+V_{骨}} \tag{2.16}$$

$V_{隙}$ 一般通过压汞法测得。

(3) 骨架密度(真密度)$\rho_{真}$。

$$\rho_{真}=\frac{m}{V_{骨}}=\frac{m}{V_{堆}-V_{孔}-V_{隙}} \tag{2.17}$$

4) 比孔容积(比孔容)

单位质量(1 g)催化剂中颗粒内部细孔的总体积称为比孔容,以 V_g 表示。

$$V_g=\frac{1}{\rho_{假}}-\frac{1}{\rho_{真}} \tag{2.18}$$

5) 孔隙率

催化剂颗粒内部系统的体积占颗粒总体积的分数称为孔隙率,以 θ 表示。

$$\theta=V_g\rho_{假} \tag{2.19}$$

6）比表面积

比表面积（specific surface area）分为外表面积、内表面积 2 类，单位为 m^2/g。理想的非孔性物料只具有外表面积，如硅酸盐水泥、一些黏土矿物粉粒等；有孔和多孔物料具有外表面积和内表面积，如石棉纤维、岩（矿）棉、硅藻土等。

7）平均孔径

假设催化剂的孔都类似圆柱孔，平均孔径 r 就是各种长度和半径的圆柱孔的平均化结果。

$$r=\frac{2V_g}{S_g} \tag{2.20}$$

8）孔径分布

孔径分布反映的是比孔容积随着孔径大小变化的关系。

2.4 吸附作用与多相催化

当气体或液体与固体接触时，气体或液体就可以在固体表面发生吸附现象。处在固体表面的原子由于周围原子对它的作用力不对称，即原子所受的力不饱和，因而有剩余力场可以吸附气体或液体分子。本节主要介绍催化剂的表面吸附作用。

2.4.1 基本概念

吸附（adsorption）：当气体或液体分子运动到固体表面时，它们与固体表面分子之间的相互作用使它们附着或结合在固体表面上，造成气体或液体分子在界面层的富集，这种现象称为吸附。

吸附气体或液体的固体称为吸附剂（adsorbent）。

被吸附的气体或液体称为吸附质（adsorbate）。

吸附质在表面吸附后的状态称为吸附态。

吸附剂表面发生吸附的位置称为吸附中心。

吸附中心与吸附质共同构成表面吸附物种。

固体表面上的气体或液体浓度由于吸附而增加的过程称为吸附过程；相反，气体或液体浓度在固体表面上减少的过程则称为脱附过程。

处在相互作用中的吸附剂和吸附质总称为吸附体系（adsorption system）。

当吸附过程进行的速率与脱附过程进行的速率相等时，固体表面上气体或液体的浓度维持不变，这样的状态称为吸附平衡。

吸附速率和吸附平衡的状态与吸附温度和压力有关。在恒定温度下进行的吸附过程称为等温吸附，在恒定压力下进行的吸附过程称为等压吸附。

吸收（absorption）：流体分子渗入固体的体相内。

吸着（sorption）：吸附和吸收的集成，包括表面吸附、进入物体体相的吸收以及发生在物体孔隙中的毛细管凝结。

2.4.2 物理吸附与化学吸附的区别

气体或蒸气在固体表面发生的吸附可分为2类，即物理吸附和化学吸附。

物理吸附是反应物分子借助范德华力(取向力、诱导力和色散力)吸附在固体表面上，类似蒸气的凝聚和气体的液化。由于范德华力作用较弱，被吸附分子的结构变化不大，接近于原气体中分子的状态。物理吸附可以改变反应物在催化剂表面上的浓度，通过浓度的改变影响反应速率，但对反应速率常数基本上没有影响。

化学吸附本质上是一种化学反应。吸附后，反应物分子与催化剂表面原子之间形成吸附化学键，组成表面络合物。它与原反应物分子相比，由于吸附键的强烈影响，某个键或某几个键被减弱，因而使反应活化能降低很多。

物理吸附和化学吸附可以相伴发生，不能认为某一吸附只有化学吸附而没有物理吸附，反之也一样，通常需要同时考虑2种吸附在整个过程中的作用。更确切地说，物理吸附与化学吸附在一定条件下可以互相转化。

图2.10给出了环己烷和噻吩在氧化铝和加氢脱硫催化剂上的吸附量与吸附温度的变化关系。环己烷在氧化铝上只发生物理吸附，随着吸附温度升高，环己烷分子运动加剧，氧化铝表面无法束缚分子，吸附量下降。噻吩在氧化铝和加氢脱硫催化剂上发生吸附时，低温下先观察到物理吸附，高温下才观察到化学吸附。化学吸附的本质是表面的化学反应，存在反应活化能，因此，只有在一定的温度下化学吸附才能被显著地发现(化学吸附量升高)。噻吩在氧化铝和加氢脱硫催化剂上的吸附存在共性：低温下，噻吩凝聚在氧化铝和加氢脱硫催化剂表面，发生物理吸附；随着温度的升高，分子运动加剧，凝聚的噻吩分子减少，吸附量下降；当吸附温度进一步升高时，发生化学吸附的反应速率提高，化学吸附现象被发现，吸附量增加；再进一步升高吸附温度，固体和吸附质之间的化学键就会发生断裂，产生脱附现象，此时吸附量反而下降。

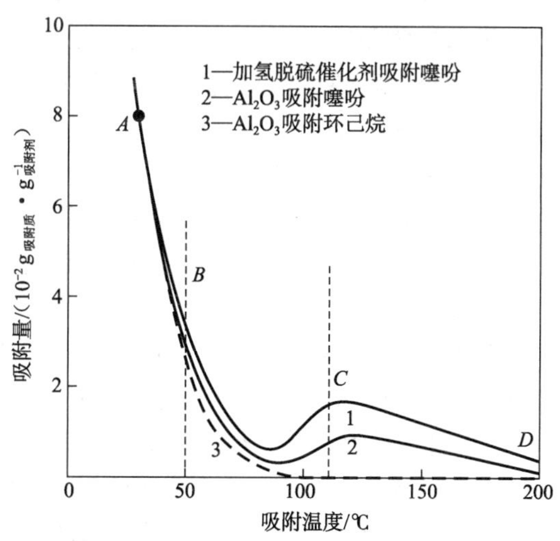

图2.10 环己烷在氧化铝上的物理吸附量、噻吩在氧化铝和加氢脱硫催化剂上的吸附量与吸附温度的变化关系

由图2.10可以看出，化学吸附一般要在较高温度下才能发生，需要克服一定的活化能。

由此可以得出物理吸附和化学吸附的一个区别：化学吸附活化能高，速率慢；物理吸附活化能低(无须活化能)，速率快。下面继续从能量的角度来对比 2 种吸附的不同点。首先介绍一下吸附热(heat of adsorption)。

化学吸附和物理吸附都是自发过程，从物理化学的角度分析，该过程中 Gibbs 自由能减少($\Delta G<0$)。当气体分子在固体表面上吸附后，气体分子从原来的空间自由运动变成限制在表面层上的二维运动，运动的自由度减少，因而熵也减少($\Delta S<0$)。可以推断，吸附是放热的。化学吸附和物理吸附最大的差别就是吸附热大，即吸附热的大小是区别物理吸附和化学吸附的另一个重要标志。

吸附热可以分为积分吸附热和微分吸附热。在固体表面上恒温吸附某一定量(Δn)气体时所放出的热量(ΔQ)称为积分吸附热($Q_{\text{ad,积}}$)。

$$Q_{\text{ad,积}}=\frac{\Delta Q}{\Delta n} \tag{2.21}$$

积分吸附热反映了吸附过程中一个比较长的时间内热量变化的平均结果。前面用来区分物理吸附和化学吸附的吸附热就是积分吸附热。

如果在已经吸附了一定量(n)的气体以后，在催化剂上再吸附少量($\mathrm{d}n$)气体所放出的热量为 $\mathrm{d}Q$，则 $\mathrm{d}Q/\mathrm{d}n$ 称为吸附量为 n 时的微分吸附热($Q_{\text{ad,微}}$)。

$$Q_{\text{ad,微}}=\frac{\mathrm{d}Q}{\mathrm{d}n} \tag{2.22}$$

微分吸附热反映了吸附过程中某一瞬间的热量变化，而且是对一定量的吸附气体而言的。在文献资料中，"吸附热"一词或指微分吸附热，或指积分吸附热，要依实际而定。

在讨论到固体的表面吸附时，人们经常会提到覆盖度(θ)的概念。θ 表示固体的表面被吸附质占据的程度。

$$\theta=\frac{\text{固体表面发生吸附的表面积}(S_a)}{\text{固体表面可用于吸附的总表面积}(S_t)} \tag{2.23}$$

积分吸附热和微分吸附热都是覆盖度的函数。积分吸附热实际上是各种不同的覆盖度下微分吸附热的平均值。积分吸附热随着覆盖度 θ 的不同而不同。实验表明，吸附热与覆盖度的关系是比较复杂的(图 2.11)：有些体系的吸附热随 θ 增大而呈线性下降，有些体系的吸附热随 θ 增大而呈对数下降，少数体系的吸附热等于常数而与 θ 无关。这种吸附热为常数的吸附是理想的表面吸附(Langmuir 吸附模型)。

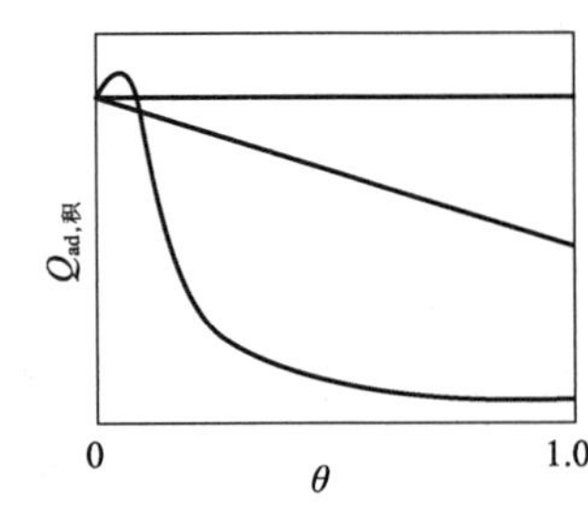

图 2.11　吸附热随覆盖度变化的关系图

吸附热随 θ 而变化可能是由表面不均匀性所致。在吸附开始进行时($\theta=0$)，分子优先吸附在催化剂表面上吸附中心最活泼的地方，此时吸附键最强，放出的吸附热最大。随着覆盖度的增大，最活泼的吸附中心逐步被占据，后来只能吸附在那些较不活泼的吸附中心上。此时吸附键强度减弱，吸附热减小。

吸附热随 θ 而变化也可能是吸附分子之间的相互作用造成的。在化学吸附所形成的吸附键中有偶极矩存在，这些偶极子在表面上定向排列，随着覆盖度的增大，这些定向排列的分子之间有排斥作用，因而对后来要吸附的分子有所影响。

这种由于固体表面不均匀以及吸附过程中由于覆盖度增大而引发的不均匀性，感兴趣的读者可以自行查阅 Freundlich 等温方程和 Temknh 等温方程的相关文献，这里不再赘述。

图 2.11 表明，既然吸附热随着覆盖度的不同而变化，那么吸附热能够反映出催化剂表面的不均匀情况，也能够反映出吸附成键的类型，以及吸附分子之间的相互作用。因此，在选择催化剂时，吸附热也常是需要考虑的因素之一。化学吸附的吸附热主要取决于吸附物种与催化剂表面键合形成化学吸附键的强弱，由反应物与催化剂的性质及吸附条件决定。吸附热越大，吸附键越强；反之，吸附热越小，吸附键越弱。

表 2.2 列出了物理吸附和化学吸附的区别。物理吸附和化学吸附的区别本质上归因于作用力的不同。例如，化学吸附中存在化学键的生成，属于固体表面和吸附质之间的化学反应，因此反应热（吸附热）和活化能高，吸附存在选择性，只能是单层吸附。而物理吸附类似于凝聚，可存在多层吸附，可逆性强。所谓多层吸附，就是除吸附剂表面接触的第一层外，还有相继各层的吸附。

表 2.2　物理吸附和化学吸附特点的对比

吸　附	物理吸附	化学吸附
作用力	范德华力	化学键
吸附热	<40 kJ/mol	50～200 kJ/mol
活化能	无	一般 60～100 kJ/mol
吸附速率	快	慢
吸附层数	多　层	单　层
选择性	无	有
吸附可逆性	可　逆	大多数可逆，少数不可逆

2.4.3　吸附对催化作用的影响

吸附对催化作用的影响一般是针对多相（气-固、气-液-固、液-固）反应而言的。图 2.12 为多相催化反应过程中催化剂颗粒示意图。催化剂颗粒内部一般富含孔道，而活性位就分布在孔道内部。催化反应必须考虑反应物与活性位的可接近性。可以看到，以固体为催化剂的多相催化过程是比较复杂的。

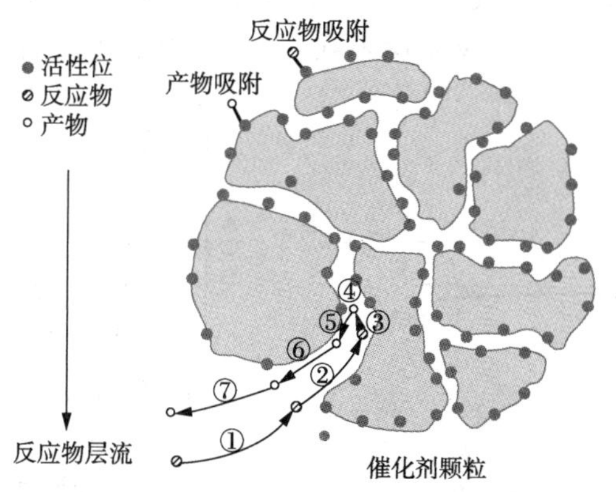

图 2.12　多相催化反应过程中催化剂颗粒示意图

如图 2.12 所示，可以将气-固催化反应分为 7 个连续步骤：

① 反应物分子由气流主体催化剂向外表面扩散(外扩散)；

② 反应物分子由外表面向内表面扩散(内扩散)；

③ 反应物吸附在活性位上(吸附)；

④ 反应物在活性位上进行化学反应，生成产物(反应)；

⑤ 产物从活性位上解吸(脱附)；

⑥ 产物由内表面向外表面扩散(内扩散)；

⑦ 产物由外表面向气流主体扩散(外扩散)。

由此可见，化学吸附在催化中的地位非常重要，主要体现在以下 2 个方面：

(1) 吸附是多相催化反应的必经和基本步骤，只有能化学吸附反应物(接触)的催化剂才能活化反应物，起催化作用。

(2) 化学吸附可用来研究催化剂的活性表面，如活性位的定量与定性分析，另外在研究物理吸附中催化剂的结构和性质方面也有一定的意义。

2.4.4 吸附位能曲线

在吸附过程中，吸附体系(吸附质-吸附剂)的位能变化可以用吸附位能曲线表示。对大多数物理吸附而言，其位能变化原则上可以使用 Lennard-Jones 曲线来描述。该曲线之前用来描述 2 个气体分子质点在相互靠近时的位能变化。在吸附场合，吸附分子与表面原子间相互作用的总位能是吸附分子与每个表面原子作用能量的加和。对于这种加和，Lennard-Jones 曲线给出的描述基本上是正确的。图 2.13 是表示分子物理吸附中位能变化的 Lennard-Jones 曲线，其中 X 表示分子 A_2 距表面无限远处位能取为 0 时与表面的距离。随着分子与表面的接近，位能下降，到 Y 时发生了物理吸附，放出吸附热 Q_p，即物理吸附热。当分子再靠近表面时，因排斥作用增强、吸引作用相对减弱，体系位能升高，由于稳定性原因，体系不能以这样的状态稳定存在。

相应地，描述活性原子在固体表面上化学吸附的位能变化可用 Morse 公式近似计算得到，所得吸附位能曲线如图 2.14 所示。对大多数化学吸附来说，这种图给出的形状也是类似的。X'表示活性原子 A 与表面相距很远、体系位能处于稳定状态时的距离。随着活性原子与表面的接近，位能下降，在 Y 处形成吸附物种 S—A，这一过程放出的能量为 Q_a，虽然这部分能量是以热的形式放出的，但文献中不称其为化学吸附热。图 2.14 中，r_0 为平衡距离。

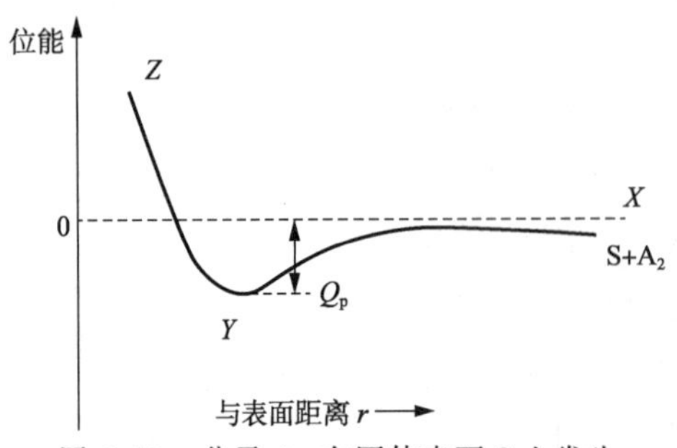

图 2.13 分子 A_2 在固体表面 S 上发生物理吸附的 Lennard-Jones 曲线

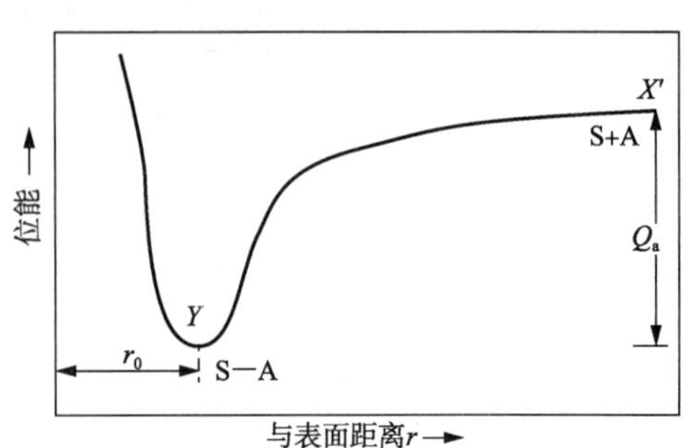

图 2.14 活性原子 A 在固体表面 S 上发生化学吸附的吸附位能曲线

将图 2.13 和图 2.14 合绘在一张图上，可得图 2.15。该图清晰地描述了一个分子靠近固体表面时的能量变化情况。图中 AYX 线表示一个分子的物理吸附过程，BXZ 线表示活性原子的化学吸附过程，两线有交叉点 X；B 表示分子吸收能量 D(解离能)后解离为原子时的能量状态。当分子向表面靠近时，位能下降，在 Y 点发生物理吸附，放出热量 Q_p，为物理吸附热。物理吸附使分子更靠近表面，常常也称其为化学吸附前驱态。体系进一步吸收能量后，越过交叉点 X 进入解离的原子化学吸附态(图中 Z 点)，吸收的这部分能量通常称为吸附活化能 E_a。交叉点 X 是化学吸附的过渡态。从始态分子到解离为原子的化学吸附态所放出的总能量即 Q_a 通常称为化学吸附热(注意这里的 Q_a 和图 2.14 中的 Q_a 区别)。从化学吸附态要克服一个能垒才可能发生脱附，变到分子态，这部分能量 E_d 称为脱附活化能。

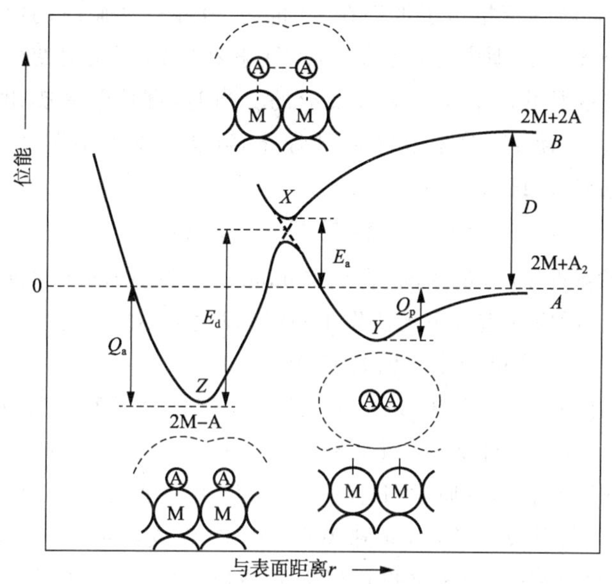

图 2.15　分子 A_2-金属 M 表面吸附体系的吸附位能曲线

各吸附态均可在吸附位能曲线相应位置标出。另外，在文献中会经常看到活化吸附和非活化吸附，其中需要活化能而发生的化学吸附称为活化吸附，不需要活化能的吸附称为非活化吸附。其实这取决于吸附位能曲线中 E_a 值(X 点位置)的大小，当物理吸附与化学吸附位能曲线的交点 X 在零能量以上时，为活化吸附；当在零能量以下时，为非活化吸附。

由图 2.15 还可得到以下结论：

(1) 在数值上，脱附活化能等于吸附活化能与化学吸附热之和，即

$$E_d = E_a + Q_a \tag{2.24}$$

原则上，能量的守恒性使这一关系具有普遍性。

(2) 由于表面吸附作用，分子在表面上解离需要克服能垒 E_a，在气相中直接解离则需要能量 D，所以分子在表面上活化比在气相中容易，这是催化剂吸附分子改变了反应途径的结果。

结论(2)在金属催化体系中经常被提及。例如金属催化加氢或氧化反应，H_2 和 O_2 能够在远低于其解离的温度下在贵金属(Pt,Pd,Ru,Rh,Ir 等)表面解离成 H 原子和 O 原子。实验证明，这些吸附的 H 原子和 O 原子在大多数金属表面是可移动的，为非定域吸附。因此，催化学者尝试研究通过利用这些解离的 H 原子和 O 原子进行催化反应。20 世纪 60 年代

开始，催化界掀起了一股研究吸附物种溢流效应（spillover effect）的热潮。截至目前，能源化工领域的许多学者在阐述双功能催化剂的作用时，往往用溢流效应来解释双功能中心"1+1>2"的效果。下面重点阐述溢流效应，希望读者在学习溢流效应的过程中能够借鉴图2.15思考吸附物种位能的变化与溢流效应的关系。

2.4.5 溢流效应

溢流效应是指吸附物种在表面移动的情况，即在一个相表面（给体相）吸附或产生的活性物种（溢流子）向另一个在同样条件下并不能吸附或产生该活性物种的相表面（受体相）迁移的过程。目前发现的可能产生溢流效应的物质有 H_2，O_2，CO 和 NCO 等。

1964 年，美孚公司科学家报道了他们在 20 世纪 50 年代实验时的偶然发现：将 WO_3 和 Pt/SiO_2 混合后，置于氢气氛围中，黄色的 WO_3 能够在室温下发生变色反应。从无机化学的角度分析，WO_3 在室温下是不能与氢气反应的。当时，催化学者提出一种解释：Pt/SiO_2 在室温下能够活化氢气，使 H_2 分子解离成 H 原子，H 原子非常活泼，它溢流到 WO_3 表面，与其发生反应生成偏钨酸（H_xWO_3）。

$$WO_3 + H_2 \xrightarrow{Pt/SiO_2} H_xWO_3$$

这种解释流行了将近 10 年的时间，直到 Boudart 通过精确的实验证明：单纯氢气、WO_3 和 Pt/SiO_2 混合，变色反应在室温下无法发生；反应发生的前提是存在足够量的水蒸气或小分子醇蒸气，黄色的 WO_3 才可变成蓝色的 H_xWO_3。

图 2.16 描述了这一过程：当 Pt/SiO_2 加入后，Pt 催化氢气解离吸附成 H 原子，H 原子在 Pt 金属表面移动；WO_3 本身是一种半导体，与 Pt 接触后能够允许电子传输，Pt 金属表面的 H 原子和 H_2O 分子能够生成质子（H_3O^+）并释放出一个电子（e^-）；H_3O^+ 以水为介质，在固体表面上携带 e^- 电子成对移动，遇到 WO_3 反应，生成蓝色的 H_xWO_3。Boudart 通过实验证明，不仅仅是水，小分子的醇类也可以促使该反应的发生，但前提是必须有足够的介质将质子从 Pt 金属表面传输到 WO_3 表面。

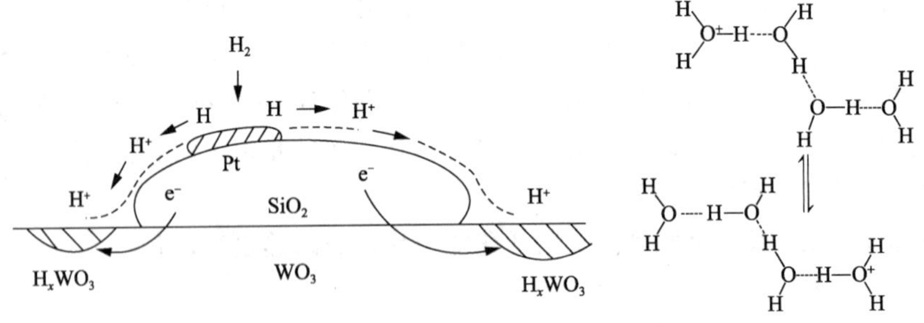

图 2.16　氢溢流过程与 H_2O 分子传输 H^+ 的过程

这里读者可能会产生一个疑问：为何催化学者要纠结于弄清将 WO_3 还原的物种究竟是氢原子还是氢质子？最现实的就是这对双功能催化剂的开发具有非常重要的指导意义。Boudart 质疑 Pt/SiO_2 上 H 原子溢流的依据，实际上可以通过分析图 2.15 所示的吸附位能曲线直接得到。将图 2.15 中的分子 A_2 当作 H_2，金属 M 当作 Pt。如果 H_2（图中 A 位置）在 Pt 表面解离生成的 H 原子不通过 Pt—H 化学键稳定，则 H 原子原则上应该游离于气相

或者在 SiO_2 和 WO_3 表面，此时对应 *B* 位置。这时 H 原子极其不稳定，会快速反应生成 H_2（回到图中 *A* 位置）。显然，无法指望 Pt 金属表面解离的 H 原子能够溢流到 WO_3 表面并参与还原反应。

溢流的概念最早是由 Boudart 引入催化领域的，同时他还通过一系列的研究告知催化学者，溢流物种必须且只能是动力学上相对稳定的物种：既能保证一定的活性，又能稳定存在一段时间以便于传输。

在能源化工领域应用非常广泛的双功能催化剂往往和 H 原子溢流结合起来讨论。对 H 原子溢流而言，由上例可知，溢流物种的稳定性是关键。Boudart 等的实验结果都是基于半导体或导体载体上的金属活化氢气，而氢溢流的物种是靠含氧的极性小分子稳定的质子。对于近年来所报道的碳材料和金属-有机骨架材料上的氢溢流，其溢流物种则被证明是能够稳定存在的 H 原子或 H 自由基。但是，对于在能源催化领域应用非常广泛的沸石（SiO_2 和 Al_2O_3 的化合物）和 Al_2O_3 负载的金属双功能催化剂，目前仍有很多学者通过 H 原子从金属表面溢流到载体表面，与载体表面的酸位活化的分子反应来解释双功能催化剂“1＋1＞2”的效果。显然，这种解释过于武断，H 原子如何从金属传输到绝缘体的载体表面需要慎重考虑。例如，考虑是否存在其他分子介质能够稳定 H 原子，同时能活化反应物分子等。2022 年，美国华盛顿州立大学的王勇团队在 *Nature Communications* 发表的文章阐述了含氧有机分子作为介质，实现在不可还原的氧化物载体上产生氢溢流效应，进而促进加氢脱氧反应的现象。

[思考题 2.4] 图 2.17 展示了利用氢溢流抑制积炭的催化剂设计案例。来自金属的氢溢流物种可能与表面的积炭反应生成 CH_4，从而除去炭；也可以与表面上可还原金属氧化物和羟基反应生成 H_2O，使金属氧化物中的金属暴露出来，成为吸附或活性中心。如果要达到图中所示的效果，应该采用何种类型的载体、反应相？反应物具有怎样的结构才可以提高溢流发生的概率？

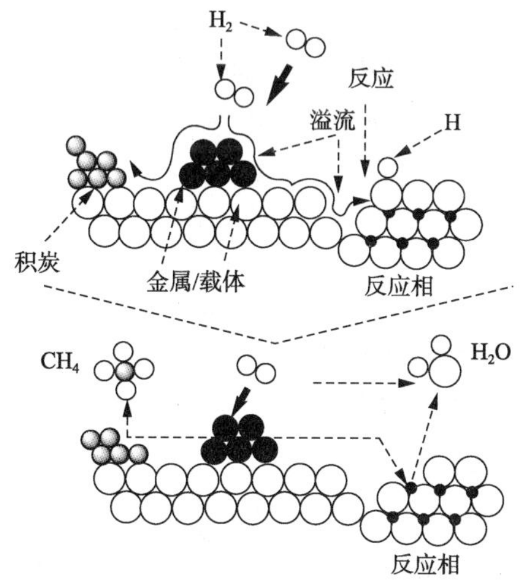

图 2.17 溢流对催化剂稳定性的影响

2.4.6 Langmuir 吸附等温方程

Langmuir 吸附等温方程可以用于描述化学吸附和物理吸附的单层吸附理论。该理论认为气体在固体表面上的吸附是气体分子在吸附剂表面上凝聚和逃逸(即吸附和脱附)2 种相反过程达到动态平衡的结果。必须指出,Langmuir 吸附等温方程成立需要满足以下 4 点假设:

(1) 吸附剂表面是均匀的。

(2) 被吸附分子之间无相互作用。

(3) 吸附是单层吸附,即被吸附分子处在特定的固体吸附剂表面位置上(即定域的),只能形成单分子吸附层,吸附热与表面覆盖度无关。

(4) 一定条件下,吸附与脱附间可以建立动态平衡,即处在吸附平衡时,固体吸附剂表面上气体分子的吸附速率等于脱附速率。

满足上述假设的吸附就是 Langmuir 吸附。下面以气体 A 和固体表面空位 * 的吸附为例,对 Langmuir 吸附等温方程进行阐述。

$$A + {}^* \longrightarrow A^*$$

如果以 θ 代表表面被覆盖的百分数,即表面覆盖度,则 $1-\theta$ 表示表面尚未被覆盖的百分数。气体吸附速率与气体压力成正比,加上只有当气体碰撞到表面空位时才可能被吸附,即与 $1-\theta$ 成正比,所以根据表面质量作用定律,吸附速率 r_a 为:

$$r_a = k_a' p(1-\theta)[{}^*]_0 \tag{2.25}$$

式中,k_a'为吸附速率常数;p 为气体 A 的分压;$[{}^*]_0$ 为表面空位的初始浓度。为了便于和表面覆盖度进行对比,考虑到反应速率一般都是基于单个活性位进行计算的,经常把$[{}^*]_0$当作 1,所以一般吸附速率表达式可写成:

$$r_a = k_a p(1-\theta) \tag{2.26}$$

被吸附的分子脱离表面重新回到气相中的脱附速率 r_d 与 θ 成正比,即

$$r_d = k_d\theta \tag{2.27}$$

式中,k_d 为脱附速率常数。

在等温下平衡时,吸附速率等于脱附速率,即

$$k_a p(1-\theta) = k_d\theta \tag{2.28}$$

$$\theta = \frac{k_a p}{k_d + k_a p} \tag{2.29}$$

$$\theta = \frac{ap}{1+ap} \tag{2.30}$$

式中,$a = k_a/k_d$ 称为吸附平衡常数(也称吸附系数)。式(2.30)即 Langmuir 吸附等温方程。

Langmuir 吸附等温方程中的吸附系数 a 代表了固体表面吸附气体能力的强弱程度,随温度和吸附热而变,其关系式为:

$$a = a_0 e^{\frac{Q}{RT}} \tag{2.31}$$

式中,a_0 为吸附的频率因子;Q 为吸附热,按照一般讨论吸附热时所采用的符号惯例,放热吸附时 Q 为负值,吸热吸附时 Q 为正值。一般而言,吸附都是放热反应,因此,当温度上升时,吸附系数 a 将降低,吸附量相应减少。

Langmuir 吸附等温方程定量指出了表面覆盖度 θ 与平衡压力 p 之间的关系(图 2.18),体现了 3 种吸附情况。

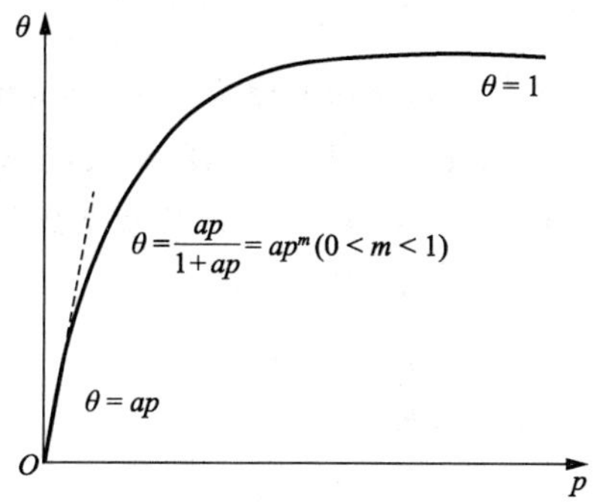

图 2.18 Langmuir 吸附等温曲线

(1) 当压力足够低或吸附很弱时,$ap \ll 1$,则 $\theta \approx ap$,即 θ 与 p 为直线关系。

(2) 当压力足够高或吸附很强时,$ap \gg 1$,则 $\theta \approx 1$,即 θ 与 p 无关。

(3) 当压力适中时,$\theta = \dfrac{ap}{1+ap}$。

如果以 V_m 代表当表面吸满单分子层时的吸附量,V 代表压力为 p 时的实际吸附量,则表面覆盖度为:

$$\theta = \frac{V}{V_m} \tag{2.32}$$

进而得到:

$$\theta = \frac{V}{V_m} = \frac{ap}{1+ap} \tag{2.33}$$

整理可得:

$$\frac{p}{V} = \frac{1}{V_m a} + \frac{p}{p_m} \tag{2.34}$$

式(2.34)是 Langmuir 吸附等温方程的另一种表达方式,以 p/V-p 作图可得一条直线。

下面通过具体例子来阐述一下解离吸附和竞争吸附的情况。

[例 2.4] 试求分子 A_2 在金属表面解离吸附的 Langmuir 吸附等温方程。

解 分子 A_2 解离成 2 个原子 A,各占据一个吸附中心。一个气体分子与 2 个空位的反应方程式为:

$$A_2 + 2^* \longrightarrow 2A^*$$

根据表面质量作用定律,吸附速率为:

$$r_a = k_a p (1-\theta)^2 \tag{2.35}$$

脱附速率为:

$$r_d = k_d \theta^2 \tag{2.36}$$

在等温下平衡时,吸附速率等于脱附速率,所以有:

$$k_a p (1-\theta)^2 = k_d \theta^2 \tag{2.37}$$

$$\frac{\theta}{1-\theta} = \left(\frac{k_a}{k_d} p\right)^{\frac{1}{2}} \tag{2.38}$$

$$\theta = \frac{\sqrt{ap}}{1+\sqrt{ap}} \tag{2.39}$$

式中，$a=k_a/k_d$。

［例 2.5］ 试求分子 A 和 B 在金属表面竞争吸附的 Langmuir 吸附等温方程。

解 在给定的条件下，表面吸附中心数目不变，2 种气体 A 和 B 同时在表面竞争吸附。设 A 和 B 的分压、覆盖度分别为 p_A，θ_A和 p_B，θ_B，则表面空位所占百分数为 $1-\theta_A-\theta_B$。

$$A+{}^* \longrightarrow A^*$$

$$B+{}^* \longrightarrow B^*$$

根据表面质量作用定律，吸附速率为：

$$r_{a,A}=k_{a,A}p_A(1-\theta_A-\theta_B) \tag{2.40}$$

$$r_{a,B}=k_{a,B}p_B(1-\theta_A-\theta_B) \tag{2.41}$$

脱附速率为：

$$r_{d,A}=k_{d,A}\theta_A \tag{2.42}$$

$$r_{d,B}=k_{d,B}\theta_B \tag{2.43}$$

在等温下平衡时，吸附速率等于脱附速率，所以有：

$$\frac{\theta_A}{1-\theta_A-\theta_B}=a_A p_A \tag{2.44}$$

$$\frac{\theta_B}{1-\theta_A-\theta_B}=a_B p_B \tag{2.45}$$

$$\theta_A=\frac{a_A p_A}{1+a_A p_A+a_B p_B} \tag{2.46}$$

$$\theta_B=\frac{a_B p_B}{1+a_A p_A+a_B p_B} \tag{2.47}$$

式中，$a_A=\frac{k_{a,A}}{k_{d,A}}$，$a_B=\frac{k_{a,B}}{k_{d,B}}$。

当多种气体分子在同一吸附剂上竞争吸附时，物种 i 的表面覆盖度与其平衡分压的关系为：

$$\theta_i=\frac{a_i p_i}{1+\sum a_i p_i} \tag{2.48}$$

$$\theta_0=\frac{1}{1+\sum a_i p_i} \tag{2.49}$$

式中，θ_i 为物种 i 覆盖的吸附中心数与吸附中心总数之比；θ_0 为吸附过程中金属表面空位数与吸附中心总数之比。式(2.48)中分母是各吸附物种的吸附项总和，分子是某物种的吸附项。若多种气体分子中的某种气体解离吸附，则只需将其吸附项取平方根即可。

2.4.7 BET 吸附等温方程

Langmuir 描述的单层吸附情况普遍适用于化学吸附。而物理吸附往往发生多层吸附。布隆瑙尔(Brunauer)、埃梅特(Emmett)、特勒(Teller)3 人在 Langmuir 吸附理论的基础上加以发展，提出了多层吸附理论的公式，简称为 BET 吸附等温方程。该方程不仅考虑到 Langmuir 吸附等温方程的假设，还考虑到多层吸附，当然第一层吸附与以后各层的吸附有本质上的不同。第一层吸附是气体分子与固体表面直接发生联系，而第二层以后各层吸附则是相同分子之间的相互作用；第一层的吸附热与以后各层不相同，而第二层以后各层的吸附热都相同，而且接近于气体的凝聚热。当吸附达到平衡以后，气体的吸附量等于各层吸附量的总和，可以证明在等温下有如下关系成立：

$$V=V_m\frac{Cp}{(p_0-p)\left[1+(C-1)\frac{p}{p_0}\right]} \tag{2.50}$$

式中，V 为平衡压力 p 时的吸附量；V_m 为固体表面上铺满单分子层时所需气体的体积；p_0 为实验温度下气体的饱和蒸气压；C 为与吸附热有关的常数。式(2.50)即 BET 吸附等温方程(由于其中包含 2 个常数 C 和 V_m，所以又称为 BET 二常数公式)。

BET 公式主要应用于测定固体的比表面积。为了方便使用，可以把 BET 二常数公式改写为：

$$\frac{p}{V(p_0-p)}=\frac{1}{V_mC}+\frac{C-1}{V_mC}\frac{p}{p_0} \tag{2.51}$$

如果以 $p/[V(p_0-p)]$ 对 p/p_0 作图，则可得一条直线，该直线的斜率是 $(C-1)/(V_m C)$，截距是 $1/(V_mC)$。由此可以得到：

$$V_m=\frac{1}{\text{斜率}+\text{截距}} \tag{2.52}$$

由 V_m 值可以算出铺满表面所需的单分子个数。若已知每个分子的截面积，就可以求出吸附剂的比表面积：

$$S=\frac{V_mNA_m}{22\ 400W}\times10^{-18} \tag{2.53}$$

式中，S 为吸附剂的比表面积，m^2/g；A_m 为单个吸附质分子的截面积，m^2；N 为阿伏伽德罗常量(6.02×10^{23})；W 为吸附剂的质量，g。

BET 吸附等温方程通常只适用于相对压力(p/p_0)在 0.05～0.35 之间的吸附，这是因为在推导方程时假定为多层的物理吸附，当相对压力小于 0.05 时，建立不起多层物理吸附平衡，甚至连单层吸附平衡也远未达到；当相对压力大于 0.35 时，毛细管中的凝聚作用变得显著，破坏了多层物理吸附平衡。当相对压力在 0.35～0.60 之间时，则需要用包含三常数的 BET 吸附等温方程(即 BET 三常数公式)。在更高的相对压力下，BET 三常数公式也不能定量地表达实验事实。出现偏差的原因主要是其没有考虑表面的不均匀性、同一层上吸附分子之间的相互作用力，以及在压力较高时多孔性吸附剂的孔径因吸附多分子层而变细后，可能发生蒸气在毛细管中的凝聚作用(在毛细管内液面的蒸气压低于平面液面的蒸气压)等因素。

2.4.8 吸附等温线

前文提到，在利用 BET 吸附等温方程求取固体比表面积时，一般要求相对压力在 0.05～0.35 之间。如果相对压力较大，即当压力接近吸附质饱和蒸气压时，可能发生毛细管中的凝聚作用而导致方程不适用。换位思考，固体催化剂中的孔结构(如大小或形状)会影响吸附量。通过研究这种不同相对压力下吸附量的变化情况，可以间接地得到关于催化剂的孔结构信息。因此，科学家总结了不同类型的吸附等温线以用于阐述固体材料的孔结构，特别是孔径分布。

按照 IUPAC 在 1985 年对孔径进行的定义和分类，孔宽即孔直径（对筒形孔）或 2 个相对孔壁间的距离（对裂隙孔），依孔宽大小可以分为以下 3 种孔。

(1) 微孔（micropore）：孔宽$<$2 nm 的孔。

(2) 介孔（mesopore）：孔宽为 2～50 nm 的孔。

(3) 大孔（macropore）：孔宽$>$50 nm 的孔。

2015 年，IUPAC 对孔径分类又进行了细分和补充，即

(1) 纳米孔（nanopore）：包括微孔、介孔和大孔，上限孔宽仅到 100 nm。

(2) 超微孔（ultramicropore）：孔宽$\leqslant$0.7 nm 的较窄微孔。

(3) 极微孔（supermicropore）：孔宽$>$0.7 nm 的较宽微孔。

吸附等温线是固定在某一温度下，当吸附达到平衡时吸附量（q）与相对压力（p/p_0）的关系曲线。吸附量通常是指单位质量（m）的吸附剂所吸附气体的体积（V，一般换算成标准状况下的体积），即

$$q=\frac{V}{m} \tag{2.54}$$

通过实验所得到的吸附等温线形状繁多，但基本上可用 6 种类型（图 2.19）概括。

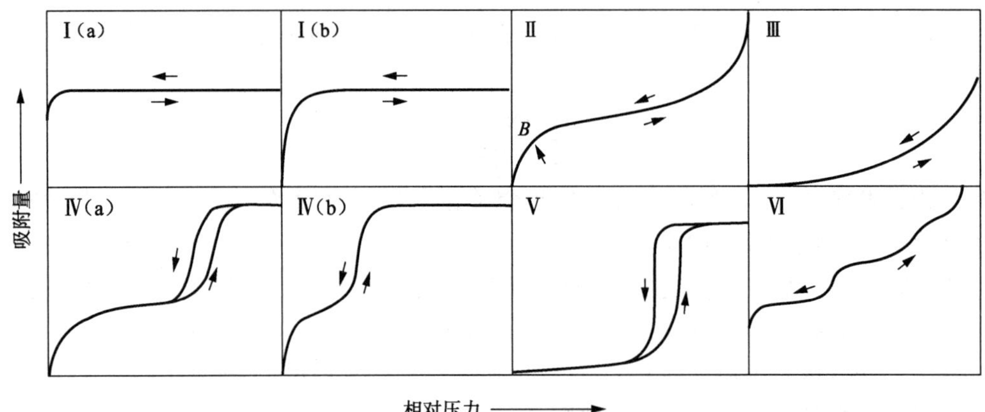

图 2.19　吸附等温线的类型

1）Ⅰ型等温线：Langmuir 等温线

Ⅰ型等温线对应于 Langmuir 单层可逆吸附过程，是窄孔进行吸附的过程；对微孔来说，是微孔有序充填的结果。曲线的转折点表示吸附剂的小孔完全被凝聚液充满。Ⅰ(a)表示尺寸较小（$<$1 nm）孔的填充；Ⅰ(b)表示尺寸较大（$<$2.5 nm）孔的填充。典型物质包括微孔硅胶、沸石、碳分子筛等。

2）Ⅱ型等温线：S 形等温线

Ⅱ型等温线对应于发生在非多孔性固体表面或大孔固体上自由的多层可逆吸附过程。在低相对压力处有拐点（图中 B 点），它表示单层饱和吸附量。随着相对压力的增大，开始形成多层吸附。Ⅱ型等温线常见于孔径大于 20 nm 的吸附材料。

3）Ⅲ型等温线：在整个相对压力范围内曲线下凹，没有拐点

在憎液性表面发生多层吸附或者固体和吸附质的吸附相互作用小于吸附质之间的相互作用时，呈现这种类型。例如，水蒸气在石墨表面上的吸附或在进行过憎水处理的非多孔性金属氧化物上的吸附。

4）Ⅳ型等温线：介孔材料

Ⅳ(a)对应于介孔尺寸较大的材料。在低相对压力区曲线凸起，与Ⅱ型等温线类似；在较高相对压力区，吸附质发生毛细管凝聚作用，曲线迅速上升；当所有孔均发生凝聚后，吸附只在远小于内表面积的外表面上发生，曲线平坦。在相对压力接近于1时，在大孔上吸附，曲线上升。由于发生毛细管凝聚作用，在该区可观察到滞后现象，即在脱附时得到的等温线与吸附时得到的等温线不重合（脱附等温线位于吸附等温线的上方），产生吸附滞后（adsorption hysteresis）现象，呈现回滞环。这种吸附滞后现象与孔的形状及其大小有关，因此通过分析吸附等温线就能知道孔的大小及其分布。

当介孔尺寸较小时，也可能无法观察到回滞环，即Ⅳ(b)。

5）Ⅴ型等温线：对应于与吸附质作用较弱的介孔材料

该类型等温线的特征是下凹，在更高相对压力下存在一个拐点。Ⅴ型等温线源于微孔和介孔固体上的弱气-固相互作用。

6）Ⅵ型等温线

Ⅵ型等温线以其吸附过程的台阶状特性而著称。这些台阶状源于均匀非孔表面的依次多层吸附。

上述6种吸附等温线的形状差别反映了催化剂与吸附分子间作用的差别，即反映了吸附剂的表面性质有所不同，孔的分布性质及吸附质和吸附剂的相互作用也不同。因此，由吸附等温线的类型还可以反过来了解一些关于吸附剂的表面性能，如孔的分布性质及吸附质和吸附剂相互作用的有关信息，特别是Ⅳ型和Ⅴ型等温线，回滞环的形状往往与孔形状相关（图2.20）。

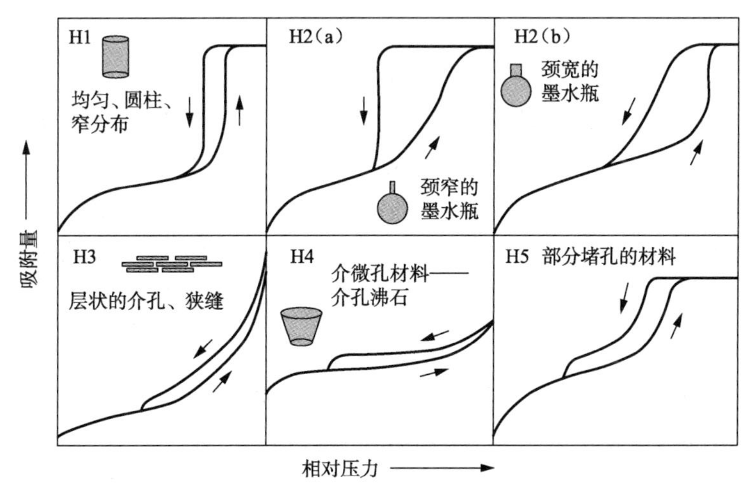

图2.20 吸附等温线的回滞环类型

2.4.9 化学吸附态

气体在催化剂上吸附时，可借助不同的吸附化学键而形成多种吸附态。吸附态不同，最终的反应产物亦可能不同，因而研究吸附态结构等具有重要的意义。下面主要介绍催化反应中典型分子的吸附态。

1）氢的吸附

氢气分子在发生化学吸附时通常分解为氢原子或氢离子，即发生所谓的解离吸附。

在金属上发生吸附时，发生均裂，形成带 2 个氢原子的吸附物种：

$$H_2 + —M—M— \longrightarrow —\overset{\overset{H}{|}}{M}—\overset{\overset{H}{|}}{M}— \text{或} —\overset{H\ H}{\overset{\backslash /}{M}}—M—$$

在金属氧化物上发生化学吸附时，常发生氢键不均匀的断裂，这种断裂简称异裂。例如，氢气在氧化锌上发生化学吸附时，通常形成 2 种表面吸附物种。

$$—\overset{\overset{H^-}{\vdots}}{Zn^{2+}}—\overset{\overset{H^+}{\vdots}}{O^{2-}}—$$

2）氧的吸附

氧在催化剂表面上发生的吸附比较复杂，既可以发生分子形式的缔合吸附（associative adsorption）或解离吸附，也可以发生氧原子进入金属晶格内部生成表面氧化物的反应。

在催化反应中已发现的主要氧物种有中性的吸附氧分子 O_{2ad}，以及带负电荷的氧离子物种 O_2^-，O^{2-} 和 O^-。例如，在 MgO，ZnO，TiO_2，SnO_2 和 CeO_2 表面上氧可以 O_2^- 形式吸附，在 MgO 和 ZnO 表面上还存在 O^- 物种。

3）CO 的吸附

CO 的吸附方式主要有线式（a）和桥式（b）2 种，它们都是缔合吸附。

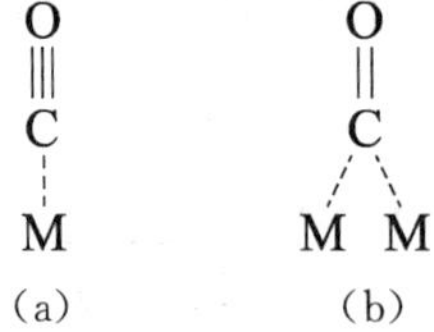

两者可以从红外光谱吸收峰加以区别，线式吸附吸收峰靠近 $\nu_{CO}=2\ 000\ cm^{-1}$，而桥式吸附吸收峰靠近 $\nu_{CO}=1\ 900\ cm^{-1}$。对 CO 络合物的研究表明，一个 CO 分子可以和几个金属结合形成多桥式，且结合的金属越多，红外波数下降得越多。金属种类不同，吸附态会发生变化。例如，在 Pt 表面上发生线式吸附，在 Pd 和 Ni 表面上发生线式和桥式 2 种吸附。此外，在高温下还可发生解离吸附，如 CO 在 Fe 和 Ni 表面上发生的吸附。

4）烃的吸附

烷烃在过渡金属及其氧化物表面上发生的化学吸附类似于氢的化学吸附，总是发生解离吸附，如甲烷在金属表面上可按下面方式发生吸附：

$$CH_4 + 2M \longrightarrow \overset{\overset{CH_3}{|}}{M} + \overset{\overset{H}{|}}{M}$$

烯烃可以发生解离吸附，也可以发生缔合吸附。例如，若乙烯在金属表面上发生的吸附为解离吸附，则发生脱氢反应：

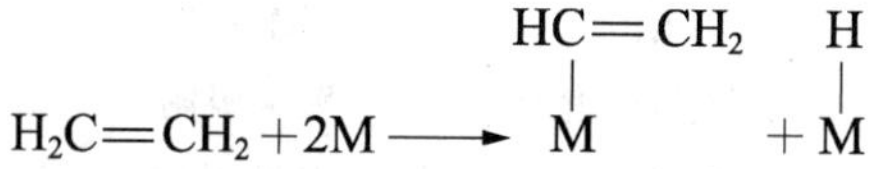

$$H_2C{=}CH_2 + 2M \longrightarrow \underset{\textstyle M}{\overset{HC{=}CH_2}{|}} + \underset{\textstyle M}{\overset{H}{|}}$$

若为缔合吸附，则主要有以下2种反应方式。

(1) σ 型：打开 C═C 双键，碳原子由 sp^2 杂化转变为 sp^3 杂化，以 σ 键与金属键合。

(2) π 型：以 π 键与金属键合。

$$\begin{array}{c} H_2C-CH_2 \\ |\quad\ \ | \\ -M-M- \end{array} \qquad \begin{array}{c} H_2C{=}CH_2 \\ \downarrow \\ M \end{array}$$

(1)　　　　(2)

在烯烃以 π 型缔合吸附时，会发生与CO类似的情况，过渡金属d轨道的电子可能填充到烯烃空的反键 π^* 键上，形成反馈键，削弱并活化 C═C 双键，这在催化反应中具有重要的意义。

丙烯在催化剂上的吸附态有以下几种：

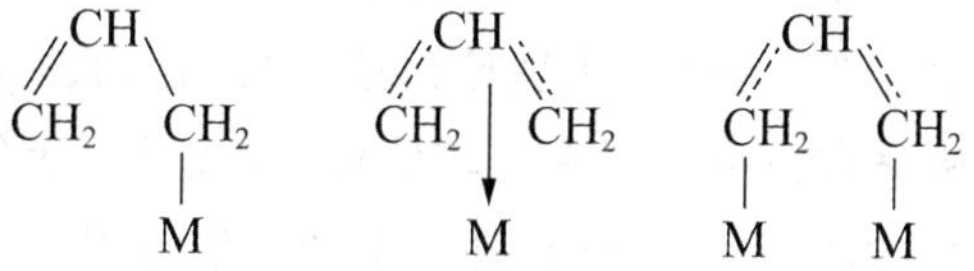

σ 型：烯丙基　　π 型：烯丙基　　协同式机理

烯烃在金属氧化物表面上发生吸附时，作为电子给予体吸附在正离子上。这种化学吸附要比在金属表面上发生的化学吸附弱一些，因为金属离子的 π 反馈能力比金属的 π 反馈能力弱。这是一种非解离吸附。

在覆盖度低的金属氧化物表面上，烯烃也能发生解离吸附。例如，丙烯在钼酸铋催化剂表面上发生吸附时，可借助金属离子邻位的氧负离子 O^{2-} 脱去一个氢原子，从而形成烯丙基吸附态。

在酸性氧化物(Al_2O_3-SiO_2、分子筛等)表面上，烯烃可以与表面B酸中心作用产生碳正离子，也可以与L酸中心配位。

烯烃的各种化学吸附态之间在一定条件下可以相互转化，因此通过吸附可催化烯烃双键异构化、顺反异构化和氢同位素交换等反应。

对于苯在金属表面上发生的吸附，其早期模型有6位 σ 型和2位 σ 型吸附2种：

6位 σ 型吸附　　2位 σ 型吸附

根据吸附过程中存在 π-芳烃络合物的研究结果，人们又提出另一种基于苯环大 π 键的缔合吸附态。此外，在室温下苯在镍、铁和铂膜上发生吸附时会有氢气释放出来，这说明苯在金属表面上可能发生了解离吸附。

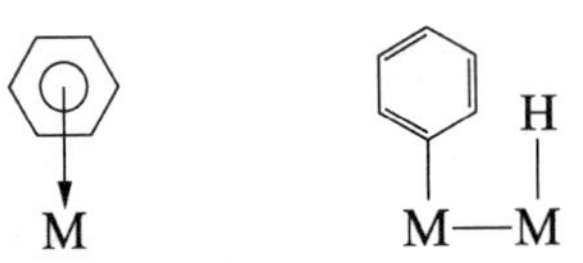

M　　　　M—M（H）

缔合吸附　　　解离吸附

烷基芳烃在酸性氧化物催化剂表面上的化学吸附态为烷基芳烃碳正离子，它们可以进行异构化、歧化、烷基转移等反应。

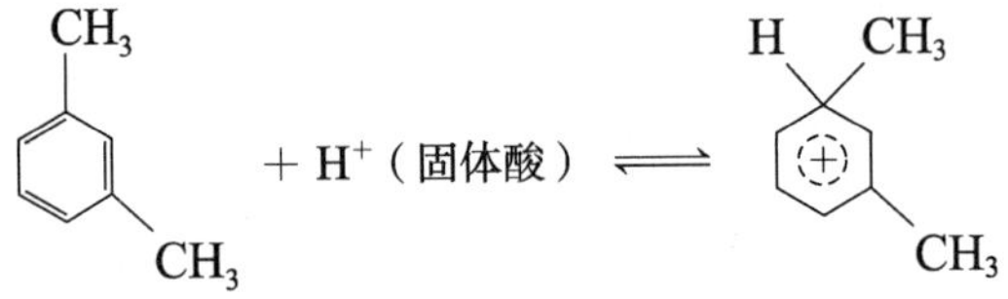

CH_3、CH_3（间二甲苯） + H^+（固体酸） $\rightleftharpoons$ H、CH_3、CH_3（碳正离子 ⊕）

2.5　气-固多相催化反应动力学基础

研究气-固多相催化反应动力学，从实用角度来说，是为工业催化过程确定最佳生产条件提供参考，为反应器的设计奠定基础；从理论角度来说，是为认识催化反应机理及催化剂的特性提供依据。例如，速率常数可以用来比较催化剂的活性，活化能可以用来判断活性位的异同等。这些都是化学动力学研究在催化理论上的价值体现。

2.5.1　速率控制步骤

催化反应一般是由许多基元反应构成的连续过程，如果其总速率由其中某一步的速率决定，则这一步就称为速率控制步骤，有时也简称为速控步骤。其特性在于即使有充分的反应物存在，这一步进行的速率也是最小的，而其他步骤在这样的条件下则可以很高的速率进行。因此可以说，速率控制步骤是阻力最大的一步，也是消耗活性位最多的一步。

由速率控制步骤的定义可进一步推知，在定态时，除速率控制步骤之外的其他步骤都近似地处于平衡状态，因为那些步骤都可以很快进行。有了速率控制步骤的假定，可以使速率方程的推导大大简化。

2.5.2　理想吸附模型的速率方程

获取速率方程的常用方法有 2 种，即机理模型法和经验模型法，本书主要介绍机理模型法。此法是先根据一定的研究基础假定一机理，然后由它出发，借助于吸附、脱附以及表面反应速率的规律推导出速率方程。利用此方程与某未知机理的反应速率数据相比较，从而为该反应是否符合所拟定的机理提供判据。

目前，催化学者在讨论动力学方程时，一般从最理想的吸附模型（Langmuir 吸附模型）开始，假定在实验过程中的吸附、脱附行为均符合 Langmuir 吸附模型。因此，凡涉及吸附和脱附速率时，均采用 Langmuir 吸附、脱附速率方程。根据速率控制步骤的不同，速率方程还可以有以下几种不同的形式。

1）表面反应为速率控制步骤时的速率方程

(1) 单分子反应。

[例2.6] 设一反应的机理模型为：

$$A + * \rightleftharpoons A^*$$

$$A^* \xrightarrow{k} B + *$$

反应物A分子吸附在空位*上，形成吸附态的A^*，而且A与A^*之间可以互相转化。A^*经表面反应直接变为气相产物分子B，同时还原出一个空位。这里表面反应为速率控制步骤，A和A^*达到准平衡。试推导反应速率方程。

解 根据表面质量作用定律，可写出表面反应速率方程为：

$$r = k\theta_A \tag{2.55}$$

由于表面反应是速率控制步骤，所以上式也代表总反应速率。因为表面反应这一步的速率很慢，对前一步吸附的平衡没有影响，所以θ_A的大小主要取决于前一步的平衡。利用这一平衡，可借助Langmuir吸附等温方程将θ_A表达为可测的A分压的函数：

$$\theta_A = \frac{\lambda_A p_A}{1+\lambda_A p_A} \tag{2.56}$$

式中，λ_A为A的吸附平衡常数。将θ_A代入式(2.55)，可得：

$$r = \frac{k\lambda_A p_A}{1+\lambda_A p_A} \tag{2.57}$$

这就是动力学常用的“平衡处理法”。

从式(2.57)可以看出，在低分压下或A的吸附很弱(即λ_A很小)时，有：

$$r = k\lambda_A p_A \tag{2.58}$$

即反应遵从1级反应规律。在高分压下或A的吸附很强(即λ_A很大)时，有：

$$r = k_A \tag{2.59}$$

表明反应为0级反应。

若一反应确实按以上机理进行，则该反应在不同分压区间对A显示不同的反应级次。例如PH_3在钨表面上的分解，在低分压时为1级反应，高分压时为0级反应，中等分压时为非整数级反应。

[例2.7] 假设一反应按以下机理模型进行：

$$A + * \rightleftharpoons A^*$$

$$A^* + * \xrightarrow{k} B^* + C^*$$

$$B^* \rightleftharpoons B + *$$

$$C^* \rightleftharpoons C + *$$

其中第二步表面反应是速率控制步骤，试推导反应速率方程。

解 这里吸附的A^*还需要一个空位才能反应形成产物，按照表面质量作用定律，该步反应速率不仅与吸附的A^*的浓度有关，而且与表面空位的浓度有关，所以总反应速率方程为：

$$r = k\theta_A\theta_0 \tag{2.60}$$

借助Langmuir吸附等温方程可将θ变换成A，B，C分压的函数：

$$\theta_A=\frac{\lambda_A p_A}{1+\lambda_A p_A+\lambda_B p_B+\lambda_C p_C} \tag{2.61}$$

$$\theta_0=\frac{1}{1+\lambda_A p_A+\lambda_B p_B+\lambda_C p_C} \tag{2.62}$$

将两式代入式(2.60)可得：

$$r=\frac{k\lambda_A p_A}{(1+\lambda_A p_A+\lambda_B p_B+\lambda_C p_C)^2} \tag{2.63}$$

这就是双曲线型反应速率方程，可以看出 r 是 A,B,C 分压的复杂函数。

(2) 双分子反应。

表面反应为双分子反应过程时，反应机理主要有 Langmuir-Hinshelwood 机理和 Eley-Rideal 机理 2 种。

① Langmuir-Hinshelwood 机理。

该机理假定表面反应发生在 2 个吸附物种间，而且该步是速率控制步骤。例如，反应 $A+B \longrightarrow C$ 按以下机理进行：

$$A+{}^* \overset{\theta}{\rightleftharpoons} A^*$$

$$B+{}^* \overset{\theta}{\rightleftharpoons} B^*$$

$$A^*+B^* \xrightarrow{k} C^*+{}^*$$

$$C^* \overset{\theta}{\rightleftharpoons} C+{}^*$$

设 A,B,C 的吸附均很显著，按照之前类似方法可得其总反应速率方程为：

$$r=k\theta_A\theta_B \tag{2.64}$$

借助 Langmuir 吸附等温方程可将 θ 变换成 A,B,C 分压的函数：

$$\theta_A=\frac{\lambda_A p_A}{1+\lambda_A p_A+\lambda_B p_B+\lambda_C p_C} \tag{2.65}$$

$$\theta_B=\frac{\lambda_B p_B}{1+\lambda_A p_A+\lambda_B p_B+\lambda_C p_C} \tag{2.66}$$

将以上两式代入式(2.64)可得：

$$r=\frac{k\lambda_A\lambda_B p_A p_B}{(1+\lambda_A p_A+\lambda_B p_B+\lambda_C p_C)^2} \tag{2.67}$$

以下反应也是按 Langmuir-Hinshelwood 机理进行的：

$$A_2+2^* \overset{\theta}{\rightleftharpoons} 2A^*$$

$$2A^* \xrightarrow{k} C+2^*$$

但与上例稍有不同，在此例中，A_2 吸附时解离成吸附态的 A^*，然后 A^* 间相互反应生成产物 C。同样可得总反应速率方程为：

$$r=k\theta_A^2 \tag{2.68}$$

借助 Langmuir 吸附等温方程可将 θ_A 表示成 A_2 分压的函数：

$$\theta_A=\frac{\lambda_A^{\frac{1}{2}} p_{A_2}^{\frac{1}{2}}}{1+\lambda_A^{\frac{1}{2}} p_{A_2}^{\frac{1}{2}}} \tag{2.69}$$

代入式(2.68)可得：

$$r=\frac{k\lambda_A p_{A_2}}{(1+\lambda_A^{\frac{1}{2}} p_{A_2}^{\frac{1}{2}})^2} \tag{2.70}$$

② Eley-Rideal 机理。

若一个反应中吸附物种和气相分子间的反应为速率控制步骤，则这样的反应机理称为 Eley-Rideal 机理。例如，反应 A+B ⟶ C 按如下机理进行：

$$A+{}^* \rightleftharpoons A^*$$

$$A^*+B \xrightarrow{k} C^*$$

$$C^* \rightleftharpoons C+{}^*$$

其中第二步为速率控制步骤，则总反应速率方程可以写为：

$$r=k\theta_A p_B \tag{2.71}$$

由于 A,B 处于不同的相，所以分别以覆盖度和分压表示。A 和 C 都在表面上发生吸附，所以：

$$\theta_A=\frac{\lambda_A p_A}{1+\lambda_A p_A+\lambda_C p_C} \tag{2.72}$$

代入式(2.71)可得：

$$r=\frac{k\lambda_A p_A p_B}{1+\lambda_A p_A+\lambda_C p_C} \tag{2.73}$$

有研究者认为，CO 在 Pt 表面上的氧化是按 Eley-Rideal 机理进行的。尽管表面上存在着吸附的 CO，但它却与反应速率无关。在反应中是气相 CO 撞击吸附的氧原子的反应控制 CO 氧化的总反应速率。

2）吸附或脱附为速率控制步骤时的速率方程

当吸附是速率控制步骤时，求解速率方程的方法与脱附是速率控制步骤时的类似，因此这里只介绍前者。设一反应 A ⟶ B 的反应机理包括如下 3 步：

$$A+{}^* \underset{k_-}{\overset{k_+}{\rightleftharpoons}} A^* \quad (k_+ \text{和} k_- \text{为正、逆反应平衡常数})$$

$$A^* \rightleftharpoons B^*$$

$$B^* \rightleftharpoons B+{}^*$$

其中第一步吸附是一个慢过程，是速率控制步骤，而吸附以外的其他各步都近似处于平衡状态。第一步的净反应速率代表了总反应速率，即

$$r=k_+\theta_0 p_A-k_-\theta_A \tag{2.74}$$

由于吸附这一步没有处于平衡状态，因而不能像前面那样直接将气相分压 p_A 代入 Langmuir 吸附等温方程求 θ_A，但可以认为在某一压力下 A 的吸附达到平衡。假设该平衡压力为 p_A^*（注意：它与体系内 A 的现时压力 p_A 不同），借助 Langmuir 吸附等温方程可将 θ 用相应的分压函数表示：

$$\theta_A=\frac{\lambda_A p_A^*}{1+\lambda_A p_A^*+\lambda_B p_B} \tag{2.75}$$

$$\theta_0=\frac{1}{1+\lambda_A p_A^*+\lambda_B p_B} \tag{2.76}$$

将以上两式代入式(2.74)可得：

$$r=\frac{k_{+}p_{A}-k_{-}\lambda_{A}p_{A}^{*}}{1+\lambda_{A}p_{A}^{*}+\lambda_{B}p_{B}} \tag{2.77}$$

利用总反应平衡关系可以将 p_{A}^{*} 表示出来，总反应平衡常数 $K=p_{B}/p_{A}^{*}$，因此，$p_{A}^{*}=p_{B}/K$，又因为 $\lambda_{A}=k_{+}/k_{-}$，代入式(2.77)整理后可得：

$$r=\frac{k_{+}\left(p_{A}-\frac{p_{B}}{K}\right)}{1+k'p_{B}} \tag{2.78}$$

式中，$k'=\frac{\lambda_{A}}{K}+\lambda_{B}$。

由以上所述可知，从反应物 A 被活性位吸附生成 A^{*} 开始，后面的表面反应及 B^{*} 的脱附(或 B 的吸附)均处于平衡状态。像这样由吸附平衡和表面反应平衡组成的总平衡常常又称为吸附-化学平衡。类似地，如果脱附为速率控制步骤，那么吸附-化学平衡应由 B 的吸附平衡与 A^{*} 的表面反应平衡组成。

3) 无速率控制步骤时的速率方程——稳定态处理法

这种模型认为，在催化反应的连续序列中，如果各步骤反应速率相近，远离平衡，则没有速率控制步骤。这时，速率方程可用稳定态处理法求得，即假定各步骤反应速率相近，造成中间物浓度在较长时间内恒定。稳定态近似的条件可以表示为：

$$\frac{d\theta_{A}}{dt}=\frac{d\theta_{B}}{dt}=\cdots=\frac{d\theta_{i}}{dt}=0 \tag{2.79}$$

式中，θ_{A}，θ_{B}，…，θ_{i} 为表面中间物浓度。有了稳定态近似，可以列出一系列方程，利用表面覆盖度守恒，就可以联立求解方程，得出各 θ 值。

例如，反应 $A\longrightarrow B$ 的机理包括如下 2 步：

$$A+{*}\underset{k_{-1}}{\overset{k_{1}}{\rightleftharpoons}}A^{*}\ (k_{1}\text{ 和 }k_{-1}\text{为正、逆反应平衡常数})$$

$$A^{*}\underset{k_{-2}}{\overset{k_{2}}{\rightleftharpoons}}B+{*}\ (k_{2}\text{ 和 }k_{-2}\text{为正、逆反应平衡常数})$$

这里只有 A 一种物质吸附，根据稳定态近似的条件

$$\frac{d\theta_{A}}{dt}=0 \tag{2.80}$$

可知 A^{*} 的形成速率与 A^{*} 的消失速率相等，由此可列出方程：

$$k_{1}\theta_{0}p_{A}+k_{-2}\theta_{0}p_{B}=k_{-1}\theta_{A}+k_{2}\theta_{A} \tag{2.81}$$

$$\theta_{0}+\theta_{A}=1 \tag{2.82}$$

求解以上 2 个方程，可得：

$$\theta_{A}=\frac{k_{1}p_{A}+k_{-2}p_{B}}{k_{1}p_{A}+k_{-2}p_{B}+k_{-1}+k_{2}} \tag{2.83}$$

$$\theta_{0}=\frac{k_{-1}+k_{2}}{k_{1}p_{A}+k_{-2}p_{B}+k_{-1}+k_{2}} \tag{2.84}$$

因为各步骤的净反应速率相等，故总反应速率可用任一步骤的净反应速率表示，即 $r_{1}=r_{2}=r$，若用第一步，则有：

$$r=k_1\theta_0 p_A-k_{-1}\theta_A=\frac{k_1k_2p_A-k_{-1}k_{-2}p_B}{k_1p_A+k_{-2}p_B+k_{-1}+k_2} \tag{2.85}$$

由式(2.85)可以看出,使用稳定态近似得到的反应速率方程包含较多常数,因而处理上较为复杂。因此,尽管它可以应用于无速率控制步骤和有速率控制步骤 2 种情况,但如果有平衡条件可以利用,应尽量使用平衡处理法,这样会使处理容易。

从以上诸多例子的讨论可以看出,由假定的机理模型出发,可得到理想吸附模型的速率方程,它可用一个通式表达:

$$速率=\frac{动力学项\times推动力项}{吸附项^n} \tag{2.86}$$

上述介绍的有速率控制步骤的动力学方程在推导时,均把速率控制步骤的反应作为不可逆反应处理,即只考虑正反应速率,不考虑逆反应速率。这种假设是合理的,特别是在动力学方程求取过程中,采用初始反应速率的数据用于考察实验结果时。但是,之前在对图 2.3 和图 2.7 的分析中又反复提到,转化率增加对反应活性是不利的,特别是存在产物抑制反应时。下面着重讨论一下在速率控制步骤反应过程中逆反应速率不可忽略时的情况。

[例 2.8] CO 低温氧化燃烧是汽车尾气处理的一个重要的研究课题,近年来的研究表明,Pt,Pd 和 Au 是具有优异活性的金属组分,其催化 CO 低温氧化燃烧主要发生以下反应:

$$CO+\frac{1}{2}O_2 \rightleftharpoons CO_2$$

该反应的基元反应步骤如下:

(1) $$CO+{}^* \underset{k_{-1}}{\overset{k_1}{\rightleftharpoons}} CO^*$$

(2) $$O_2+2{}^* \underset{k_{-2}}{\overset{k_2}{\rightleftharpoons}} 2O^*$$

(3) $$CO^*+O^* \underset{k_{-3}}{\overset{k_3}{\rightleftharpoons}} CO_2{}^*+{}^*\ (速率控制步骤)$$

(4) $$CO_2{}^* \underset{k_{-4}}{\overset{k_4}{\rightleftharpoons}} CO_2+{}^*$$

其中,$K_1(=k_1/k_{-1})$,$K_2(=k_2/k_{-2})$和 $K_4(=k_4/k_{-4})$是基元反应(1),(2)和(4)的平衡常数。试推导反应速率方程,并分析其特点。

解

$$\begin{aligned} r&=k_3\theta_{CO}\theta_O\\ &=k_3\frac{K_1p_{CO}}{1+K_1p_{CO}+\sqrt{K_2p_{O_2}}+K_4^{-1}p_{CO_2}}\times\frac{\sqrt{K_2p_{O_2}\theta_0}}{1+K_1p_{CO}+\sqrt{K_2p_{O_2}}+K_4^{-1}p_{CO_2}}\\ &=k_3K_1\sqrt{K_2}\,p_{CO}\sqrt{p_{O_2}}\left(\frac{1}{1+K_1p_{CO}+\sqrt{K_2p_{O_2}}+K_4^{-1}p_{CO_2}}\right)^2 \end{aligned} \tag{2.87}$$

根据阿伦尼乌斯方程,可以求出反应的表观活化能 E_a^{app}:

$$\begin{aligned} E_a^{app}&=RT^2\frac{\partial \ln r}{\partial T}\\ &=RT^2\frac{\partial}{\partial T}[\ln(p_{CO}\sqrt{p_{O_2}})+\ln k_3+\ln K_1+ \end{aligned}$$

$$\ln\sqrt{K_2}-2\ln(1+K_1p_{CO}+\sqrt{K_2p_{O_2}}+K_4^{-1}p_{CO_2})]$$

$$=RT^2\left(0+\frac{\partial\left(\frac{-E_a}{RT}\right)}{\partial T}+\frac{\partial\left(\frac{-\Delta H_{CO}}{RT}\right)}{\partial T}+\frac{\partial\left(\sqrt{\frac{-\Delta H_{O_2}}{RT}}\right)}{\partial T}-\frac{2\left[\frac{\partial(1+K_1p_{CO}+\sqrt{K_2p_{O_2}}+K_4^{-1}p_{CO_2})}{\partial T}\right]}{1+K_1p_{CO}+\sqrt{K_2p_{O_2}}+K_4^{-1}p_{CO_2}}\right) \tag{2.88}$$

实际上,反应的活化能与速率控制步骤的速率常数之间存在以下关系:

$$k_3=v_3\exp\left(\frac{-E_a}{RT}\right) \tag{2.89}$$

式中,v_3 为基元反应步骤(3)的指前因子。通过对比可以发现,反应的表观活化能不仅与反应的活化能有关,还与反应物和产物的吸附热、吸附程度(吸附平衡常数等)密切相关,此时表观活化能可表示为:

$$\begin{aligned}E_a^{app}&=E_a+\Delta H_{CO}+0.5\Delta H_{O_2}-2(\theta_{CO}\Delta H_{CO}+0.5\theta_{O_2}\Delta H_{O_2}-\theta_{CO_2}\Delta H_{CO_2})\\&=E_a+(1-2\theta_{CO})\Delta H_{CO}+0.5(1-2\theta_{O_2})\Delta H_{O_2}-\theta_{CO_2}\Delta H_{CO_2}\end{aligned} \tag{2.90}$$

反应中,CO,O_2 和 CO_2 已经达到吸附和脱附平衡,此时有:

$$K_x=\exp\left(\frac{-\Delta G_x}{RT}\right)=\exp\left(\frac{\Delta S_x}{R}\right)\exp\left(\frac{-\Delta H_x}{RT}\right) \tag{2.91}$$

显然,CO,O_2 和 CO_2 的覆盖度(取决于各组分 K_x 值)也与反应温度密切相关,根据式(2.88)可知,反应表观活化能的变化规律在不同温度区间是不同的。实验表明,在 650 K 时,$K_{CO}=1$,$\Delta H_{CO}=-135$ kJ/mol;在 630 K 时,$K_{O_2}=1$,$\Delta H_{O_2}=-250$ kJ/mol。在 $p_{CO}=1$ kPa,$p_{O_2}/p_{CO}=10$ 的反应条件下,可得到不同反应温度下各组分覆盖度与归一化的反应速率的变化趋势(图 2.21)。由图 2.21 可以看出,反应速率随着反应温度升高先上升后下降。

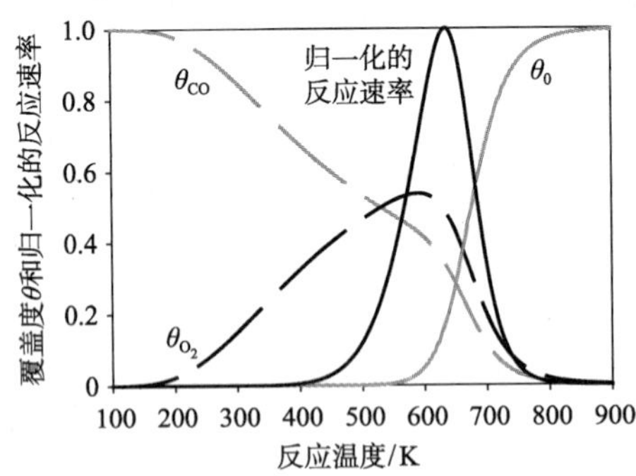

图 2.21　不同反应温度下各组分覆盖度和归一化的反应速率的变化趋势

对低温反应而言,CO_2 的吸附一般可以忽略,而且低温下金属对 CO 的吸附能力远大于对 O_2 的吸附能力,此时有:

$$\theta_0=\frac{1}{1+K_1p_{CO}+\sqrt{K_2p_{O_2}}+K_4^{-1}p_{CO_2}}\approx\frac{1}{1+K_1p_{CO}}\approx\frac{1}{K_1p_{CO}} \tag{2.92}$$

因此:

$$r=k_3\sqrt{K_2}\sqrt{p_{O_2}}\frac{1}{K_1 p_{CO}} \tag{2.93}$$

此时，对 O_2 是0.5级反应，对CO是−1级反应。

对高温反应而言，CO_2 的吸附一般可以忽略，CO和 O_2 的吸附也较弱，此时有：

$$\theta_0=\frac{1}{1+K_1 p_{CO}+\sqrt{K_2 p_{O_2}}+K_4^{-1} p_{CO_2}}\approx\frac{1}{1+K_1 p_{CO}}\approx 1 \tag{2.94}$$

因此：

$$r=k_3 K_1\sqrt{K_2}\, p_{CO}\sqrt{p_{O_2}} \tag{2.95}$$

此时，对 O_2 是0.5级反应，对CO是1级反应。

不同反应温度下反应级数和相对活化能变化趋势如图2.22所示。

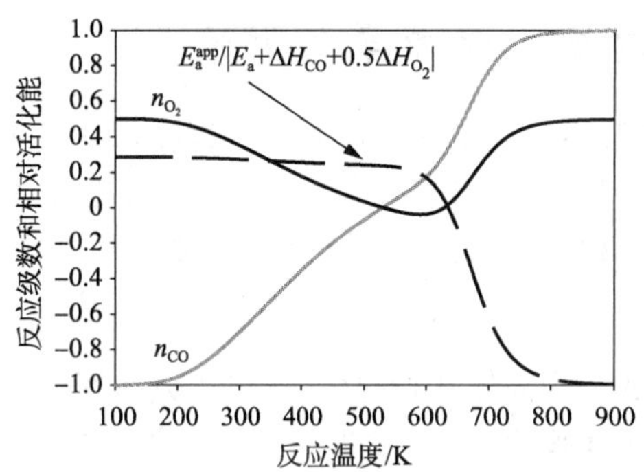

图2.22 不同反应温度下反应级数和相对活化能变化趋势

［**思考题2.5**］ 对催化反应而言，表观活化能（E_a^{app}）与速率控制步骤的活化能（E_a）存在显著的差别，对于开发催化材料用于工业反应，应该以考察 E_a^{app} 为主还是以考察 E_a 为主？

2.6 扩散对催化反应的影响

前文关于反应动力学的讨论都是以扩散而不是速率控制步骤为条件的。当扩散成为速率控制步骤时，对气-固多相催化反应来说，扩散对反应动力学将产生较大影响。在多相催化反应中，一般考虑内、外2种扩散。外扩散是指发生在催化剂颗粒外部，反应物自气流主体穿过颗粒外的一层气膜转移至颗粒外表面上的扩散，而产物则经历相反的过程。内扩散是指发生在催化剂颗粒内部，反应物自外表面孔口处向孔内转移的扩散，而产物则相反，自孔内向孔口、孔外扩散。内、外扩散的驱动力都是浓度差。

2.6.1 外扩散对反应动力学的影响

当外扩散的阻力很大时，它就成为速率控制步骤，这时总过程的速率将取决于外扩散的阻力。这种情况就称反应在外扩散区进行。此时，由于在催化剂的外表面发生反应，不断消耗反应物，使气流主体与催化剂外表面间形成一层扩散层或气膜，层或膜间有较大的浓度差，无均相反应，其间只有扩散，所以浓度梯度沿膜的厚度是均匀变化的。这样，反应物自气流主体向催化剂外表面扩散的速率 r_{dif} 可以用 Fick 定律的方程表示：

$$r_{dif}=D\left(\frac{C_0-C_s}{L}\right) \tag{2.96}$$

式中，D 为扩散系数；L 为扩散层的厚度；C_0，C_s 为反应物在气流主体内、外表面上的浓度。

因为外扩散成为速率控制步骤，所以扩散速率代表总反应速率。从式(2.96)可以看出，对于在外扩散区进行的反应，其反应级数与传质过程的级数一致，均为 1 级，与表面反应的级数无关。所得到的表观活化能与反应物的扩散活化能相近，为 4～12 kJ/mol。

随着气流线速的增大，气流的湍流程度增加，从而使包围在催化剂颗粒外表面的气膜变薄，这也导致扩散系数增大，以至于总反应速率加快。在反应动力学研究中，常利用气流线速对总反应速率的这种强烈影响作为判别外扩散是否成为速率控制步骤的主要依据。

2.6.2 内扩散对反应动力学的影响

固体催化剂多为多孔材料，具有很大的内表面。反应物分子主要以扩散方式进入孔中，根据分子自身间碰撞、分子与孔壁间碰撞的关系，内扩散可以分为体相扩散与 Knudson(努森)扩散 2 种。此外，还有一种特殊的扩散——构型扩散。

1) 体相扩散

体相扩散又称容积扩散。当固体孔径很大，气体十分浓密时，气体分子间的碰撞概率远大于气体分子与孔壁间的碰撞概率，这时发生的扩散即体相扩散。在一个大气压下气体分子的平均自由程约为 10^2 nm，这样当固体的孔径大于 10^3 nm 时，气体分子的扩散速率将与孔径无关。

描述这种扩散的速率可使用 Fick 第一定律。对于一维扩散，Fick 第一定律给出的扩散速率为：

$$r_{dif}=\frac{dN}{dt}=-Ds\frac{dC}{dx} \tag{2.97}$$

式中，s 为发生扩散的面积；dC/dx 为 x 方向上扩散物的浓度梯度；负号表示扩散指向浓度减少的方向。

根据气体动力论，发生体相扩散时的扩散系数 D 为：

$$D=\frac{1}{3}\bar{v}\lambda \tag{2.98}$$

式中，$\bar{v}$ 为气体分子的平均速率；λ 为气体分子的平均自由程，其值为：

$$\lambda=\frac{0.707}{\pi\sigma^2 C_T} \tag{2.99}$$

式中，σ 为气体分子的直径；C_T 为总浓度(或总压力)。由此可知，D 与气体压力成反比。

体相扩散发生在多孔催化剂上时，由于孔结构的影响，扩散系数要进行修正。修正后的扩散系数称为有效扩散系数 D_{eff}，它与扩散系数的关系为：

$$D_{eff}=\frac{D\theta}{\tau} \tag{2.100}$$

式中，θ 为孔隙率，对许多实用催化剂而言，其值一般在 0.3～0.7 之间，故多孔催化剂内的有效扩散系数一般小于无催化剂时的扩散系数；τ 为弯曲因数，是对孔道弯曲造成的阻力所做的校正，其值一般在2～7之间。式(2.100)表明在多孔颗粒内气体的扩散系数与孔隙率相关。

2) Knudson 扩散

当固体孔径很小、气体稀薄时，气体分子与孔壁间的碰撞次数远大于气体分子间的碰撞次数，这时发生的扩散称为 Knudson 扩散。在固体孔径明显小于气体分子的平均自由程(约 10^2 nm)时，一些在中等压力下的气体就会发生这种扩散。描述这种扩散的速率仍然使用 Fick 第一定律，但扩散系数采用 Knudson 扩散系数 D_K。由气体分子运动理论可得：

$$D_K = \frac{2}{3}\bar{v}r \tag{2.101}$$

式中，r 为孔径。由此可知，在发生 Knudson 扩散时，扩散系数与固体孔径成正比，与扩散时气体分子压力无关。

对于多孔催化剂，Knudson 扩散系数可修正为：

$$D_{K,eff} = \frac{D_K \theta}{\tau_m} \tag{2.102}$$

这类似于体相扩散，其中 τ_m 表示由平均孔径计算得到的弯曲因数。

扩散系数除可由实验测得外，也可用下面的半经验公式计算得到：

$$D = \frac{1}{3}\bar{v}\lambda\left[1 - \exp\left(-\frac{2r}{\lambda}\right)\right] \tag{2.103}$$

该式考虑到体相扩散和 Knudson 扩散及2种扩散间的过渡情况(100～1 000 nm)。当 r 远远小于 λ 时，式(2.103)还原为式(2.101)，即 Knudson 扩散；当 r 远远大于 λ 时，式(2.103)还原为式(2.98)，即体相扩散。

3) 构型扩散

当气体分子的大小与固体孔径相近时，发生的扩散即构型扩散。因为沸石分子筛的孔径多在1 nm以下，与气体分子的动力学直径接近，因而在沸石分子筛中常发生这样的扩散。构型扩散的速率很慢，扩散系数很小。例如，沸石分子筛的构型扩散系数大约在 10^{-11} cm²/s 以下，而液体的体相容积扩散系数为 10^{-1} cm²/s，气体的 Knudson 扩散系数在 10^{-3} cm²/s 左右。扩散系数小，意味着扩散活化能高，因而构型扩散的活化能明显高于其他2种扩散。关于孔径大小对扩散系数的影响可从图2.23看出。

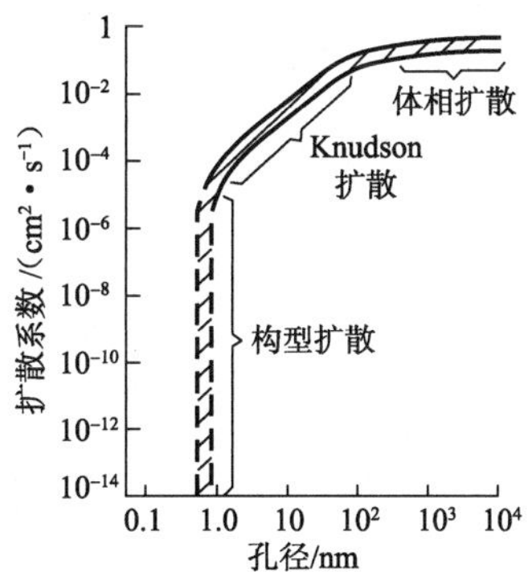

图2.23 孔径对扩散系数的影响

在构型扩散区,气体分子的构型对扩散有着举足轻重的影响。表 2.3 显示了具有不同分支度的石蜡烃和烯烃扩散系数的变化。扩散系数的不同会影响反应的进行。例如,实验发现,烷烃异构体在 ZSM-5 沸石内的裂解速率有以下顺序:正庚烷>2-甲基己烷>二甲基戊烷。这说明分子构型不同时,将通过扩散的差别而影响反应速率。

表 2.3　一些烃分子在 ZSM-5 沸石(孔径 0.55 nm)内的扩散系数

烃分子	动力学直径/nm	温度/K	扩散系数 $D/(cm^2 \cdot s^{-1})$
1,3,5-三甲基苯	0.8	623	10^{-12}
邻二甲苯	0.7		10^{-12}
对二甲苯	0.6		$\geqslant 10^{-7}$
乙烷、丙烷、水	0.5	293	$\geqslant 10^{-5}$
3,3-二甲基丁烯	0.7	811	7×10^{-8}
2,2-二甲基丁烯	0.7		2×10^{-8}
2,2-二甲基庚烷	0.7		3×10^{-8}
三甲基戊烷	0.6		4×10^{-5}
正己烯	0.5		5×10^{-4}

当沸石类型固定时,在同系物间,随着分子大小的增加,扩散活化能也增加。在沸石内,一个方向上的扩散流明显受到逆向扩散流的阻碍,而发生 Knudson 扩散时,相向运动的分子流相互独立,互不干扰。

2.6.3　温度对反应发生区间的影响

反应速率常数和扩散系数都是温度的函数,所以温度变化也会改变反应发生的区间。这种情况通常发生在具有孔径不大不小的过渡孔的催化剂中。随着温度的变化可陆续观察到 3 个反应发生区间,即动力学区、内扩散区与外扩散区。

当温度低时,表面反应的阻力大,表观反应速率由真实反应速率决定,表观活化能($E_{表}$)等于真实反应活化能($E_{真}$),这就是反应在动力学区进行的特征,如图 2.24 中的线段 A 所示。

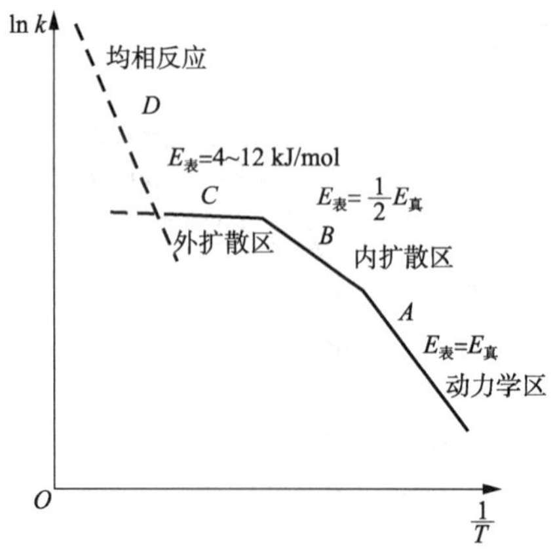

图 2.24　反应发生区间随温度的变化

随着温度的升高，扩散系数缓慢增加，而表面反应速率常数按指数增加，内扩散阻力变大，此时表观活化能逐渐减小，最后达到真实反应活化能的一半。这是反应在内扩散区进行的特征，如图 2.24 中的线段 *B* 所示。在内扩散区，由于通过孔的扩散与反应不是连续过程，而是平行过程，即反应物一边扩散一边进行反应，因而总过程不是被一个单一过程所控制的。

当温度再升高时，气流主体内的反应物穿过颗粒外气膜的阻力变大，反应的阻力相对变小，表观动力学与体相扩散动力学相近，表观活化能落在扩散活化能的数值范围内(4～12 kJ/mol)，如图 2.24 中的线段 *C* 所示。反应表现为 1 级反应，与真实反应动力学级数无关。

若温度再升高，则非催化的均相反应将占主导地位，如图 2.24 中的线段 *D* 所示。

2.6.4 扩散影响的识别和消除

用反应动力学方法研究反应机理要确保反应在动力学区进行。此外，为了实用，筛选催化剂时也要在动力学区测定活性与选择性。因此，判明在反应发生的区间扩散(外扩散和内扩散)影响是十分必要的。

1) 外扩散阻滞效应的识别与消除

当外扩散成为速率控制步骤时，通常会发生以下现象：

(1) 随着气流线速的增加，表观反应速率增加，或者在保持空速或停留时间不变时，随着气流线速的增加，反应物的转化率增大。如果提高气流线速引起转化率明显增加，则说明外扩散阻滞作用很大，反应可能发生在外扩散区。进一步提高线速时，若转化率不变，则说明外扩散阻滞作用不大，已排除外扩散影响。这是催化研究中排除外扩散的重要判据(图 2.25)。

(2) 随着温度升高，反应物的转化率并不显著增大。

(3) 总反应过程表现为 1 级过程。

(4) 当催化剂量不变，但颗粒变小时，反应物的转化率略有增加。因催化剂颗粒变小，其外表面积增加，所以外扩散速率提高。由于催化剂颗粒变小引起的面积增加并不显著，所以只有当粒度的变化幅度较大时才能观察到上述效应。

(5) 测定的表观活化能较低，为 4～12 kJ/mol。

2) 内扩散阻滞效应的识别与消除

反应在内扩散区进行时可观察到以下现象：

(1) 实验中，在催化剂量不变的情况下，随着催化剂颗粒粒径变小，表观反应速率或者转化率明显增加，向动力学区过渡(图 2.26)。

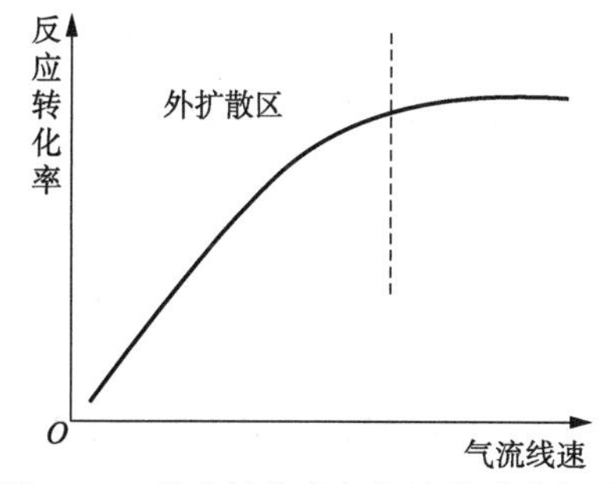

图 2.25 反应转化率与气流线速的关系

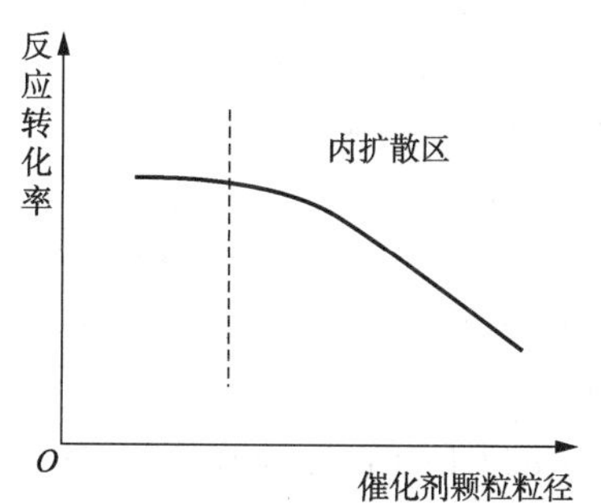

图 2.26 反应转化率与催化剂颗粒粒径的关系

(2) 表观活化能接近于在低温测定的真实反应活化能的一半。

(3) 增加停留时间时,表观反应速率不受影响。增加停留时间只提高了在动力学区反应进行的速率。

用以上外、内扩散区各现象判断外、内扩散效应时,若只以上述某一个现象的存在对扩散类型做出判别是不充分的,应慎重和综合考虑,最好还用其他现象作为佐证。其中,线速效应常用于实验室排除外扩散的判据,而粒径效应常用于实验室排除内扩散的判据。

另外,在这里再介绍一种筛选催化剂时如何排除催化剂内扩散的方法。对于某一确定的反应,开发催化剂时一般需要进行活性组分和载体的筛选工作,往往要对比不同活性组分和载体的活性,以及不同活性组分负载量的影响。此时,就需要考虑改变活性组分种类、负载量或者载体时是否会引起扩散的问题。图 2.27 给出了一种名为 Madon-Boudart 的测试方法。以酒石酸加氢反应为例,考察不同金属粒径、不同金属负载量、不同载体的负载型 Pd 催化剂的活性,将所得反应活性(速率)和反应活性位浓度分别取对数进行作图,若得到斜率接近于 1 的直线,则基本可以排除内扩散的影响。

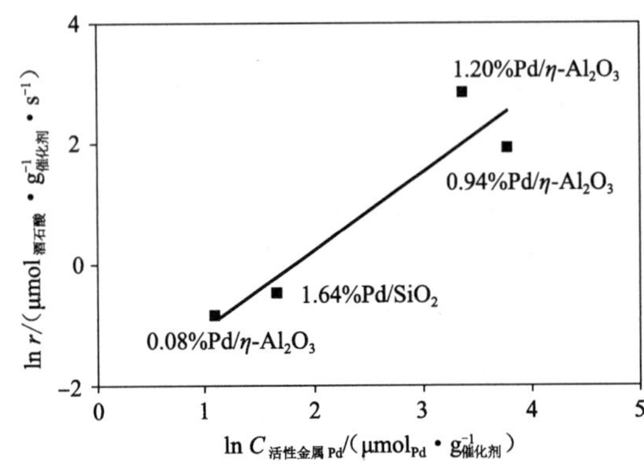

图 2.27 Pd 催化酒石酸加氢反应的 Madon-Boudart 内扩散测试

(103 kPa H_2, 0.06 mol/L 酒石酸的己烷溶液)

参考文献

[1] KOZUCH S, MARTIN J M L. "Turning Over" Definitions in Catalytic Cycles[J]. ACS Catalysis, 2012, 2: 2787-2794.

[2] 杨正红. 物理吸附 100 问[M]. 北京:化学工业出版社, 2017.

[3] 何杰. 高等催化原理[M]. 北京:化学工业出版社, 2022.

[4] 王桂茹. 催化剂与催化作用——石油、非石油资源催化转化制取能源及化学品[M]. 大连:大连理工大学出版社, 2015.

[5] 甄开吉, 王国甲, 毕颖丽, 等. 催化作用基础[M]. 3 版. 北京:科学出版社, 2005.

[6] ROTHENBERG G. Catalysis: Concepts and Green Applications[M]. Weinheim: Wiley-VCH, 2008.

[7] CHORKENDORFF L, NIEMANTSVERDRIET J W. Concepts of Modern Catalysis and Kinetics[M]. Weinheim: Wiley-VCH, 2007.

[8] 黄仲涛,耿建铭. 工业催化[M]. 3版. 北京:化学工业出版社,2014.

[9] GADI ROTHENBERG. 催化原理与绿色应用[M]. 2版. 徐华龙,乐英红,沈伟,等译. 北京:高等教育出版社,2020.

[10] 廖代伟. 催化科学导论[M]. 北京:化学工业出版社,2006.

[11] MADON R J,BOUDART M. Experimental Criterion for the Absence of Artifcats in the Measurement of Rates of Heterogeneous Catalytic Reactions[J]. Ind. Eng. Chem. Fundam.,1982,21:438-447.

[12] SINGH U K,VANNICE M A. Liquid-phase Citral Hydrogenation over SiO_2-Supported Group Ⅷ Metals[J]. J. Catal.,2001,199:73-84.

[13] ERTL G,KNOZINGER H,SCHUTH F,et al. Handbook of Heterogeneous Catalysis[M]. Weinheim:Wiley-VCH,2008.

[14] PRINS R. Hydrogen Spillover. Facts and Fiction[J]. Chem. Rev.,2012,112(5):2714-2738.

[15] 陈诵英. 吸附与催化[M]. 郑州:河南科学技术出版社,2001.

[16] GOLD V. Glossary of Terms Used in Physical Physical Organic Chemistry[J]. Pure & Appl. Chem.,1979,51:1725-1801.

[17] LAIDLER K J. Symbolism and Terminology in Chemical Kinetics[J]. Pure & Appl. Chem.,1981,53:762.

[18] SVEHLA G. Nomenclature of Kinetic Methods of Analysis[J]. Pure & Appl. Chem.,1981,65:2291-2298.

[19] 辛勤,徐杰. 现代催化化学[M]. 北京:科学出版社,2016.

[20] RUTGER A VAN SANTEN. Modern Heterogeneous Catalysis:An Introduction[M]. Weinheim:Wiley-VCH,2017.

[21] JULIAN ROSS. Contemporary Catalysis:Fundamentals and Current Applications[M]. Amsterdam:Elsevier,2019.

[22] 杨向光,吴越. 现代催化原理[M]. 北京:科学出版社,2005.

[23] WUTHRICH K,GRUBBS R H,VISART DE BOCARME T,et al. Catalysis in Chemistry and Biology[M]. UK:World Scientific Publishing,2018.

[24] PRINS R,WANG A J,LI X. Introduction to Heterogeneous Catalysis[M]. UK:World Scientific Publishing,2016.

[25] TAN M W,YANG Y L,YANG Y,et al. Hydrogen Spillover Assisted by Oxygenate Molecules over Nonreducible Oxides[J]. Nature Commun.,2022,13:1457.

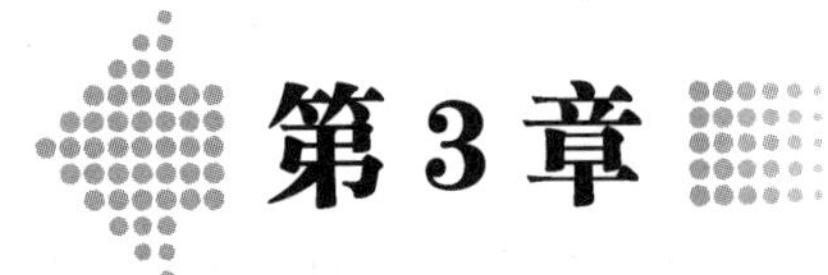

第3章

酸碱催化与能源资源转化制燃料和化学品

3.1　基本概念

3.1.1　酸和碱的定义

均相中的酸和碱有多种定义，其中对催化作用影响最大的是 Brönsted 和 Lowley 及 Lewis 给出的定义。

Brönsted 和 Lowley 提出了质子论：凡是能给出质子的物质称为酸，即 B 酸；凡是能接受质子的物质称为碱，即 B 碱。

$$AH + B^- \longrightarrow A^- + BH$$

在逆反应中，BH 是一种酸，而 A^- 是一种碱。AH 和 A^- 被称为共轭酸碱对，同样 BH 和 B^- 也是共轭酸碱对。互为酸、碱者，称为共轭酸碱。

Lewis 根据电子理论，提出了电子论：凡是能接受电子对的物质，称为酸，即 L 酸，如 BF_3；凡是能给出电子对的物质，称为碱，即 L 碱，如 NH_3。同样，互为酸、碱者，称为共轭酸碱。

3.1.2　固体酸和碱的定义

固体酸：表面具有可以给出质子（B 酸）或者能从反应物接受电子对（L 酸）的活性中心的固体。例如：Al_2O_3，ZrO_2，TiO_2-SiO_2，SiO_2-Al_2O_3，杂多酸，酸性分子筛等。

固体碱：表面具有可以从反应物接受质子（B 碱）或者能给出电子对（L 碱）的活性中心的固体。例如：MgO，CaO，碱性分子筛等。

3.1.3　固体表面的酸、碱性质

固体表面的酸和碱性质包括 3 个方面，即固体表面酸、碱中心类型，酸、碱强度，酸、碱浓度（酸、碱度）。

（1）固体表面酸、碱中心类型系指是 B 酸还是 L 酸，是 B 碱还是 L 碱。

（2）酸、碱强度是作为酸或碱的功能的能力大小。对酸而言，其酸强度即给出质子（B 酸）或接受电子对（L 酸）的能力；同样，对碱而言，其碱强度即接受质子（B 碱）或给出电子对

(L碱)的能力。

① 固体酸强度通常以哈密特(Hammett)酸强度函数 H_0 表示,其定义式为:

$$H_0=-\lg\frac{a_{H^+}f_B}{f_{BH^+}} \tag{3.1}$$

式中,a_{H^+} 为 H^+ 的活度;f_B 为碱指示剂的活度系数;f_{BH^+} 为B碱共轭酸的活度系数。

当酸的水溶液很稀时,$H_0=-\lg[H^+]=pH$。

碱性指示剂(B)共轭酸的解离平衡常数的负对数值 pK_a 与 H_0 有如下关系:

$$H_0=pK_a+\lg\frac{C_B}{C_{BH^+}}=pK_a-\lg\frac{C_{BH^+}}{C_B} \tag{3.2}$$

现在一般用该关系式定义酸强度函数 H_0。

对于B酸,有:

$$H_0=pK_a+\lg\frac{[B]}{[BH^+]} \tag{3.3}$$

对于L酸,有:

$$H_0=pK_a+\lg\frac{[B]}{[AB]} \tag{3.4}$$

② 固体碱强度与固体酸强度类似,其定义为:

$$H_-=pK_a+\lg\frac{[A^-]}{[HA]} \tag{3.5}$$

这是溶液从酸位夺走质子的一种量度,实际上是表示得到质子的能力,故称碱强度。将此定义进行扩展就可表示L碱强度(给出电子对的能力)。

③ 超强酸和超强碱。

超强酸:酸强度超过100%硫酸的酸强度(硫酸 $H_0=-11.9$)或 $H_0<-11.9$ 的固体酸。

超强碱:$H_->26$ 的固体碱。

(3) 酸、碱浓度也常称酸、碱度,表示有多少酸、碱,即酸、碱数量的多少,亦可称为酸、碱密度,一般以单位质量固体催化剂上酸、碱的物质的量(mmol,早期也用毫克当量)或者以单位表面积固体催化剂上酸、碱的物质的量(mmol)表示。

3.1.4 B酸和L酸的鉴别

酸位的存在可以用碱分子如氨和胺的吸附证实,利用碱分子的化学吸附热和化学吸附量能够测定酸位数目。若能结合吸附、脱附过程中的温度效应,还可以比较分析酸催化剂的酸强度,如典型的 NH_3 分子的程序升温脱附(NH_3-TPD)。区分B酸和L酸最简便的方法是吸附碱分子的光谱测定,最常用的是吡啶吸附红外光谱。吡啶与B酸位反应生成吡啶鎓离子,其吸收峰出现在1 540～1 550 cm^{-1};吡啶吸附在L酸位,其吸收峰出现在1 445～1 450 cm^{-1};2,6-二甲基吡啶能与B酸位反应生成吡啶鎓离子,但它不能与L酸位反应。

除吡啶外,乙腈和一氧化碳的吸附红外光谱也能用于检测B酸和L酸。除此之外,还可以通过以三烷基膦和三烷基膦氧化物为探针分子的 ^{31}P MAS NMR 和 CP/MAS NMR 光谱区分B酸和L酸。

B碱和L碱的定量测定方法可以参考酸的测定方法。例如,可利用酸分子(如 CO_2)的化学吸附热或吸附量测定碱位数目。测定碱含量和碱强度可以采用 CO_2 分子的 CO_2-TPD 方法。相应地,可以采用 CO_2 和吡咯的吸附红外光谱区分碱位,也可以采用 $CHCl_3$ 和 $CDCl_3$ 的红外光谱和 MAS NMR 光谱区分碱位。

3.1.5 固体酸、碱的种类与酸中心结构

1) 单金属氧化物

(1) 单组分碱金属(Ⅲ族元素)氧化物,如 Al_2O_3。Al_2O_3 表面经 670 K 以上热处理可得 γ-Al_2O_3 和 η-Al_2O_3,两者均具有酸中心和碱中心,其形成过程如下:

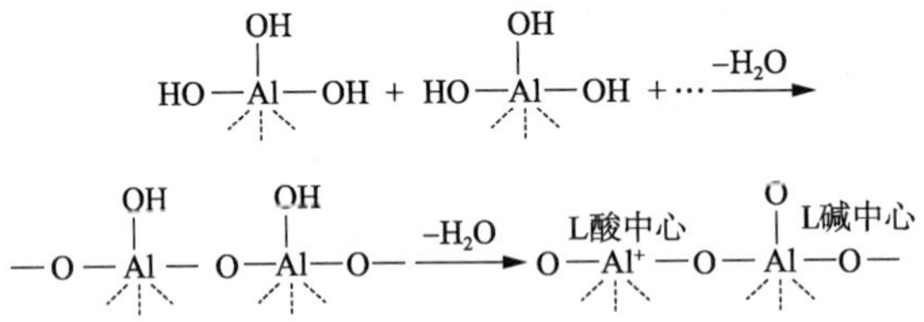

$$\text{HO—Al(OH)—OH} + \text{HO—Al(OH)—OH} + \cdots \xrightarrow{-H_2O}$$

$$\text{—O—Al(OH)—O—Al(OH)—O—} \xrightarrow{-H_2O} \text{O—}\underset{\text{L酸中心}}{Al^+}\text{—O—}\underset{\text{L碱中心 O}}{Al}\text{—O—}$$

图 3.1　Al_2O_3 中的 L 酸中心和 L 碱中心

L 酸中心容易吸水转变为 B 酸中心:

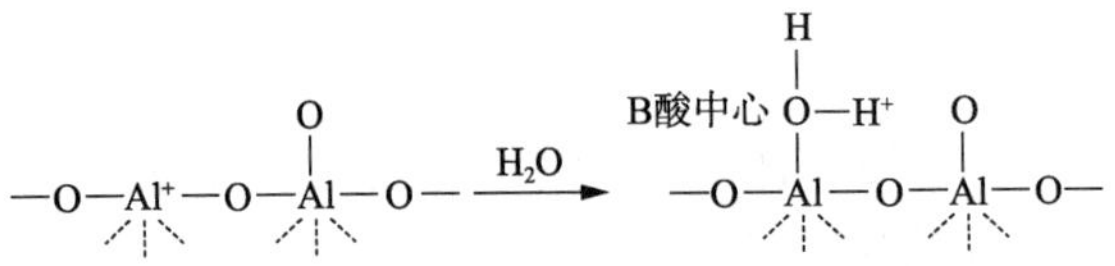

$$\text{—O—}Al^+\text{—O—Al(O)—O—} \xrightarrow{H_2O} \text{—O—Al(O(H)—}H^+\text{)—O—Al(O)—O—}\ (\text{B酸中心})$$

图 3.2　Al_2O_3 中 L 酸中心和 B 酸中心的转化

(2) 单组分碱土金属(ⅡA 族元素)氧化物,如 MgO 和 CaO 是固体碱催化剂。除显示碱性(获取氢离子或质子的能力)外,碱土金属氧化物还显示给出电子的性能(如中性硝基苯被 MgO 和 CaO 等吸附形成阴性自由基),这种给出电子的部位与碱位不同,故将碱位称为 B 碱中心,而给出电子的部位称为 L 碱中心。

2) 复合氧化物

在二元复合氧化物结构模型中,负电荷或者正电荷过剩是产生酸性的原因。例如,TiO_2 与 SiO_2 组成的二元复合氧化物都显酸性,不是正电荷过剩(L 酸)就是负电荷过剩(B 酸)。图 3.3 显示了 TiO_2 为主要组分的 TiO_2-SiO_2 二元复合氧化物的结构模型和 SiO_2 为主要组分的 SiO_2-TiO_2 二元复合氧化物的结构模型。在 TiO_2 为主要组分情况(图 3.3a)下,Si 的配位数为 4,Ti 的配位数为 6;Si 的 4 个正电荷分布在 4 个键上,即每个键上分布 1 个正电荷;而 O^{2-} 的配位数按上述原则的要求应为 3,故 2 个负电荷分布在 3 个键上,即每个键上分布 $-2/3$ 电荷。因此,总的电荷差为 $(+4/4-2/3)\times4=4/3$,说明正电荷过剩,能够接受电子对,显 L 酸性。在 SiO_2 为主要组分情况(图 3.3b)下,Ti 的 4 个正电荷分布在 6 个键上,即每个键上分布 $+4/6$ 电荷;而 O^{2-} 的配位数按上述原则的要求应为 2,故 2 个负电荷分布在 2 个键上,即每个键上分布 $-2/2$ 电荷。因此,总的电荷差为 $(+4/6-2/2)\times6=-2$,说明负电荷过剩,存在质子,显 B 酸性。

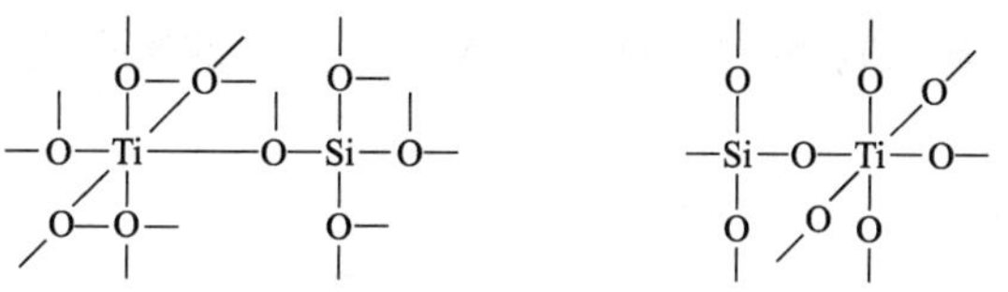

(a) TiO_2为主要组分　　(b) SiO_2为主要组分

图 3.3　TiO_2-SiO_2 二元复合氧化物的结构模型

3) 负载型无机酸

用直接浸渍在载体上的无机酸作催化剂时,其催化作用与处于溶液形态的无机酸相同,均可直接提供 H^+。例如,H_3PO_3 浸渍在硅藻土或 SiO_2 上,为了使 H_3PO_3 能稳定地担载在载体上,通常需在 300～400 ℃下进行焙烧,使其以正磷酸和焦磷酸形式存在,这样可提供 B 酸中心 H^+。使用过程中为防止正磷酸、焦磷酸变为偏磷酸(催化活性低),常加入微量水。

4) 卤化物

卤化物作酸催化剂时起催化作用的是 L 酸中心,为更好地发挥其催化作用,通常可加入适量的 HCl,HF 和 H_2O,使 L 酸中心转变为 B 酸中心。其作用如下:

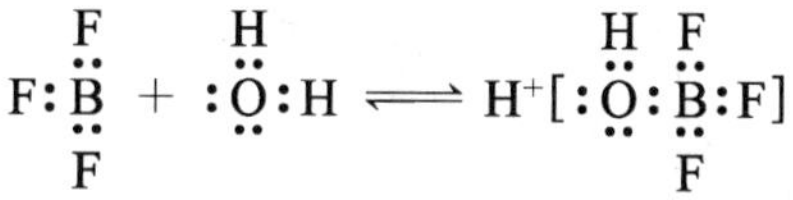

$$\mathrm{F{:}\overset{F}{\underset{F}{B}}} + \mathrm{{:}\overset{H}{O}{:}H} \rightleftharpoons \mathrm{H^+[{:}\overset{H}{O}{:}\overset{F}{\underset{F}{B}}{:}F]}$$

5) 金属盐酸

硫酸盐和磷酸盐也是固体酸催化剂,包括酸性盐和中性盐。中性盐没有酸性,若加热、压缩或辐射照射,则可以呈现不同酸性。

各种形式(无定型和结晶型)的金属磷酸盐都可以用作酸性催化剂或碱性催化剂。现以磷酸铝为例说明酸中心的形成。磷酸铝的酸性与铝磷原子比和—OH 含量有关。化学计量磷酸铝的铝磷原子比为 1,经 600 ℃以下处理,其表面同时存在 B 酸中心和 L 酸中心。P 上的—OH 为酸性羟基,与相邻的 Al—OH 形成氢键,使其酸性增强,可视为 B 酸中心。在高温下抽真空处理时,羟基缩合生成水,同时出现 L 酸中心。这种由 B 酸中心转变为 L 酸中心的过程如下:

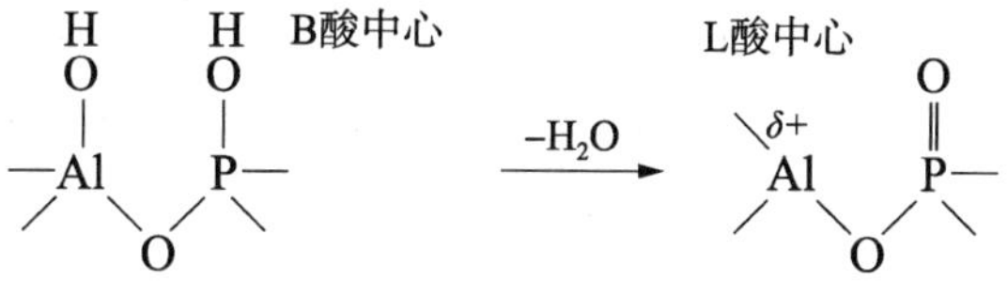

B酸中心　$\xrightarrow{-H_2O}$　L酸中心（$\delta+$ Al，P=O）

脱水后铝磷氧化物中的 O 主要留在 P 上,P ═O 键属共价键性质,所以 O 不能视为碱中心。

6) 阳离子交换树脂

苯乙烯与二乙烯基苯共聚可生成三维网络结构的凝胶型共聚物,向共聚物中引入各种官能团进行离子交换可得到酸催化剂。例如,用硫酸使苯环磺化,引入磺酸基团,从而可得到强酸型离子交换树脂;引入羧酸基团,可制得弱酸型离子交换树脂。相反,向共聚物中引入季铵基可得到阴离子交换树脂,呈强碱性。市场上的树脂为含官能团—$SO_3^-M^+$ 的盐类(M^+ 为 Na^+),为使其具有酸性,必须用 HCl 水溶液交换,使 Na^+ 被 H^+ 取代,成为 B 酸催化剂；阴离子交换树脂[具有官能团—$N^+(CH_3)_3X^-$]需用碱溶液交换，即用 OH^- 取代 X^-，使其成为 B 碱催化剂。

7）杂多酸化合物

杂多酸化合物是指杂多酸及其盐类。目前使用较多的杂多酸型催化剂主要是 1∶12 系列 Keggin 结构的杂多酸，如 $H_3[PW_{12}O_{40}]\cdot xH_2O$，$H_3[PMo_{12}O_{40}]\cdot xH_2O$，$H_4[SiW_{12}O_{40}]\cdot xH_2O$，$H_4[SiMo_{12}O_{40}]\cdot xH_2O$ 以及一些混合配位的杂多酸，这些系列的杂多酸具有强酸性。

钼酸根离子（MoO_4^{2-}）和磷酸根离子（PO_4^{3-}）在酸性条件下可缩合生成磷钼杂多酸，其反应方程式为：

$$12MoO_4^{2-}+PO_4^{3-}+27H^+\longrightarrow H_3PMo_{12}O_{40}+12H_2O$$

杂多酸根$[PMo_{12}O_{40}]^{3-}$是杂多酸阴离子的一种，杂原子 P 和多原子 Mo 的数量比例是 1∶12，故称为十二磷钼酸阴离子。这种杂多酸阴离子结构首先由 Keggin 阐明，故常以 Keggin 的名字命名。Keggin 结构是最有代表性的杂多酸阴离子结构，如图 3.4 所示，它由 12 个 MO_6（M＝Mo，W）八面体围绕一个 PO_4 四面体构成。

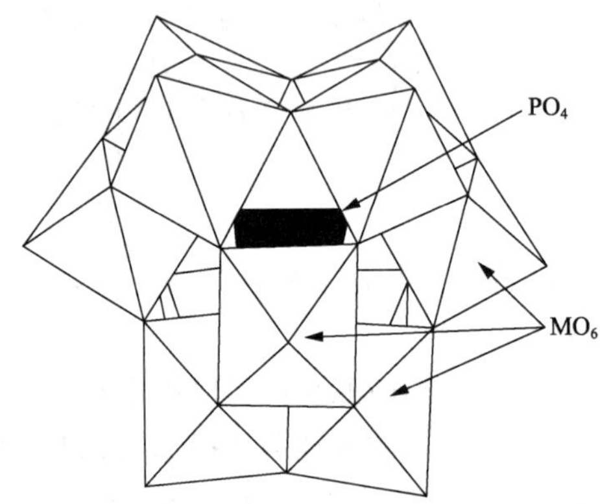

图 3.4　杂多酸结构

当杂多酸中的 H^+ 被金属离子取代时，便形成杂多酸盐。酸根离子中位于中央的原子（如 P）称为中心原子或杂原子，缩合并与之配位的原子称为配位原子或多原子（如 Mo）。可以作为杂原子的元素很多，如 Cu，Mg，Al，Si，Sn，Ti，P，Fe，Co，N 等；可以作为多原子的元素主要有 Mo，W，V，Cr 等。杂多酸之所以能作为催化剂，是因为它具有酸性和氧化-还原性能，无论是在溶液中还是以固体形式存在，杂多酸都是很强的 B 酸，而其盐既具有 B 酸中心，又具有 L 酸中心。

8）超强酸

超强酸是指酸强度超过 100%H_2SO_4 的物质，其酸强度函数 $H_0<-11.9$。田部浩三曾先后合成出 10 多种固体超强酸，其中 SbF_5-$SiO_2\cdot TiO_2$，FSO_3H-$SiO_2\cdot ZrO_2$，FSO_3H-$SiO_2\cdot Al_2O_3$ 和 SbF_5-$TiO_2\cdot ZrO_2$ 的酸强度均为 100%H_2SO_4 的 500～1 000 倍。将 SbF_5 加入 $SiO_2\cdot Al_2O_3$ 固体酸中可使其酸强度增大，这是因为 $SiO_2\cdot Al_2O_3$ 表面存在 Al^{3+}（L 酸中心），与 Al^{3+} 相邻的 O 吸附 SbF_5 后，由于 SbF_5 配位使 O 的电子转移到 SbF_5 上，Al^{3+} 中的电子移向 O，使 Al^{3+} 的正电性更强，表现为 L 酸强度特别高，如图 3.5 所示。

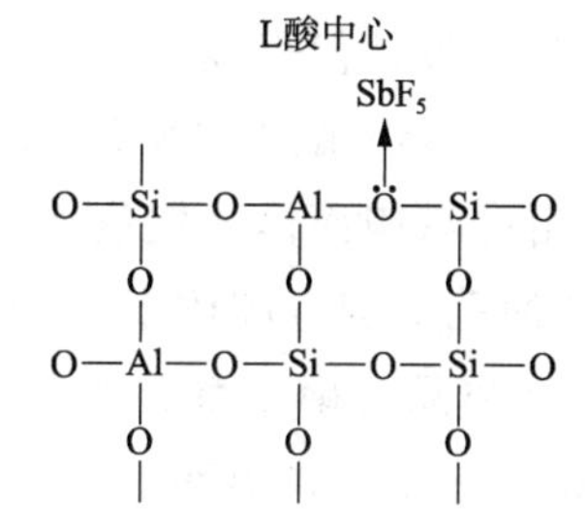

图 3.5 SbF_5-SiO_2 · Al_2O_3 的结构

9）离子液体

离子液体(ionic liquid)是一种完全由离子组成，且在低温下呈液态的盐。离子液体中的阳离子分为4类(图3.6)，即烷基铵阳离子、烷基磷阳离子、咪唑阳离子和吡啶阳离子；阴离子主要有氯铝酸根、氟硼酸根、六氟磷酸根以及其他大的阴离子。

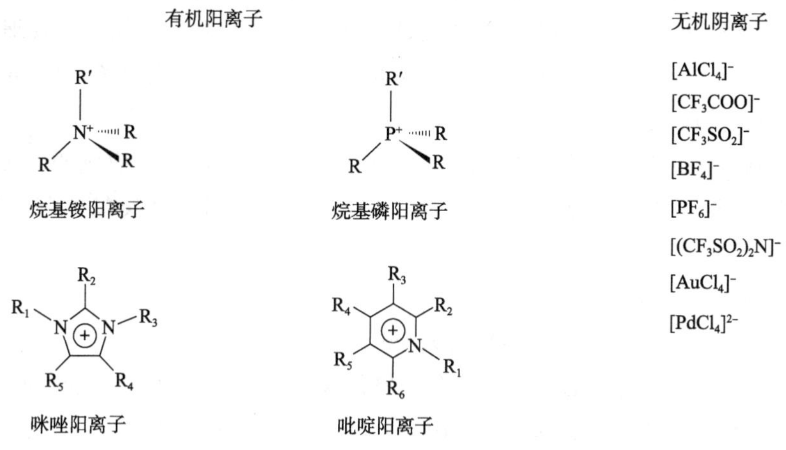

图 3.6 离子液体中阳离子和阴离子的种类

离子液体的酸碱性是由阴离子的本质所决定的。例如，将L酸 $AlCl_3$ 加入离子液体1-丁基-3-甲基咪唑氯化盐([bmim]Cl)中，当 $AlCl_3$ 的摩尔分数 $x(AlCl_3)<0.5$ 时，离子液体中的阴离子以 Cl^- 和 $[AlCl_4]^-$ 形式存在，离子液体呈碱性；当 $x(AlCl_3)=0.5$ 时，离子液体中的阴离子以 $[AlCl_4]^-$ 形式存在，离子液体呈中性；当 $x(AlCl_3)>0.5$ 时，离子液体中的阴离子以 $[AlCl_4]^-$ 和 $[Al_2Cl_7]^-$ 形式存在，离子液体呈酸性。通过改变加入酸的种类、数量即可以得到不同酸类型、酸量和酸强度的离子液体(图3.7)。

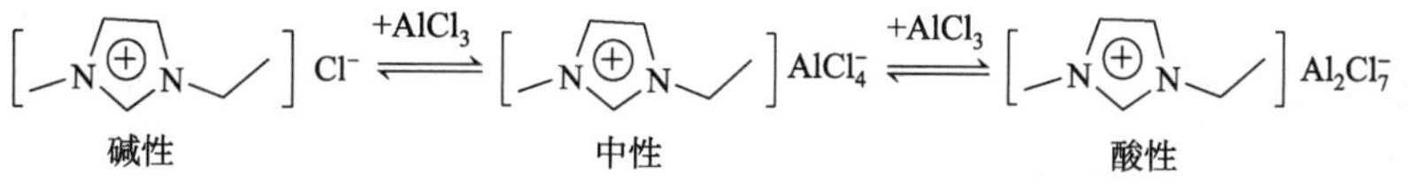

Cl^- $\xrightleftharpoons{+AlCl_3}$ $AlCl_4^-$ $\xrightleftharpoons{+AlCl_3}$ $Al_2Cl_7^-$

碱性 中性 酸性

图 3.7 离子液体中提高L酸酸量的方法

10）沸石分子筛

1932年，McBain提出了“分子筛”的概念，它是指在分子水平上筛分物质的多孔材料，其中多孔材料的结构可以是结晶态的，也可以是无定型的。作为固体酸或碱催化剂的沸石只是分子筛的一种，由于沸石在分子筛中最具代表性，所以人们往往将分子筛等同于沸石，造成“沸石”和“分子筛”这 2 个词混用。早期文献中经常用“沸石”或“沸石分子筛”特指具有结晶态的硅酸盐或硅铝酸盐，它们是由硅氧四面体或铝氧四面体通过氧桥键相连而形成的分子尺寸大小(通常为 0.3～2.0 nm)的孔道和空腔体系，具有筛分分子的特性。随着沸石分子筛人工合成的发展，研究者发现某类晶态磷铝酸盐类的多孔物质也可以用于筛分分子。目前，人们普遍把上述由硅酸盐、硅铝酸盐和磷铝酸盐晶体组成的沸石称作硅沸石、硅铝沸石和磷铝沸石。随着对沸石分子筛结构的研究，科学家发现沸石骨架元素(硅或铝或磷)也可部分由 B,Ga,Fe,Ti,Zr 和 Sn 等取代，形成杂原子沸石。

在多孔材料领域，IUPAC 在对孔径尺寸的定义中，把孔径尺寸小于 2 nm、介于 2～50 nm 之间和大于 50 nm 的分子筛分别称为微孔、介孔和大孔材料。因此，根据孔径的不同，可以相应地把分子筛分为微孔分子筛、介孔分子筛(如常见的 SBA-15 分子筛和 MCM-41 分子筛)和大孔分子筛。必须指出的是，本章所讨论的沸石分子筛的孔径尺寸在 0.3～2.0 nm 范围内，属于微孔分子筛的一种。但是，在沸石分子筛研究领域，研究者还根据孔径尺寸将其细分为微孔沸石、中孔沸石和大孔沸石，分别对应孔径 0.4 nm 以下、0.4～0.6 nm 和 0.6～2.0 nm 的沸石。

(1) 沸石分子筛的组成。

沸石分子筛是由硅氧四面体或铝氧四面体连接成的三维骨架所构成的。Al 或 Si 原子位于四面体中心，相邻四面体通过顶角 O 原子相连，这样得到的骨架包含孔、通道、空笼或互通孔洞。

沸石分子筛可用下列通式表示：

$$M_{x/n}[(AlO_2)_x(SiO_2)_y]\cdot zH_2O$$

其中，M 为金属；n 为 M 的化合价；x/n 为金属的物质的量；x 为 AlO_2 的物质的量；y 为 SiO_2 的物质的量；z 为水的物质的量；$[(AlO_2)_x(SiO_2)_y]$为晶胞单元。化合价为 n 的金属离子的存在是为了保持体系的电中性，因为晶格中每个铝氧四面体带有一个负电荷。

各种分子筛的区别首先在于化学组成的不同。

① M 的不同：M 可以为 Na,K,Li,Mg 等，或者有机胺或复合离子等。

② Si/Al 的不同：A,X,Y 沸石和丝光沸石的 Si/Al 分别为 1.0～2.0,2.1～3.0,3.1～6.0 和 8.0～9.0。

A 沸石　$Na_{12}(AlO_2)_{12}(SiO_2)_{12}\cdot zH_2O$

X 沸石　$Na_{56}(AlO_2)_{56}(SiO_2)_{136}\cdot zH_2O$

Y 沸石　$Na_{40}(AlO_2)_{40}(SiO_2)_{152}\cdot zH_2O$

③ 当化学式中的 x 值不同时，沸石分子筛的抗酸性、热稳定性以及催化活性等都不相同。一般而言，x 值越大，耐酸性和热稳定性越高。

另外，在沸石分子筛合成过程中，为了方便计算，经常将需要添加的硅、铝原料量换算成氧化铝、氧化硅的实际含量，所以人们采用下列形式表示沸石分子筛：

$$M_{2/n}O\cdot Al_2O_3\cdot xSiO_2\cdot yH_2O$$

在讨论沸石分子筛的酸性质时，研究者往往会用到沸石分子筛的骨架硅铝原子比和骨架硅铝分子比，即 Si/Al 和 SiO_2/Al_2O_3。

(2) 沸石分子筛的结构。

沸石分子筛最基本的结构单位是硅氧四面体和铝氧四面体。因为硅的化合价为+4、氧的化合价为−2,故硅氧四面体可在平面上表示为图 3.8。由于每个 O 原子为相邻 2 个四面体所共用(称氧桥),因此,硅和氧的化合价都可得到满足。四面体间通过氧桥相互连接,便构成链状、层状及三维立体骨架。

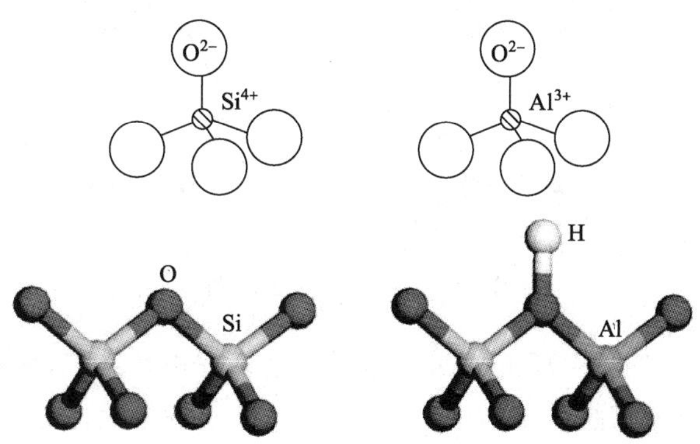

图 3.8 四面体结构

在铝氧四面体中,因为铝的化合价为+3,故四面体带负电荷,因此沸石分子筛骨架带负电荷,此时必须要有阳离子或质子来稳定骨架以达到电中性,这就是沸石分子筛具有 B 酸性的本质原因。据此推断,可以通过改变骨架中的 Al 含量来改变沸石分子筛中 B 酸的含量,这就是在沸石领域经常讨论骨架硅铝比(硅铝原子比 Si/Al 或硅铝分子比 SiO_2/Al_2O_3)的原因,且该比值越大,B 酸位数目越少。另外,前面提到,不同沸石分子筛具有不同的晶胞结构,如果一个晶胞中 Al 含量增加,则整个晶胞骨架的电荷数必然增加,晶胞内的电场强度增加。如果反应物在晶胞的孔隙内反应,则必然受到电场极化的影响。在沸石分子筛催化领域,经常提到沸石分子筛孔穴内发生的溶剂化(solvation)效应,其本质就取决于 Al 的位置和含量(酸强度和酸度)和电场作用。除此之外,沸石分子筛的骨架硅铝比还影响其亲水性和疏水性。水是极性分子,骨架所带电荷越多,与水的作用就越强,反之则越弱。因此,硅铝比越大,亲水性越弱;高硅沸石疏水,低硅沸石亲水。

四面体中的硅和铝原子通常用 T 表示。T—O 键和 O—O 键的键长各不相等:Si—O 键为 0.16 nm,Al—O 键为 0.175 nm,O_{Si}—O_{Si} 键为 0.263 nm,O_{Al}—O_{Al} 键为 0.286 nm。由此可知,若分子筛骨架中的 Al 含量不一样,则得到的沸石晶胞的规整性和结构稳定性必然受到影响。因此,沸石分子筛的骨架含量中 Al 含量存在一个极大值。例如,即使是 Si 含量较低的 X 和 Y 沸石,Si/Al 也不低于 1。显然,Al 含量越大,骨架稳定性越差,在实际应用中必然受限,所以能源化工领域一般采用高硅沸石。

组成沸石分子筛结构的四面体通过氧桥相互连接,形成环。通常 2 个铝氧四面体不能直接相连。由 4 个四面体组成的环称为四元环,6 个四面体组成的环称为六元环(图 3.9),此外还有八元环、十元环、十二元环及十八元环等。这些环的直径就是前面提到的沸石分子筛的孔径。前文提到的微孔、中孔和大孔沸石的概念其实就是基于组成沸石的多元环数目考虑的。例如,四元环孔径 0.1 nm,六元环孔径 0.22 nm,八元环孔径 0.24~0.35 nm(微孔沸石),十元环孔径 0.45~0.6 nm(中孔沸石),十二元环孔径 0.6~0.8 nm(大孔沸石)。由于环可有不同程度的扭转，实际孔径与上述数据有一定出入，因此，同为八元环，若沸石类型不同，则孔径不一定相等。环的孔径与通常分子的大小差不多。六元环以下的环孔径太小，分子钻不进去，除用于离子交换外，意义不大。由较大的环构成的沸石分子筛通道在沸石分子筛的吸附及催化作用中是很重要的。

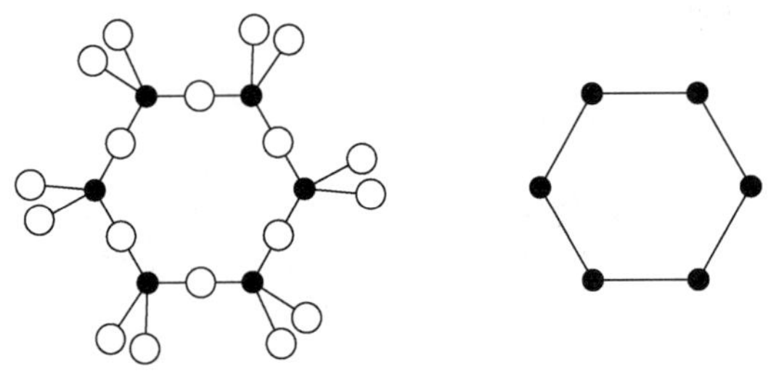

图 3.9　环的结构示意图

四面体通过氧桥连接成环，环上的四面体再通过氧桥相互连接，使构成三维骨架的孔穴（笼或空腔）。在沸石分子筛晶体结构中，有许多形状整齐的多面体笼（图 3.10）。例如，A 沸石中有 γ 笼、β 笼、α 笼，X 和 Y 沸石中有 β 笼、八面沸石笼和六方柱笼等。

γ 笼是由 3 个八元环、2 个六元环和 9 个四元环组成的十四面体，体积很小，一般分子进不去。

β 笼也称方钠石笼，实际上是一个削角或平切的八面体，含有 6 个四角面、8 个六角面和 24 个顶角。β 笼的空腔体积为 160 $\mathrm{\AA}^3$（1 Å=0.1 nm），平均直径为 6.6 Å。β 笼进一步相互连接，就可构成 A 沸石、X 沸石和 Y 沸石的骨架。

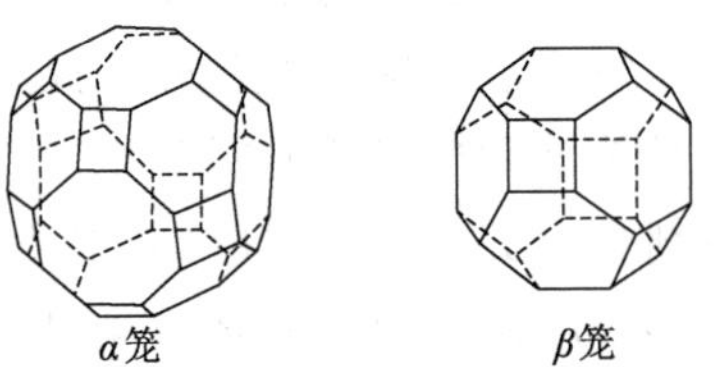
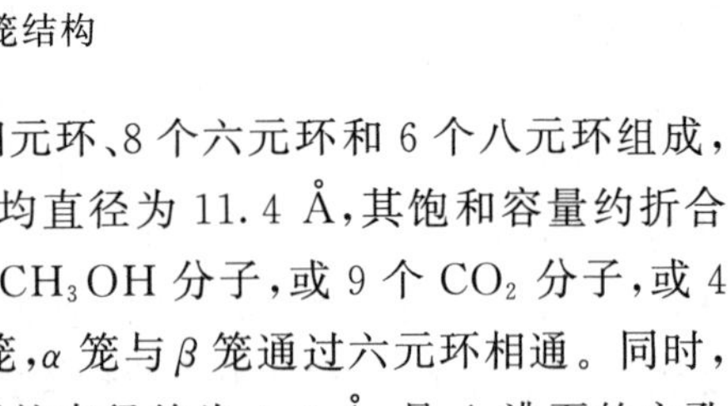

图 3.10　沸石分子筛的笼结构

α 笼是一个平切立方八面体，比 β 笼大，由 12 个四元环、8 个六元环和 6 个八元环组成，共 26 个面、48 个顶角。α 笼的空腔体积为 760 $\mathrm{\AA}^3$，平均直径为 11.4 Å，其饱和容量约折合为 26 个 H_2O 分子，或 19～20 个 NH_3 分子，或 12 个 CH_3OH 分子，或 9 个 CO_2 分子，或 4 个 C_4H_{10} 分子。一个 α 笼周围有 8 个 β 笼和 12 个 γ 笼，α 笼与 β 笼通过六元环相通。同时，一个 α 笼周围还有 6 个 α 笼通过八元环相通。八元环的直径约为 4.2 Å，是 A 沸石的主孔道。但对于不同阳离子类型的 A 沸石，其孔径有所变化。

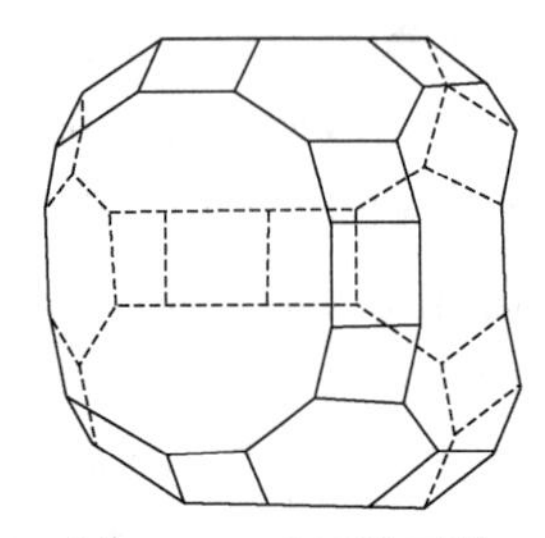

图 3.11　八面沸石笼

八面沸石笼也称超笼（supercage，图 3.11），由 18 个四元环、4 个六元环和 4 个十二元环组成，空腔体积为 850 $\mathrm{\AA}^3$，平均直径为 12.5 Å，其饱和容量约折合为 28 个 H_2O 分子，或 5.4 个苯分子，或 4.1 个环己烷分子，或 3.5 个正庚烷分子。八面沸石笼通过六元环或四元环与周围的 β 笼相通，通过四元环与周围的六方柱笼相连，更重要的是通过 4 个十二元环和周围相邻的另外 4 个八面沸石笼相通。十二元环的直径为0.6～0.8 nm,是X沸石和Y沸石的主孔道。

下面介绍一下在催化反应中应用最为广泛的几种典型的十元环和十二元环的沸石分子筛结构。

到目前为止,已知的沸石分子筛总共有234种不同的结构,为了便于区分,国际分子筛协会给每种沸石分子筛都定义了一个由3个字母组成的拓扑结构代码。例如十二元环的X沸石和Y沸石,其国际通用的拓扑结构代码为FAU。FAU沸石由八面沸石笼组成,其晶胞结构如图3.12所示。在FAU沸石中,直径为1.3 nm的大空穴(超笼)通过孔径为0.74 nm的孔彼此相连。

X沸石和Y沸石在化学上的差别在于硅铝原子比的不同,X沸石和Y沸石的硅铝原子比分别为2.1～3.0和3.1～6.0。必须注意的是,在能源化工领域一般用Y沸石作催化剂,X沸石主要用于吸附,这是因为含质子的氢型X沸石结构不稳定,无法用于稳定的催化反应。

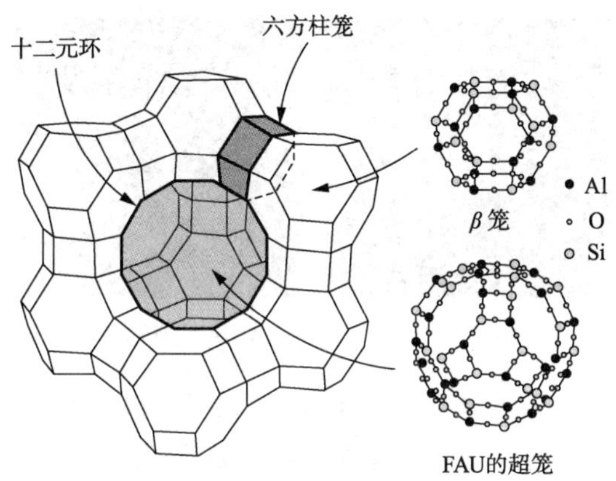

图3.12 X(或Y)沸石的晶胞结构

丝光沸石(MOR骨架结构分子筛,图3.13)的晶胞组成为$Na_8Al_8Si_{40}O_{96}\cdot 24H_2O$。丝光沸石中由3～5个结构单元连接四元环和五元环,形成椭圆形的十二元环主通道,主通道之间由八元环孔道相连。椭圆形十二元环孔道尺寸大约为0.695 nm×0.581 nm。八元环孔道排列并不规则,孔道直径约为0.28 nm,一般大分子很难进出。

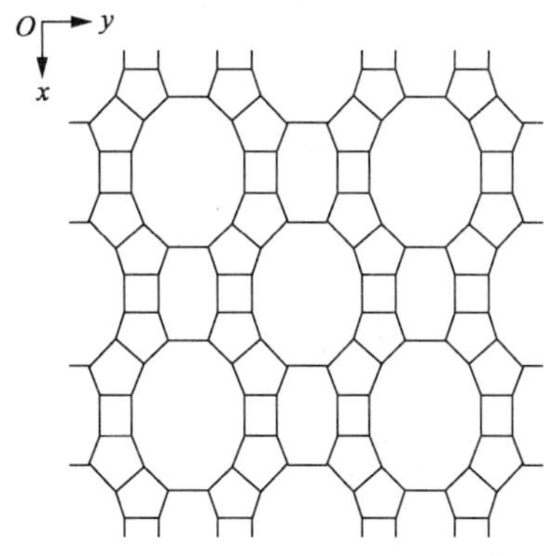

图3.13 丝光沸石的平面结构

ZSM-5沸石(MFI骨架结构分子筛,图3.14)具有独特的孔结构。它由2组相互交叉的孔道体系构成：一组为直线形孔道，另一组为正弦形孔道。后者与前者相互垂直，2 组孔道均具有由十元环组成的椭圆形孔口(孔径约为 0.55 nm)。

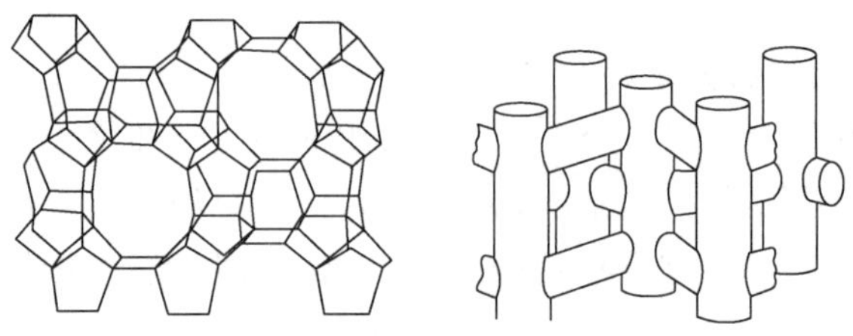

图 3.14　ZSM-5 沸石(010 指向)晶面结构(左)和孔道结构(右)

Beta 沸石(BEA 拓扑结构分子筛，图 3.15)由多形体 A 和 B 以几乎相等的概率堆垛而成，多形体 A 和 B 结构相似且都具有三维十二元环孔道结构，是一种三维孔道沸石。

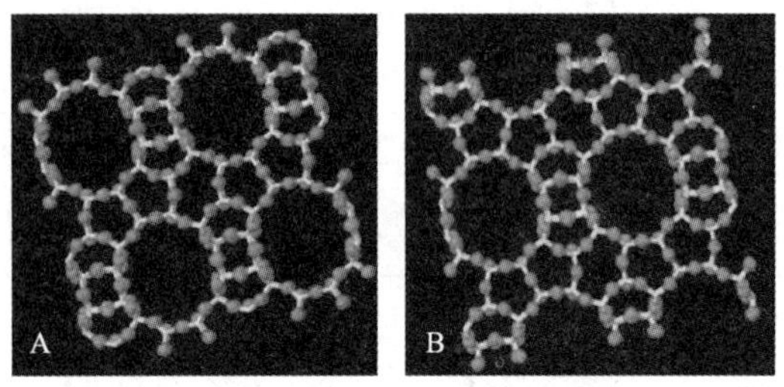

图 3.15　Beta 沸石沿 a 轴(A)和 b 轴(B)的结构

目前，人工合成的沸石一般都是在强碱条件下合成的，得到的都是钠型或者钾型沸石，若要将其用于酸催化反应，还要进行一定的处理将其变成质子型(即氢型)沸石。在实际操作中，主要采用铵离子交换得到 NH_4Y(Y 指沸石)，然后在高温下处理，即可得到氢型沸石(图 3.16)。对于耐酸性更强的沸石分子筛，如 ZSM-5 沸石、丝光沸石等，可以直接采用稀盐酸交换将质子引入。

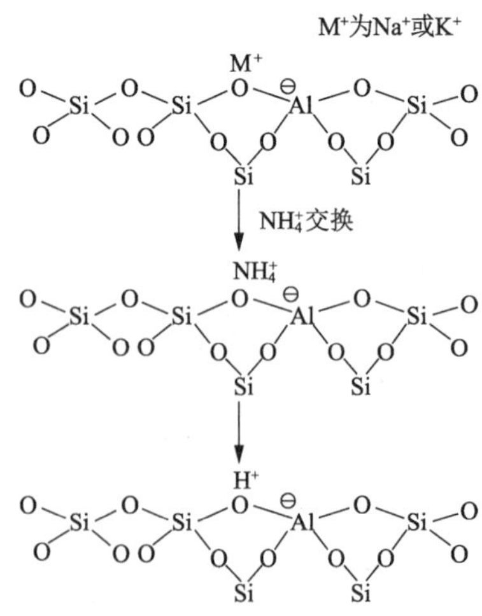

图 3.16　氢型沸石的生产过程

除铵离子交换法外，还可采用多价金属阳离子(如 Ca^{2+}，Mg^{2+}，La^{2+} 等)与碱金属交换，交换后可以形成B酸中心。

$$[Ca(OH_2)]^{2+} \longrightarrow [Ca(OH)]^{+} + H^{+}$$

另外，过渡金属离子还原也能形成B酸中心，如CuY和AgY沸石：

$$Cu^{2+} + H_2 \longrightarrow Cu + 2H^{+}$$

$$Ag^{+} + \frac{1}{2}H_2 \longrightarrow Ag + H^{+}$$

AgY分子筛的催化活性由于气相H_2的存在而得到很大的强化。研究认为，过渡金属簇状物存在时，可促使分子H_2与质子H^+之间相互转化。例如，银簇状物(Ag_n)促使H_2与H^+间相互转化：

$$2(Ag_n)^{+} + H_2 \longrightarrow 2(Ag_n) + 2H^{+}$$

3.2 酸碱催化作用

酸碱催化分为均相催化和多相催化2种。均相酸碱催化研究得比较成熟，已总结出一些规律，而多相酸碱催化近年来发展较快，也得到某些规律。

3.2.1 均相酸碱催化

在水溶液中氢离子、氢氧根离子、未解离的酸碱分子、B酸、B碱都可作为催化剂来催化一些反应。通常把在水溶液中只有H^+(H_3O^+)或OH^-起催化作用，其他离子或分子无显著催化作用的过程称为特殊酸或特殊碱催化。如果催化过程是由B酸或B碱进行的，则称为B酸催化或B碱催化。

1) 特殊酸碱催化

由H^+进行催化反应的特殊酸催化反应通式为：

$$A + H^{+} \longrightarrow 产物 + H^{+}$$

式中，A为反应物，反应速率为：

$$\frac{d[A]}{dt} = k_{H^+}[H^+][A] \tag{3.6}$$

式中，k_{H^+}称为催化系数，表示催化活性的大小。

由于反应过程中不消耗H^+，故可把$[H^+]$当作常数并入k_{H^+}中，于是上式变为：

$$\frac{d[A]}{dt} = k_{obs}[A]$$

式中，k_{obs}称为假(表观)一级速率常数，其与H^+浓度呈线性关系。

$$k_{obs} = k_{H^+}[H^+]$$

通过在不同pH的溶液中进行酸催化反应，测得相应的k_{obs}，然后得到k_{H^+}。k_{H^+}越大，酸催化活性越大；相反，k_{H^+}越小，酸催化活性越小。催化系数主要取决于催化剂自身的性质。由上述分析可知，酸催化反应速率与催化剂的酸强度pH和酸中心浓度$[H^+]$也有关，即酸强度越大(pH越小)，给出质子能力越强，反应活性越高；酸中心浓度越大，反应活性越高。例如，用 H_2SO_4 催化醇脱水生成烯烃是特殊酸催化反应，反应中醇分子的羟基氧原子上含有孤对电子，可与质子结合形成锌盐，此时氧原子上带有正电荷，从而变为强吸电子基，使 C—O 键离解。脱水过程如下：

$$\underset{\text{醇}}{-\underset{\displaystyle H}{\overset{|}{\underset{|}{C}}}-\underset{\displaystyle OH}{\overset{|}{\underset{|}{C}}}-} \underset{\text{快}}{\overset{H^+}{\rightleftharpoons}} \underset{\text{锌盐}(R\overset{+}{O}H_2)}{-\underset{\displaystyle H}{\overset{|}{\underset{|}{C}}}-\underset{\displaystyle \overset{+}{O}H_2}{\overset{|}{\underset{|}{C}}}-} \underset{\text{慢}}{\overset{H_2O}{\rightleftharpoons}} \underset{\text{碳正离子}}{-\underset{\displaystyle H}{\overset{|}{\underset{|}{C}}}-\overset{|}{\underset{|}{\overset{+}{C}}}-} \underset{\text{快}}{\overset{H^+}{\rightleftharpoons}} \underset{\text{烯烃}}{-\overset{|}{C}=\overset{|}{C}-}$$

反应第一步是快速生成质子化的锌盐；第二步是锌盐缓慢解离为碳正离子；第三步是 H^+ 快速从碳正离子中脱离，生成烯烃。其中，第二步是速率控制步骤。

由于醇脱水的速率控制步骤为碳正离子的生成，碳正离子生成速率又取决于它的稳定性。由有机化学可知，碳正离子的稳定性顺序为：叔碳正离子＞仲碳正离子＞伯碳正离子。因此，叔醇的脱水速率最快。

2）均相酸碱催化机理

均相酸碱催化一般以离子型机理进行，即酸碱催化剂与反应物作用生成碳正离子或碳负离子中间体，这些中间体与另一反应物作用（或本身分解）生成产物并释放出催化剂（H^+ 或 OH^-），构成酸碱催化循环。这些催化过程均以质子转移步骤为特征。因此，一些有质子转移的反应，如水合、脱水、酯化、水解、烷基化和脱烷基等，均可使用酸碱催化剂进行催化反应。

3）Brönsted 规则

根据 B 酸的定义可知，B 酸催化剂给出质子的难易程度即催化剂的酸强度大小。Brönsted 通过实验归纳出酸催化剂的催化系数总是与其电离常数之间存在对应关系，即

$$k_a = G_a K_a^{\alpha} \tag{3.7}$$

式中，k_a 为酸催化系数；K_a 为酸电离常数；G_a 和 α 为常数，其值取决于反应种类和反应条件（溶剂种类、温度等）。将式(3.7)两边分别取对数，可得：

$$\lg k_a = \lg G_a + \alpha \lg K_a \tag{3.8}$$

以 $\lg k_a$ 对 pK_a（即 $-\lg K_a$）作图，可得一直线，其斜率为 $-\alpha$。α 值在 0～1 之间。当 α 值很小时，表明反应对催化剂的酸强度（pK_a）不敏感，此时任何一种酸都是优良的质子给予者，反应与催化剂酸强度无关；相反，当 α 值接近于 1 时，表明反应对催化剂的酸强度很敏感，只有强酸中心才能催化该反应。

有些酸催化剂在反应过程中可以同时解离出 2 个或多个质子，在这种情况下就必须对上述方程做些修正。对于酸催化反应，有：

$$k_a/p = G_a \left(\frac{q}{p} K_a\right)^{\alpha} \tag{3.9}$$

式中，p 为一个酸分子能放出的质子数；q 为一个共轭碱中能接受一个质子的等价位置数目。同样，对于碱催化反应，有：

$$k_b/p = G_b \left(\frac{q}{p} K_b\right)^{\beta} \tag{3.10}$$

式中，k_b 为碱催化系数；K_b 为碱电离常数；G_b 和 β 为常数，意义与酸催化反应一致。

由式(3.9)和式(3.10)关联起来的酸碱催化反应中有关参数之间的变化规律即 Brönsted 规则。Brönsted 规则是从大量均相酸碱催化反应中得出的较普遍的经验规律,已经在实际应用中起到一定的指导作用。对于一个给定的反应,可用少数几种催化剂进行实验,测得催化系数后,即可采用上述规则,由查到的几种催化剂的电离常数求得 G_a 和 α(或 G_b 和 β),从而得到经验公式。利用该公式可由任意催化剂的 K_a(或 K_b)计算出催化系数 k_a(或 k_b),预测催化剂的活性,从而为选择酸碱催化剂提供参考。

4) L 酸催化作用

对于 L 酸催化剂,由于酸强度和共价键的复杂性,至今尚未建立起类似的 Brönsted 规则来预测催化剂活性。

均相 L 酸催化反应也属于离子型反应,如著名的 Freidel-Crafts 反应,即在 $AlCl_3$ 催化剂作用下苯与卤代烃反应,其机理为:

$$\underset{\text{卤代烃}}{C_5H_{11}\!:\!\ddot{\underset{..}{Cl}}\!:} + \underset{\text{L酸}}{Cl\!:\!\overset{Cl}{\ddot{Al}}\!:\!Cl} \longrightarrow \underset{\text{碳正离子}}{C_5H_{11}^+} + [AlCl_4]^-$$

$$C_6H_6 + C_5H_{11}^+ \longrightarrow C_6H_5\text{—}C_5H_{11} + H^+$$

$$[AlCl_4]^- + H^+ \rightleftharpoons AlCl_3 + HCl$$

3.2.2 多相酸碱催化

多相酸碱催化常使用固体酸碱催化剂。在固体酸碱催化剂作用下,有机物可生成正离子、负离子。烃类的酸催化多以碳正离子的形成反应为特征。本小节首先讨论碳正离子的形成及其反应规律。

1) 碳正离子的形成

烷基碳正离子的稳定性取决于取代基的诱导效应。其中,叔碳正离子最稳定,伯碳正离子最不稳定。3 种碳正离子在气相中的生成顺序为:

叔碳正离子(生成热−129.8 kJ/mol)>仲碳正离子(生成热−75.4 kJ/mol)>伯碳正离子(生成热 0 kJ/mol)

因此,叔碳正离子最容易生成,而伯碳正离子的生成反应很慢,且趋于转变成仲碳和叔碳正离子。

(1) 在 L 酸催化剂作用下,L 酸中心夺取烃上的氢负离子(H^-)而生成碳正离子。例如:

$$H_3C\text{—}\underset{C_6H_5}{\overset{H}{C}}\text{—}CH_3 + L \longrightarrow H_3C\text{—}\underset{C_6H_5}{\overset{+}{C}}\text{—}CH_3 + LH$$

用 L 酸中心活化烃类生成碳正离子所需能量较高,因此多采用 B 酸中心活化反应分子。例如,$AlCl_3$ 催化剂常常与 HCl 和 H_2O 等一起作用使 L 酸中心转变为 B 酸中心。

(2) 在 B 酸催化剂作用下,质子加成到烯烃、芳烃等不饱和烃上生成碳正离子。例如:

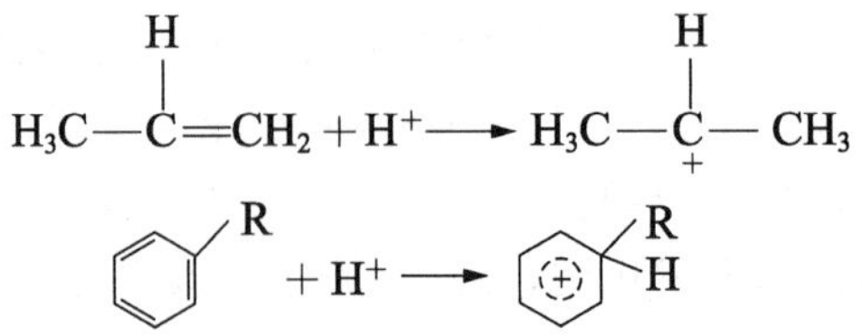

$$H_3C-\underset{}{\overset{H}{\overset{|}{C}}}=CH_2 + H^+ \longrightarrow H_3C-\underset{+}{\overset{H}{\overset{|}{C}}}-CH_3$$

$$C_6H_5R + H^+ \longrightarrow [C_6H_5(R)(H)]^+$$

H^+与烯烃加成生成碳正离子所需活化能远远小于L酸从烷烃反应物中夺取质子所需活化能，因此烯烃的酸催化反应比烷烃快得多。例如，正十六烷裂解转化率为42%，相同情况下正十六碳烯转化率为90%。

(3) 在B酸催化剂作用下，烷烃的C—C键和C—H键与质子反应生成碳鎓离子，然后再转变成碳正离子。

(4) 烷烃、环烷烃、烯烃、烷基芳烃与R^+的氢转移可生成新的碳正离子。例如：

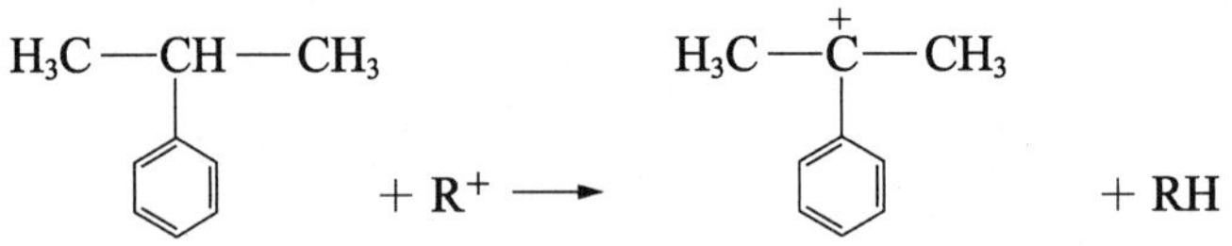

$$H_3C-\underset{C_6H_5}{CH}-CH_3 + R^+ \longrightarrow H_3C-\underset{C_6H_5}{\overset{+}{C}}-CH_3 + RH$$

通过氢转移可生成新的碳正离子，并使原来的碳正离子转变为烃类。

2) 碳正离子的反应规律

(1) 异构反应。

① 分子内氢转移：碳正离子可通过1～2位碳原子上的氢转移而改变其位置。例如：

$$R-CH_2-CH_2-\overset{+}{C}H_2 \rightleftharpoons R-CH_2-\overset{+}{C}H-CH_3$$

② 分子内烷基转移。例如：

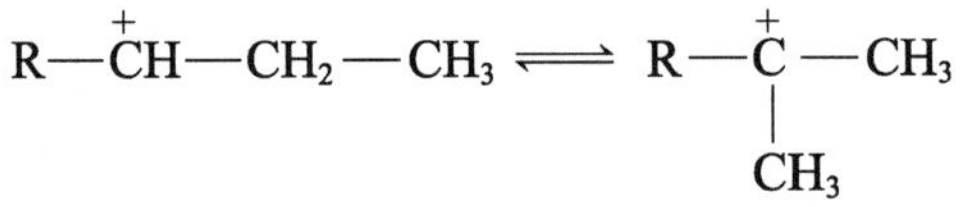

$$R-\overset{+}{C}H-CH_2-CH_3 \rightleftharpoons R-\underset{CH_3}{\overset{+}{C}}-CH_3$$

上述反应在烯烃异构化反应中经常发生。以2-甲基戊烯骨架异构反应为例，从有机化学的角度分析，往往可以基于如下的碳正离子稳定性大小顺序推断出异构产物中3-甲基戊烯的选择性是最高的：

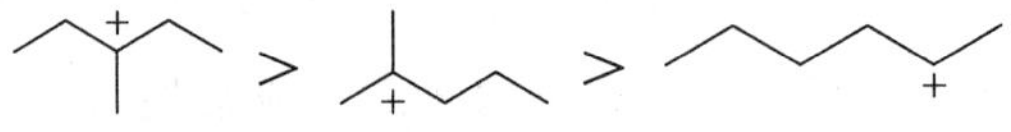

这种推断结果是基于反应能够达到或接近热力学平衡的状态，并没有考虑动力学的问题。对于2-戊烯，当酸催化剂存在时，容易生成2-甲基戊烯叔碳正离子，然后通过甲基迁移生成更稳定且对称性更好的3-甲基戊烯叔碳正离子。

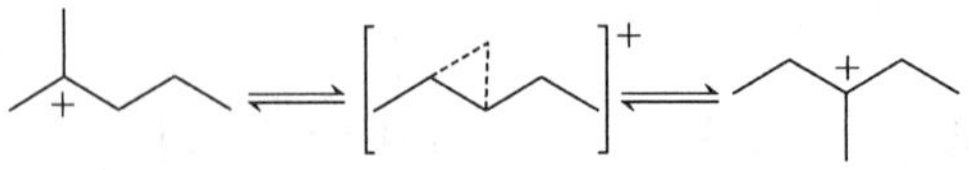

事实上，如果从碳正离子的反应机理分析，2-甲基戊烯叔碳正离子向3-甲基戊烯叔碳正离子的转变(图3.17)中的反应涉及1,2位氢迁移反应和1,2位烷基(甲基)迁移反应：

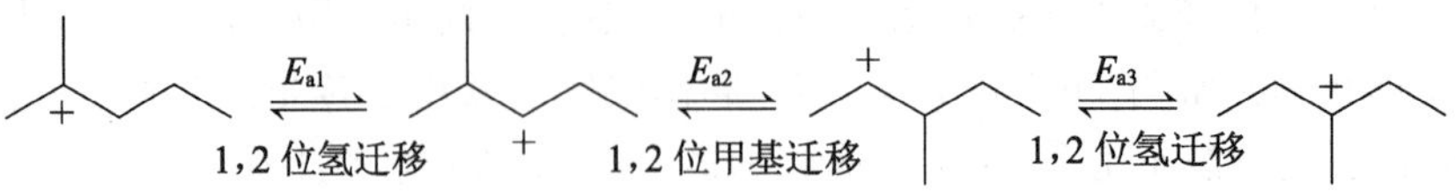

E_{a1} 1,2位氢迁移　E_{a2} 1,2位甲基迁移　E_{a3} 1,2位氢迁移

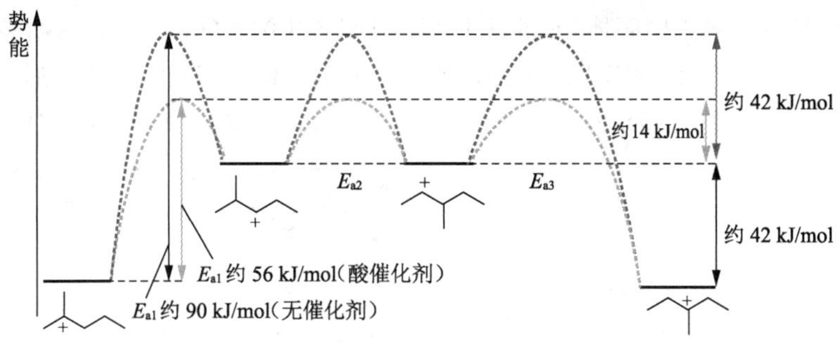

图 3.17 2-甲基戊烯叔碳正离子向 3-甲基戊烯叔碳正离子转变过程势能图

显然，变成的过程是稳定的叔碳正离子变成不稳定的仲碳正离子的反应过程，从能量变化的角度分析，反应体系势能增加，是吸热过程。另外，反应的活化能垒较高，在没有使用催化剂时，需要在较高的温度下才能实现转化。但是，采用高温往往导致裂解等副反应发生。此时，若采用酸催化剂，则能显著降低反应的活化能垒，加快异构化反应的速率。因此，在多数烯烃异构化反应过程中，通常采用酸催化剂促进异构化反应。在后文介绍的环化反应、芳构化反应、加成反应等碳正离子反应中，虽然没有提及每个反应的基元反应步骤，但是应知道，所有碳正离子的转化都是从 1，2 位氢迁移反应开始的。这就是在碳正离子的反应过程中酸催化剂能够显著影响反应活性和选择性的原因。另外，通过这个简单的案例分析，希望读者能够理解碳正离子的反应，该反应需要酸催化中心的参与才能加快，使其迅速达到基于碳正离子热力学稳定性的反应平衡。

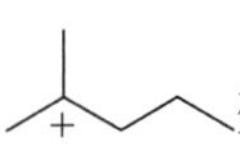

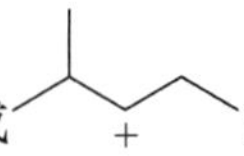

上述烷基迁移过程说明，叔碳正离子进行烷基迁移时，不仅需要考虑初始碳正离子和目标碳正离子的稳定性(能量)差别，还要克服较高的活化能垒。在催化剂的作用下，活化能会显著下降。活化能下降的过程可以用环丙烷碳正离子机理(protonated cyclopropane intermediates，PCP)解释。例如：

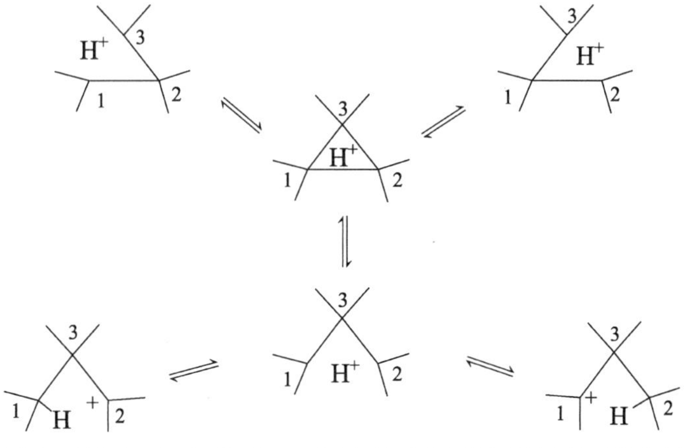

C_2 位置的碳正离子由于缺电子，会吸引 C_1 位置富集电子的碳原子，导致质子由 C_1 和 C_2 位置的碳原子共享，形成一个环丙烷中间体，而且 C_1—C_2 键强度减弱。当质子转移到 C_2—C_3 键或 C_1—C_3 键时，环丙烷中的其他键强度被削弱。

又如，碳原子数大于 5 的正构 α-烯烃在酸催化剂的作用下生成仲碳正离子，然后按照 PCP

机理，生成环丙烷碳正离子中间体，通过发生 1,2 位和 2,3 位上的 C—C 键的断裂，得到不同甲基取代的异构体。其中，环丙烷碳正离子中间体发生 1,2 位的 C—C 键断裂后，仲碳正离子 β 位上的 C 带有甲基取代基，容易发生 1,2 位迁移，得到新的叔碳正离子(图 3.18)。

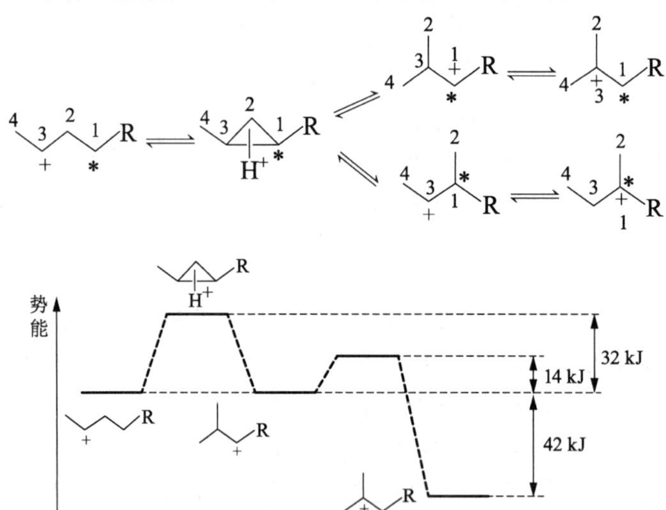

图 3.18　环丙烷碳正离子中间体生成及 1,2 位迁移过程势能图

③ 环转变。例如：

④ 环化反应。例如：

R—$\overset{+}{C}$—C—C—C—C=C $\xrightarrow{\text{环化}}$ R—C(环，$\overset{+}{C}$) $\xrightarrow{\text{氢变位}}$ R—C(环，$\overset{+}{C}$) $\xrightarrow{i\text{-}C_4H_{10}}$ $i\text{-}C_4H_9^+$ + R—C(环)

环烷

$\downarrow -H^+$

R—C(环，C=C)

环烯

(2) 加成反应。

① 烯烃加成。例如：

$$H_3C-\overset{+}{C}(CH_3)-CH_3 + CH_2{=}CHCH_3 \rightleftharpoons H_3C-C(CH_3)(CH_3)-CH_2-\overset{+}{C}H-CH_3$$

② 芳烃加成。例如：

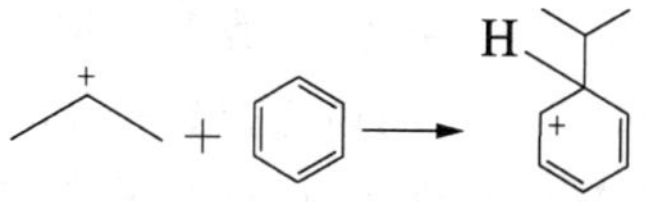

(3) 氢转移反应。

$$CH_3^+CHCH_3 + RCH_2CH_3 \longrightarrow CH_3CH_2CH_3 + R^+CHCH_3$$

(4) β 裂解：变成烯烃及更小的碳正离子。例如：

$$CH_3-\overset{\overset{H}{|}}{\underset{+}{C}}\overset{\alpha}{-}CH_2\overset{\beta}{-}CH_2-CH_2-CH_2-CH_2-CH_3 \longrightarrow$$

$$CH_3-\overset{\overset{H}{|}}{C}{=}CH_2 + \overset{+}{C}H_2-CH_2-CH_2-CH_2-CH_3$$

下面根据碳正离子生成和反应规律来分析丙烯与异丁烷生成异庚烷的反应过程。

$$C_3H_6 + i\text{-}C_4H_{10} \xrightarrow{HF} CH_3-\underset{\underset{CH_3}{|}}{CH}-CH_2-\underset{\underset{CH_3}{|}}{CH}-CH_3$$

(1) 碳正离子的生成：

$$CH_3-CH{=}CH_2 + H^+ \longrightarrow CH_3-\overset{+}{C}H-CH_3$$

(2) 碳正离子与带支链烷烃反应，生成新的碳正离子和新的烷烃：

$$CH_3-\overset{+}{C}H-CH_3 + CH_3-\overset{\overset{H}{|}}{\underset{\underset{CH_3}{|}}{C}}-CH_3 \longrightarrow CH_3-CH_2-CH_3 + CH_3-\overset{+}{\underset{\underset{CH_3}{|}}{C}}-CH_3$$

(3) 碳正离子与烯烃加成生成新的碳正离子：

$$CH_3-\overset{\overset{CH_3}{|}}{\underset{\underset{CH_3}{|}}{C^+}} + CH_2{=}CH-CH_3 \longrightarrow CH_3-\overset{\overset{CH_3}{|}}{\underset{\underset{CH_3}{|}}{C}}-CH_2-\overset{+}{C}H-CH_3$$

(4) 按碳正离子的稳定性发生甲基转移：

$$CH_3-\overset{\overset{CH_3}{|}}{\underset{\underset{CH_3}{|}}{C}}-CH_2-\overset{+}{C}H-CH_3 \longrightarrow CH_3-\overset{+}{\underset{\underset{CH_3}{|}}{C}}-CH_2-\underset{\underset{CH_3}{|}}{CH}-CH_3$$

(5) 重复步骤(2)：

$$CH_3-\overset{+}{\underset{\underset{CH_3}{|}}{C}}-CH_2-\underset{\underset{CH_3}{|}}{CH}-CH_3 + CH_3-\underset{\underset{CH_3}{|}}{CH}-CH_3 \longrightarrow$$

$$CH_3-\underset{\underset{CH_3}{|}}{CH}-CH_2-\underset{\underset{CH_3}{|}}{CH}-CH_3 + CH_3-\overset{+}{\underset{\underset{CH_3}{|}}{C}}-CH_3$$

3) 酸、碱位的协同作用

酸位和碱位的协同作用是固体酸碱催化的特征之一。例如，在具有中等酸性和中等碱

性的固体催化剂 γ-Al_2O_3 上，1-丁醇失去质子和羟基是同时发生的，并不生成离子中间体，因此需要酸中心，同时也需要碱中心，产物全部是 1-丁烯。相反，如果是在强酸性的催化剂（沸石分子筛）上，则反应经过碳正离子中间体进行，1-丁醇脱水反应产物是 2-丁烯。

［**思考题 3.1**］ 根据上述碳正离子的反应，试写出 1-丁醇在氧化铝和沸石分子筛上的反应过程。

MgO 是一种固体碱，对 1,3-丁二烯具有加氢活性。一般认为，氢气在一对配位不饱和的 Mg^{2+} 和 O^{2-} 上发生了异裂反应：

$$H_2 + —Mg—O— \longrightarrow —\overset{\displaystyle H}{\overset{|}{Mg}}—\overset{\displaystyle H}{\overset{|}{O}}—$$

其中，Mg^{2+} 起 L 酸的作用，O^{2-} 起 L 碱的作用。

4）固体酸性质与反应活性和选择性的关系

（1）酸类型。

不同的酸催化反应常常要求有不同类型的酸中心（L 酸中心或 B 酸中心）存在。例如，乙醇脱水制乙烯反应，当以 ZSM-5 沸石作为催化剂时，L 酸起主要作用，而丙苯裂解反应则需要有 B 酸中心存在；还有一些反应，如烷烃裂化反应，需要 L 酸、B 酸中心兼备。有人认为，烷烃裂化是通过 L 酸中心夺取烷烃分子中的 H^- 形成碳正离子。但硅酸铝催化剂的实验结果表明，随着催化剂脱水程度增加，L 酸中心数目增加，B 酸中心数目减少，同时催化活性增大；但脱水到一定程度后活性开始下降，这表明 B 酸中心数目不宜太少。

（2）酸强度。

不同类型的酸催化反应对酸中心的酸强度的要求不一样。对烯烃的裂化、双键异构化和骨架异构化而言，骨架异构化需要的酸中心的酸强度最强，其次是裂化，最后是双键异构化。这说明不同反应需要不同酸强度的酸中心。

（3）酸中心数目（酸浓度）。

许多实验表明，在一定酸强度范围内，催化剂的酸浓度与催化活性有很好的线性对应关系。例如，各种金属磷酸盐在不同温度下处理可得到酸强度 H_0 在 −3.0～1.5 范围内不同酸浓度的催化剂，用它们在 225 ℃下进行异丙醇脱水反应，异丙醇脱水反应丙烯产率与金属磷酸盐酸浓度之间的关系如图 3.19 所示。

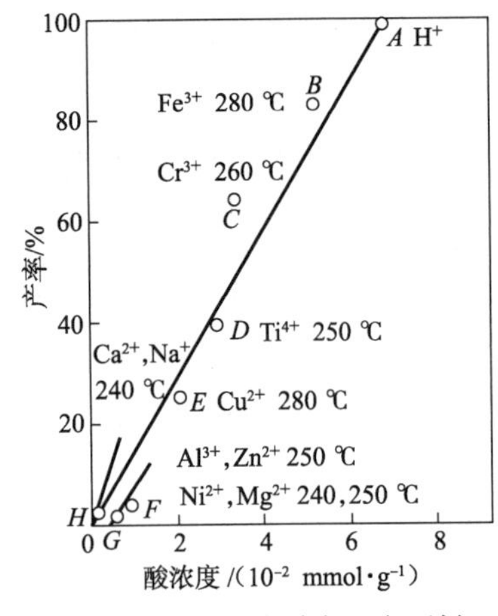

图 3.19 异丙醇脱水反应丙烯产率与金属磷酸盐酸浓度关系

综上所述，通过调整固体酸的酸强度或酸浓度可以调节酸催化反应的活性和选择性。

3.2.3 沸石分子筛择形催化

因为沸石分子筛结构中有均匀的孔道，当反应物和产物的分子线度与沸石分子筛内孔径相接近时，催化反应的选择性常取决于分子与孔径的相对大小。这种选择性称为择形催化。导致择形催化选择性的机理有 2 种：一种是由孔腔中参与反应的分子的扩散系数存在差异引起的，称为质量传递选择性；另一种是由催化反应过渡态空间限制引起的，称为过渡

态选择性。择形催化共有以下4种不同的形式。

(1) 反应物的择形催化。

当反应混合物中某些能反应的分子因太大而不能扩散进入催化剂孔腔内时，那些直径小于内孔径的分子可以进入内孔并在催化剂活性部位进行催化反应。例如，采用A沸石(孔径0.4 nm)催化庚烷(动力学直径0.4 nm)和3-甲基庚烷(动力学直径0.55 nm)时，庚烷能够发生裂化反应，而3-甲基庚烷无法进入沸石孔道发生反应(图3.20a)。反应物的择形催化在炼油工业中已获得多方面的应用，如油品的分子筛脱蜡、重油的加氢裂化等。

(2) 产物的择形催化。

当产物混合物中某些分子太大，难以从催化剂的内孔"窗口"扩散出来，成为被观测到的产物时，就形成了产物的择形选择性。如图3.20(b)所示的甲苯和甲醇烷基化反应采用ZSM-5沸石(孔径0.55 nm)作催化剂，它的"窗口"只允许对二甲苯(动力学直径0.55 nm)从反应区扩散出去，其余异构体保留在孔腔内并主要异构成对二甲苯，这保证了反应对对二甲苯产物的高选择性。

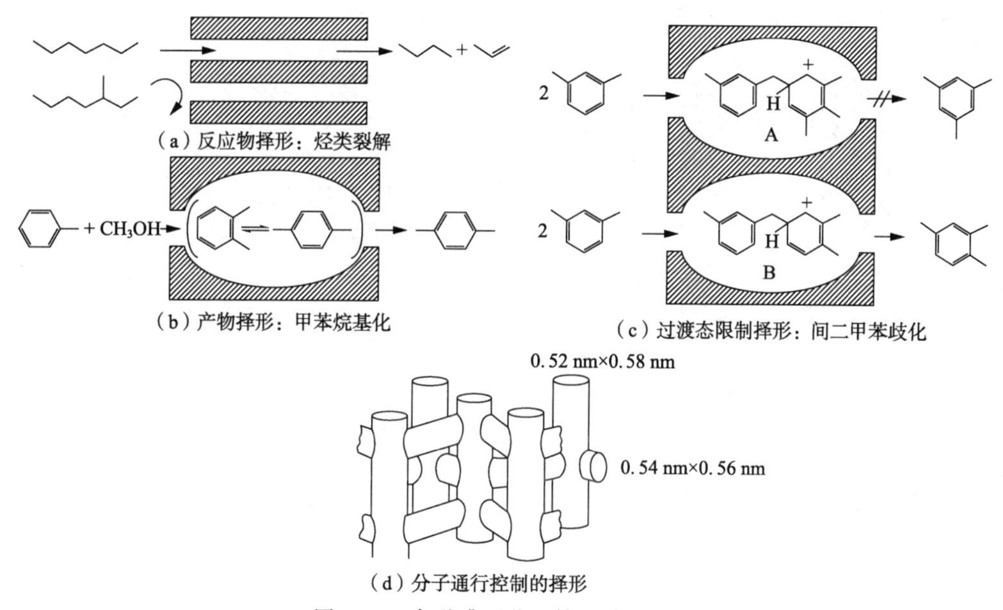

图3.20 各种沸石分子筛的择形催化

(3) 过渡态限制的择形催化。

对于某些反应，反应物分子和产物分子都不受催化剂"窗口"孔径扩散的限制，只是需要内孔或笼腔有较大的空间，才能形成相应的过渡态，否则就会受到限制，使该反应无法进行。二烷基苯分子酸催化的烷基转移反应就是这种择形催化的典型例子。反应中某一烷基从一个分子转移到另一分子上，涉及一种二芳基甲烷型的过渡态，属于双分子反应。产物含一种单烷基苯和各种三烷基苯的异构体混合物，平衡时对称的1,3,5-三烷基苯是各种异构体混合物的主要组分。在非择形催化剂HY沸石和SiO_2-Al_2O_3上，这种主要组分的相对含量接近于该反应条件下非催化的热力学平衡产量分布，而在择形催化剂HM(丝光沸石)上，对称的1,3,5-三烷基苯主要组分的产量几乎为零(表3.1)，这表明对称异构体的形成受到阻碍。因为HM的内孔

无足够大的空间适应"体肥"的过渡态，而其他非对称异构体的过渡态可以形成，因为其仅需较小的空间，如图 3.20(c)所示。

表 3.1 甲、乙苯烷基转移反应过渡态限制的择形催化

项　目	HM	HY	SiO_2-Al_2O_3	热力学平衡
反应温度/℃	204	204	315	315
1,3-二甲基-5-乙基苯占 C_{10} 总量的百分含量/%	0.4	31.3	30.6	46.8
1-甲基-3,5-二乙基苯占 C_{11} 总量的百分含量/%	0.2	16.1	19.6	33.7

ZSM-5 沸石催化剂常用于过渡态选择性的催化反应，如用它催化的低分子烃类的异构化反应、裂化反应、二甲苯的烷基转移反应等。这种催化剂的最大优点是可阻止结焦，因此具有比别的沸石分子筛或无定型催化剂更长的寿命，这对工业生产十分有利。ZSM-5 沸石较其他沸石分子筛具有较小的内孔，而生成焦炭的前驱物过程中产生的过渡态需要较大的孔道空间，因此孔内难以形成积炭。在 ZSM-5 沸石上，焦炭多沉积于它的外表面上，而对于像丝光沸石等大孔的沸石，焦炭在内孔中生成，如图 3.21 所示。

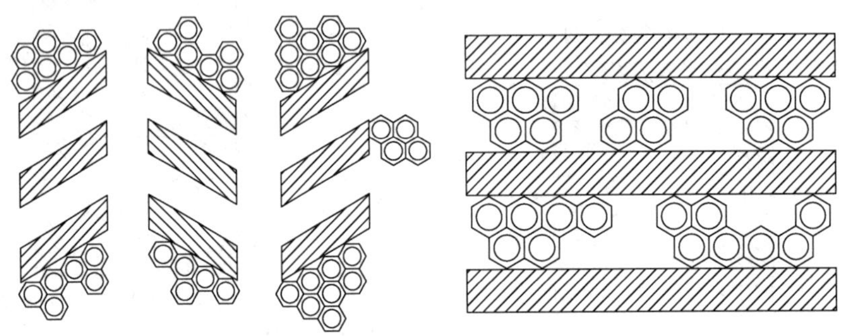

(a) 中孔ZSM-5沸石　　(b) 大孔丝光沸石

图 3.21　沸石分子筛的结焦形态和部位

发生择形催化要求催化剂的活性部位尽可能在孔道内。沸石分子筛的外表面积只占总表面积的 1%～2%，外表面上的活性部位要设法钝化，使之不做出贡献。

(4) 分子通行控制的择形催化。

在具有 2 种不同形状和大小的孔道分子筛中，反应物分子可以很容易地通过一种孔道进入催化剂活性部位，进行催化反应，而产物分子则从另一种孔道扩散出去，尽可能地减少逆扩散，从而增大反应速率。这种分子通行控制的催化反应是一种特殊形式的择形选择性，称为分子通行控制择形催化，如图 3.20(d)所示。例如，ZSM-5 具有三维交叉的孔结构，即直筒形孔和"之"字形孔，其横截面尺寸分别为 0.52 nm×0.58 nm 和 0.54 nm×0.56 nm，反应物分子从圆形"之"字孔道进入，而较大的产物分子则从椭圆形直筒孔道逸出。

在图 3.20 所述的择形催化作用中，分子尺寸和过渡态尺寸与孔径尺寸或孔道尺寸的匹配是相对的，还要考虑反应条件的影响，例如高温下有机分子的伸缩以及孔结构的变化。另外，有些分子筛的"窗口"大小适合择形催化，但在反应条件下可能遭到毁坏。例如，沸石分子筛负载的金属催化剂在适当的温度下，金属离子向孔外迁移，活性中心也随之向外迁移，导致择形选择性丧失。

择形催化在石油化工和煤、天然气化工生产中获得了广泛的应用，如分子筛脱蜡、加氢裂化、加氢异构、甲醇制汽油、甲醇制烯烃等。

3.3 甲醇制烃

近年来，我国石油对外依存度逐渐增加，富煤贫油的国情促使人们寻找非油路线生产油品、芳烃、烯烃和烷烃等化学品，特别是低碳烯烃等重要的化工产品。目前，甲醇制汽油(MTG)、甲醇制烯烃(MTO，MTP)技术已实现了工业化，甲醇制芳烃(MTA)研究也已取得进展。

3.3.1 甲醇制烃热力学

图 3.22 给出了甲醇制烃(MTH)的几种主要产物。目前，MTG，MTO，MTP 和 MTA 均属于 MTH 反应。可以发现，甲醇制汽油、烯烃和芳烃所需的反应温度存在显著的差别：烯烃反应温度最高，其次是芳烃，汽油最低。研究报道，甲醇制烃反应历程一般为：

$$CH_3OH \longrightarrow CH_3OCH_3 \longrightarrow (C_2\sim C_3\text{烯烃} \longrightarrow C_4\sim C_8\text{烯烃}) \longrightarrow \text{芳烃}$$

$$CH_3OH \longrightarrow CO + H_2 + CH_4 \qquad (C_4\sim C_8\text{烯烃}) \longrightarrow \text{烷烃、烯烃}$$

即甲醇首先脱水生成二甲醚，二甲醚进一步转化成小分子烯烃，经聚合环化脱氢之后形成芳烃，氢转移过程使部分烯烃转化成烷烃，反应历程十分复杂，但是热力学平衡计算与反应路径无关。

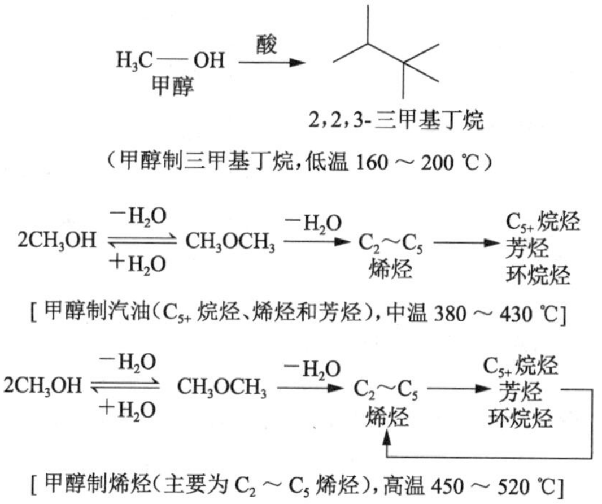

$$H_3C—OH \xrightarrow{\text{酸}} \text{2,2,3-三甲基丁烷}$$

（甲醇制三甲基丁烷，低温 160 ～ 200 ℃）

$$2CH_3OH \underset{+H_2O}{\overset{-H_2O}{\rightleftharpoons}} CH_3OCH_3 \xrightarrow{-H_2O} C_2\sim C_5\text{烯烃} \longrightarrow C_{5+}\text{烷烃、芳烃、环烷烃}$$

[甲醇制汽油(C_{5+}烷烃、烯烃和芳烃)，中温 380 ～ 430 ℃]

$$2CH_3OH \underset{+H_2O}{\overset{-H_2O}{\rightleftharpoons}} CH_3OCH_3 \xrightarrow{-H_2O} C_2\sim C_5\text{烯烃} \rightleftarrows C_{5+}\text{烷烃、芳烃、环烷烃}$$

[甲醇制烯烃(主要为 C_2 ～ C_5 烯烃)，高温 450 ～ 520 ℃]

图 3.22 甲醇制烃的产物

在相同反应压力(0.5 MPa)下，烃组成随反应温度的变化如图 3.23 所示。由图可知，当反应体系达到平衡时，甲醇的转化率接近 100%；反应温度对甲醇制烃反应影响很大，反应温度升高，烯烃的平衡组成增大，烷烃的平衡组成减小。这说明高温不利于烷烃的生成，有利于烯烃的生成。对芳烃的选择性而言，实验数据显示，随着反应温度的升高，芳烃的选择性先升高后降低，这可能是由于高温(＞500 ℃)条件下甲醇发生热裂解反应的程度增强而降低了芳构化的程度。因此，MTH 过程应选择合适的反应温度区间。

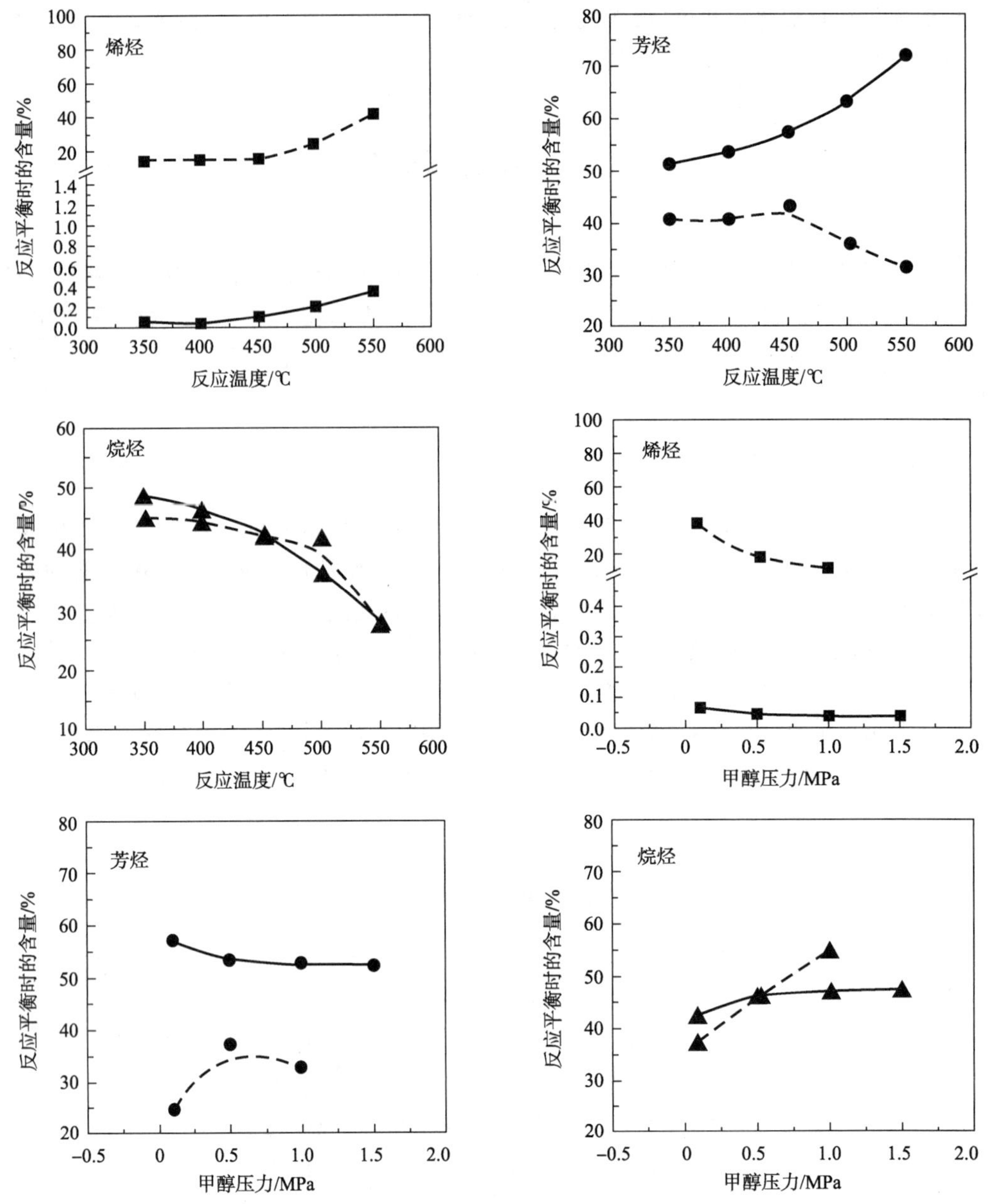

图 3.23　烃组成与反应条件(温度和压力)的关系

虚线为实验值,实线为计算值

在相同反应温度(450 ℃)、不同反应压力(0.1～1.5 MPa)下,烃组成随反应压力的变化如图 3.23 所示。由图可知,反应压力对甲醇制烃反应有一定的影响:压力升高,烯烃的平衡含量减小,烷烃的平衡含量增大。这说明低压不利于烷烃的生成,有利于烯烃的生成。对芳烃的选择性而言,实验数据显示,随着反应压力的升高,芳烃选择性先升高后降低。这可能是因为在实际反应过程中芳烃是经过烯烃转化得到的,在更高的反应压力下烷烃生成速率较烯烃快。

MTH 热力学研究表明,当反应体系达到平衡时,烯烃几乎可以完全转化为更稳定的产物,如芳烃和烷烃等,而在实际 MTH 体系的烃组成中,烯烃的含量是可观的,并没有完全转化,所以 MTH 不受热力学因素的限制,其作为一个连串、并行反应组成的复杂体系,烃组成在很大程度上受动力学因素的影响,不同反应步骤的速率直接影响产物的选择性,因此催化剂和反应条件的选择显得尤为重要。在实际的 MTH 反应过程中,当以烯烃为目的产物时,应选择较高的温度、较低的压力、较大的空速、合适的催化剂并控制反应深度,以获取较高的烯烃产率;当以芳烃或汽油为目的产物时,应选择较高的压力和合适的催化剂,并增大聚合环化和芳构化反应的深度。

3.3.2 甲醇制三甲基丁烷

甲醇制烃反应中,甲醇制 2,2,3-三甲基丁烷是最早开展的。2,2,3-三甲基丁烷具有高的辛烷值,是汽油的理想添加组分。该反应可以采用 $ZnCl_2$ 或 ZnI_2 为催化剂,也可以采用杂多酸或分子筛为催化剂。图 3.24 显示,该反应过程涉及碳正离子的 β 裂解、加成反应(图中烷基化)及氢转移反应、异构化反应等。

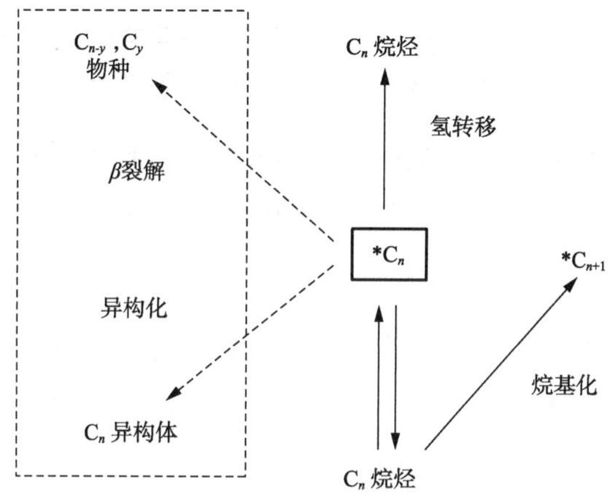

图 3.24 甲醇制三甲基丁烷涉及的碳正离子反应

在介绍链增长机理之前,先着重介绍一下醇类在沸石分子筛 B 酸中心上形成碳正离子的过程。以异丙醇脱水制异丙烯(图 3.25)为例,第一种路线(图中 a 路线)是在 B 酸中心上脱水,按照碳正离子的反应规律,质子与丙醇的羟基反应直接得到碳正离子,然后通过 B 碱中心夺取氢原子而得到丙烯。第二种路线(图中 b 路线)是氢转移的路线,实质是沸石上的 B 酸中心活化羟基,B 碱中心活化烷基上的氢原子,反应后 B 酸中心变成 B 碱中心,B 碱中心变成 B 酸中心,异丙醇一步直接生成丙烯,即氢(H^+)转移。必须注意,若这种情况发生,丙烯 β-C 已经显电正性,此时的性质类似碳正离子。第三种路线(图中 c 路线)是生成烷氧基的路线,是依据在催化剂光谱表征(如红外光谱)中的发现,沸石 B 酸中心上能观察到烷氧基物种的存在。当然,目前的研究结果证明,烯烃有可能都是由这 3 种路线得到的。但是,碳正离子反应机理一般被广泛认可,一个重要的原因就是:碳正离子相比于类碳正离子和烷氧基物种,它的稳定性较差,以至于在光谱表征上无法检测,说明经过这一路线生成烯烃的反应速率较快。为了证明碳正离子的反应机理,科学家将低温(100～200 ℃)下的醇脱水反应变成高温(约 500 ℃)反应,这时处于熵稳定的碳正离子即可用 NMR 检测其存在。

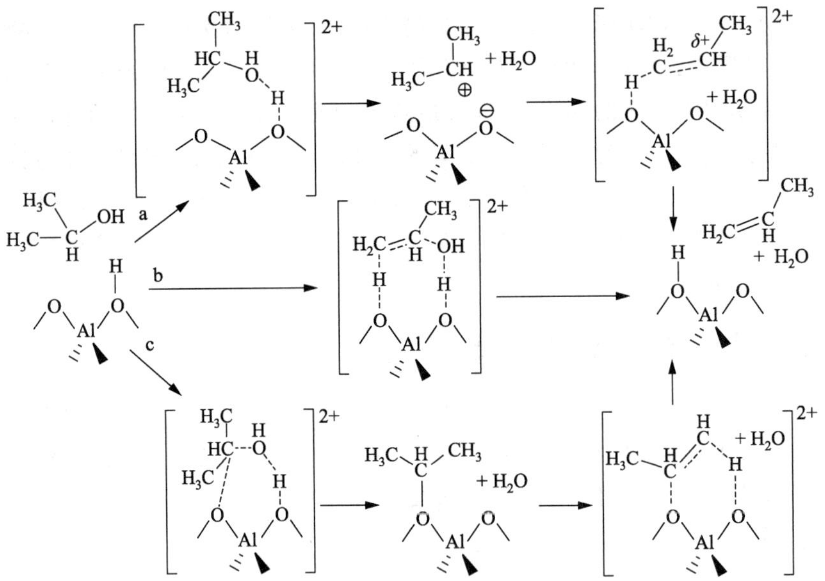

图 3.25　沸石孔道内 B 酸中心催化异丙醇脱水反应机理

a 为碳正离子(carbocation)反应机理，b 为氢转移(hydrogen-transfer)反应机理，c 为烷氧基(alkoxide)反应机理

基于上述讨论，在甲醇制烃的反应过程中，涉及链增长的过程将主要按照碳正离子的反应机理进行阐述。图 3.26 给出了甲醇通过链增长生成 2,2,3-三甲基丁烷的过程。

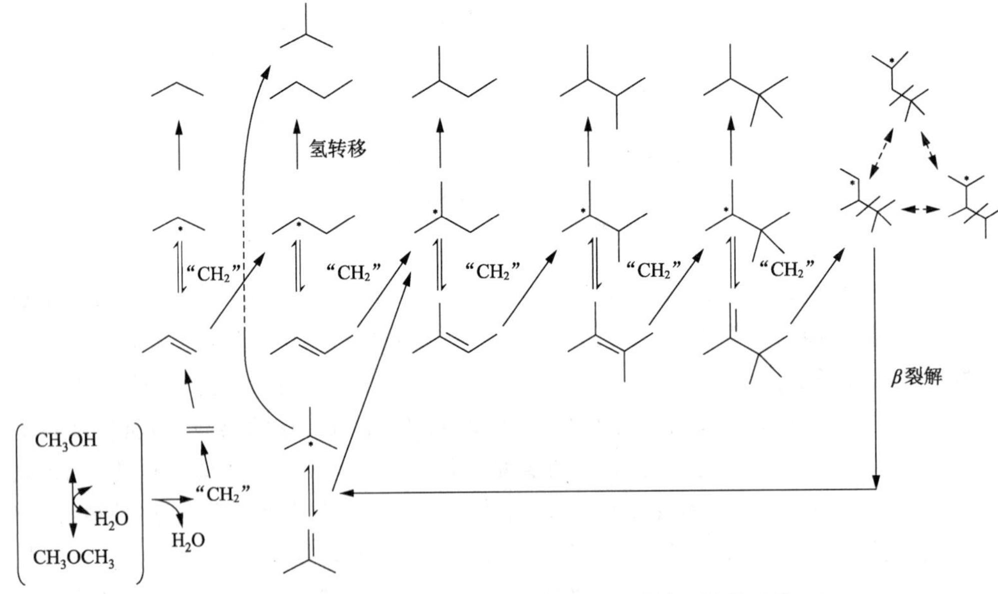

图 3.26　甲醇通过链增长生成 2,2,3-三甲基丁烷的过程

甲醇经过脱水生成二甲醚，二甲醚和甲醇的混合物经过酸催化剂催化生成乙烯，通过进一步烷基化反应实现链增长并生成丙烯。目前，甲醇转化生成乙烯的反应机理仍存在争议，在此不做过多介绍，主要关注乙烯生成后的部分：乙烯通过加成反应生成丙烯分子后，其被催化剂酸位吸附，生成丙烯仲碳正离子。此时，如果发生氢转移反应，则直接生成丙烷；如果

发生加成反应，则能够发生链增长，生成丁基仲碳正离子(图3.27)。必须指出，根据碳正离子稳定性的规律，初学者往往会认为，碳正离子之间的反应最先生成的是稳定性最高的叔碳正离子，即如果不仔细分析，往往容易认为此时丙烯仲碳正离子应该加成得到 i-C_4 叔碳正离子。事实上，这是一种错误的理解。如图 3.27 所示，丙烯($CH_2=CH—CH_3$)和 B 酸(质子)反应变成 C_3 仲碳正离子($\cdot CH_2—^+CH_2—CH_3$)，此时 β-C 上的 H 原子数是 2，加成甲基的位置只能是 α-C 的位置，进而生成 C_4 仲碳正离子($CH_3—CH_2—^+CH_2—CH_3$)；相反，只有丙烯($CH_2=CH—CH_3$)和 B 酸(质子)反应变成 C_3 伯碳正离子($^+CH_3—CH—CH_3$)，才有可能在 β-C 的位置进行加成，生成 C_4 伯碳正离子[$^+CH_3—CH(CH_3)—CH_3$]，然后经过氢转移才能得到叔碳正离子[$CH_3—^+CH(CH_3)—CH_3$]。显然，这不符合碳正离子的稳定性原则，C_3 伯碳正离子是非常不稳定的，未到加成反应就会直接变成 C_3 仲碳正离子。因此，C_3 到 C_4 的链增长过程是无法直接得到叔碳正离子的。

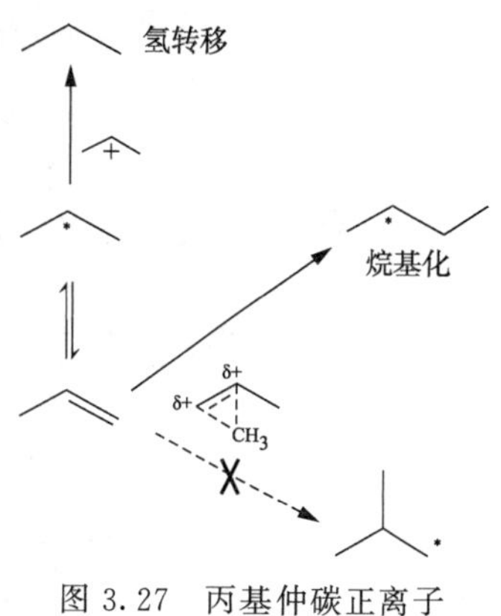

图 3.27 丙基仲碳正离子所发生的反应

[思考题 3.2] 读者不妨按上述逻辑自行探讨一下，C_4 仲碳正离子加成后的产物中有 2-甲基丁基 C_5 仲碳正离子和戊基 C_5 仲碳正离子(图 3.28)，为何图 3.26 所示主要产物反而是 2-甲基丁基叔碳正离子？

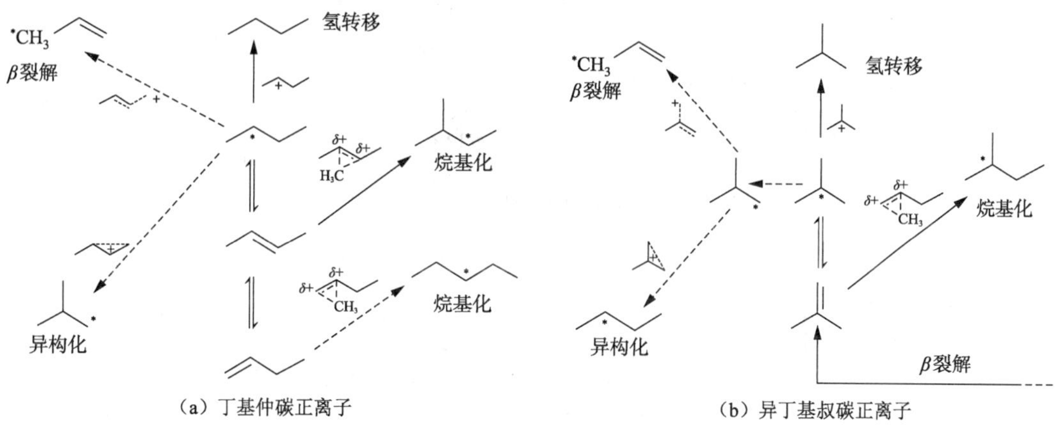

图 3.28 丁基碳正离子发生的反应

虚线表示可能发生的反应，$^{\cdot}CH_3$ 指酸中心上稳定的甲基

[思考题 3.3] 图 3.29 给出了丙烯链增长的产物，试结合下文中关于图 3.30～图 3.33 的具体描述，根据碳正离子的稳定性，阐述 2-甲基丁烷(C_5)、2,3-二甲基丁烷(C_6)、2,2,3-三甲基丁烷(C_7)的生产过程。

图 3.30 给出了 2-甲基丁基叔碳正离子和戊基仲碳正离子在酸位上发生加成反应的路线。通过加成反应，可以进一步生成 2,3-二甲基丁基叔碳正离子和 2-甲基戊基仲碳正离子。这 2 种碳正离子进一步反应可以生成 2,2,3-三甲基丁基叔碳正离子和 2,3-二甲基戊基仲碳正离子(图 3.31)。显然，通过氢转移反应，即可将 2,2,3-三甲基丁基叔碳正离子转化为 2,2,3-三甲基丁烷。

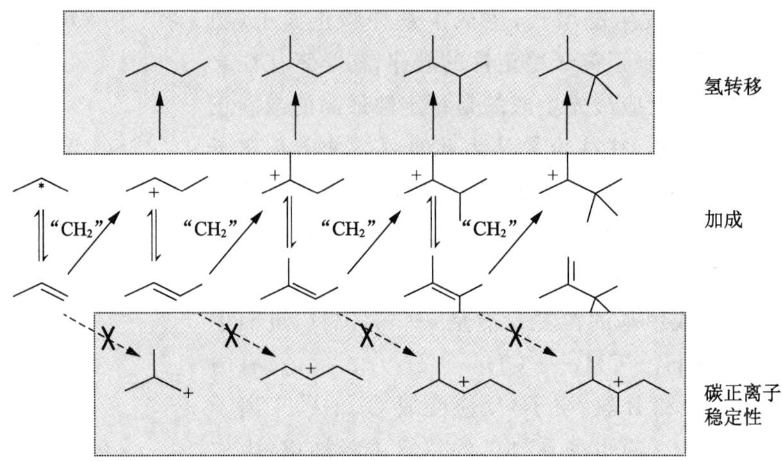

图 3.29 丙烯链增长过程中碳正离子的选择性

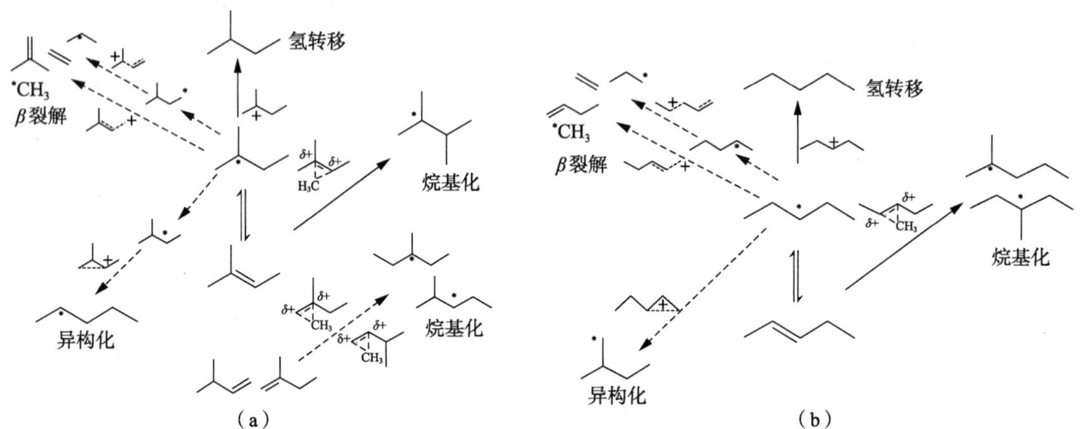

图 3.30 2-甲基丁基叔碳正离子(a)和戊基仲碳正离子(b)发生的反应

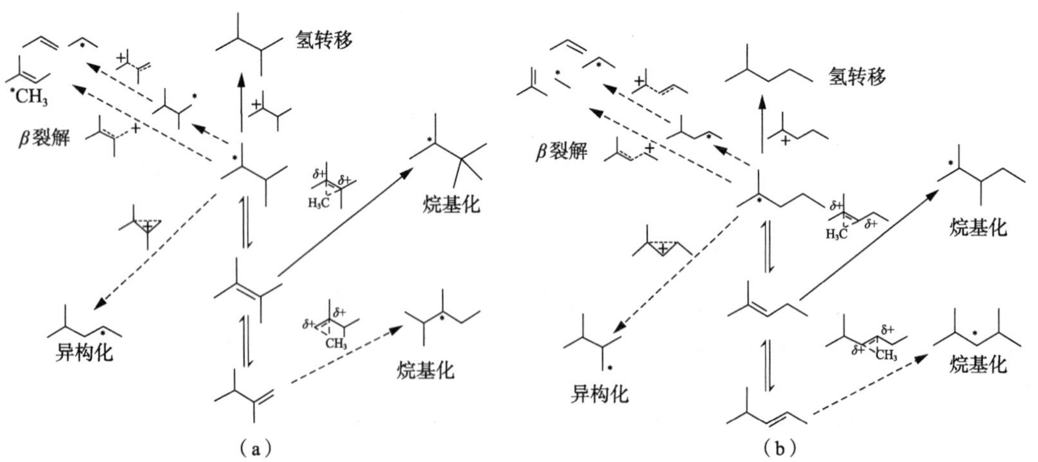

图 3.31 2,3-二甲基丁基叔碳正离子(a)和 2-甲基戊基仲碳正离子(b)发生的反应

图 3.32 给出了 2,2,3-三甲基丁基叔碳正离子和 2,3-二甲基戊基仲碳正离子发生加成反应生成 2,2,3-三甲基戊基叔碳正离子和 2,3,4-三甲基戊基仲碳正离子的过程。必须指

出，2，2，3-三甲基戊基叔碳正离子和 2，3，4-三甲基戊基仲碳正离子并不能像之前的碳正离子一样通过加成反应实现链增长。相反，在酸催化剂存在的条件下，基于碳正离子的稳定性，这 2 种碳正离子很容易发生 β 裂解，进而生成大量的 C_3～C_4 组分(图 3.33)。

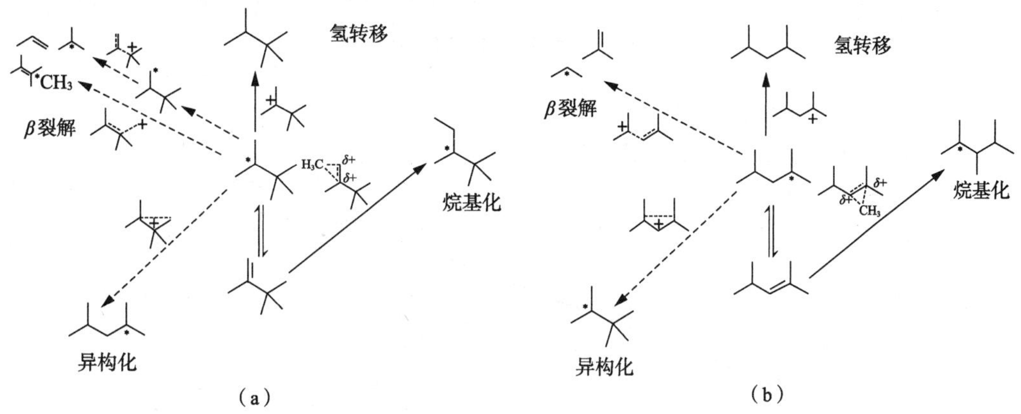

图 3.32　2，2，3-三甲基丁基叔碳正离子(a)和 2，3-二甲基戊基仲碳正离子(b)发生的反应

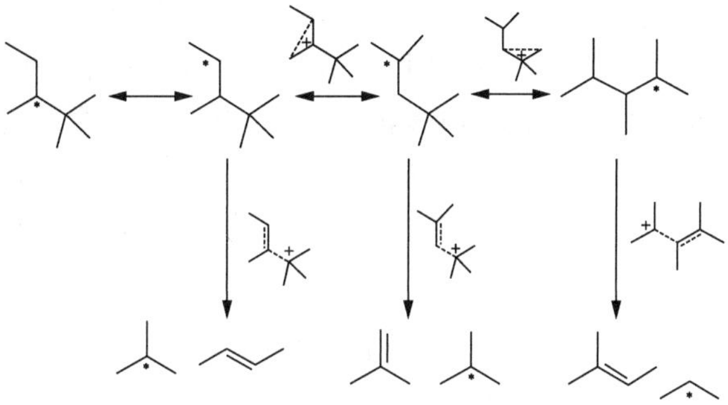

图 3.33　2，2，3-三甲基戊基叔碳正离子和 2，3，4-三甲基戊基仲碳正离子发生 β 裂解反应产物

结合图 3.26～图 3.33 可以发现，在甲醇转化制三甲基丁烷的过程中，加成反应促使直链 C_4 骨架结构生成，而碳正离子的稳定性(异构化或 β 裂解)原则可保证 C_4 骨架结构不会发生变化，β 裂解使烷烃分子的碳原子数只能维持在 C_7。因此，基于碳正离子稳定性考虑，甲醇由酸催化链增长制备，得到的烷烃产物中 2，2，3-三甲基丁烷选择性高是一个偶然也是必然的结果。

由于反应过程中的 β 裂解反应，产生了 i-C_4 叔碳正离子，这显著地促进了氢转移反应的发生(图 3.34)。

图 3.34 显示，叔碳正离子的存在使烯烃分子能够不断地通过氢转移反应发生脱氢，进一步生成二烯烃，进而通过环化生成芳烃(如六甲基苯)。当采用 ZnI_2 为催化剂时，反应产物中异丁烷的选择性约为 3%，三甲基丁烷的选择性约为 25%，六甲基苯的选择性约为 8%；当采用酸强度更强的 $ZnCl_2$ 为催化剂时，产物中异丁烷的选择性提高到约 23%，六甲基苯的选择性约为 15%，而三甲基丁烷的选择性则降至约 2%。这说明，酸强度越高，发生 β 裂解(异丁烷选择性)和氢转移(六甲基苯选择性)的活性越高。

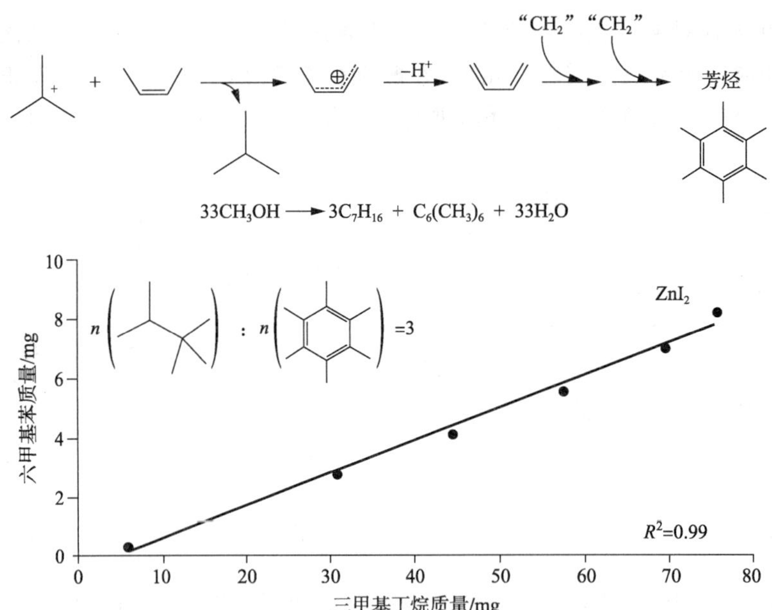

图 3.34　ZnI_2 为催化剂时甲醇制三甲基丁烷中芳烃的生成

通过对复杂的甲醇转化三甲基丁烷的历程分析可以确认,对于生成碳正离子的酸催化反应,反应产物的选择性需要符合碳正离子的稳定性,而所谓的异构化、氢转移、芳构化、加成等反应也都需要符合碳正离子的稳定性(图 3.35)。同时,酸性质如酸强度和酸密度有可能影响碳正离子的转化路径,如强酸有利于裂解反应,而酸密度高有利于芳构化和氢转移反应等。

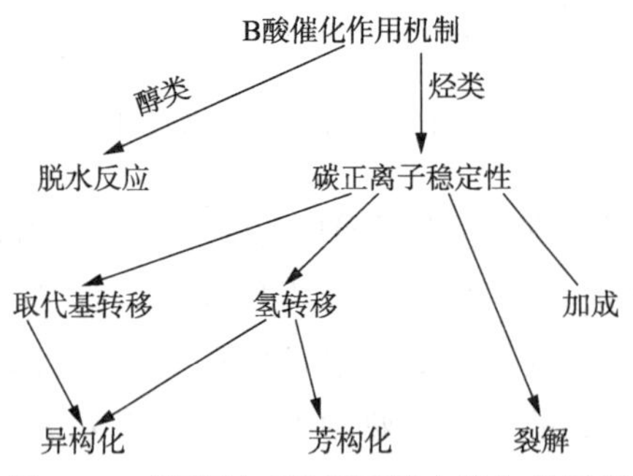

图 3.35　甲醇制三甲基丁烷中发生的反应

从催化技术的发展历史看,能源化工领域酸催化剂的发展正沿着"液体酸—固体氧化物—沸石分子筛"和"均相催化—多相催化"的路线发展。甲醇酸催化转化制烃的反应也经历着类似的过程。对于甲醇制三甲基丁烷反应,从最开始的液相中 $ZnCl_2$ 和 ZnI_2 的酸催化反应,发展到 20 世纪 70 年代的氧化铝、氧化钨等氧化物固体酸催化剂,再到最近 20 年来的沸石分子筛催化剂。与多相催化相比,均相催化反应虽然在机理研究方面具有明显的优点,但是存在一些突出的缺点:① 分离困难,催化剂的回收较麻烦,造成设备多、流程较复杂;② 腐蚀性强,对设备材质要求较高;③ 催化剂的热稳定性差,需在较低温度下进行反应,转化率较低;④ 催化剂的成本较高。

目前，甲醇制烃催化剂的研究主要围绕固体酸催化剂展开。图 3.36 给出了几种典型固体酸催化剂催化甲醇制三甲基丁烷的选择性。在相同条件下，Y 沸石和 Beta 沸石具有最高的选择性，其次是 SiO_2-Al_2O_3、杂多酸，ZSM-5 沸石的选择性最低。在这 5 种酸催化剂中，杂多酸的酸强度最高，异构化或 β 裂解导致三甲基丁烷转化生成异丁烷，三甲基丁烷的选择性较低。SiO_2-Al_2O_3 的酸强度较沸石分子筛弱，其选择性虽然高于 ZSM-5 沸石(图 3.36)，但却低于 Y 沸石和 Beta 沸石。这主要是基于沸石分子筛的择形催化性能。三甲基丁烷分子尺寸为 0.65 nm 左右，六甲基苯分子尺寸接近 0.8 nm，前者的尺寸大于 ZSM-5 沸石的孔口尺寸(0.55 nm)，显然，三甲基丁烷生成后无法扩散出沸石孔道。一方面，Y 沸石和 Beta 沸石的孔口尺寸为 0.7 nm 左右，三甲基丁烷能够在沸石孔道内实现扩散；另一方面，它们的孔口尺寸较六甲基苯小，抑制了六甲基苯的生成，因此三甲基丁烷的选择性可得到较大的提高。另外，Y 沸石较 Beta 沸石具有更高的三甲基丁烷选择性，这主要是由于 Y 沸石具有空间尺寸1.3 nm 的笼状结构，能够满足酸位吸附活化的三甲基丁烷分子(过渡态)的空间尺寸(约1.3 nm)要求。因此，可以认为，沸石分子筛在甲醇制烃反应过程中是通过产物的择形和过渡状态择形实现产物的高选择性的。

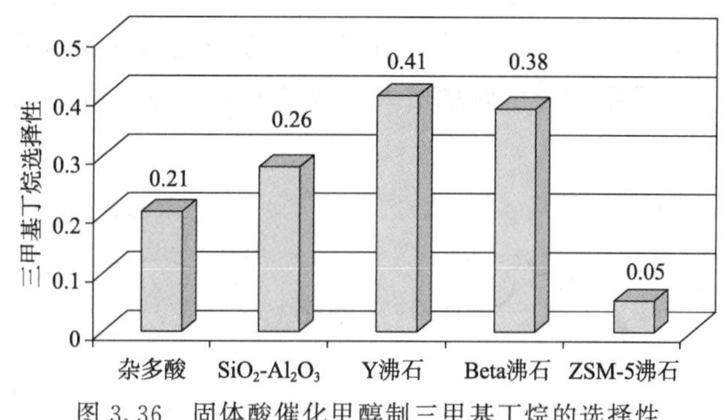

图 3.36 固体酸催化甲醇制三甲基丁烷的选择性

3.3.3 甲醇制汽油和甲醇制芳烃

20 世纪 70 年代，美国能源研究和开发委员会委托 Mobil 公司开发由合成气或甲醇生产汽油的方法。1967 年，由甲醇制汽油已获得初步成功，采用 ZSM-5 沸石为催化剂，使甲醇进一步转化为含大量芳烃的 C_5～C_{10} 烃类，辛烷值(*RON*)为 90～100。这是用甲醇制汽油在技术上获得成功的一次重大突破。第一套 MTG 工艺是 1985 年在新西兰开始运行的，采用天然气生产甲醇，甲醇转化为烃类的总效率为 95%，其中汽油占 64%，C_3～C_4 烯烃占 29%，C_1～C_2 燃料气约占 7%。汽油中大约含 32%芳烃、60%饱和烃和 8%烯烃。美国 Mobil 公司在新西兰 MTG 装置年产合成汽油 60×10^4 t，并成功运行了 10 年。之后随着石油价格的回落，该装置改为生产甲醇。20 多年来，有关煤气化制甲醇，再由甲醇制汽油的研究从来没有停止过，并且工艺技术愈加成熟。

2006 年底，中国科学院山西煤炭化学研究所研发的一步法甲醇转化制汽油技术在其能源化工中试基地完成中试，基于该技术设计开发的 3.5 kt/a 合成汽油工业示范装置于 2007 年 12 月在云南煤化工集团解化公司投产，批量生产出合格的汽油产品。

2010 年 3 月下旬，世界上首家煤基甲醇合成油企业——晋煤集团天溪煤制油分公司 10×10^4 t/a 煤合成油示范项目试产成功，其中甲醇制汽油装置采用埃克森美孚石油公司(Exxon Mobil)的专有工艺，以改性 ZSM-5 沸石为催化剂，将甲醇转化为辛烷值为 92 的汽油。

一般而言，汽油组分是 $C_6\sim C_{12}$ 的烷烃和芳烃，烷烃的异构化程度越高、芳烃含量越高，则辛烷值也越高。因此，在 MTG 反应中，生成高辛烷值组分的反应遵循图 3.29 和图 3.34 所示的反应路线，通过加成和氢转移反应生成多支链异构烷烃，通过氢转移和芳构化反应生成芳烃。

目前，关于甲醇制烃(MTH)的反应机理有 20 多种，其中烃池机理是目前接受度最高的反应机理。Dessau 等提出了基于烃池机理的双周期(dual-cycle)循环机理(图 3.37)，即芳烃烃池循环和烯烃烃池循环。甲醇通过链增长得到高碳烃产物(图 3.26)，而高碳烃产物基于碳正离子的稳定性，只能增长到 7 个碳原子的三甲基丁烷，然后发生 β 裂解反应，产物又循环到 C_3，C_4 和 C_5，形成了一个闭合的循环系统，此即图 3.37 中的循环Ⅰ。另外，由于 β 裂解生成异丁烯和异丁烷，能够得到稳定的叔碳正离子，进而促进氢转移反应(图 3.34)的发生，有利于芳烃的生成。而芳烃能够和甲醇发生烷基化-脱烷基化反应，其中脱烷基化的产物就是乙烯和丙烯，此即图 3.37 中的循环Ⅱ。MTG 反应要得到优异的汽油产品，必须同时考虑 2 种循环，同时提高异构烷烃和芳烃含量。最直接的方法就是使反应在尽量高的压力和较低的温度下进行，这有利于相对分子质量增大的链增长反应，同时有利于芳烃的生成以及扩散。

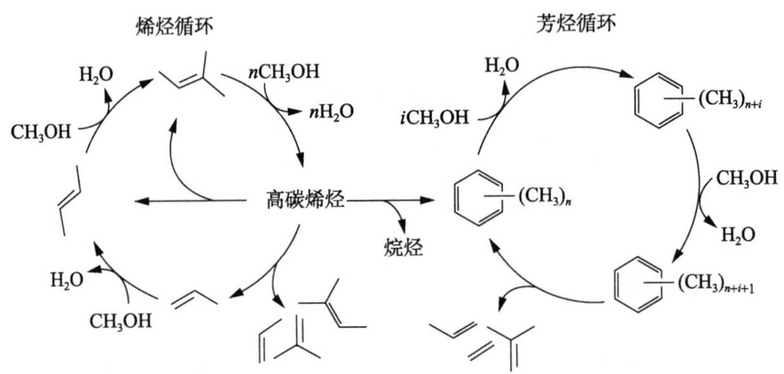

图 3.37　ZSM-5 上 MTH 反应双周期循环机理

循环Ⅰ(左)，烯烃烃池循环路线——烷基化/裂解反应；

循环Ⅱ(右)，芳烃烃池循环路线——烷基化/脱烷基化反应

前述提及，MTG 反应的工业催化剂以 ZSM-5 沸石为主要活性组分，同时要对沸石进行适当的改性：提高沸石的酸密度(降低硅铝原子比)，或者进行金属改性(如引入 Zn 和 Ga 等元素)，促进酸位催化氢转移反应，进而多产芳烃；减小沸石的晶粒或生成介孔结构，促进长链异构烷烃和芳烃的生成与扩散。另外，甲醇制芳烃(MTA)的本质和 MTG 基本一致，只不过对催化剂的性质要求有所区别。目前，MTA 最有潜力的催化材料仍然是 ZSM-5 沸石，一方面是因为其反应工艺与 MTG 类似，另一方面是因为 ZSM-5 沸石的孔结构既能满足目的产物 BTX(苯、甲苯和二甲苯的合称)的生成，又能保证芳烃产物的相对分子质量基本不超过 C_9，经济效益好。

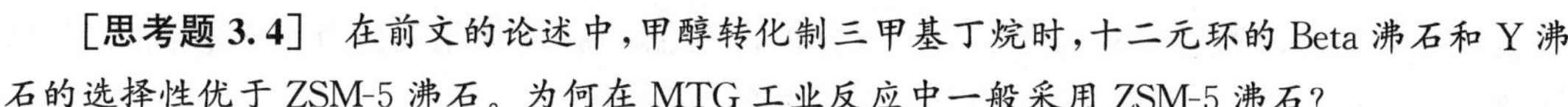

［思考题 3.4］ 在前文的论述中，甲醇转化制三甲基丁烷时，十二元环的 Beta 沸石和 Y 沸石的选择性优于 ZSM-5 沸石。为何在 MTG 工业反应中一般采用 ZSM-5 沸石？

［思考题 3.5］ MTG 反应过程中一般需要硅铝原子比较低的 ZSM-5 沸石，即酸密度增加有利于 MTG 反应，这是为什么？

［思考题 3.6］ 当前，MTG 反应过程中一般需要采用金属改性的 ZSM-5 沸石，已知金属改性能够提高催化剂活化氢（加氢和脱氢）的能力，那么为什么金属改性的 ZSM-5 沸石能够提高 MTG 产物的液体产量以及产品的辛烷值？

［思考题 3.7］ 当前，工业界部分专家从原子经济的角度分析，认为"煤$\xrightarrow{\text{气化}}$合成气$\longrightarrow$甲醇$\longrightarrow$汽油（MTG）或芳烃（MTA）"路线是对煤炭资源和水资源的一种严重浪费。试根据所学的知识，查阅资料，对此进行分析和讨论。

3.3.4 甲醇制烯烃和甲醇制丙烯

由甲醇制乙烯、丙烯等低碳烯烃（Methanol-to-Olefin，简称 MTO）是最有希望替代以石脑油为原料制烯烃的工艺路线，目前工艺技术开发已趋于成熟。甲醇制烯烃技术的工业化开辟了由煤经甲醇生产基础有机化工原料的新工艺路线，有利于改变传统煤化工的产品格局，是实现煤化工向石油化工延伸发展的有效途径。

国外对甲醇制烯烃的工业化研究已进行了多年，国际上一些著名的石油和化学公司如巴斯夫公司（BASF）、埃克森美孚石油公司、环球油品公司（UOP）、海德鲁公司（Norsk Hydro）等都投入了大量资金进行研究。1992 年，UOP 和海德鲁公司合作建成第一套小试装置，加速了甲醇制烯烃的工业化。1995 年 1 月，UOP 和海德鲁公司宣布可对外转让技术，该技术称为 MTO 工艺。同年 6 月，两家公司合作在挪威建设了一套甲醇粗加工能力为 0.75 t/d 的 MTO 工艺示范装置，该装置连续运转 90 d 后各系统的操作正常、稳定。在 90 d 运转中，催化剂经过 450 次反应-再生循环，其性能仍然非常稳定。反应后通过取样分析，催化剂的强度仍满足要求。另外，可以通过改变操作条件调节乙烯和丙烯的产出比例（最高达到 1.75），乙烯和丙烯的纯度均在 99.6%以上，可直接满足聚合级乙烯和丙烯的要求。中国科学院大连化学物理研究所采用改进的 SAPO-34 催化剂，以及甲醇制烯烃的 DMTO 核心技术，并建立了甲醇制烯烃国家工程实验室，于 2010 年成功在神华包头煤化工有限公司煤制烯烃装置上实现工业生产，目前已建成投产和在建的基于 DMTO 技术的煤制烯烃装置有 20 多套，是当前世界上应用最为成功的 MTO 技术。

甲醇制丙烯（MTP）过程源于甲醇制烯烃（MTO）过程。MTO 过程的目的产物是乙烯和丙烯，而 MTP 过程在 MTO 过程的基础上通过工艺改进（其他烯烃循环或者乙烯再转化）提高了丙烯产率，目的产物是丙烯。MTP 工艺最初由德国鲁齐（Lurgi）公司于 1996 年研发成功，并于 2010 年在我国实现大规模工业化（神华宁夏煤业集团有限责任公司 520 kt/a、大唐内蒙古多伦煤化工有限公司 470 kt/a）。该工艺使用德国南方化学品公司的专供 ZSM-5 沸石催化剂。

MTO 和 MTP 的反应机理如图 3.37 所示。显然，MTO 和 MTP 的目的产物是不同的，从双循环的角度出发，如果不考虑乙烯和丙烯的价格，烯烃烃池和芳烃烃池对 MTO 都是可以接受的，但是对 MTP 工艺而言，在保证烯烃循环路线的同时提高芳烃循环中丙烯的选择性具有重要的经济意义。从热力学的角度分析，β 裂解和脱烷基化反应都需要较高的温度，因此 MTO 和 MTP 一般在 450 ℃以上的温度条件下进行。

为了提高低碳烯烃的选择性，催化领域的学者一般会考虑采用沸石分子筛。乙烯和丙烯的动力学直径为 0.37～0.38 nm，是图 3.37 所示循环路线所能产生的有机烃产物中最小的分子。利用沸石分子筛产物择形催化的特点，科学家一开始就将 MTO 反应的催化剂聚焦到小孔沸石(六元环沸石，0.38 nm)。前述提到，乙烯主要是通过芳烃的烷基化-脱烷基化反应得到的，即芳烃(0.6～0.8 nm)是乙烯生成的活性中间体。就沸石的过渡态择形催化而言，所采用的小孔沸石应该具有足够大的孔穴以满足过渡态的生成。两者结合就是目前工业上应用最为广泛的 MTO 反应活性组分——具有 CHA 拓扑结构的 SAPO-34 沸石(六元环，0.38 nm，具有直径为 0.94 nm 的笼结构)。SAPO-34 的出现完美解决了 MTO 工艺中既要求活性又要求选择性的催化剂要求。当然，这种“肚大嘴小”的沸石结构必然容易导致积炭，因此 MTO 工艺一般采用能够快速烧炭再生的流化床反应器。

与 ZSM-5 沸石不同的是，SAPO-34 是一种磷铝沸石，其组成和结构如图 3.38 所示。SAPO-34 由 AlO_4 和 PO_4 组成，Al 的化合价为+3，P 的化合价为+5，因此 SAPO-34 骨架显电中性。若将其中的 PO_4 用部分 SiO_4 替代，则此时骨架显电负性，沸石能够产生酸性。同样是 B 酸催化剂，与硅铝组成的沸石(如同样具有 CHA 拓扑结构的 SSZ-13 硅铝沸石)相比，磷铝结构对质子的束缚能力较强，导致 H^+ 的自由度较低，相应的酸强度就相对减弱。由酸强度的对比分析可知，SSZ-13 沸石的活性优于 SAPO-34 沸石，能够降低 MTO 反应的温度；但是，酸强度提高后会影响烯烃循环和芳烃循环路线的产物选择性，同时增加积炭的风险。所以，就 MTO 工艺而言，SAPO-34 磷铝沸石仍然是最佳的选择。

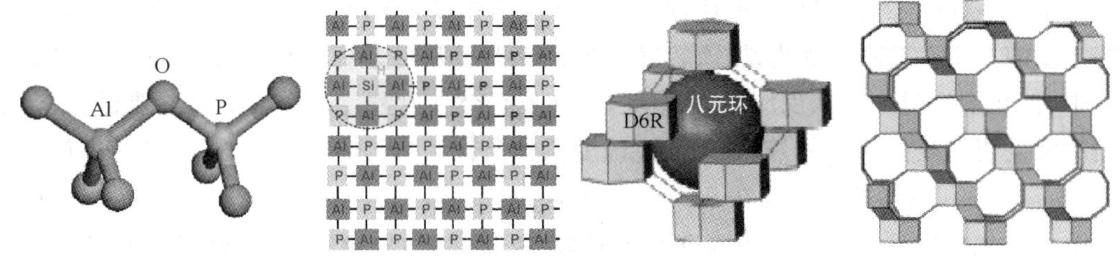

图 3.38　SAPO-34 沸石的结构单元

D6R 为六方柱笼

下面讨论一下用于 MTP 反应的工业催化剂 ZSM-5 沸石。上文对 MTO 反应产物选择性的分析表明，对于低碳烯烃，微孔沸石是较好的选择。显然，ZSM-5 沸石(十元环中孔沸石)并不属于这一范畴(图 3.39)。不妨从双周期循环机理(图 3.37)来阐述这一看似不合理的选择。在双循环路线中，烯烃烃池机理的反应路线主要发生 β 裂解反应，因此产物以丙烯和丁烯为主，不会有乙烯生成。同位素跟踪实验证明，ZSM-5 沸石孔内芳烃碳池循环路线生成乙烯和丙烯的速率基本相同，产物中乙烯主要源于芳烃烃池循环路线，而丙烯主要源于烯烃烃池循环路线——β 裂解反应。另外，ZSM-5 沸石是一种具有三维交叉直通孔道的沸石，孔径尺寸为 0.55～0.6 nm，而芳烃的尺寸也在这一范围内，且芳烃能够在孔道内迅速扩散并进入产物中，因此导致 ZSM-5 沸石中通过芳烃循环路线制备低碳烯烃的概率比烯烃循环路线低，烯烃主要来源于 β 裂解，丙烯选择性较高。图 3.40 显示，采用 ZSM-5 和 SAPO-34 沸石进行 MTO 反应，就单程反应结果而言，ZSM-5 沸石的 C_{3+} 烯烃选择性高于 SAPO-34 沸石，乙烯选择性较低。另外，利用 ZSM-5 沸石优异的扩散性能，反应后催化剂积炭量下降，反应的稳定性相较 SAPO-34 沸石得到显著提高，进而能够实现固定床的 MTP 工艺，使装置的投资成本得到显著改善。

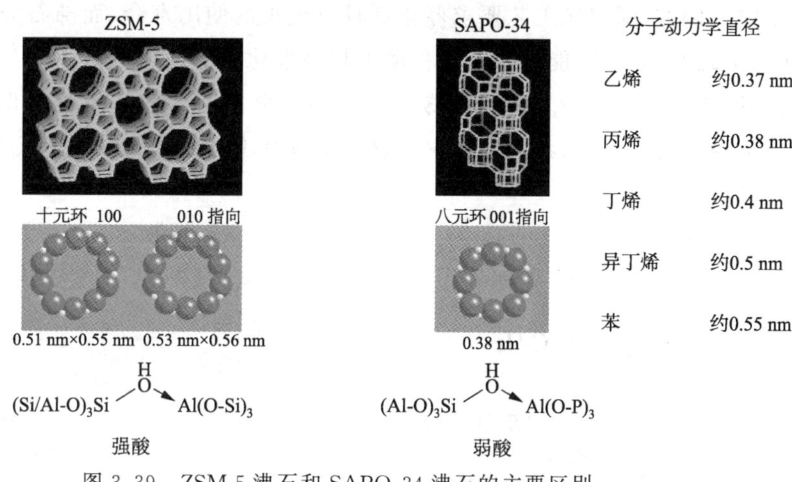

图 3.39 ZSM-5 沸石和 SAPO-34 沸石的主要区别

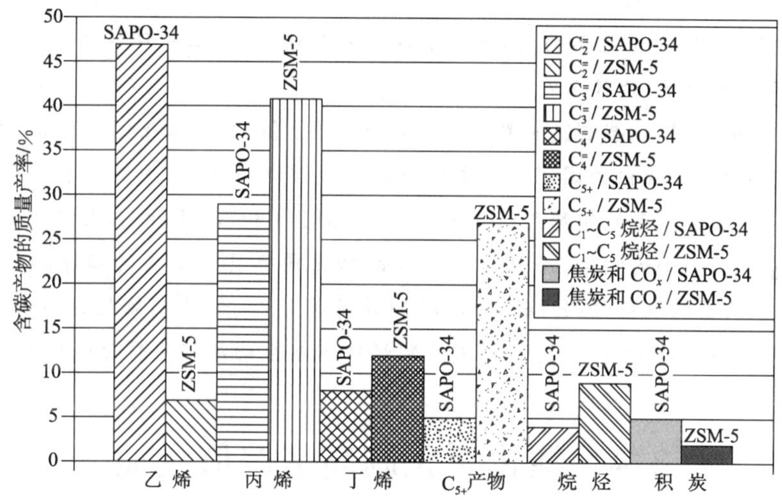

图 3.40 ZSM-5 和 SAPO-34 沸石单程 MTO 反应产物的区别

$C_2^=$，$C_3^=$，$C_4^=$ 中"="表示烯烃

综上所述，目前工业用 MTO 和 MTP 催化剂在开始研究阶段选择 SAPO-34 和 ZSM-5 沸石可以说是偶然的选择，但就研究进展而言，这是一种必然的选择，其根源就是利用了沸石分子筛的择形催化性能。

对比分析 MTG，MTA 和 MTP 可以发现，ZSM-5 沸石是一种"万金油"型催化材料，在 3 种反应中都可以采用。这一点和 ZSM-5 沸石在石油化工中应用范围广泛是一致的。另外，必须指出，MTG，MTA 和 MTP 的目的产物不同，因此除反应条件（温度和压力）不同之外，对 ZSM-5 沸石的物性要求也不同。例如，MTG 和 MTA 要求高芳烃产物，因此氢转移反应是有利的，而 MTP 要求低芳烃产物，因此需要抑制芳烃循环，提高烯烃循环，进而提高丙烯的选择性，氢转移反应相对不利。这一点体现在 MTG 和 MTA 要用低硅铝原子比的

ZSM-5 沸石，而 MTP 要用高硅铝原子比的 ZSM-5 沸石；MTG 和 MTA 催化剂可以采用活化氢金属改性，而 MTP 催化剂一般采用非金属元素或碱土金属氧化物改性。MTG，MTA 和 MTP 所用的 ZSM-5 沸石催化剂虽然存在许多截然相反的物性要求，但也存在一些共同的物性要求。例如，固定床工艺要求催化剂具有较长的使用寿命，而沸石分子筛中引入介孔（或减小分子筛晶体尺寸）能够在一定程度上提高催化剂的使用寿命。

[思考题 3.8] 由图 3.37 可知，芳烃循环路线中芳烃烷基化-脱烷基化是生成乙烯和丙烯的一条途径。研究表明，提高芳烃中的取代基数目有利于降低脱烷基反应的活化能，提高丙烯的选择性。

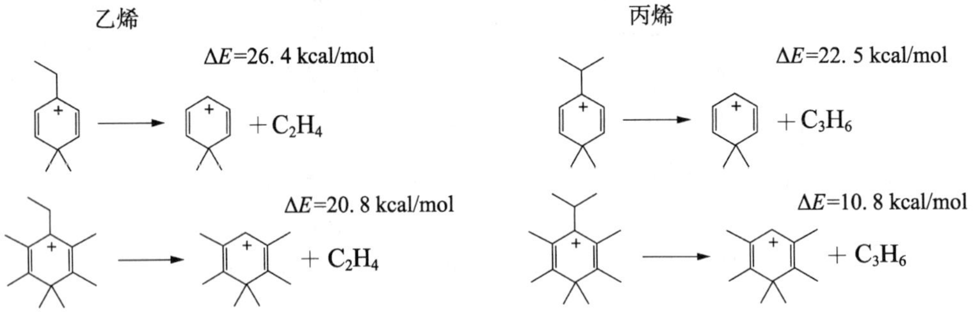

乙烯

ΔE=26.4 kcal/mol → $+C_2H_4$

ΔE=20.8 kcal/mol → $+C_2H_4$

丙烯

ΔE=22.5 kcal/mol → $+C_3H_6$

ΔE=10.8 kcal/mol → $+C_3H_6$

在 MTP 反应中，与十元环的 ZSM-5 沸石催化剂相比，十二元环的 Y 沸石和 Beta 沸石具有更高的丙烯选择性，为什么？

[思考题 3.9] 目前，我国是世界上最早实现 MTO 和 MTP 工业化的国家，也是世界上唯一一个在进行 MTG 工业化的国家。这主要归因于我国煤多油少、甲醇产能过剩的能源格局以及煤化工企业效益低下的市场行情。而事实上，MTO 和 MTP 的工业化不仅仅对煤化工重新焕发活力具有重要的意义，而且对新能源的转化同样具有重要的指导和借鉴意义。目前，生物质来源的乙醇制烯烃（ETO）和乙醇制丙烯（ETP）、甘油制烯烃（GTO）已经被广泛关注。试结合相关文献资料，讨论一下甲醇制烃技术在生物质催化转化领域应用的前景。

3.4 催化裂化制高辛烷值汽油

催化裂化在我国汽油生产领域占有举足轻重的地位，我国汽油池的 70%以上都来源于催化裂化产的汽油。因此，催化裂化在我国最主要的目的就是生产高辛烷值汽油。催化裂化原料范围很广，有 350～500 ℃的直馏馏分油、常压渣油及减压渣油，也有二次加工馏分，如焦化蜡油、脱蜡油、蜡下油、脱沥青油等，主要裂化原料是稳定的烷烃。

3.4.1 催化裂化的化学反应

烃类的催化裂化反应与热裂化反应的反应机理不同。热裂化反应是通过复杂的链式自由基机理进行的，而催化裂化反应是通过碳正离子中间体进行的。

下面根据碳正离子的反应机理来分析催化裂化原料中烷烃、烯烃、环烷烃、芳烃以及石油馏分的裂化反应规律。

1）烷烃

烷烃催化裂化时，首先生成碳正离子，然后 C—C 键断裂生成一较小的吸附在催化剂上的碳正离子和气相烯烃。断裂本身遵循 β 裂解原则，所生成的烯烃是 α-烯烃：

$$RCH_2CH_2CH_2CH_2R' \longrightarrow RCH_2\overset{+}{C}HCH_2CH_2R' \longrightarrow$$

$$RCH_2CH=CH_2+R'\overset{+}{C}H_2$$

新生成的碳正离子是伯碳正离子，极不稳定，迅速转化为仲碳正离子，然后在 β 位上断裂，反应可继续进行，直至成为不能再断裂的小碳正离子（即 $C_3H_7^+$，$C_4H_9^+$）。在反应过程中碳正离子可将 H^+ 还给催化剂而变成烯烃。例如：

$$C_3H_7^+ \longrightarrow C_3H_6+H^+$$

2）烯烃

烯烃催化裂化时也生成碳正离子，并且遵循 β 裂解原则，生成一较小的烯烃和一较小的伯碳正离子。该伯碳正离子既可重排形成仲碳正离子或叔碳正离子，也可将 H^+ 还给催化剂而变成烯烃。例如：

$$R—CH_2—CH=CH—CH_2—R'+H^+ \longrightarrow$$

$$R—CH_2—\overset{+}{C}H—CH_2—CH_2—CH_2—R' \longrightarrow R—CH_2—CH=CH_2+R'—CH_2—\overset{+}{C}H_2$$

$$R'—CH_2—\overset{+}{C}H_2 \longrightarrow R'—CH=CH_2+H^+$$

3）环烷烃

环烷烃形成碳正离子的机理与烷烃一样。由于存在大量仲碳正离子和叔碳正离子，环烷烃的反应活性很高，能生成各种不同的裂化产品。在产品分布上，环烷烃比较接近烯烃而不是接近烷烃。但在环烷烃裂化产品中，除烷烃和烯烃裂化所产生的烃类外，还存在烷基苯、原始环烷烃的异构物、低相对分子质量的环烷烃和环烷芳烃。生成芳烃是下述反应的结果：

环烷烃＋烯烃⟶芳烃＋烷烃

环烷烃中的氢容易转移，可促进这一反应的进行，这样就使环烷烃的气态和液态裂化产品中烯烃含量比烷烃裂化产品少。

4）芳烃

芳烃催化裂化时，首先形成碳正离子，然后侧链断裂，而芳香核基本上不参与反应。例如：

$$C_6H_5—R + H^+ \longrightarrow [C_6H_5(H)R]^+ \longrightarrow C_6H_6 + R^+$$

裂化速度按与环所连的碳原子伯、仲、叔顺序并随侧链的长度增加而增加。芳烃缩合是催化裂化特有的一种反应，能生成相对分子质量更高的化合物，直至生成焦炭。

5）石油馏分

（1）反应类型。

石油馏分为复杂的烃类混合物。在裂化条件下，前述各种单体烃的反应都在进行并发生许多交错反应，因而形成一个复杂的反应体系。在该体系中，C—C 键的断裂是最基本的一次反应，然后在此基础上发生各种二次反应。石油馏分中较重要的二次反应大致可分为 2 类：一类是C—H键上氢原子增加和减少的反应，这类反应包括双键位移、双键几何异构、氢转移、环烷脱氢、烯烃饱和等；另一类是C—H键和C—C键都参与的反应，这类反应包括烯烃叠合、芳烃缩合、烯烃骨架异构化、烯烃芳构化、烷基转移及烷烃歧化等。这些二次反应除环烷烃脱氢、芳烃缩合、烷基转移等反应外，都是通过烯烃或烯烃参与进行的。这样，碳正离子是催化裂化一次反应的中间体，而由一次反应产生的烯烃则成为催化裂化二次反应的中间体。

(2) 焦炭的生成。

焦炭一般具有多环芳烃的缩合结构。焦炭的生成来源于芳烃和烯烃，且主要是芳烃。芳烃一是来源于原料；二是来源于烯烃的二次反应。烯烃由原料中的烷烃和环烷烃裂化而来，原料越重即环烷烃、烷烃分子越大，裂化产生的烯烃越多，因而重质原料生成焦炭的倾向大。不同烃类生成焦炭的速率大小顺序为：

双环芳烃＞单环芳烃＞烯烃＞环烯烃＞烷烃

催化剂的性质对焦炭的生成也有明显的影响。一般增加催化剂酸中心的密度和酸强度会加快焦炭的生成。

3.4.2 催化裂化催化剂

催化裂化催化剂是目前世界上用量最大的一种催化剂。从1936年开始，酸洗天然黏土首次作为催化裂化催化剂，采用的是固定床工艺。在20世纪50年代后期和60年代早期，发现使用以沸石为基础的催化裂化催化剂可以显著提高裂化效果。Mobil公司在20世纪60年代初率先应用含有沸石的催化裂化催化剂，如今世界上每家石油炼厂实际上都使用含Y沸石的催化裂化催化剂，有些场合使用含ZSM-5沸石的催化裂化催化剂。沸石用于催化裂化被认为是催化裂化工业的一次革命。沸石取代无定型硅铝作为催化剂后，活性大大提高，汽油产率相应增加，但汽油辛烷值下降。20世纪80年代以来，超稳Y沸石(USY)催化剂以其低焦炭产率和高汽油辛烷值逐渐占据主导地位。

催化裂化催化剂要求具有高活性、高选择性、低生焦率、高抗金属能力。目前，利用高硅Y沸石或超稳Y沸石可以部分达到以上要求。目前国外超稳Y沸石催化剂已进入通用阶段，在北美地区这类催化剂已占催化剂总销量的50%以上，这种趋势在国际上处于加速发展中。和国外不同，我国目前大部分催化裂化装置均使用稀土Y(REY)或氢型Y沸石(HY)等催化剂。

催化裂化催化剂一般来说有2种主要组分，即沸石和基质。一些催化剂还可能包括第3种组分，即一种或几种添加剂，用于提高汽油辛烷值、催化剂抗金属能力，减少SO_x排放，使CO更易氧化。添加剂可以加入催化裂化催化剂中，也可以单独作为一种特殊的颗粒使用。

用于催化裂化催化剂的沸石大部分是Y沸石和高硅Y沸石，一些催化剂还包括Y沸石和高硅Y沸石的混合物。Y沸石大部分以稀土型和氢型形式使用。催化裂化催化剂一般包括15%～40%的沸石，这是催化剂中的主要活性组分。

基质一般是合成的或天然的。合成基质一般为无定型硅酸铝、氧化铝；天然基质一般为黏土，黏土要通过热和化学改性后才能使用。尽管基质具有一定的催化能力，但它主要用于改进催化剂的物理特性。

添加剂根据其作用在组成上变化很大。例如，ZSM-5沸石可用作辛烷值促进剂，Sb，Bi

和Sn则可用作金属钝化剂。一些金属氧化物（Al_2O_3，MgO等）或混合金属氧化物（Al_2O_3-MgO）、混合稀土氧化物等可用来控制 SO_x 的排放。

［思考题3.10］ 为什么采用含稀土的REY（如CeY和LaY）沸石具有优于HY沸石的催化裂化活性？为何高价金属离子交换的沸石分子筛酸强度高？高价离子的原子半径对酸强度有何影响？

3.5 FCC汽油降烯烃制清洁汽油

日益严格的环境保护法规使清洁汽油的生产成为我国炼油工业一个重要的挑战。这主要包括硫、烯烃和芳烃含量等指标的严格控制。为贯彻2013年国务院发布的《大气污染防治行动计划》，2016年6月23日，国家能源局发布第六阶段《车用汽油》国家强制性标准，提出2019年全国将执行新的国Ⅵ(B)汽油标准，要求汽油中烯烃含量不大于18%。目前，我国已经全面执行国Ⅵ(A)汽油标准，部分省份已经开始执行国Ⅵ(A)汽油标准，要求汽油中烯烃含量不大于15%，该标准将于2023年全国执行。北京于2021年7月出台“京6B”油品标准并于当年12月开始执行，该地方标准是最严格的质量标准，要求汽油中烯烃含量不大于12%。我国汽油池以催化裂化(FCC)汽油为主（约占74%），车用90号（辛烷值90）以上汽油中FCC汽油用量大于80%。我国FCC汽油原料辛烷值为89～93，其特点是高硫（50～1 600 mg/kg）、高烯烃（30%～55%）、低芳烃（11%～25%）。针对国Ⅵ标准，清洁汽油生产的关键是降低烯烃含量。由于烯烃属于汽油中的高辛烷值组分，因此如何尽可能少地减少辛烷值损失将是FCC汽油降烯烃工作中遇到的主要挑战。针对这一挑战，催化学者提出以下3种解决途径。

3.5.1 烯烃与异丁烷烷基化制高辛烷值汽油调和组分

烯烃与异丁烷的烷基化产物抗爆震性能好，辛烷值高，主要用作高辛烷值车用汽油的调和组分，是由异丁烷与汽油中的轻质烯烃（C_3～C_5）经烷基化制得的。

对于异丁烷和丁烯的烷基化，各种丁烯与异丁烷烷基化反应的主要反应产物都是2,2,4-三甲基戊烷。这是因为在酸性催化剂作用下，丁烯能发生异构化反应，如正丁烯能异构化生成异丁烯：

$$CH_2{=}CH{-}CH_2{-}CH_3 \xrightarrow{H^+} CH_2{=}\underset{}{\overset{\displaystyle CH_3\\|}{C}}{-}CH_3$$

所以各种丁烯异构体间能相互转化，而且转化速率很快，其中异丁烯是较稳定的。

烷基化过程是一种碳正离子反应过程，在强酸（HF，H_2SO_4 或固体酸）存在条件下，首先由质子与异构烯烃分子反应，生成碳正离子，如：

$$C{-}\overset{\displaystyle C\\|}{C}{=}C + H^+ \longrightarrow C{-}\underset{+}{\overset{\displaystyle C\\|}{C}}{-}C$$

碳正离子与另一烯烃分子发生加成反应，生成 C_8 碳正离子中间产物：

$$\mathrm{C{-}\overset{\displaystyle C}{\underset{+}{C}}{-}C + C{-}\overset{\displaystyle C}{C}{=}C \longrightarrow C{-}\overset{\displaystyle C}{\underset{\displaystyle C}{C}}{-}C{-}\overset{\displaystyle C}{\underset{+}{C}}{-}C}$$

继而和异丁烷分子反应，从异丁烷的叔碳原子上得到一个氢负离子(H^-)，成为C_8异构烷烃：

$$\mathrm{C{-}\overset{\displaystyle C}{\underset{\displaystyle C}{C}}{-}C{-}\overset{\displaystyle C}{\underset{+}{C}}{-}C + C{-}\overset{\displaystyle C}{C}{-}C \longrightarrow C{-}\overset{\displaystyle C}{\underset{\displaystyle C}{C}}{-}C{-}\overset{\displaystyle C}{C}{-}C + C{-}\overset{\displaystyle C}{\underset{+}{C}}{-}C}$$

由于同时生成了叔碳正离子，反应将不断进行下去。在烷基化过程中，中间产物碳正离子的碳链可能发生骨架异构化，而且容易发生甲基迁移：

$$\begin{array}{ccccccc}
(\mathrm{C_4})\text{烯烃 B} & \xrightarrow{\text{酸}} & (\mathrm{C_4})\text{碳正离子 B} & \xrightarrow{\text{烯烃}} & (\mathrm{C_8})\text{碳正离子 B} & \xrightarrow{\text{异构烷烃}} & \text{烷基化产物 B} \\
k_1' \Updownarrow & & k_2' \Updownarrow & & k_3' \Updownarrow & & \\
(\mathrm{C_4})\text{烯烃 A} & \xrightarrow[k_1]{\text{酸}} & (\mathrm{C_4})\text{碳正离子 A} & \xrightarrow[k_2]{\text{烯烃}} & (\mathrm{C_8})\text{碳正离子 A} & \xrightarrow[k_3]{\text{异构烷烃}} & \text{烷基化产物 A}
\end{array}$$

此外，烷基化过程还会发生氢转移、叠合、异构、裂化等副反应。因此，烷基化产物的组成相当复杂。

烷基化过程所用的催化剂有氯化铝、硫酸、氢氟酸、磷酸、硅酸铝、氟化硼、沸石等，其中氯化铝、硫酸和氢氟酸早已在工业上应用。硫酸法是由 Huble 石油公司于 1938 年首次实现工业化的，氢氟酸法是由 UOP 公司和 Phillips 石油公司于 1942—1943 年实现工业化的，氯化铝法是在第二次世界大战期间由 Phillips 石油公司实现工业化的。硫酸和氢氟酸是 B 酸型催化剂，而氯化铝是 L 酸型催化剂，它们表现出类似的酸催化作用，对烷基化反应有很高的活性，反应温度都较低。在氯化铝法中常采用的温度是 273～283 K；在氢氟酸法中，低温时常易产生氟化烷基物，最适宜的温度是 294～305 K；硫酸在 293 K 以上时有氧化作用，所以硫酸法常用的反应温度是 277～280 K。2013 年，中国石油大学(北京)开发出新一代的烷基化催化剂——离子液体催化剂，并成功实现工业生产。

上述催化剂的烷基化法为液-液催化反应体系，存在产物和催化剂分离、废酸处理、酸对设备腐蚀等一系列问题。因此，人们开发出固体酸以代替液体酸催化剂，实现在固体酸催化剂上烷基化的工艺。对分子筛催化剂的烷基化活性已进行了大量研究，当 HY 型和超稳 Y 型分子筛上负载稀土元素离子、过渡元素离子等时，对异构烷烃和烯烃的烷基化反应有一定的活性，但是，对其活性和稳定性的研究仍未能取得突破，目前仍处于实验室研究阶段。

3.5.2 FCC 汽油醚化制高辛烷值汽油调和组分

FCC 汽油醚化技术是指用醇类(甲醇和乙醇)与 FCC 汽油中的异构烯烃反应生成相应的醚，使烯烃转化为一种含氧的高辛烷值汽油调和组分。汽油醚化技术在降低烯烃含量的同时能提高汽油辛烷值。催化裂化汽油含有 C_4～C_{11} 的多种叔碳烯烃，低碳原子数叔碳烯烃容易与甲醇进行醚化反应，生成醚类化合物。但随着碳原子数的增加，叔碳烯烃含量逐渐降低，C_8 以上叔碳烯烃含量较少，其总量在 30%以下。已有的研究表明，高碳原子数叔碳烯烃与甲醇进行醚化反应时，反应速率慢，反应条件较苛刻，转化率随着碳原子数的增加而降低。因此，选择切割催化裂化汽油中 70 ℃前的轻汽油组分为醚化原料，它集中了全馏分汽油中绝大部分 C_4～C_7 叔碳烯烃，而且只占全馏分汽油的 40%左右。因此，以此馏分段轻汽油为醚化原料，既可大幅降低醚化原料处理量，又不降低汽油的醚化效果，在经济上更具合理性。

汽油醚化后，一般当氧含量达到 1.2%～1.4%时，汽油中烯烃含量降低 8%～10%，研究法辛烷值增加 1.0，马达法辛烷值增加 2.0，并可增加汽油的蒸气压。目前，汽油中的醚化产物包括甲基叔丁基醚(MTBE)、乙基叔丁基醚(ETBE)和叔戊基甲醚(TAME)等。醚化过程较为简单，如将 C_5 叔碳烯烃与甲醇反应即可得到叔戊基甲醚，这是一个典型的酸催化反应，同样遵循碳正离子的反应规律。

$$H_2C{=}C(CH_3){-}CH_2{-}CH_3 \rightleftharpoons H_3C{-}C(CH_3){=}CH{-}CH_3$$

$$H_2C{=}C(CH_3){-}CH_2{-}CH_3 + H_3C{-}OH \rightleftharpoons (H_3C)_2C(CH_2{-}CH_3){-}O{-}CH_3$$

$$H_3C{-}C(CH_3){=}CH{-}CH_3 + H_3C{-}OH \rightleftharpoons (H_3C)_2C(CH_2{-}CH_3){-}O{-}CH_3$$

催化裂化轻汽油醚化催化剂包括强酸性阳离子交换树脂催化剂、杂多酸和分子筛催化剂。前两者酸强度高、活性好，但同时副产物多，而分子筛催化剂酸性较弱、活性低，但选择性好。目前，工业上的醚化技术采用的催化剂以树脂为主。

轻汽油醚化是目前处理汽油中轻质烯烃的最主要方法。2017 年 9 月，国家发改委、国家能源局、财政部等 15 个部门联合印发了《关于扩大生物燃料乙醇生产和推广使用车用汽油的实验方案》，提出 2020 年后要在全国范围内推广 E10 乙醇汽油(汽油调和组分油中加入 10%乙醇)，轻汽油醚化技术一度面临停滞发展。2020 年，由于生物燃料乙醇产量有限，而车用汽油标准频繁升级，轻汽油醚化技术因适合我国车用汽油烯烃含量高的基本国情，仍然是当前降低烯烃含量的有效技术，应用前景广泛。

3.5.3 FCC 汽油芳构化和异构化降烯烃

除 FCC 汽油醚化技术外，选择性地将 FCC 汽油通过芳构化和异构化转化为高辛烷值汽油调和组分是提高 FCC 汽油辛烷值的理想方法。目前已经实现的工业生产主要有以 ZSM-5 沸石为催化剂的烯烃芳构化。烯烃的异构化和芳构化都经历碳正离子的反应历程，利用沸石分子筛的择形催化能够得到异构烃和芳烃组分，辛烷值高。下面简单介绍一下以 ZSM-5 沸石为催化剂的反应过程。

烯烃在酸中心上质子化形成碳正离子，随后与供氢分子(如环烷烃或烯烃)发生氢转移反应生成烷烃并脱附，最后缺氢的供氢分子脱附或继续作为供氢分子，其中质子化的烯烃与供氢分子发生氢转移反应是速率控制步骤。该步骤与酸密度和反应物浓度有关，随着酸密度的增加，质子化的烯烃浓度也增加，与气相烯烃或环烷烃或周围弱酸上的碳正离子发生叠合反应的可能性增大，随后氢转移反应的可能性增大。

催化剂的酸密度与分子筛骨架硅铝原子比有关，低硅铝原子比的分子筛催化剂不仅具有较高的酸密度，而且对烯烃吸附能力强，导致氢转移反应速率增大，生成的缺氢分子难以脱附并继续释放氢负离子，饱和其他烯烃分子，而自身直至生成焦炭；高硅铝原子比的分子筛催化剂具有较低的酸密度，导致氢转移反应速率减小，生成的缺氢分子在一定条件下能够脱附，生成较多的芳烃和较少的焦炭。

烯烃在硅铝原子比较高的分子筛催化剂上或较高的反应温度下或较低的空速下转化可以生成较多的芳烃；而在硅铝原子比较低的分子筛催化剂上或较低的反应温度下或较高的空速下转化可以生成较多的异构烷烃。

3.5.4 原油直接裂解制化学品

原油直接裂解制化学品，主要是指利用重质原料油直接生产低碳烯烃。实际上，石油原料与低碳烯烃的氢碳比总体平衡，若能避免高温自由基反应及脱氢反应，可以避免石油化工生产过程中对于中间产物的反复加氢、裂解等一系列非原子经济性的循环反应，实现原子经济性并降低能耗。原油直接裂解主要是催化裂解，催化剂和 FCC 催化剂类似，以 Y 沸石和 ZSM-5 沸石为主要活性组分，根据产品需求进行沸石的匹配。以中国石化的原油裂解技术为例，将原油切割为轻、重馏分后，分别进行催化裂解生产低碳烯烃。该催化裂解采用一套双提升管反应器来实现，2 个提升管分别进轻、重馏分，分别给予最适宜的操作参数以最大化生产低碳烯烃。该技术的难点是与重馏分相比，原油中的石脑油、柴油馏分虽然氢含量高，但因为分子小，更难裂解，需要专用的催化剂和更苛刻的操作条件。对原油的适应性则要求原油是石蜡基的，如果是中间基或环烷基原油，则切割后的重馏分要先加氢，这时要有匹配的加氢装置。

3.5.5 废塑料催化裂解制化学品

废塑料对环境造成的污染日趋严重，其有效处理成为全球关注的重要问题。近年来，随着国民经济发展，塑料制品工业发展迅速，同时产生的废塑料逐年增多。2019 年我国废塑料的回收量为 1 890×10^4 t 左右，回收比例约 23%。随着环保法规的日益严格，未来我国填埋厂储存的废塑料将实现无害化处理，处理规模可达 10×10^8 t/a。从可持续发展战略和绿色环保化工生产的角度分析，废塑料必须作为新的资源加以合理有效地利用。目前被广泛认可、较为有效且具有较大发展潜力的废塑料利用的途径是将废塑料催化裂解成燃油或有用的化学品，这种途径不仅可以有效地解决废塑料给环境带来的压力，还可以得到急需的燃料等资源。

聚烯烃是废塑料中重要的组成之一。聚烯烃中聚乙烯、聚丙烯和聚氯乙烯所占比例较大，由于这些高分子结构中不存在活性官能团，所以生物降解性差，不宜在温和的反应条件下裂解成单体或化学品，而利用高温裂解方法耗能高、对设备等条件的要求严格，利用催化裂解方法使其转化成窄分布的液态烃产物对催化剂的性能的要求更高。另外，回收的废塑料无法实现精细分类，废塑料中的 Si 和 Cl 等对催化剂和后续产品质量存在影响的元素的脱除也是再利用时必须解决的问题。近 20 年，国内外的科研工作者已经就废塑料催化裂解催化剂展开了研究，主要围绕酸催化剂展开，包括沸石分子筛、无定型硅铝氧化物以及金属盐等固体酸催化剂。

在裂解过程中添加固体酸催化剂，一方面可以降低裂解温度，提高液体产物的收率，另一方面可以通过进一步环构化、异构化和芳构化等反应，提高汽油馏分烃的品质。典型的裂解工艺包括催化裂解法、热解-催化改质法以及催化热解-催化改质法。

3.6 生物油脂转酯化制生物柴油

柴油分子由含约15个碳原子的碳链组成，而植物油分子一般由含14～18个碳原子的碳链组成，与柴油分子的碳原子数相近。由植物油转酯化可得到生物柴油的一种含氧清洁燃料(表3.2)。生物柴油中硫含量低，燃烧时二氧化硫和硫化物的排放量少；生物柴油中不含芳烃，可降低90%的空气污染；生物柴油氧含量高，燃烧时一氧化碳的排放量与普通柴油相比约减少10%；生物柴油可生物降解，对土壤和水的污染较小。生物柴油以其突出的“环保性”和“可再生性”引起世界发达国家的高度重视。目前，围绕世界上几大主要油脂原料的盛产区，已经形成了三大生物柴油生产基地，并逐步向世界普及和扩展。

表3.2 生物柴油和普通柴油的性质对比

特性		生物柴油	普通柴油
冷滤点(CFPP)/℃	夏季产品	−10	0
	冬季产品	−20	−20
20 ℃时密度/(g·mL^{-1})		0.88	0.83
20 ℃时动力黏度/(nm^2·s^{-1})		4～6	2～4
闪点/℃		>100	60
十六烷值		≥56	≥49
热值/(MJ·L^{-1})		32	35
燃烧功效(普通柴油为100%)/%		104	100
硫含量/%		<0.001	<0.2
氧含量/%		10	0
1 kg燃料燃烧最小空气耗用量/kg		12.5	14.5
水危害等级		1	2
3周后的生物分解率/%		98	70

酯交换反应(转酯化反应)是通过甲醇或乙醇将甘油三酸酯的甘油酯基取代，形成长链脂肪酸甲酯或脂肪酸乙酯，经过酯基转移反应之后，单个植物油或动物油的大分子便分成3个单独的脂肪酸甲酯或脂肪酸乙酯，缩短了碳链的长度，使产品的黏度降低，挥发度提高，低温流动性大大改善。

$$\begin{array}{l} CH_2O_2C(CH_2)_nCH_3 \\ | \\ CHO_2C(CH_2)_nCH_3 \\ | \\ CH_2O_2C(CH_2)_nCH_3 \end{array} + 3ROH \longrightarrow \begin{array}{l} CH_2O_2H \\ | \\ CHOH \\ | \\ CH_2OH \end{array} + \boxed{\begin{array}{c} \text{生物柴油} \\ 3CH_3(CH_2)_nCO_2R \\ R=Me,\ Et\ \text{等} \end{array}}$$

甘油三酯(动、植物油脂的主要成分)是羧酸官能团衍生物的一种,其结构中含有羰基(C═O)。羰基是由 σ 键和其他 3 个原子连接而成的,由于这些键所利用的是 sp^2 轨道,所以它们处于同一平面中,间隔是 120°(图 3.41)。碳原子剩下的 p 轨道与氧原子的 p 轨道重叠而形成一个双键。这样,碳原子和氧原子就以双键连接起来,分子中紧靠羰基中碳原子的周围部分是平的,氧原子、羰基碳原子和直接连在羰基碳原子上的 2 个原子同处于一个平面中。

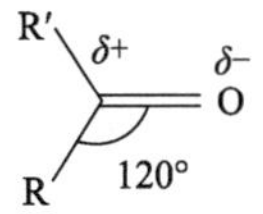

图 3.41 羰基化学空间结构

电子因素和空间因素都使羰基易于遭受亲核进攻:① 氧即使带上一个负电荷还是有获取电子的倾向;② 几乎没有空间阻碍的过渡态导致三角形的反应物变成四面体中间体。这些因素也使羰基化合物易于遭受亲核进攻。因此,对转酯化反应而言,采用碱作为催化剂时,利用生成的碱与小分子醇生成碱负离子,然后对羰基进行亲核进攻生成四面体结构(图 3.42a)的反应容易发生;而采用酸作为催化剂时,利用酸中心活化甘油三酯较为困难(图 3.42b)。所以,转酯化反应制备生物柴油时一般采用具有更高反应活性的碱催化剂。

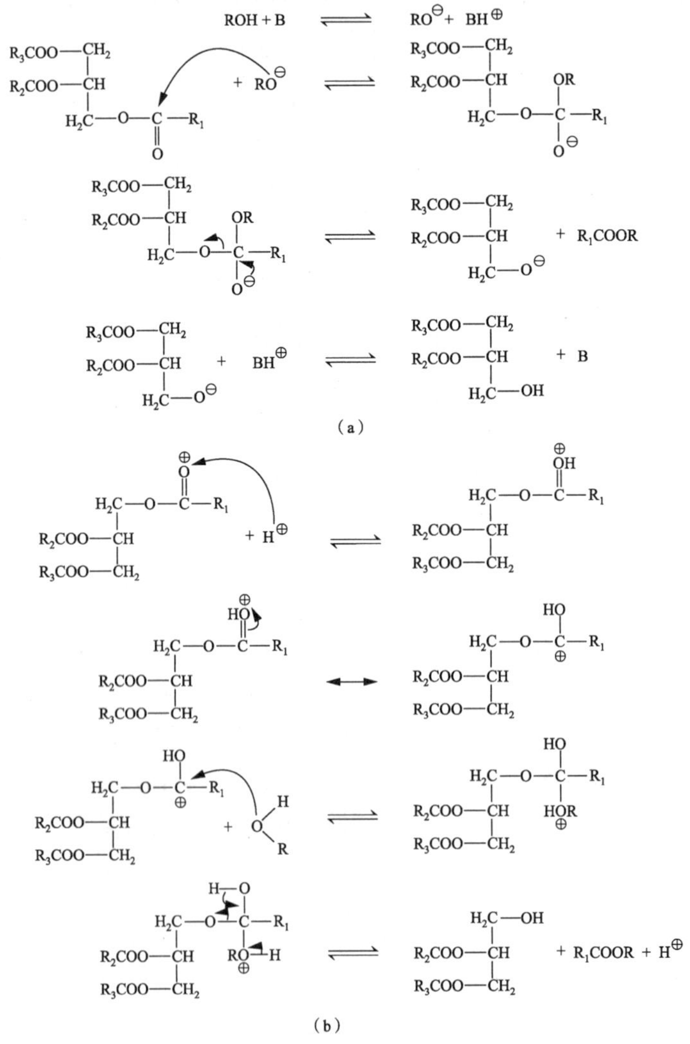

(a)

(b)

图 3.42 碱催化(a)和酸催化(b)的转酯化反应机理

转酯化法制备生物柴油的过程简单，所需的催化剂易得，工艺条件缓和，低温、常压下便可大量生产，易于实现工业化，其技术关键是反应所用的催化剂。根据催化剂的不同，转酯化法可分为均相催化法和非均相催化法。

3.6.1 均相催化法

均相催化法使用的催化剂主要是液体酸、液体碱及离子液体等。

1）液体酸催化

催化转酯化较常用的液体酸催化剂包括硫酸、磷酸、盐酸、有机磺酸等。液体酸催化的优点是不受原料中游离脂肪酸含量等因素的影响，对任何品质的原料均可直接应用，尤其是当甘油三酯中游离脂肪酸和水含量较高时。工业上酸催化法受到的关注程度远小于碱催化法。一般只是将其用于高酸值动、植物油脂预酯化以降低原料酸值，消除游离脂肪酸对下一步碱催化转酯化反应的影响，提高原料的转化率。

2）液体碱催化

液体碱催化转酯化反应的反应速率快，是成熟的转酯化反应工艺。现有的生物柴油工业生产方法大都采用NaOH、甲醇钠、KOH等强碱作催化剂。这类催化剂的最大优点是活性高。在较小醇油比及较低温度条件下，反应能够在数分钟内接近并到达终点，最终产率一般能达到90%以上。液体碱催化法具有催化活性高、反应温度低、反应速率快、不腐蚀设备等优点。其不足之处是对原料的纯度要求比较高，只能使用脂肪酸和水含量低的原料，否则会发生严重的皂化反应，既消耗原料中的脂肪酸和催化剂，同时产物又与皂化物难以分离，特别是以游离脂肪酸含量高的废油脂为原料时，产品产率非常低。虽然此时可先用酸催化剂对原料进行预酯化，然后进行碱催化，但这样工艺流程长，操作复杂，使生物柴油产率降低，同时反应结束后催化剂与产物分离困难，脂肪酸甲酯与副产物甘油的质量受到影响，且产品纯化和分离过程会有大量的碱液、污水排放，对环境带来污染。

3）离子液体催化

离子液体催化的特点就是离子液体既可以作催化剂，又可以作溶剂，能较好地消除醇-油间的界面接触，减少皂化现象，提高转酯化效率。

3.6.2 非均相催化法

非均相催化法使用的催化剂主要是固体超强酸和固体超强碱。与传统酸碱催化反应的情况不同的是，对于生物油脂的转酯化反应，由于生物油脂的分子尺寸大，所以由十几个碳原子组成的直链结构使生物油脂难溶于水。因此，发展非均相催化法转化生物油脂最重要的问题是解决生物油脂与固体催化剂酸位的可接近性问题。以脂肪酸为例，图3.43显示了疏水（即亲油）和亲水表面对脂肪酸分子吸附的影响。若表面为疏水表面，且酸位少，则吸附后脂肪酸碳链与表面平行；若增加疏水表面的酸位数目，则吸附后脂肪酸碳链与表面垂直。若表面为亲水表面，则脂肪酸无法与表面酸位接近。这说明，以固体酸作为催化剂，催化甘油三酯转酯化的反应过程中，若固体酸表面亲水，且酸密度较大，则在催化甘油三酯变成脂肪酸脂的过程中，生成的甘油会在表面强吸附，使酸位发生失活。

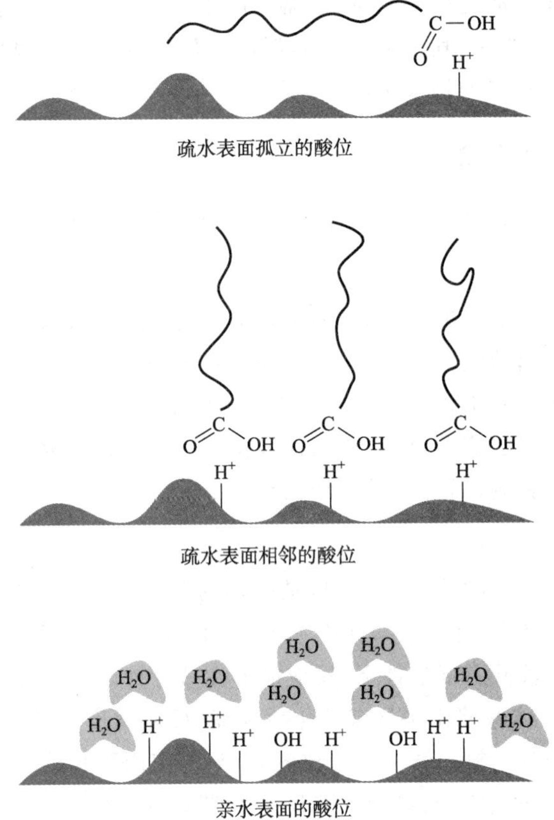

图 3.43　不同性质(疏水和亲水)的表面对脂肪酸分子吸附的影响

1）固体酸催化

生物柴油的生产方法可以采用一步法和两步法。一步法主要以固体超强酸为催化剂，直接进行酯化反应与转酯化反应。两步法主要以地沟油、泔水、酸化油、高酸值的动植物油为原料，第一步以固体酸 $Fe_2(SO_4)_3$，$FeCl_3$，$NaHSO_4$，$Zr(SO_4)_2$ 等作为催化剂，进行预酯化反应，将酸值降到 2.0 mg KOH/g 左右；第二步以固体碱作为催化剂进行转酯化反应生成生物柴油。

2）固体碱催化

固体碱催化油脂转酯化反应制备生物柴油是非均相催化反应，大大简化了催化剂与产物的分离。固体碱催化剂主要分为有机固体碱、有机无机复合固体碱、无机固体碱 3 类。

有机固体碱主要是指端基为叔胺或叔膦基团的碱性树脂类固体碱，其优点是碱强度均一，缺点是热稳定性差，只能适用于低温反应，且制备复杂，成本较高。目前研制的有机无机复合固体碱主要为负载有机胺或季铵碱的分子筛。由于这类固体碱的活性位是以化学键和分子筛锚接的有机碱，所以反应过程中活性组分不会流失，而且碱强度均匀。其缺点是此反应会形成甲醇-油脂-催化剂三相，从而降低反应速率；固体碱催化剂制备成本较高，比表面积小，易被 H_2O 和 CO_2 钝化，寿命短。目前还没有很好的工业化固体碱催化剂，因此开发长周期、耐水、耐游离酸、高催化活性的固体碱催化剂是目前的研究热点。

3.7 生物质资源酸催化转化制燃料中间体和化学品

3.7.1 纤维素酸催化降解

生物质资源作为唯一可再生的碳资源，受到越来越多的关注。将可再生的生物质转化为高附加值的燃料和化学品，是生物质利用的2个重要方向。纤维素(cellulose)年生产量约为7.2×10^{11} t，是世界上最丰富的生物质，并且不占用宝贵的粮食资源，若能将其转化为高附加值的化学品，则有着显著的经济价值和社会意义。纤维素和淀粉同为多聚葡萄糖，具有相同的分子式$(C_6H_{10}O_5)_n$，但由于成键方式不同，二者呈现出截然不同的结构和化学性质。淀粉由葡萄糖分子以α-1,4-糖苷键和α-1,6-糖苷键连接而成，聚合度低，链间作用力弱，可溶于热水。纤维素则是由葡萄糖分子通过β-1,4-糖苷键聚合形成纤维素单链，单链之间再通过氢键和范德华力形成的超分子结构。由于纤维素单链之间结合紧密、排列规整，并具有较强的憎水性，水分子难以进入链间，故不溶于水及普通有机溶剂。另外，纤维素结构的特性使大量的β-1,4-糖苷难以被酶接触，更增加了纤维素水解的难度。正因为如此，纤维素水解活性远较淀粉低，难以直接水解为葡萄糖，也难以被生物利用。大量的研究工作试图通过纤维素酶解离分子间氢键得到纤维二糖、纤维四糖及葡萄糖，但酶价格昂贵、活性低，且产物与酶难以分离，迄今尚不能经济有效地将纤维素转化为葡萄糖。因此，目前纤维素都是在浓酸或稀硫酸、加压条件下才能够转化为葡萄糖(图3.44)。

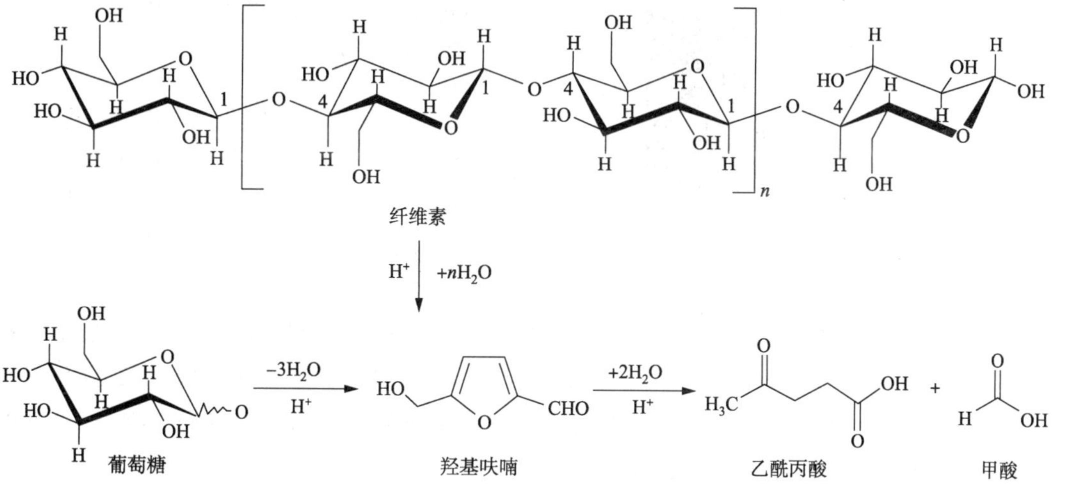

图3.44 纤维素水解产物

一般而言，液体酸在高温条件下会导致设备严重腐蚀，而且溶于水后很难回收或者回收成本高，容易造成大量废酸或盐排放。发展高效的固体酸催化体系是解决这一问题的最佳方案。但是，纤维素的溶解度过低，且天然生物纤维素晶粒尺寸大、表面积小，采用固体酸催化剂会出现反应物和活性位接触不充分的难题，因此固体酸在纤维素的酸水解方面的研究目前仍然是难点。具有液体性质的离子液体酸催化剂由于可以兼顾反应活性与分离和排放的问题，当前备受关注。

3.7.2 生物质快速热裂解

生物质快速热裂解技术是一种在绝氧条件下将生物质快速升温（500 ℃/s）至 500～600 ℃进行热分解，然后快速冷却的技术。生物质（如木质纤维素、松木等）经过热裂解可以得到最多 75%的生物油（bio-oil）、12%的炭、13%的气体（CO，CO_2，CH_4）。这种热裂解得到的油品可以用作燃料，用于发电以及化学品生产中。由于生物油的氧含量达 35%～40%，酸性较高（pH 为 2～3），含有部分醛和酮产物，稳定性差，因此这种直接热裂解得到的生物油一般很少用作车用燃料，若要用作车用燃料，则需要再经过催化加氢脱氧等处理过程。

近年来，许多生物质炼制公司开发了生物质催化热裂解技术（图 3.45），即在生物质热裂解的过程中直接加入催化剂（主要是沸石催化剂），利用沸石催化剂催化脱水（dehydration）、脱羧基（decarboxylation）和脱羰基（decarbonylation）反应将生物质中的氧以水的形式脱除。显然，脱水的同时也是脱氢的过程。这种催化热裂解技术和直接热裂解技术相比，生物油中芳烃含量得到显著增加，同时还副产一部分低碳烯烃。虽然催化热裂解技术解决了脱氧问题，但是深度的裂化反应和芳构化反应导致最终得到的液体产品中 C 的利用率只有 20%～30%，还有 30%的 C 被浪费到催化剂的积炭上。

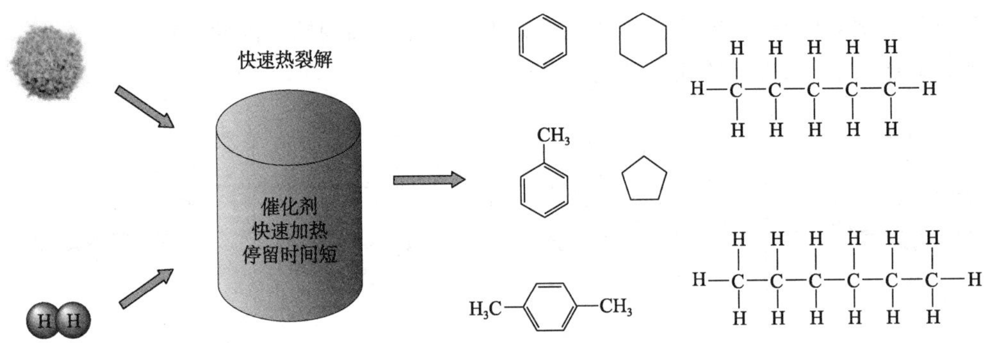

图 3.45 生物质催化热裂解

另外，值得注意的是，生物质催化热裂解技术液体产物中芳烃的选择性或产率还受沸石分子筛的择形催化作用影响。图 3.46 显示，具有十元环（孔径约 0.55 nm）的沸石催化剂的芳烃产率最高，特别是 ZSM-5 沸石。除采用沸石分子筛为催化剂得到芳烃产物外，也可以采用氧化物（L 酸）为催化剂得到燃料和化学品。

为了解决生物质催化热裂解中液体产率低、催化剂积炭严重的问题，科学家提出了生物质加氢热裂解（hydropyrolysis）技术。从热力学角度分析，加氢是放热反应，而热裂解是吸热反应，两者结合则有利于热效应的综合利用。另外，通过引入氢气和具有加氢功能的催化剂，能够将生物质中的氧以水、CO 和 CO_2 的形式除去，同时又减轻了催化剂的积炭。因此，加氢热裂解反应一般采用基于沸石分子筛的双功能催化剂，如 ZSM-5 负载的金属 Ni 和金属 Pd 催化剂。

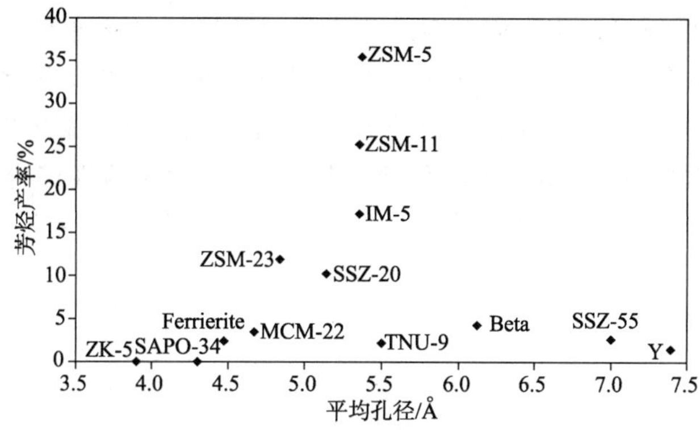

图 3.46 不同孔径沸石分子筛上生物质催化热裂解反应中的芳烃产率

3.7.3 生物质来源的醛糖异构化制化学品

生物纤维素和淀粉的结构单体中都存在葡萄糖单元，以它们为原料可以通过催化转化得到 *D*-葡萄糖、*D*-甘露糖、*D*-半乳糖、*D*-木糖和 *D*-核糖等生物高分子单体前驱体，通过简单的醛糖异构化反应即可得到高分子单体(图 3.47)。

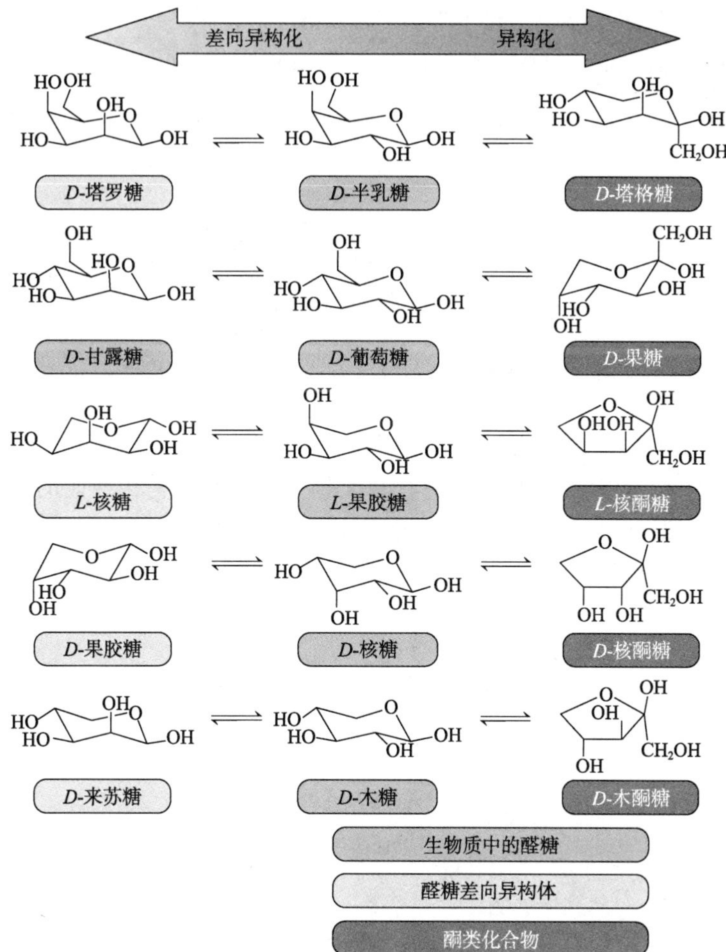

图 3.47 生物质来源的醛酮、醛糖和酮糖

目前，生物质的醛酮异构化反应是精细化工领域新兴的研究热点。醛酮异构化主要采用碱催化剂和L酸催化剂。图3.48和图3.49给出了碱催化的醛糖和葡萄糖异构化反应机理，利用碱催化剂生成负离子，得到烯二醇阴离子。由于醛糖和葡萄糖能溶解于水，因此采用可溶于水的强碱（如NaOH，KOH和Et_3N）进行均相催化反应能够得到较高的反应转化率，但是选择性一般较差。为解决选择性问题，采用沸石固体碱催化剂（CsA，NaA，NaX和NaY）、镁铝水滑石等。

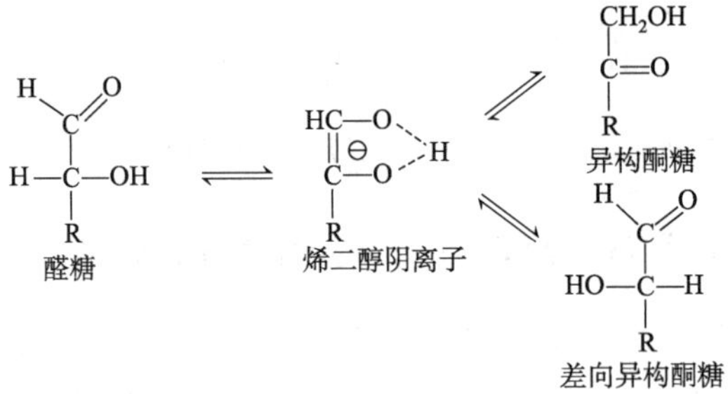

图3.48　碱催化醛糖生成烯二醇阴离子进行异构化的反应机理

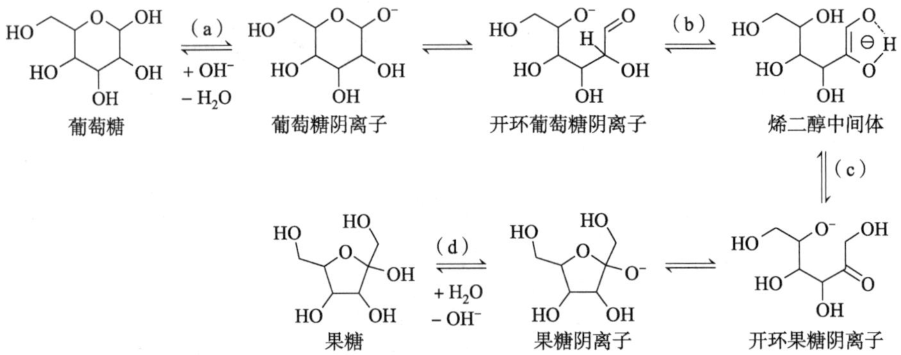

图3.49　碱催化葡萄糖异构化制果糖的反应机理

除采用碱催化剂外，L酸催化剂也被证明是一类优异的醛糖异构化催化剂，如$AlCl_3$和$ZnCl_2$等。近10年来，科学家发现了一种具有优异选择性和异构化性能的含L酸的沸石催化剂Sn-Beta沸石（图3.50）。与碱催化反应机理不同，Sn-Beta沸石通过氢转移实现葡萄糖的异构化反应（图3.51）。

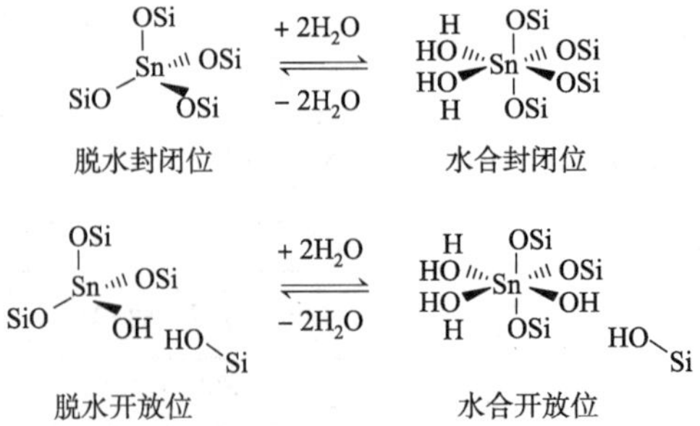

图3.50　Sn-Beta沸石中的Sn原子位置

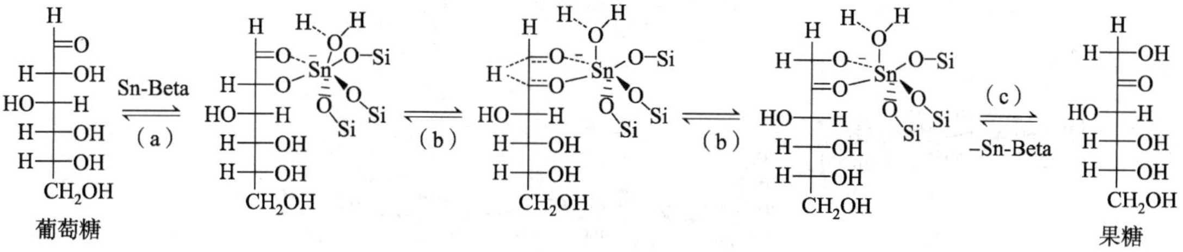

图 3.51 Sn-Beta 沸石催化葡萄糖异构化制果糖的反应机理

3.7.4 几丁质制化学品

在全球范围内,每年都会因消费虾或蟹而产生大量的废壳,这些废壳的总量可达(600～800)$\times 10^4$ t。甲壳类动物的壳包含 20%～40%的蛋白质、20%～50%的碳酸钙以及 15%～40%的几丁质(chitin)。几丁质的利用成为近年来生物质利用关注的焦点之一。作为一种天然线性聚合物,几丁质(图 3.52)是地球上含量第二丰富的生物高聚物,仅次于纤维素。它存在于真菌、浮游生物、昆虫和甲壳类动物的外骨骼中,这些生物每年可制造出约 1 000$\times 10^8$ t 几丁质。目前,几丁质和脱乙酰壳多糖(几丁质水溶性衍生物)仅用于工业化学中的少数专业领域中,如化妆品、纺织品、水处理和生物制药。未来,几丁质及其衍生物必将具有无穷的应用潜力。

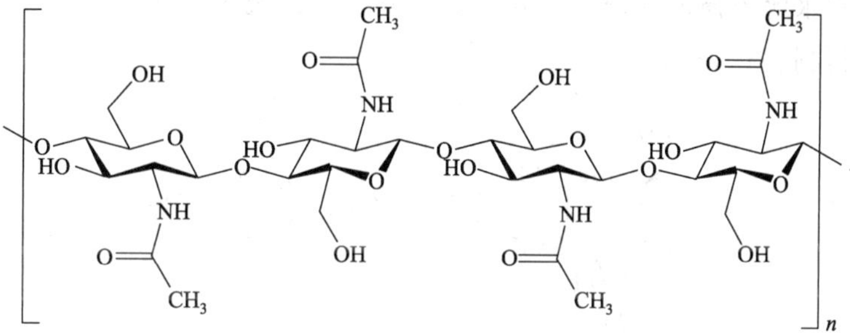

图 3.52 几丁质的结构单元

与纤维素不同,几丁质中含有氮元素,氮的化合物广泛用于制药产业、二氧化碳固定、纺织品等领域,是现代生活的关键原材料。例如,含氮有机化合物吡嗪是几种畅销药物中不可或缺的成分,如艾司佐匹克隆(Eszopiclone,用于治疗睡眠困难)和伐伦克林(Varenicline,用于治疗尼古丁成瘾)。

与纤维素一样,要利用几丁质首先需要将其进行水解,得到结构单体,进而实现再利用(图 3.53)。这一过程需要酸催化剂,如 L 酸催化剂 $ZnCl_2$ 和 $FeCl_2$ 及 B 酸催化剂硼酸等。

3.7.5 2,5-二甲基呋喃酸催化转化制对二甲苯

对二甲苯(p-xylene,PX)是一个国家化工水平的标志性产品,也是一种重要的战略物品,其主要从石油和煤焦油中分离得到。对二甲苯可用于生产对苯二甲酸,进而生产对苯二

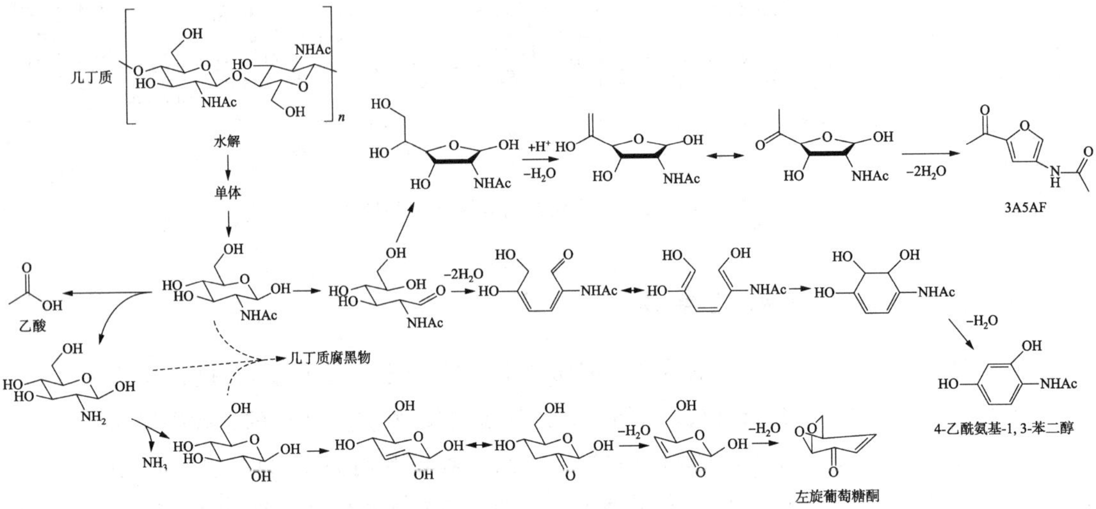

图 3.53　几丁质转化制含氮化学品

甲酸乙二醇酯、丁二醇酯等聚酯树脂，其在人们的日常生活中占有极为重要的地位，且需求量越来越大。因此，作为从生物质资源出发制取生物质基聚酯新途径的关键一步，2,5-二甲基呋喃催化转化制对二甲苯备受关注。2,5-二甲基呋喃作为重要的生物质基平台化合物，可以通过纤维素水解为葡萄糖，然后异构化为果糖，再经脱水转化为 5-羟甲基糠醛，最后经加氢脱氧制备得到(图 3.54)。

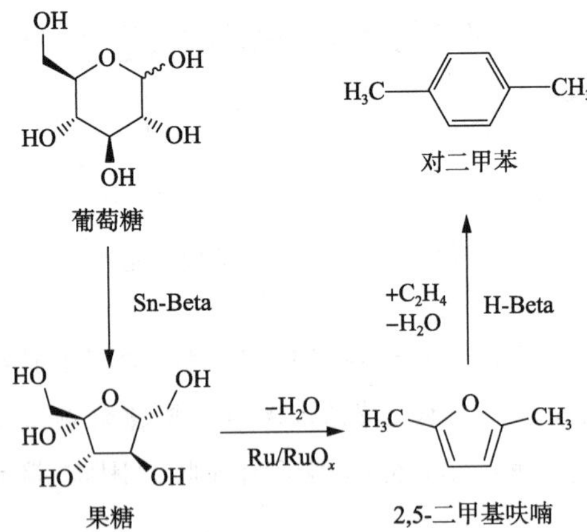

图 3.54　葡萄糖来源的对二甲苯合成路线

2,5-二甲基呋喃与乙烯的反应属于狄尔斯-阿尔德反应(Diels-Alder reaction)，其反应机理如图 3.55 所示。目前研究表明，采用的催化剂主要是 Beta 沸石、Y 沸石和 ZSM-5 沸石，其中具有超笼结构的 Y 沸石的催化性能较为优异，利用的仍然是沸石分子筛的择形催化作用。

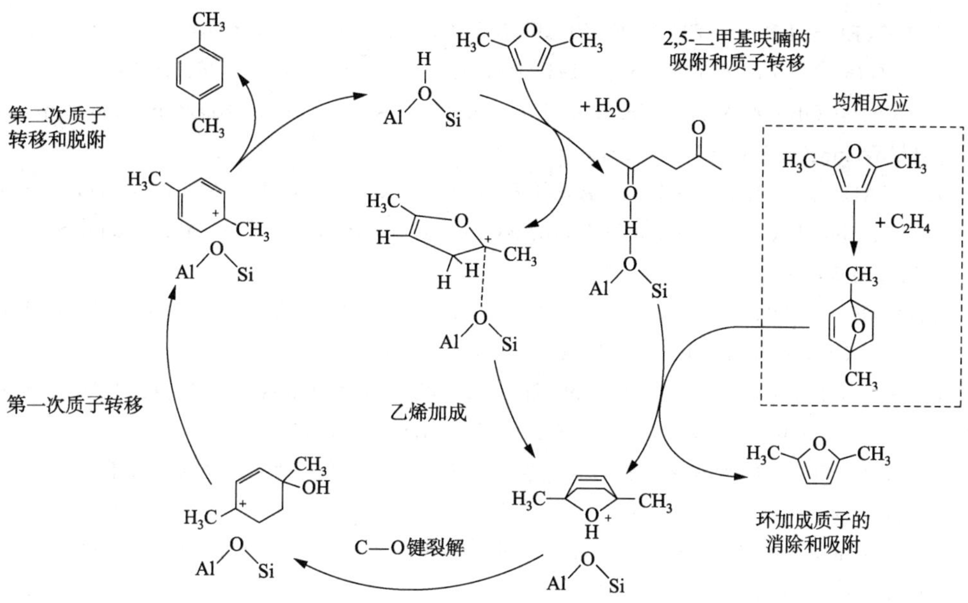

图 3.55 2,5-二甲基呋喃与乙烯反应的催化循环路线

参考文献

[1] HATTORI H,ONE Y. 固体酸催化[M]. 高滋,乐英红,华伟明,译. 上海:复旦大学出版社,2016.

[2] ONE Y,HATTORI H. 固体碱催化[M]. 高滋,乐英红,华伟明,译. 上海:复旦大学出版社,2013.

[3] 黄仲涛,耿建铭. 工业催化[M]. 3版. 北京:化学工业出版社,2014.

[4] 甄开吉,王国甲,毕颖丽,等. 催化作用基础[M]. 3版. 北京:科学出版社,2005.

[5] 王桂茹. 催化剂与催化作用——石油、非石油资源催化转化制取能源及化学品[M]. 大连:大连理工大学出版社,2015.

[6] 韩维屏. 催化化学导论[M]. 北京:科学出版社,2002.

[7] 朱洪法,刘丽芝. 石油化工催化剂基础知识[M]. 北京:中国石化出版社,2021.

[8] NAM N H,OHTSU T,ARAKI T,et al. Magnetic Properties of Na-K Clusters in Low-silica X Zeolite Doped by Pressure Loading[J]. Journal of Physics:Conference Series,2010,200:12-62.

[9] CSICSERY S M. Shape-selective Catalysis in Zeolites[J]. Zeolites,1984,4(3):202-213.

[10] 张宝珠,赵文平,王桂茹,等. 甲醇制烃(MTH)反应热力学研究[J]. 分子催化,2012,26(6):546-552.

[11] SIMONETTI D A,CARR R T,IGLESIA E. Mechanistic Details of Acid-catalyzed Reactions and Their Role in the Selective Synthesis of Triptane and Isobutane from Dimethyl Ether[J]. J. Catal.,2011,277:173-195.

[12] FERGUSON G A,CHENG L,BU L,et al. Carbocation Stability in H-ZSM5 at High Temperature[J]. J. Phys. Chem. A,2015,119:11397-11405.

[13] BERCAW J E,DIACONESCU P L,GRUBBS R H,et al. On the Mechanism of the Conversion of Methanol to 2,2,3-trimethylbutane(triptane) over Zinc Iodide[J]. J. Org. Chem.,2006,71:8907-8917.

[14] TEKETEL S, ERICHSEN M W, BLEKEN F L, et al. Shape Selectivity in Zeolite Catalysis—The Methanol to Hydrocarbons(MTH) Reaction[J]. Catalysis, 2014, 26: 179-217.

[15] CEJKA J, CORMA A, ZONES S. Zeolites and Catalysis: Synthesis, Reactions and Applications [M]. Weinheim: Wiley-VCH, 2010.

[16] ARSTAD B, NICHOLAS J B, HAW J F. Theoretical Study of the Methylbenzene Side-chain Hydrocarbon Pool Mechanism in Methanol to Olefin Catalysis[J]. J. Am. Chem. Soc., 2004, 126: 2991-3001.

[17] THANH L T, OKITSU K, VAN BOI L, et al. Catalytic Technologies for Biodiesel Fuel Production and Utilization of Glycerol: A Review[J]. Catalysts, 2012, 2: 191-222.

[18] KISS A A, DIMIAN A C, ROTHENBERG G. Solid Acid Catalysts for Biodiesel Production -towards Sustainable Energy[J]. Adv. Synth. Catal., 2006, 348: 75-81.

[19] 邓理,廖兵,郭庆祥. 纤维素选择性催化转化为重要平台化合物的研究进展[J]. 化工进展, 2013, 32: 245-254.

[20] RESENDE F L P. Recent Advances on Fast Hydropyrolysis of Biomass[J]. Catal[J]. Today, 2016, 269: 148-155.

[21] JAE J, TOMPSETT G A, FOSTER A J, et al. Investigation into the Shape Selectivity of Zeolite Catalysts for Biomass Conversion[J]. J. Catal., 2011, 279: 257-268.

[22] DELIDOVICH I, PALKOVITS R. Catalytic Isomerization of Biomass-derived Aldoses: A Review[J]. ChemSusChem, 2016, 9: 547-561.

[23] CHEN X, CHEW S L, KERTON F M, et al. Direct Conversion of Chitin into a N-containing Furan Derivative[J]. Green Chem., 2014, 16: 2204-2212.

[24] WILLIAMS C L, VINTER K P, PATET R E, et al. Inhibition of Xylene Isomerization in the Production of Renewable Aromatic Chemicals from Biomass-derived Furans[J]. ACS Catal., 2016, 6: 2076-2088.

[25] 许友好. 氢转移反应在烯烃转化中的作用探讨[J]. 石油炼制与化工, 2002, 33: 38-41.

[26] PRINS R, WANG A J, LI X. Introduction to Heterogeneous Catalysis[M]. UK: World Scientific Publishing, 2016.

第4章

金属催化与能源资源转化制燃料和化学品

4.1 基本概念

几乎所有的金属催化剂都是过渡金属，这与金属的电子结构、表面化学键有关。过渡金属电子结构的最外层有1～2个s电子，电离能小，金属呈现多价态，适合氧化-还原机理的催化反应；过渡金属之间的原子半径接近，金属之间可形成合金，有利于调节催化剂的活性、选择性和稳定性。另外，过渡金属能级中含有未成对电子，能够发生吸附作用。

金属发生催化反应时，仅仅是催化剂表面与反应物之间相互作用，金属催化剂内部的原子并不参与。过渡金属是优异的加氢、脱氢催化剂，这是因为 H_2 很容易在其表面吸附，反应不深入体相内部。一般金属不能作为氧化反应的催化剂，因为它们在反应条件下很快会被氧化，一直进行到体相内部。只有贵金属(Pt，Ag 和 Au)在相应温度下能抗拒氧化，可作为氧化反应的催化剂。可见要深入认识金属催化剂，必须了解其吸附性能和化学键特性。

金属催化剂是一类重要的工业催化剂。其主要类型可大致分为6类。

(1) 体相型(bulk)：如用于合成氨的熔铁催化剂。

(2) 分散或负载型：如用于催化重整 Pt-Re/η-Al_2O_3。

(3) 合金：如用于超深度加氢脱硫的 Pt-Pd 催化剂。

(4) 金属填隙化合物：如 Mo_2N，Mo_2C 等。

(5) 金属簇状物(metal cluster)：如多核 $Fe_3(CO)_{12}$。

(6) 单原子：如石墨烯负载的单原子 Pt，Fe，Co 等催化剂。

4.1.1 金属和金属表面的化学键

金属化学键的相关理论有3种，即能带理论、价键理论和配位场理论，分别从不同的角度说明了金属化学键特性。

1) 能带理论——金属电子结构的能带模型

金属晶格中每个电子的运动规律可用“Block 波函数”描绘，称为“金属轨道”，每个轨道在金属晶体场内有自己的能级，N 个轨道形成能带。电子占用能级时遵循能量最低原则和 Pauli 原则（即电子配对占用）。

铜原子的价层电子组态为[Cu]($3d^{10}4s^1$)，故金属铜中的 d 带处于电子充满状态，为满带；而 s 带处于电子半充满状态。它们的能级密度分布如图 4.1(a)所示。镍原子的价层电子组态为[Ni]($3d^8 4s^2$)，故金属镍的 d 带中某些能级未被电子充满，可以看作 d 带中的空穴，称为“d 带空穴”，如图 4.1(b)所示。这种空穴可以通过金属磁化率测量得出，它对应 0.54 个电子，是电子从 4s 带溢流到 3d 带所致。

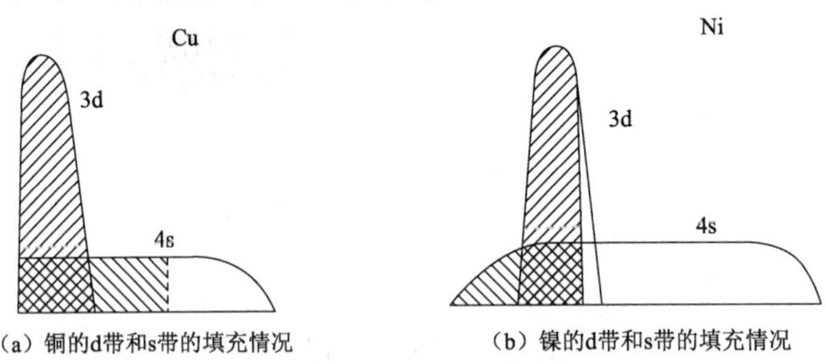

(a) 铜的d带和s带的填充情况　　(b) 镍的d带和s带的填充情况

图 4.1　铜、镍的 d 带和 s 带的填充情况

表 4.1 给出了典型过渡金属和贵金属的 d 带空穴数，铁磁性金属(Fe,Co,Ni)的 d 带空穴数分别为 2.2,1.7 和 0.6，如果根据原子的电子排布，则可能得到空穴数为 4,3 和 2 的推论。出现该区别的原因在于原子组成金属晶体后(图 4.1)，原子能级组合成能带，4s 轨道和 3d 轨道重叠时部分 4s 轨道电子进入 3d 轨道，因此，实验测量的 d 带空穴数与根据原子的电子排布规律推断的结果存在差别。能带理论认为，d 带空穴数越多，可供反应物电子配位的数目越多，同时反应物和产物之间的电子转移数要与 d 带空穴数相匹配。例如，合成氨反应中 N 和 H 形成 NH_3 需要传输 3 个电子，因此采用空穴数较多的金属 Fe 较为合适；而 Ni,Pd,Pt 金属的 d 带空穴数接近于 1，加氢过程中吸附中心的电子转移数为 1，因此它们是优异的加氢催化剂。利用这种 d 带空穴数与反应物的吸附对应关系，科学家根据催化反应中涉及小分子的吸附实验，将金属催化剂分为 6 类(表 4.2)：

A——对所有气体分子具有强吸附的ⅤB～ⅧB 的过渡金属以及 Ca,Sr 和 Ba，因其都具有 d 空轨道，因此吸附能力强。

B——对大多数气体吸附能力较为适中的Ⅷ族金属和 Mn，适合活化吸附。

C——对 H_2 和 CO_2 等吸附能力弱的 Al 和 Au。

D——仅能吸附 O_2 和 C_2H_2 的碱金属。

E——仅能吸附 O_2 的 Ag 等金属。

F——均不吸附的 Se 和 Te。

表 4.1　典型过渡金属和贵金属的 d 带空穴数

金　属	Fe	Co	Ni	Cu	Pd	Pt
原子电子构型	$3d^6 4s^2$	$3d^7 4s^2$	$3d^8 4s^2$	$3d^{10} 4s^1$	$4d^{10}$	$5d^9 6s^1$
晶体能带结构	$3d^{7.8} 4s^{0.2}$	$3d^{8.3} 4s^{0.7}$	$3d^{9.4} 4s^{0.6}$	$3d^{10} 4s^1$	$4d^{9.4} 5s^{0.6}$	$5d^{9.4} 6s^{0.6}$

续表

金　属	Fe	Co	Ni	Cu	Pd	Pt
d带空穴数	2.2	1.7	0.6	0	0.55	0.6

表4.2　金属按照化学吸附能力的分类

组		金　属	气　体						
			O_2	C_2H_2	C_2H_4	CO	H_2	CO_2	N_2
A		Ti,Zr,Hf,V,Nb,Cr,Ta,Mo,W,Fe,Ru,Re,Os,Ca,Sr,Ba	+	+	+	+	+	+	+
B	B_1	Ni,Co	+	+	+	+	+	+	−
	B_2	Rh,Pd,Ir,Pt	+	+	+	+	+	−	−
	B_3	Mn,Cu	+	+	+	+	±	−	−
C		Al,Au	+	+	+	+	−	−	−
D		Li,Na,K	+	+	−	−	−	−	−
E		Mg,Ag,Zn,Cd,Si,In,Ge,Sn,Pb,Sb,As,Bi	+	−	−	−	−	−	−
F		Se,Te	−	−	−	−	−	−	−

注:“+”表示吸附;“−”表示不吸附;“±”表示特定条件下的弱吸附。

可以发现,O_2 能被除F类金属以外的多数过渡金属吸附,N_2 吸附要求金属原子外层d轨道具有3个以上的空轨道,只能被A类金属吸附。A,B_1 和 B_2 类金属最外层电子中均具有d空轨道或未成对电子,对气体具有较强的吸附能力。B_3 类金属是Mn和Cu,原子的电子排布中d电子处于半充满或全充满状态,比较稳定。C,D和E类金属外层没有d轨道,对气体吸附能力差。这些结果充分说明过渡金属的外层电子结构和d轨道对气体吸附具有决定性作用。

表4.2是非常实用的金属催化活性组分筛选表格,特别是在合成氨反应活性组分的筛选工作中得到了广泛的验证。根据催化作用的定义,可逆反应中催化剂能够加速正反应速率,同时也能够加速逆反应速率。而目前现有的化工反应中,不仅反应原料涉及表4.2中的小分子(如加氢、氧化等),而且反应产物具有表4.2所述的小分子的特性(如催化裂解制低碳烯烃、重整制氢等)。因此,可以根据金属对气体分子的吸附能力筛选催化剂。

Sabatier(1912年获诺贝尔化学奖)提出了关于活性组分和反应物吸附的“火山曲线”(volcano polt)的论述:活性组分对反应物吸附不宜过强,也不宜过弱,适中最好。按照这一原则再来分析表4.2,基本可以推断,B类金属可以作为催化剂的活性组分,A,C,D和E类金属可以作为助剂,根据实际情况改善活性金属的吸附性能。

必须指出,能带理论是基于块体金属的模型提出的,与体相催化剂甚至是晶面模型的实验结果吻合性很好。但是,工业中应用最广泛的负载型金属催化剂特别是贵金属催化剂的活性组分的尺寸一般为2～10 nm,能带理论没有考虑到纳米效应对能带结构的影响(感兴趣的读者可以自行查阅相关文献):纳米尺度下的金属能级并不是连续的,这导致d带空穴数(或可用空穴数)发生显著变化。量子理论已经证明,大量原子组成的固体材料的价电子为连续的能带,当这类体相材料在某一方向上被缩小,特别是缩小到纳米尺度时,电子在该方向的运动就受到空间的束缚即限域。限域效应改变了电子运动特性,将导致体系电子结构特别是价电子结构的改变,可能会产生量子突变。

另外,能带理论并未考虑轨道的空间效应、轨道间的杂化组合、轨道相互作用的加宽等。因此,能带理论虽然能够解释目前工业上多数金属催化反应的规律,但只能作为研究反应历程及筛选金属催化剂活性组分的一个指标。例如,根据能带理论,Au 和 Ag 对 H_2 没有吸附能力,不利于用作加氢反应催化剂,但是 Au 和 Ag 的纳米粒子被许多文献证明具有比肩甚至优于其他贵金属的加氢性能。

能带理论的另一个重要应用就是合金催化剂的开发。例如,金属 Ni 能够催化苯加氢制环己烷,催化活性高,Ni 的 d 带空穴数为 0.6。若金属 Ni 与 Cu 形成合金催化剂,则催化活性下降明显,这也可以通过能带理论解释。Cu 的 d 带空穴数为 0,形成合金时电子从 Cu 流向 Ni,使 Ni 的 d 带空穴数减少,造成加氢催化活性下降。

2) 价键理论——价键模型

价键理论假定过渡金属原子以杂化轨道(通常为 s,p 和 d 等原子轨道的线性组合,称为 spd 或 dsp 杂化)结合形成金属晶体,参与杂化的 d 轨道称为成键 d 轨道,没有参与杂化的 d 轨道称为原子 d 轨道。d%(d 特征百分数)为杂化轨道中 d 轨道所占的百分数。价键理论和能带理论一个最重要的区别是:价键理论明确地区分出杂化 d 轨道的电子用于形成金属键,不能参与反应;原子 d 轨道的电子为结合电子,轨道能通过接受或提供电子实现对反应物的化学吸附。d%与能带理论的空穴数是从不同角度反映金属电子结构的参数,且是相反的电子结构表征。它们分别与金属催化剂的化学吸附和催化活性存在某种关联。

就金属加氢催化剂而言,d%是一个适用性非常好的经验参数,一般认为其值在 40%~50%之间的金属都适用。表 4.3 给出了典型金属的 d%。d%越大,相应的 d 能带中的电子越多,导致未充满电子的原子 d 轨道(化学吸附成键所需的轨道)越少,此时与能够提供电子的反应物的吸附作用越弱,吸附热越小。从这一点分析,价键理论也能预测出 Sc,Ti,V,Cr 不适用于加氢反应,相反适合作为储氢材料。另外,Mo,W,Cu,Re 和 Os 金属的 d%在 36%~49%之间,许多加氢实验证明,这些金属可以作为优异的加氢催化剂。因此,就经验而言,d%似乎更能够吻合实际的反应情况,而且在涉氢反应中,有时还能观察到反应速率与 d%存在正相关的线性关系。

表 4.3 典型金属的 d%

金 属	Sc	Ti	V	Cr	Mn	Fe	Co	Ni	Cu
d%	20%	27%	35%	39%	40%	39.5%	40%	40%	36%
金 属	Y	Zr	Nb	Mo	Tc	Ru	Rh	Pd	Ag
d%	19%	31%	39%	43%	46%	50%	50%	46%	36%
金 属	La	Hf	Ta	W	Re	Os	Ir	Pt	Au
d%	19%	29%	39%	43%	46%	49%	49%	44%	—

d%从轨道杂化的角度考虑空穴数，既考虑了化学吸附中电子转移的因素，又考虑了几何因素。既然把金属假定成共价化合物的结构，晶体结构必然影响轨道杂化的效果。

3）配位场理论——配位场模型

配位场模型是借助络合物化学中键合处理的配位场概念而建立的定域键模型。在孤立的金属原子中，5个d轨道是能级简并的，引入面心立方的正八面体对称配位场后，简并的d轨道能级发生分裂，分成t_2g轨道（d_{zx}, d_{zy}, d_{xy}）和e_g（d_{z^2}, $d_{x^2-y^2}$）轨道两组。d能带以类似的形式在配位场中分裂成t_2g能带和e_g能带。e_g能带高，t_2g能带低。它们具有空间指向性，于是金属原子的成键具有明显的定域性。该模型原则上可解释金属表面的化学吸附、不同晶面之间的化学活性差别、不同金属间的模式差别和合金效应。

总之，上述几种模型都可用特定的参数与金属的化学吸附和催化性能相关联，它们是相辅相成的。特别是价键理论和配位场理论都考虑了金属结构的影响。

4）金属逸出功

金属逸出功φ是指金属表面电子转移到外界所需的最小功（最小能量）。表4.4给出了一些常用金属的电子逸出功。一般认为，金属催化剂活化反应物是金属表面和反应物之间发生电子传输，形成了化学吸附。这里还涉及反应物离子的电离能I的概念，它是指反应物电子转移到外界所需的最小功（难易程度）。

表4.4 部分金属的电子逸出功

金属元素	Fe	Co	Ni	Cr	Cu	Mo
φ/eV	4.48	4.41	4.61	4.60	4.10	4.20
金属元素	Rh	Pd	Ag	W	Re	Pt
φ/eV	4.48	4.55	4.80	4.53	5.10	5.32

注：$1\ eV = 1.60\times10^{-19}$ J。

如果$\varphi>I$，则电子从反应物向金属催化剂表面转移，反应物变成吸附在金属催化剂表面上的正离子，吸附形成离子键，同时正离子吸附层减小了金属逸出功；一般对于φ较大的催化剂，其表面反应速率控制步骤是生成正离子吸附态。如果$\varphi<I$，则电子从金属向反应物转移，反应物变成吸附在金属催化剂表面上的负离子，吸附形成离子键，同时，正离子吸附层增大了金属表面逸出功；一般对于φ较小的催化剂，其表面反应速率控制步骤是生成负离子吸附态。当$\varphi\approx I$时，如果金属和反应物各提供一个电子成键，则吸附形成共价键；如果反应物提供孤对电子，金属提供空轨道，则吸附形成配位键。

利用金属逸出功和反应物分子本身的电子排布，可以实现催化剂和反应物的匹配，同时，还可加入适当的助剂调节活性金属的逸出功，提高催化剂的活性和选择性。这是利用金属逸出功来筛选金属催化剂最常用（也是最有效）的方法。

4.1.2 金属和金属表面的几何结构

由X射线衍射实验研究可知，除少数金属外，其他金属分属于3种晶体结构，即体心立方晶格（BCC）、面心立方晶格（FCC）和六方密堆晶格（HCP），如图4.2所示。

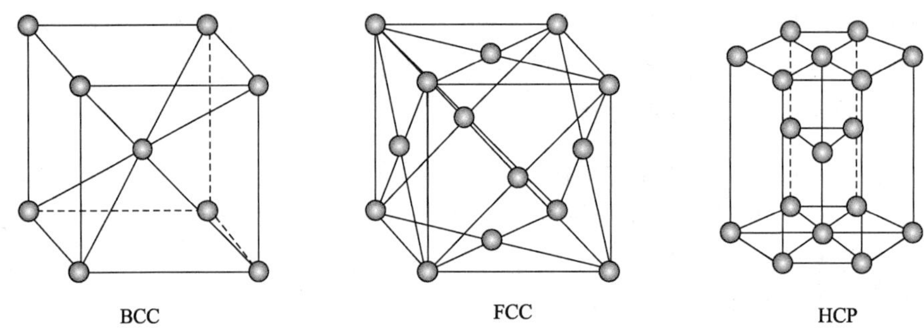

图 4.2　体心立方晶格(BCC)、面心立方晶格(FCC)和六方密堆晶格(HCP)的晶体结构

晶体的晶胞结构决定了原子之间的排布规律,进而决定了晶胞中晶面(图 4.3,其中数字表示晶面分别与 3 个晶轴截距的倒数之比)上原子之间的距离和作用的强弱。晶面不同,原子间的排布也存在显著差别。例如,对于金属 Ni 晶体,(111),(100),(110)晶面上原子的排布明显不同,(111)晶面是原子间距为 0.248 nm 的三角形排列,(100)晶面是原子间距为 0.351 nm 的正方形排列,而(110)晶面则是长为 0.351 nm、宽为 0.248 nm 的矩形排列。这 3 种排列方式中,(111)晶面原子排列最为紧密、排布能量最低、稳定性最高,是金属 Ni 晶体最容易暴露出来的晶面。

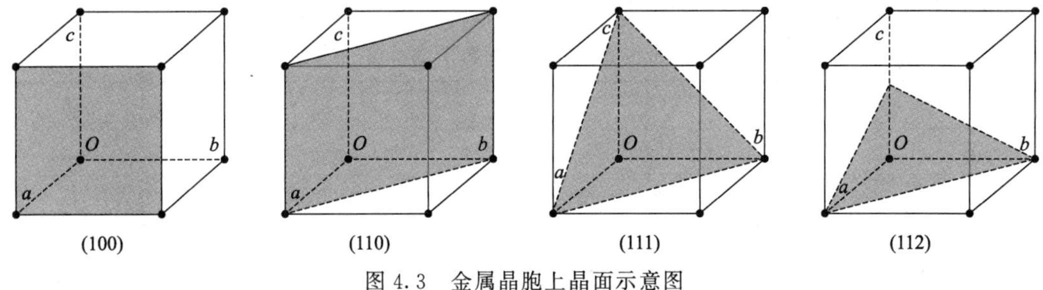

图 4.3　金属晶胞上晶面示意图

一般而言,固体颗粒的表面形状取决于能量最低化原则,如液滴表面自动成球。对金属催化剂而言,虽然活性组分的尺寸一般都较小(1～10 nm),但组成活性组分的原子数目为上百到几千个。裸露在金属粒子外面的晶面也主要取决于能量最低化的原则。例如,图 4.4 提到,具有面心立方晶格的金属 Ni 晶面中,(111)晶面是最稳定的,因此也是金属 Ni 表面裸露概率最高的表面,是参与催化反应的主要晶面。

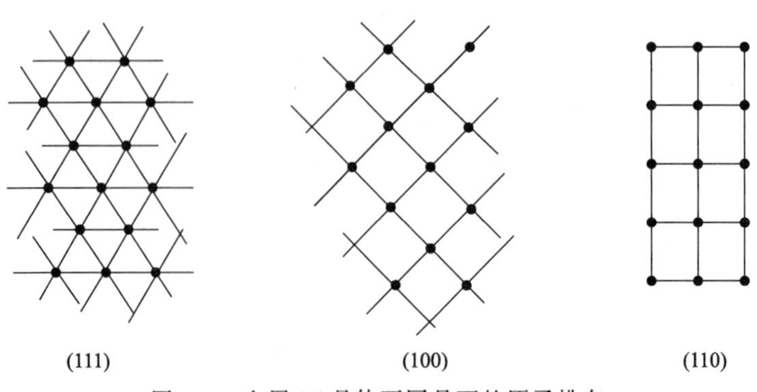

图 4.4　金属 Ni 晶体不同晶面的原子排布

图 4.5 给出了具有面心立方晶格结构的晶胞堆积而成的 1.8 nm 的 Pt_{201} 金属晶粒的形貌。与液滴成球一样，稳定状态下的金属 Pt 晶粒同样具有类球状，因此，Pt 晶粒可以当作一个削掉角的八面体，图中六边形的区域表示最为稳定的(111)晶面，正方形区域表示的是(100)晶面。2 个晶面之间的交界线是晶棱，3 个晶面的交点是晶角。晶角、晶棱和晶面处原子的最大区别是原子的配位数不同，这导致化学吸附的活性不同。晶角上原子配位数最低，即配位不饱和度最高，最容易与气体分子发生吸附，降低位能，因此在催化反应中吸附能力最强，其次是晶棱上原子，再次是(110)晶面上原子，最后是(111)晶面上原子。

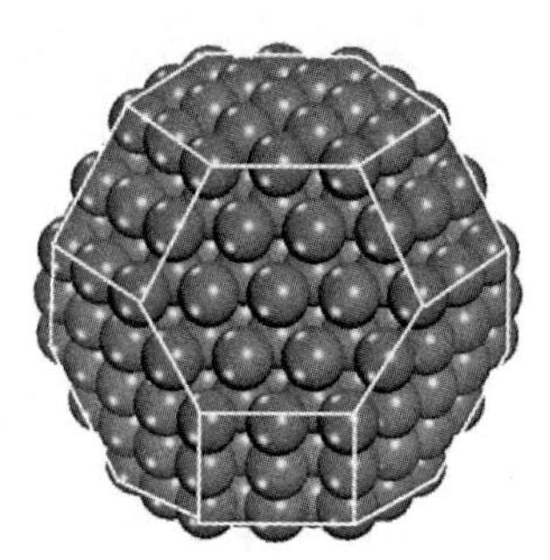

图 4.5 面心立方晶格结构的 Pt_{201} 金属晶粒的形貌

下面以金属 Pt 催化烃类转化为例说明晶面催化性能的差异。Pt 具有多种晶面，各自有不同的表面结构，故显示出不同的反应选择性。扁平的 Pt(111)晶面和(100)晶面都对芳构化反应有很好的芳烃选择性，但前者较后者更好；而对于异构化的选择性，二者刚好反过来。另外有 2 个晶面，一为具有原子梯级的有序阶梯面 Pt(775)晶面，另一为有台阶和拐折的 Pt(10,8,7)晶面，对断裂 C—C 键的氢解反应活性特别强。实验证明，正庚烷在 Pt 单晶上催化氢解的速率与晶面上拐折的浓度密切相关。CO 的催化氧化也取决于 Pt 催化剂裸露的单晶面。

在前述讨论过程中提到，基于价键理论的 d% 比能带理论的 d 带空穴数更符合实验结果，因为价键理论实质考虑到了金属原子之间的金属键作用。而这种金属键作用其实也是决定金属晶体结构的根本原因，所以，价键理论不仅考虑到了电子的作用，还考虑到了金属结构的影响。

事实上，目前关于金属催化的理论研究关注的焦点正是电子效应和几何效应对催化剂作用机制和反应机理的影响。特别是最近 20 年来，“纳米”概念在催化领域中变得越来越流行。讨论电子效应和几何效应离不开金属粒子的纳米化效应。一个最直观的结果就是金属晶粒大小直接影响着表面原子所处位置(晶角、晶棱和晶面)。位于晶角和晶棱上的原子比位于晶面上的原子的配位数低。随着晶粒大小的变化，不同配位数活性位的比例也会变，相应原子数也会随之变化，如图 4.6 所示。由图 4.6 可知，涉及低配位数活性位的数目将随晶粒的减小而增加，而位于晶面上高配位数的活性位数目将随晶粒的增大而增加。当 Pt 晶粒大小从 10 nm 减小到 1.5 nm 后，表面原子的平均配位数从 11.5 减小到 6 左右。对于催化反应，人们能够观察到，金属粒子减小后，对多数反应物的吸附能力增强，因此，许多催化学者将反应性能的变化归因于几何效应，即配位数下降导致吸附增强。另外，不可否认的是，当粒径减小后，金属粒子的能级由连续分布变为非连续分布，如果从 d 轨道空穴的角度分析，似乎也能解释吸附性能和反应性能的改善是由于 d 带空穴数的变化导致的。

在此，本书无意去澄清金属催化中电子效应和几何效应的作用孰强孰弱。事实上，如果用辩证的观点来看待该问题，两者是互为因果的关系，那么对催化性能的影响也就能理解成协同作用的结果。当然，从实际的应用来看，随着表征技术的发展，金属几何结构的表征技术推广速度非常快，几何效应在金属催化领域的阐述将会越来越多，特别是在越来越多的材料科学相关学者逐渐关注催化领域之后。

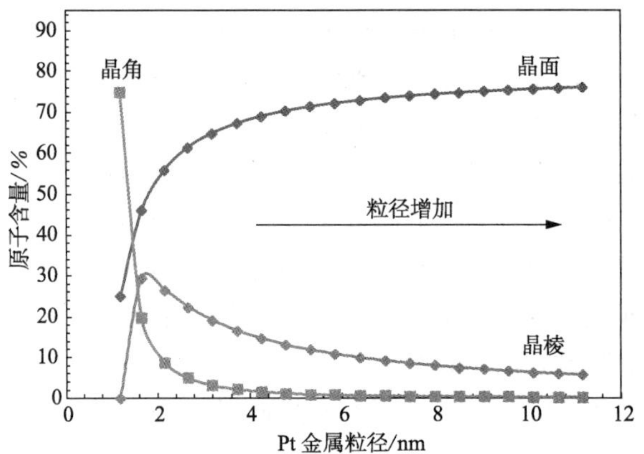

图 4.6　Pt 金属粒径对边、角和面上 Pt 原子含量的影响

4.1.3　金属催化剂的热稳定性

金属粒子在加热到低于其熔点的温度时，由于颗粒之间发生黏结等物理化学作用，晶粒长大，此过程就是金属粒子的烧结(sintering)。关于金属催化剂的烧结，需要注意 3 个温度：泰曼温度(Tammann temperature，也称塔曼温度，T_T)、Hüttig 温度(许蒂希温度，T_H)和金属熔点(T_m)。

烧结是在远低于固态物质的熔融温度(即 T_m)下进行的，一种物质开始呈现显著扩散时的温度称为泰曼温度或烧结温度。典型金属的泰曼温度见表 4.5。当温度高于 T_T(通常为 $0.5T_m$)时，处于准液体状态的金属容易以微晶形式在催化剂中迁移。

表 4.5　典型金属的泰曼温度

金　属	Mn	Fe	Co	Ni	Cu
T_T/℃	485	630	610	590	405
金　属	Tc	Ru	Rh	Pd	Ag
T_T/℃	975	990	845	640	345
金　属	Re	Os	Ir	Pt	Au
T_T/℃	1 450	1 375	1 085	750	395

由表 4.5 可以看出，Ⅷ族贵金属都具有较高的泰曼温度，而 ⅠB 副族的金属具有较低的泰曼温度。需要指出的是，表 4.6 给出的泰曼温度数据是针对体相金属而言的。而金属催化剂的活性组分尺度一般都在 10 nm 以下，此时粒子本身的熔点与体相金属相比显著下降，即金属纳米粒子的烧结温度实际低于泰曼温度。

Hüttig 温度即 $0.3T_m$。在该温度以上时，晶格表面原子开始发生显著迁移；在 Hüttig 温度时，固体表面扩散显著，粒子表面自光滑，形成类球体。一般而言，金属粒子在进行催化反应之前，需要将其在 Hüttig 温度以上，但低于 T_m 的条件下进行处理，得到稳定的表面，然后在低于 Hüttig 温度下反应能够保证反应的稳定性。

虽然金属催化剂的活性主要取决于表面性质，但是金属催化剂的结构决定金属的基本性质(如稳定性)。这一点在很多情况下容易被忽略，在此着重指出，在金属催化领域，工业催化剂中活性金属中心的筛选往往都是依据结构的稳定性。例如，水蒸气重整反应中，尽管Pt金属具有优异的重整活性，但是在高于700 ℃的反应温度下选择贵金属是不经济的；涉及氧化的金属催化剂需要考虑金属体相氧化物生成的难易程度；在电催化领域，电极催化材料一直都是使用贵金属Pt，因为Pt本身在反应条件下难以生成体相氧化铂，反应的稳定性可以得到保证；Au具有优异的电催化活性、汽车尾气处理活性，但是难以实现工业化，其根本原因还是在于稳定性；贵金属本身具有优异的加氢脱硫活性，但是在实际石油化工领域，原料中较高的硫含量会导致贵金属转化成硫化物，反而失去活性。

[思考题4.1] 负载型金属催化剂(Fe,Co,Ni,Pt,Pd,Rh,Ru,Au,Ag)一般可以通过氢气还原负载在载体上的氧化物得到，根据泰曼温度对金属烧结的影响，利用氢气还原法制备催化剂时，氧化物的还原温度越低，越不容易发生烧结，因此所得催化剂中金属的分散度就越高，粒径越小。此说法是否正确？

[思考题4.2] 自1990年以来，科学家发现纳米Au(2～6 nm)金属催化剂在许多反应中具有优于贵金属Pt,Pd和Ru的催化加氢和氧化性能，以及汽车尾气处理性能，但到目前为止仍未有关于Au催化剂的工业应用，试分析原因。

4.1.4 金属催化活性的经验规则

1）d带空穴数与催化活性

金属能带模型提供了“d带空穴”的概念，并将它与催化剂的催化活性关联起来。金属的d带空穴数越多，表明它的d带中未占用的d电子或空轨道越多，磁化率越大。磁化率与金属催化活性之间有一定的关系，随金属和合金的结构以及负载情况的不同而不同。从催化反应角度看，d带空穴的存在使金属有从外界接受电子和吸附物种并与之成键的能力。但并不是金属的d带空穴数越多，其催化活性就越大，因为过多的空穴可能造成吸附太强，反而不利于催化反应。例如，用Ni-Fe合金代替金属Ni，加氢活性会下降。但Fe是d带空穴数较多的金属，为2.22，合金形成时d电子从Ni流向Fe，增加了Ni的d带空穴数。总之，应有适宜的d带空穴数。

2）d%与催化活性

金属的价键模型提供了“d%”的概念。尽管如此，d%仍主要是一个经验参数。d%与金属催化活性之间的关系可用下例同位素交换反应说明。

$$D_2 + NH_3 \xrightarrow{\text{金属催化}} NH_2D + HD$$

实验研究测出，各种不同金属催化同位素交换反应的速率常数与对应金属的d%有较好的线性关系，如图4.7所示。

3）晶格间距与催化活性

晶格间距对了解金属催化活性具有一定的重要性。实验发现，用各种不同的金属膜催化乙烯加氢时，其催化活性与晶格间距间有一定的关系，如图4.8所示。催化活性用固定温度下的反应速率作为判据，Fe,Ta,W等具有体心立方晶格的金属取(110)晶面的原子间距作为晶格间距，Rh,Pd,Pt等具有面心立方晶格的金属取单位晶胞的晶棱长度作为晶格间距。催化活性最高的金属为Rh，其晶格间距为0.375 nm。这种结果与以d%表达的结果相比，除金属W外都完全一致。

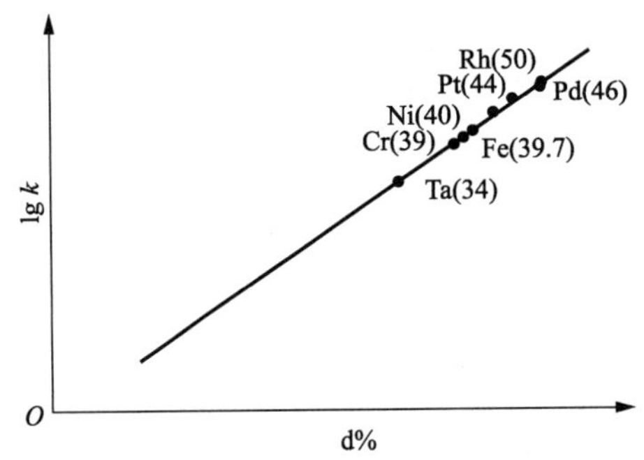

图 4.7　同位素交换反应的 lg k 与金属催化剂的 d%(图中括号内数字)之间的关系

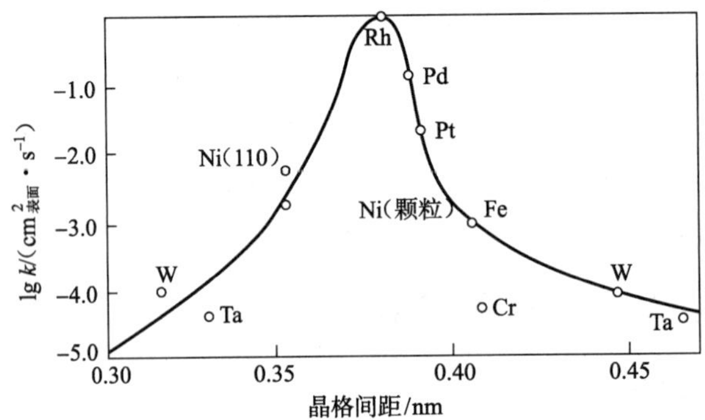

图 4.8　金属膜催化乙烯加氢的活性与晶格间距的关系

关于晶格间距对催化活性的影响，苏联科学家巴多金提出了多位理论：催化剂的活性在很大程度上取决于存在正确的原子空间群(multiplets，多位体)，以便聚集反应分子和产物分子，即在金属催化过程中，往往需要按一定几何排布的多个金属原子(多位体)的协同作用。这要求活性中心与反应分子间有一定的结构对应性——几何适应，使反应物分子能够适当扭曲变形，形成中等强度的吸附——能量适应，从而发生催化反应。

下面以乙烯在金属 Ni 不同晶面上的加氢反应为例进行说明。一般认为，具有正四面体的烷烃结构稳定性最好，如 CH_4 分子。乙烯在金属 Ni 晶面上发生活性吸附时，生成的吸附态越接近于正四面体结构($\theta=109°28'$)，则吸附越稳定，释放的吸附热越多，反而不利于提供活性氢实现加氢反应。表 4.6 给出了金属 Ni(111)，(110)和(100)晶面的原子间距，以及根据公式(图 4.9)求得的 θ 角度。可以看出，(111)晶面上的 Ni 原子吸附乙烯形成的 θ 角度最接近 $109°28'$，稳定性最好，此时反应的加氢活性反而是最低的。苯加氢和环己烷脱氢是另外可以证明巴多金理论的例子，只有原子的排布呈六边形且原子间距为 0.24～0.28 nm 的金属才具有催化活性，其中 Pt，Pd，Ni 符合这种要求，是良好的催化剂，而 Fe 不是。

表 4.6　金属 Ni 不同晶面吸附乙烯的稳定性对比

晶　面	原子间距/nm	θ	乙烯吸附状态	反应活性
(111)	0.248	$105°40'$	稳定吸附	最　低
(100)	0.351	$122°57'$	张力较大	高
(110)	0.375	$128°48'$	张力最大	最　高

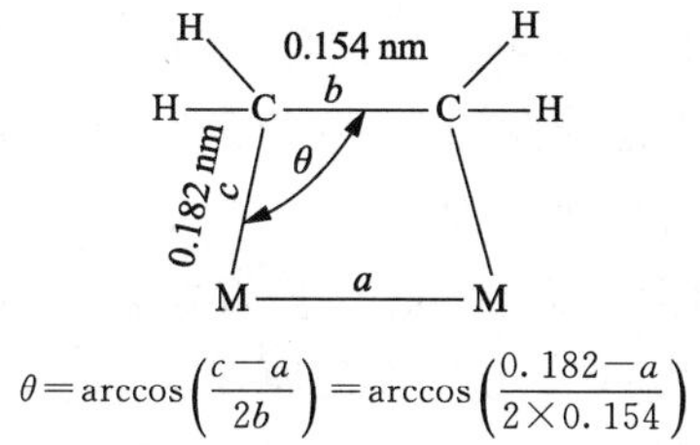

$$\theta=\arccos\left(\frac{c-a}{2b}\right)=\arccos\left(\frac{0.182-a}{2\times 0.154}\right)$$

图 4.9 乙烯的吸附模型和吸附键角 θ 的计算公式

巴多金理论给出一种几何上对应的要求：金属原子间距要与反应物分子结构相匹配。这里必须要指出的是，这种匹配是可以发生动态的自调整的。例如，通过低能电子衍射(LEED)技术和透射电子显微镜(TEM)以及外延 X 射线衍射(EXAFS)技术等对固体表面的研究发现，金属吸附反应物分子后，表面会发生重排，使原子发生迁移，原子间距增大，同时反应物分子的立体结构也会发生一定变化来满足吸附过程。这些都说明，金属催化剂的活性不仅与晶格间距有关，还与反应条件(如反应物结构、反应压力、反应温度等)密切相关。所以，利用晶格间距来关联催化剂的活性只能作为催化剂开发的一个参考。

4) 表面在原子水平上的不均匀性与催化活性

随着表面测试技术的发展，一些用肉眼看到的平滑表面，其实在原子水平上是不均匀的，存在各种不同类型的表面位，如图 4.10 所示。

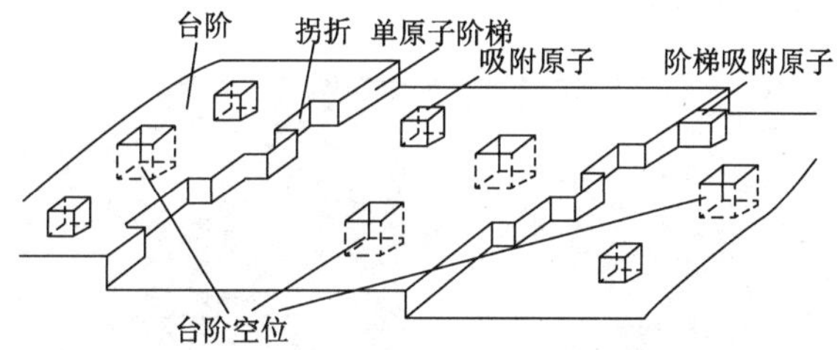

图 4.10 固体表面原子水平的 TSK 模型

图 4.10 即表面原子水平的 TSK 模型，即台阶(terrace)、梯级(step)和拐折(kink)模型。在表面上存在的拐折、梯级、空位、附加原子等表面位都十分活泼，它们对表面原子迁移及参与化学反应都起着重要的作用。从催化的角度讲，它们都是活性较高的部位。

4.1.5 负载型金属催化剂的特点

金属催化剂，尤其是贵金属，由于价格昂贵，常用大表面积和大孔隙的载体将其分散成微小的颗粒并附着于载体上，以节省用量，增加金属原子暴露于表面的机会。这样就给负载型金属催化剂带来一些新的特征。

1) 金属的分散度

金属在载体上微细分散的程度用分散度 D(dispersion)表示，其定义为：

$$D=\frac{n_{\mathrm{s}}\text{(载体上暴露在外表面的金属表面原子总数)}}{n_{\mathrm{t}}\text{(载体上负载的金属原子总数)}} \tag{4.1}$$

对于实际使用的金属催化剂，其颗粒尺寸分布存在一定的区间，通过高分辨率的电子显微镜对金属原子进行逐个鉴别显得不现实。因此,实际上金属的分散度一般采用化学吸附法测得。化学吸附是一种表面单层吸附,在适宜的条件(温度和压力合适)下,将 H_2,CO,O_2 和 N_2O 作为探针分子,使其能与金属表面原子形成固定化学计量比的化学键,然后根据饱和的化学吸附量给出金属表面原子总数(n_s),再根据催化剂元素分析得到金属原子总数(n_t),这就是采用化学吸附法测定金属分散度的原理。

事实上,当代催化学者采用转换频率(*TOF*)来阐述催化剂的活性,测定的分散度主要用于定量分析参与反应的活性位的数目。而在讨论不同分散度金属催化剂的 *TOF* 时,人们更加关注金属粒径的变化与催化性能之间的关系。因此,金属分散度的另一个应用就是计算金属的粒径尺寸。

现有的表征金属粒径的技术有 TEM、X 射线衍射(XRD)和化学吸附 3 种。基于表面原子自由能最低化,金属粒子在反应过程中的形态都是类球形的,因此,这 3 种表征技术得到的金属粒径一般都是基于球形粒子的假设。

TEM 方法是用于测量金属粒子粒径最常用和最常规的方法。通过选择催化剂中具有典型分布状态的 TEM 图,统计多个粒子(>500 以上)的粒径,就可以得到粒径分布图(图 4.11),进而计算平均粒径。计算平均粒径的方法主要有 2 种:体积基准(volumn-weighted distribution,$d_{v,TEM}$)和面积基准(surface-weighted distribution,$d_{s,TEM}$),即式(4.2)和式(4.3)。如果金属粒子都接近于球体,则 2 个公式得到的粒径值基本一致;如果金属粒子与球体相差太大,则 2 个公式得到的粒径值存在差别。

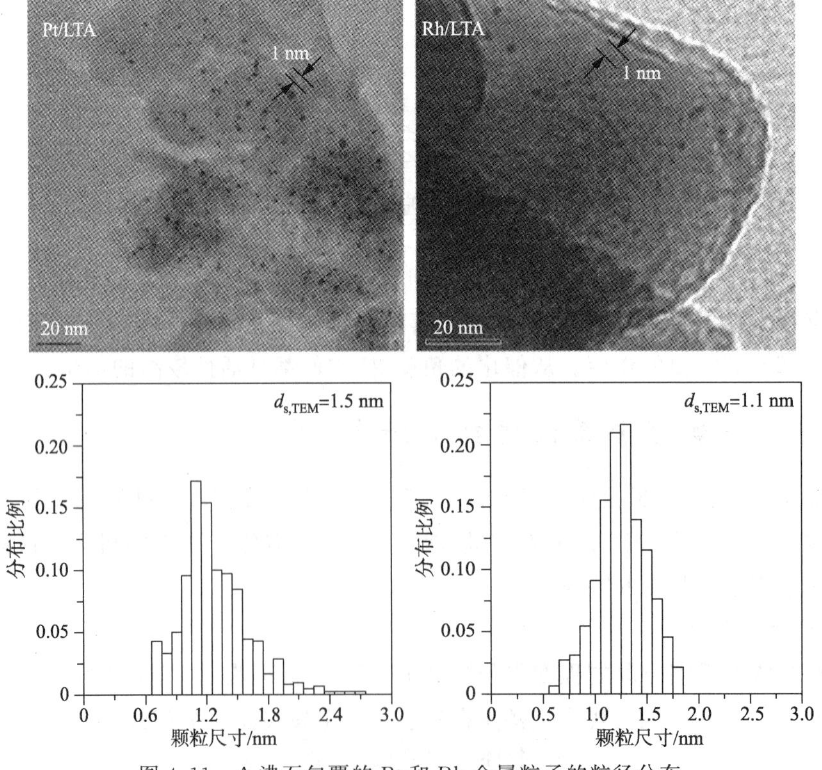

图 4.11 A 沸石包覆的 Pt 和 Rh 金属粒子的粒径分布

$$d_{v,TEM}=\frac{\sum_i(n_i d_i^4)}{\sum_i(n_i d_i^3)} \tag{4.2}$$

$$d_{s,TEM}=\frac{\sum_i(n_i d_i^3)}{\sum_i(n_i d_i^2)} \tag{4.3}$$

式中，d_i 为单个粒子 i 的直径。

XRD 方法是基于晶体的结构特征，利用 XRD 衍射的晶体结构数据，根据 Debye-Scherrer 公式[式(4.4)]计算金属粒子粒径的方法。

$$d_{XRD,hkl}=\frac{k\lambda}{\beta\cos\theta} \tag{4.4}$$

式中，$d_{XRD,hkl}$ 为沿垂直于晶面(hkl)方向的晶粒的直径；k 为 Scherrer 常数(通常为 0.89)；λ 为入射 X 射线波长(Cu Kα 射线波长为 0.154 06 nm，Cu Kα1 射线波长为 0.154 18 nm)；θ 为布拉格衍射角；β 为衍射峰半高峰宽。

XRD 方法一般适用于尺寸小于 100 nm 的晶粒。XRD 是一种体相的表征技术，所得的 d_{XRD} 和 $d_{v,TEM}$ 较为一致。

基于化学吸附得到的粒径用 d_{chem} 表示，其计算方法如式(4.5)或式(4.6)所示。

$$D=6\frac{V_m/a_m}{d_{chem}} \tag{4.5}$$

$$d_{chem}=6\frac{V_m/a_m}{D} \tag{4.6}$$

式中，a_m 为金属晶体中每个原子所占据位置的平均表面积；V_m 为金属晶体中每个原子所占据位置的平均体积；D 为化学吸附分散度。典型金属的 a_m 和 V_m 见表 4.7。一般认为，d_{chem} 与 $d_{s,TEM}$ 较为吻合。

表 4.7　一些常用于化学吸附的金属晶粒的物性参数

金　属	晶体结构	n_s	$a_m/\text{Å}^2$	M /(g·mol^{-1})	ρ /(g·cm^{-3})	$V_m/\text{Å}^3$	D	S_{SP} /(m^2·g^{-1})
Ag	FCC	1.14	8.75	107.87	10.50	17.06	0.23	114.3
Au	FCC	1.15	8.75	196.67	19.31	16.94	0.23	62.1
Co	FCC	1.52	6.59	58.93	8.90	11.00	0.20	134.8
Co	HCP	1.84	5.43	58.93	8.90	11.00	0.24	134.8
Cr	BCC	1.62	6.16	52.00	7.20	11.99	0.23	166.7
Cu	FCC	1.46	6.85	63.55	8.92	11.83	0.21	134.5
Fe	BCC	1.64	6.09	55.83	7.86	11.80	0.23	152.7
Lr	FCC	1.29	7.73	192.22	22.42	14.24	0.22	53.5
Mo	BCC	1.36	7.34	95.94	10.20	15.62	0.26	117.6
Ni	FCC	1.54	6.51	58.69	8.90	10.95	0.20	134.8

续表

金　属	晶体结构	n_s	$a_m/\text{Å}^2$	M /(g・mol^{-1})	ρ /(g・cm^{-3})	$V_m/\text{Å}^3$	D	S_{SP} /(m^2・g^{-1})
Os	HCP	1.54	6.47	190.20	22.48	14.05	0.26	53.4
Pd	FCC	1.26	7.93	106.42	12.02	14.70	0.22	99.8
Pt	FCC	1.24	8.07	195.08	21.45	15.10	0.22	55.9
Re	HCP	1.52	6.60	186.21	20.53	15.06	0.27	58.5
Rh	FCC	1.32	7.58	102.91	12.40	13.78	0.22	96.8
Ru	HCP	1.57	6.35	101.07	12.30	13.65	0.26	97.6
W	BCC	1.35	7.42	183.85	19.32	15.78	0.26	62.0

注：① n_s 为每 10^{-19} m^2 表面所含的表面原子数。其计算方法如下：对于 FCC 结构的金属，位于(111)晶面、(100)晶面、(110)晶面上的表面原子数之比为 1∶1∶1；对于 BCC 结构的金属，位于(110)晶面、(100)晶面、(211)晶面上的表面原子数之比为 1∶1∶2；对于 HCP 结构的金属，表面原子仅位于(001)晶面上。

② M 为金属的摩尔质量。

③ ρ 为金属的密度。

④ S_{SP} 为金属粒子粒径为 5 nm 时金属的比表面积。

2) 结构非敏感与敏感反应

如果将巴多金理论和图 4.6 所示结果联系起来，则可以得到一个非常重要的结论：金属粒子粒径变化后，对于需要多个金属原子参与吸附有机物的反应，晶角和晶棱上原子的吸附能力反而较弱，反应性能可能会随着金属粒子粒径的减小而减弱，尽管此时金属粒子的配位不饱和度较高。这种情况导致金属催化剂的粒径效应会随着反应类型的不同而出现下列 4 种变化(图 4.12)：

① *TOF* 随着粒径 d 的增大不发生变化。

② *TOF* 随着粒径 d 的增大单调上升。

③ *TOF* 随着粒径 d 的增大单调下降。

④ *TOF* 随着粒径 d 的增大先上升后下降。

Boudart 等总结归纳出影响 *TOF* 的 3 种因素，即① 在临界范围内颗粒大小和单晶取向的影响；② 一种活性较高的Ⅷ族金属与一种活性低的ⅠB 族金属，如 Ni 与 Cu 形成合金的影响；③ 一种Ⅷ族金属替换成同族中另一种金属的影响。根据对这 3 种影响因素敏感性的不同，催化反应可以分为两大类：一类是涉及 H—H 键、C—H 键或 O—H 键的断裂或生成的反应，它们对结构变化、合金化变化或金属性质变化的敏感性不大，称为结构非敏感(structure insensitive)反应；另一类是涉及 C—C 键、N—N 键或 C—O 键的断裂或生成的反应，它们对结构变化、合金化变化或金属性质变化的敏感性较大，称为结构敏感(structure sensitive)反应。

例如，环丙烷加氢就是一种结构非敏感反应。对于该反应，用宏观的单晶 Pt 作催化剂(无分散，$D\approx0$)与用负载于 Al_2O_3 或 SiO_2 上的 Pt 微晶(1 nm)作催化剂($D\approx1$)测得的 *TOF* 基本相同。氨在负载型铁催化剂上的合成就是一种结构敏感反应。因为该反应的 *TOF* 随着铁分散度的增加而增大。反应的活性中心为配位数等于 7 的特定表面原子 C_7，其

化学吸附 N_2 为速率控制步骤。根据理论计算,它在小晶粒上的相对浓度比在大晶粒上小。Fe(111)晶面暴露的 C_7 原子数较其他晶面多 2 个数量级,故 Fe(111)晶面催化合成氨的活性最高。以上都已得到实验证实。

图 4.12 中,①属于结构非敏感反应,其他 3 种属于结构敏感反应。结构敏感反应的变化可以通过图 4.6 并结合多位理论解释。若反应物的吸附需要多个原子(3 个以上)参与,则金属粒径越大,满足吸附的有效活性位越多,*TOF* 越大,符合图 4.12 中的②;若反应物难以吸附活化,且反应物吸附只需要单个原子参与,则金属粒径越小,配位数越低,活性越高,活化反应物能力越强,符合图 4.12 中的③;若反应物只需中等吸附,且反应物吸附只需单个或双原子参与,则当粒径过小时,吸附太强,反应物难以活化,当粒径过大时,吸附太弱,吸附覆盖度低,活性低,符合图 4.12 中的④。

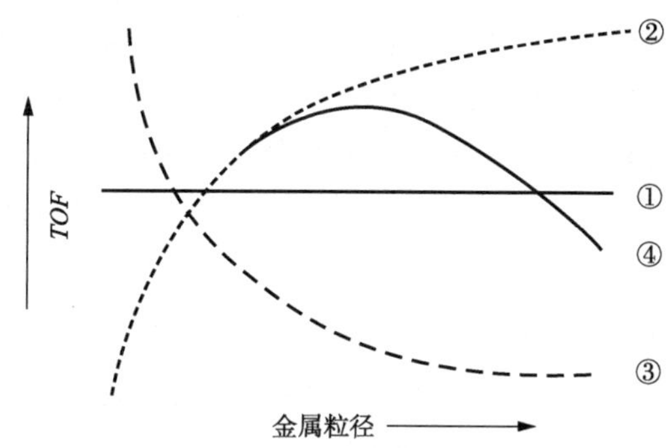

图 4.12 金属粒径与 *TOF* 的对应关系

① 结构非敏感反应;② 结构敏感反应(粒径越大,*TOF* 越大);
③ 结构敏感反应(粒径越大,*TOF* 越小);④ 结构敏感反应(随粒径增大,*TOF* 先增大后下降)

Boudart 将造成催化反应结构非敏感性(图 4.12 中的①)的原因归纳为 3 种。① 在负载型催化剂上,H_2 与 O_2 反应的结构非敏感性是由于 O_2 过剩,致使 Pt 表面几乎完全为 O_2 吸附单层所覆盖,将原来 Pt 表面的细微结构掩盖,造成结构非敏感。这种原因称为表面再构(surface reconstruction)。② 活性组分晶粒分散度低的(扁平的面)比分散度高的(顶与棱)更活泼。例如,二叔丁基乙炔在 Pt 表面上的加氢因为形成了催化中间物,金属原子从金属原来的正常部位提取出来,因此是结构非敏感的。这种原因称为提取式的化学吸附(extraclive chemisorption)。③ 活性部位不是位于金属原子的表面上,而是位于金属原子与基质相互作用形成的金属烷基物种上。环己烯在 Pt 和 Pd 表面上的加氢就是由这种原因造成的结构非敏感反应。以上这几种解释不是完全定论的,还有待进一步研究。

另外,仔细分析图 4.6 可以发现一个结论:当 Pt 金属粒径达到 10 nm 以上时,晶粒中晶棱和晶角处的原子数占金属表面原子总数的比例很低(约 10%),配位数大于 10,接近体相催化剂的表面原子配位数。这说明,阐述反应的结构敏感性,探讨金属粒径尺寸的影响应该在 10 nm 以下的有效尺寸区间范围内进行。这也是在催化相关的期刊中经常看到的都是关于贵金属活性组分(2~10 nm)的粒径效应研究,很少涉及过渡金属 Co,Ni 和 Cu(含量大于 15%,20~40 nm)的结构敏感性研究的原因。这说明,在讨论金属催化的纳米效应时,一般适用的尺度范围是 1~10 nm,这与传统的纳米材料的尺度或纳米效应的尺度(1~100 nm)

是不同的，读者应引起重视。

3）载体的效应

研究发现，在氢气氛围中非负载的 NiO 粉末可在 673 K 下完全还原成金属，而分散在 SiO_2 或 Al_2O_3 载体上的 NiO 还原就困难得多，可见金属的还原性因分散在载体上而改变。一般载体在活性组分还原操作条件（通常在 673 K 以下）下本不应还原，但已还原的金属具有催化活性，会将化学吸附在表面原子上的氢转移到载体上，使之跟着还原。前面有关章节讨论过的溢流现象就是这种原因导致的。

除阻滞金属离子的还原外，载体也会影响金属的化学吸附。这是由于金属与载体之间有强相互作用——SMSI 效应（金属-载体强相互作用）。当金属（Pt，Pd 等）负载在可还原的金属氧化物（如 TiO_2，CeO_2 和 ZrO_2）载体上时，在高温下还原会导致金属对 H_2 的化学吸附和反应能力降低，这是由于可还原的载体与金属之间发生了强相互作用，载体将部分电子传递给金属，从而降低了对 H_2 的化学吸附能力。受此作用的影响，金属催化的性质可分成 2 类：一类是烃类的加氢、脱氢反应，其活性受到很大的抑制；另一类是有 CO 参加的反应，如 $CO+H_2$ 反应、CO+NO 反应，其活性得到很大提高，选择性也得到增强。

4）单原子催化剂

自 2010 年开始，单原子（特别是过渡金属和贵金属单原子）催化剂的催化性能引起了催化学者的广泛兴趣，特别是其在电极催化材料方面的优异性能备受关注。研究显示，单原子催化剂的优异性能来自活性中心的不饱和配位状态以及载体间稳定的强相互作用。事实上，早在 20 世纪 90 年代，Au 催化剂热潮兴起，研究者为了解释为何惰性的金属 Au 在粒径下降到 2～6 nm 时体现出非常优异的活性而提出了各种不同的解释方向，如金属和载体界面活性位、金属粒子的电子状态变化等（图 4.13）。其本质原因是金属和载体之间的强相互作用。

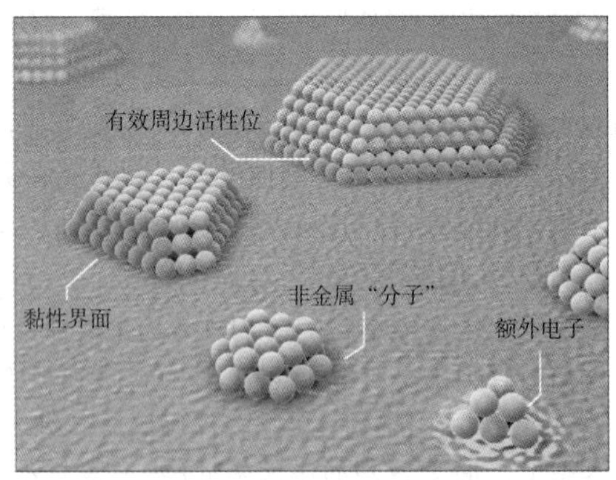

图 4.13　惰性 Au 金属块变成高活性 Au 纳米粒子的各种解释

对 Au 纳米催化剂的研究已经证明，当金属粒子减小到一定粒径，如<1 nm 时，Au 体现出某些非金属的性质。单原子催化剂中的金属原子要想稳定存在，除需要与载体的强相互作用外，还需要一些特殊的配体来稳定原子。例如，石墨烯负载的 PtN_4 单原子催化剂中除石墨烯这种二维材料的限域效应外，还需要配体 N 的稳定作用。通常，单原子催化剂中配体

与金属及载体之间的相互作用会使金属原子牢固地锚定在载体上，即载体和配体的组合能够通过限域效应实现单原子的稳定，而这种限域效应将使单原子催化剂体现出独特的催化性质。例如，单原子反应速率更接近于络合物催化的均相反应速率，而反应体系本身又是多相的。因此，单原子催化剂可以认为是连接多相催化与均相催化的桥梁。

催化中的限域效应就是“通过限制某种物理状态（如纳米状态），使体系的本征特性（如结构、电子态等）发生变化，从而改变体系的催化性能”。从广义上来描述催化限域效应，可以认为它是催化体系中“一种本征力（如相互作用力）的存在，抗阻了体系某种特性发生变化，或者促使体系变化的特性得以恢复”。普遍意义上说，一种优良的催化剂必须含有所谓的“活性中心”。但从能量角度来讲，这种活性中心必然处于高能态，倾向于通过与反应物的结合降低体系能量，达到稳定态（如形成中间体等）。一旦形成这种稳定的中间体，活性中心就失去了继续反应的能力。因此，优良催化过程的另一个非常重要的特征就是：这种稳定态能被迅速打破，使体系再次回到不稳定的活化态，释放出活性中心。这种从稳定态回到不稳定态的过程需要一种驱动力。这种力可以来自外部，也可以来自催化剂自身。这些外部的力可以来自加热、变压，也可以来自光、电和磁等外场。而内部的力应该是类似于磁性体系中的“矫顽力”，即那种抵抗体系变化的本征力。包信和团队通过大量的研究发现，在低温催化体系中，这种“矫顽力”被认为主要来自体系的限域特性（confinement）。

限域效应最常见的代表性例子是碳纳米管（CNTs）的限域催化效应。碳纳米管是由石墨烯片以一定的曲率卷曲后形成的具有规整的纳米级管腔结构的碳材料。卷曲过程造成了通常意义上的石墨结构大 π 键发生畸变，使电子云由管内向管外偏移，从而在管内外形成电势差。在这种意义上，碳纳米管的管腔就组成了一种几何上处于纳米尺度，同时又具有独特电子环境的限域体系。受这种限域体系的作用，组装在其内部的催化剂活性组分（如纳米粒子）和扩散至腔内的气体分子的特性将会发生变化，从而形成不同方向的催化化学。这种碳纳米管的限域体系在催化中可能显示出 3 种不同的限域效应。① 对组装在其管腔中的纳米粒子催化剂的作用：一方面由于几何空间的限制，阻碍了其在催化反应过程中的迁移和生长；另一方面由于管腔内的缺电子特性，使限域内的纳米粒子的电子特性，如氧化-还原特性发生变化。例如，组装在 4～6 nm 多壁碳纳米管内的 Fe_2O_3 粒子的还原温度比直接负载在其管外表面上降低近 200 ℃。② 对反应分子的作用：管腔内外不同的电子环境改变了反应分子的吸附能，造成反应分子在管内局域浓度的变化。③ 对管腔内的催化反应和反应产物的作用。进一步研究发现，在碳纳米管管腔中，一些产物分子的扩散特性也发生了非常明显的变化。采用超极化^{129}Xe 固体核磁技术研究甲醇分子在碳纳米管中的扩散，结果表明碳纳米管管腔中甲醇分子的扩散遵循一种“超扩散”（super diffusion）机理。当管内径为 4～6 nm 时，甲醇分子在碳纳米管内的扩散速率是管外的 5 倍，是同样管内径的硅-铝中孔材料的 8～50 倍。这种纳米孔道的限域效应对催化的影响在传统的分子筛催化研究中也能找到很多实证。现在已经知道，孔径小于 1 nm 的分子筛通常会显示出非常明显的限域效应。实验和理论证明，这类孔道不但可以作为客体用于稳定组装在其孔道内的纳米粒子，同时孔道内独特的电子和化学基团的特性也会对其内部催化剂粒子的催化特性起调变作用，甚至有些这类孔道自身就能显示出非常独特的催化性能。而当孔径大于 1 nm 时，如硅-铝中孔材料（如 SBA-15，MCM-41 介孔分子筛）等通常鲜见明显的催化性能，往往只能作为担载材料用于负载和稳定纳米粒子。这也从另一个侧面说明了沸石分子筛择形催化这一特性并不能适用于所有的分子筛材料,读者必须对此有一个清醒的认识。

最近5年兴起的单原子金属催化剂具有独特的催化性能,可以认为是基于载体的限域效应。例如,碳纳米管限域的Fe和Co单原子催化剂在F-T合成反应的活性以及产物调控性上体现出独特的性能;石墨烯限域的Pt单原子催化剂在电催化领域的甲醇氧化反应(MOR)、析氢反应(HER)和氧还原反应(ORR)等电催化性能上都优于商业Pt/C催化剂。

目前,单原子贵金属、过渡金属以及单原子合金在CO氧化反应、水煤气转化和加氢以及燃料电池催化剂领域的应用报道较多,但是关于单原子催化剂的催化作用机制仍有待于深入开展更多的实验研究。

4.1.6 合金催化剂及其催化作用

金属的特性会因加入别的金属形成合金而改变。研究表明,合金对化学吸附的强度、催化活性与选择性等效应都会改变。故合金催化剂是金属催化剂中新的一类,应单独讨论。

1) 合金催化剂的重要性及其类型

双金属合金催化剂的应用在多相催化发展史上写过辉煌的一页。炼油工业中Pt-Re及Pt-Ir重整催化剂的应用推动无铅汽油的应用。汽车废气催化燃烧所用的Pt-Rh及Pt-Pd催化剂为防止空气污染做出了重要贡献。这两类催化剂的应用对改善人类生活环境起着极为重要的作用。

可作为合金催化剂的双金属系主要有三大类:第一类为Ⅷ族和Ⅰ副族元素所组成的双金属系,如Ni-Cu,Pd-Au等;第二类为由2种Ⅰ副族元素所组成的双金属系,如Ag-Au,Cu-Au等;第三类为由2种Ⅷ族元素所组成的双金属系,如Pt-Ir,Pt-Fe等。第一类催化剂用于烃的氢解、加氢和脱氢等反应,人们曾对它们的催化特性做过广泛的研究;第二类催化剂曾用于改善部分氧化反应的选择性;第三类催化剂曾用于增加催化剂活性的稳定性。下面分别予以介绍。

2) 合金催化剂的催化特征及其理论解释

虽然合金催化剂已得到广泛应用,但人们对其催化特征了解甚少,因为其较单金属催化剂的性质复杂得多,主要来自组成成分间的协同效应(synergetic effect),不能用加和的原则由单组分推测合金催化剂的催化性能。例如,Ni-Cu催化剂可用于乙烷氢解,也可用于环己烷脱氢。催化剂活性与组成关系如图4.14所示。由图4.14可以看出,只要加入5%的Cu,其对乙烷氢解的活性减小到纯Ni时的1/1 000。继续加入Cu,活性继续下降,但下降速度较缓慢。这一现象说明Ni与Cu之间发生了合金化相互作用,如果2种金属的微晶粒独立存在而彼此不受影响,则加入少量Cu后催化剂的活性与Ni单独存在时的活性相近。实验结果证明了上述论点。由此可以看出,金属催化剂对反应的选择性可通过合金化加以调变。以环己烷转化为例,Ni催化剂可使之脱氢生成苯(目的产物),也可经副反应氢解生成甲烷等低碳烷烃。当加入Cu后,氢解活性大幅下降,而对脱氢活性影响甚少,因此具有良好的脱氢选择性。

合金化不仅可以改善催化剂的选择性,也可以增强稳定性。例如,用于轻油重整的Pt-

Ir 催化剂比 Pt 催化剂的稳定性高得多，主要原因是 Pt 与 Ir 形成合金，避免或减少了表面烧结。Ir 具有很强的氢解活性，抑制了表面积炭的生成，促进了催化活性的继续维持。

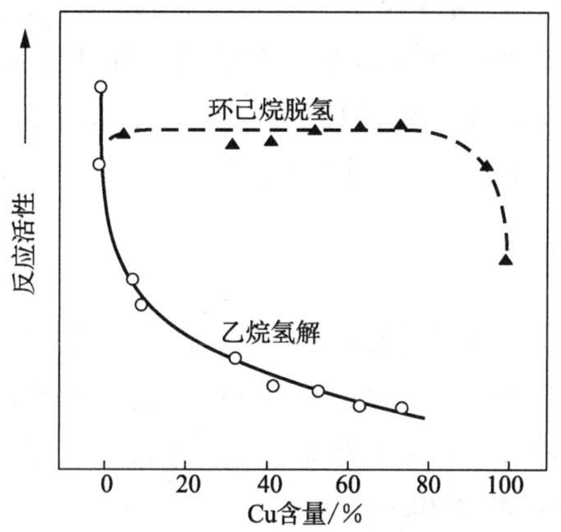

图 4.14 Ni-Cu 催化剂中 Cu 含量对不同反应活性的影响

［**思考题 4.3**］ 根据 4.1 节的论述，试就金属催化中电子效应和几何效应对反应性能的影响进行初步讨论，电子效应和几何效应是否能够统一起来分析催化反应性能？

4.2 天然气（页岩气）催化转化制燃料和化学品

天然气是当今世界上公认的清洁能源，进入 2010 年以来，随着美国页岩气的大量开采和推广，基于页岩气的炼油化工和精细化工导致世界范围内油品和重大基础化工原料（低碳烯烃）的生产技术重新“洗牌”，以天然气和页岩气为资源的化学工业越来越受到人们的关注。

天然气和页岩气的主要成分是甲烷，因此甲烷的转化和利用在天然气化工中占有非常重要的位置，成为天然气化工的主要研究内容。通常甲烷的转化和利用包括以甲烷为原料合成燃料和基础化学品的一切过程。从已有的天然气化工利用技术来看，甲烷的转化和利用途径可以分为两大类，即直接转化和间接转化，两者的核心都是与催化相关的技术。

甲烷作为化工原料，目前其工业化大规模应用主要集中在甲烷的间接转化，其过程是首先将甲烷转化为合成气（$CO+H_2$），然后将其转化为甲醇、氨、二甲醚、低碳混合醇、低碳烯烃等重要基础化工原料或合成液体燃料等，这是目前和将来研究甲烷转化和利用最主要的课题。甲烷的直接转化无须经过合成气，在理论上有着潜在的优势，其传统应用领域包括由甲烷直接生产乙炔、氢气、炭黑、氯甲烷、氢氰酸、硝基甲烷或二硫化碳等化工产品。由于甲烷分子非常稳定，C—H 键的键能达 435 kJ/mol，因此上述产品的生产都是在高温、高压、高能耗的苛刻条件下进行的，极大地限制了甲烷的直接转化。随着科学的发展及催化活化技术的进步，人们对甲烷的直接转化途径进行了深入的研究和探索，拓展了研究范围，注入了新的内容，如甲烷直接制甲醇和甲醛、甲烷氧化偶联制乙烯、甲烷无氧芳构化、甲烷无氧低温制乙烷、甲烷直接转化制燃料等。尽管这些工艺还处于探索性的研究阶段，但是一旦取得突破，将无疑具有非常明显的经济和社会价值。例如，2015 年甲烷氧化偶联制乙烯技术开始进入商业市场。

在甲烷的转化和利用过程中，有关甲烷分子的活化研究非常活跃。甲烷分子的活化是甲烷转化和利用的基础，无论是何种转化，都必须经过甲烷的活化。另外，甲烷作为最简单、最稳定、含量最多的烷烃，对其他惰性分子的活化也有很大的借鉴和指导意义。甲烷分子是由4个等价的C—H键通过碳原子的sp^3杂化而形成对称性很强的正四面体结构，其热力学性质非常稳定，没有利于进攻的官能团，因此如何活化甲烷，实现在温和条件下向高价值产品的转化，就成为天然气化工中最富挑战性的课题。

4.2.1 甲烷的活化

表4.8列出了有关甲烷的一些最简单反应在不同温度下的标准自由能变化($\Delta G^{\ominus}$)。可以看出，大多数反应是热力学禁阻的。高温催化转化、高温裂解、燃烧、电弧及离子焰等方法可以断开C—H键，使甲烷脱氢二聚或低聚而生成乙炔、乙烯或苯，但需要消耗很大能量，并且不可避免地产生高温裂解产物炭和氢气。

表4.8 有关甲烷的一些最简单反应在不同温度下的标准自由能变化($\Delta G^{\ominus}$)

反应	$\Delta G^{\ominus}/(kcal \cdot mol^{-1})$	
	400 K	1 000 K
$2CH_4 \longrightarrow C_2H_4+2H_2$	18.9	9.5
$2CH_4 \longrightarrow C_2H_6+H_2$	8.6	8.5
$2CH_4+O_2 \longrightarrow C_2H_4+2H_2O$	−34.6	−36.4
$2CH_4+\frac{1}{2}O_2 \longrightarrow C_2H_6+H_2O$	−18.4	−14.5
$CH_4+Cl_2 \longrightarrow CH_3Cl+HCl$	−26.0	−27.8
$CH_4+Br_2 \longrightarrow CH_3Br+HBr$	−8.4	−10.3
$CH_4+I_2 \longrightarrow CH_3I+HI$	12.5	9.0
$CH_4+\frac{1}{2}O_2 \longrightarrow CH_3OH$	−25.4	−18.0
$CH_4+O_2 \longrightarrow CH_2O+H_2O$	−69	−71.2
$CH_4+S \longrightarrow CH_3SH$	−6.4	−7.8
$CH_4+CO \longrightarrow CH_3CHO$	16.0	33.6
$CH_4+CO_2 \longrightarrow CH_3COOH$	19.2	35.5
$CH_4+H_2O \longrightarrow CO+3H_2$	28.6	−6.5
$CH_4+CO+\frac{1}{2}O_2 \longrightarrow CH_3COOH$	−40.0	−10.0

注：1 kcal=4.18 kJ。

尽管甲烷与氧气的反应在热力学上是允许的，但相应的产物乙烯、乙烷、甲醇和甲醛都比甲烷活泼，因此不可避免地会进一步氧化生成CO和CO_2等物质，很难在温和条件下转变为有价值的化学品，如醇、醛、酸和酮等。

甲烷活化是甲烷转化中不可缺少的一步，实现甲烷的转化必须首先活化甲烷分子，形成活性中间体，然后才能生成目的产物。研究不同反应条件下在不同体系中活化甲烷分子，其目的是为了找到一种高效的催化体系，有效地转化和利用甲烷。对甲烷来说，一种有效的催化体系必须满足以下条件：

(1) 甲烷中C—H键的活化必须是催化循环的一部分，而不仅仅是一个化学计量反应；

(2) 催化体系要有足够的选择性，也就是说在此体系内目的产物中的C—H键不能比甲烷中的C—H键活泼，否则反应产率就会很低；

(3) 体系的活性应该足够高，以使反应在温和的条件下完成。

甲烷在真实催化剂上的活化研究主要包括催化剂的活性组分、载体及其相互作用，温度，覆盖度，活化氛围对甲烷活化的影响。

大量研究表明，CH_4 的活化是通过 CH_4 在金属表面的吸附实现的。金属表面上 CH_4 的吸附伴随着 H_2 的放出。在 CH_4 气流中，释放出的 H_2 不断被移走，金属表面被 CH_x($x=0\sim3$)所覆盖。一般认为，CH_4 的化学吸附过程可表示如下：

$$CH_4+2^* \longrightarrow CH_{3ad}+H_{ad}$$

$$CH_{3ad}+^* \longrightarrow CH_{2ad}+H_{ad}$$

$$CH_{2ad}+2^* \longrightarrow CH_{ad}+H_{ad}$$

$$CH_{ad}+^* \longrightarrow C_{ad}+H_{ad}$$

$$2H_{ad} \longrightarrow H+2^*$$

式中，* 为金属表面的活性位；CH_{3ad}，CH_{2ad}，CH_{ad} 和 C_{ad} 为吸附在表面上的 CH_3，CH_2，CH 和 C 物种。

大量事实表明，CH_4 在金属表面上的活化比上述过程更为复杂，它还包括C—C键成键过程和碳链增长过程。所以不同金属表面上的C—C成键因子和碳链增长因子将影响 CH_4 的活化。不同金属表面上特定条件下的C—C成键因子和碳链增长因子见表4.9。

表4.9 Ⅶ族和Ⅷ族金属表面上C—C成键因子和碳链增长因子

金　属	C—C成键因子①	碳链增长因子②
Fe	0	0
Co	0.071	0.36
Ni	0.041	0.31
Ru	0.098	0.18
Rh	0.022	0.015
Pd	0	0
Re	0.046	0.018
Os	—	—
Ir	0.007	0
Pt	0.057	0

注：① C—C成键因子反映了 CH_x 相互结合的能力。

② 碳链增长因子反映了 CH_x 插入碳链的能力。

活性金属对 CH_4 活化的影响主要体现在 3 个方面：

(1) 不同活性金属对 CH_4 的活化能力不同；

(2) 不同活性金属中 M—C 键的碳链增长能力不同；

(3) 不同活性金属表面上 CH_4 活化后产生的不同种类活化物种的分布不同。

研究表明，过渡金属 Co，Ru，Ni，Rh，Pt，Re，Ir 等对 CH_4 活化大都具有活性。

4.2.2 天然气重整制氢

4.2.2.1 天然气水蒸气重整

1) 热力学分析

一氧化碳和氢气的混合物通常称为合成气。由于原料不同，生产合成气所用的方法不同，所得合成气中 CO 与 H_2 的物质的量比也不同，其范围为 1∶3～2∶1。在甲烷间接转化过程中，合成气的制备是其中重要的组成部分，资料显示合成气的制备约占过程总投资的 60%和总生产成本的 60%。目前已经工业化和正在开发的天然气制备合成气工艺主要包括甲烷水蒸气重整、甲烷-二氧化碳重整（干气重整）、甲烷部分氧化、联合重整以及自热重整等。自 1926 年水蒸气重整第一次被 BASF 公司实现工业化应用以来，其在合成气制备工艺和催化剂开发及制造工艺方面不断改进和完善，目前 90%的合成气来源于水蒸气重整(steam reforming of methane，SRM)工艺。

表 4.10 给出了烷烃水蒸气重整反应的热效应数据。在各种原料中，甲烷（天然气）水蒸气转化是目前工业上获取合成气的最主要来源。水蒸气重整主要利用的反应为水蒸气转化反应和水煤气变换反应（WGS 反应，见表 4.10 第 2 行）。前者吸热，能生成较高物质的量比的 H_2 与 CO；后者放热，起着调节热量和 H_2 与 CO 物质的量比的作用。该法所得合成气中 CO 与 H_2 的物质的量比约为 1∶3。另外，重整过程中会发生甲烷分解或一氧化碳歧化导致的积炭反应，从热力学分析，高温下催化剂表面将发生甲烷分解的积炭反应。

表 4.10 烷烃水蒸气重整反应的热效应

水蒸气重整反应		$-\Delta H^{\ominus}_{298\,K}$ /(kJ·mol⁻¹)	$\ln K_p = a + b/T^a$	
			a	b
$CH_4+H_2O=CO+3H_2$		−206	30 446	−27 106
$CO+H_2O=CO_2+H_2$		41	−3 798	4 160
$CH_4+CO_2=2CO+2H_2$		−247	32 244	−31 266
$C_nH_m+nH_2O=nCO+\left(n+\frac{m}{2}\right)H_2$	乙　烷	−347	60.42	−45 256
	正庚烷	−1 107	21 053	−141 717
$CH_4=C+2H_2$		−75	12.69①	−10 779②
$2CO=C+CO_2$		172	−21.09	20 486
$CO+H_2=C+H_2O$		131	−17.29	163 26

注：① 标准状态 25 ℃和 1 bar(1 bar=0.1 MPa)，适用温度 500～900 ℃。

② 生成丝状炭。

在典型天然气水蒸气重整反应过程中，天然气中一般含有极少量的硫化物，为将其脱除，通常加入少量的氢气进行加氢反应，使硫化物转化为 H_2S，然后进入 ZnO 脱硫槽脱除。原料气中 H_2O 与 CH_4 的典型物质的量比为 2～6。甲烷和水蒸气反应生成 H_2，CO，CO_2 的混合物，反应在温度 800～1 000 ℃、压力 1.6～2.0 MPa、镍基催化剂的作用下进行，是一个强吸热过程。理论上反应生成 $n(H_2):n(CO)=3:1$ 的合成气，如果需要增加氢气的含量，可使反应在下游反应器中于较低的温度下继续进行，H_2 与 CO 的物质的量比可高达 4.9。过量的水蒸气可用于防止催化剂积炭。为了抑制催化剂上的积炭反应，采用碱性氧化物 K_2O，CaO，MgO 等作为助剂。

2）反应机理分析

甲烷水蒸气重整反应是一复杂的反应体系，不少文献认为 CO 和 CO_2 均是甲烷水蒸气转化反应的一次初级产物，反应模型应是 CO 和 CO_2 同时生成的平行模型。

图 4.15 给出了基于 Langmuir 吸附模型确定的水蒸气重整反应的基元步骤，其中第一步为速率控制步骤。可以看出，在该反应过程中，甲烷在金属表面上的活化是反应的关键。

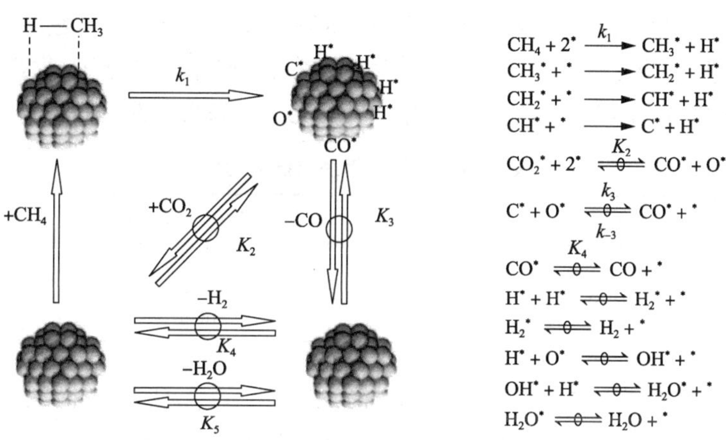

图 4.15　金属 Pt 团簇(Pt cluster)催化甲烷水蒸气重整反应的基元步骤

k 为反应速率常数，K 为反应平衡常数

3）重整反应催化剂

(1) 活性组分的筛选。

从历史发展看，甲烷水蒸气重整反应活性组分的研究过程是随着金属催化理论的发展而发展的。根据不同金属对不同气体分子吸附能力的考察(表 4.2)，早期甲烷水蒸气重整反应催化剂活性组分的筛选目标集中在对 CO，CO_2 和 H_2 吸附能力较为适中的金属(表 4.2 中 B 类金属)上。结果证明，Pt，Ir，Rh 和 Ni 以及 Ru 具有优于其他金属的催化活性。

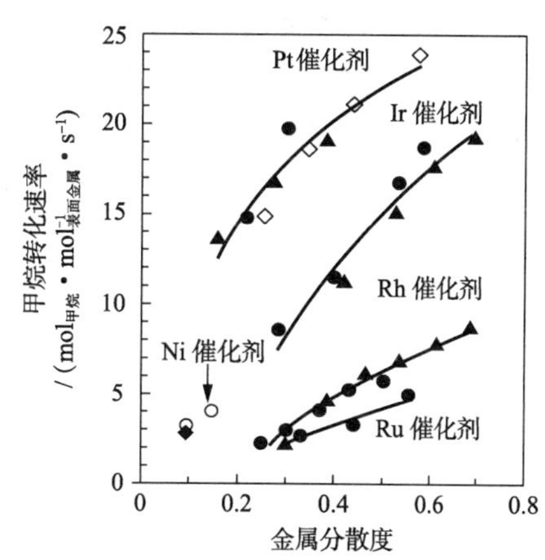

图 4.16　不同金属和金属分散度催化甲烷水蒸气重整反应的反应速率

Iglesia 等对比了目前最常用的甲烷水蒸气重整金属催化剂活性组分的反应活性(图 4.16)。可以看

出，随着金属分散度的提高，甲烷的反应活性提高，即金属粒径越小，反应活性越高。这说明，甲烷水蒸气重整反应属于结构敏感反应。对比具有相同分散度的金属催化剂，活性顺序是 Pt>Ir>Rh>Ru。这一结果说明金属 Pt 相较于其他金属具有优异的重整性能，这一点可以从在石油化工的催化重整、生物质水相重整、燃料电池的电极催化材料等涉及有机物 C—H 键活化的研究中广泛采用金属 Pt 催化剂得到验证。下面具体分析一下为何 Pt 具有最佳重整性能。

按照表 4.3 所示的 d%，Pt，Ir，Rh 和 Ru 的 d%顺序是 Pt(44%)<Ir(49%)≈Rh(50%)=Ru(50%)。由图 4.15 可知，甲烷水蒸气重整反应的速率控制步骤是甲烷分子中 C—H 键的活化，如果金属对甲烷分子的活化吸附能力越强，则反应活性越高。从 d 轨道电子传输的角度分析，甲烷吸附于金属表面过程的实质是甲烷提供电子进入金属的原子轨道中，因此金属 d%越小，接受电子能力越强，故金属 Pt 应具有最佳活性。但若按此分析，金属 Ni(d%为 40%)应具有更高的活性，而且金属 Ir 的性能应与 Rh 和 Ru 接近。显然，价键理论仅能够部分解释金属重整活性。

由图 4.16 可知，金属粒径越小，反应活性越高。这充分说明，甲烷活化的确是整个反应的控制步骤。金属粒径减小，导致晶角和晶棱上原子数增多，金属配位数下降，吸附反应物能力增强，活化能力增强。表 4.11 给出了不同金属活化吸附 CH_4 后形成化学键的键能数据，即 Pt>Ir>Rh≈Ru≈Ni，显然该顺序与实际的反应结果吻合性更高。

表 4.11　金属和甲烷成键的键能

金　属	M—C 键键能/($kJ \cdot mol^{-1}$)
Ni	46.1
Ru	46.0
Rh	46.4
Pt	151.0
Ir	120.1

改变金属分散度的实验证明，金属的几何结构对甲烷活化存在一定的影响。图 4.17 给出了甲烷的吸附模型，显然，吸附键角 θ 越接近于甲烷分子本身的键角(109°28′)，则可以认为其活化吸附效果越差。根据公式(图 4.17)计算，若 $\theta=109°28'$，则金属原子间距应为 0.253 nm，而对比表 4.12 的结果可知，不同金属原子间距与其偏差幅度(甲烷活性能力)的顺序是 Pt>Ir>Rh>Ru>Ni，这与实验结果相吻合。

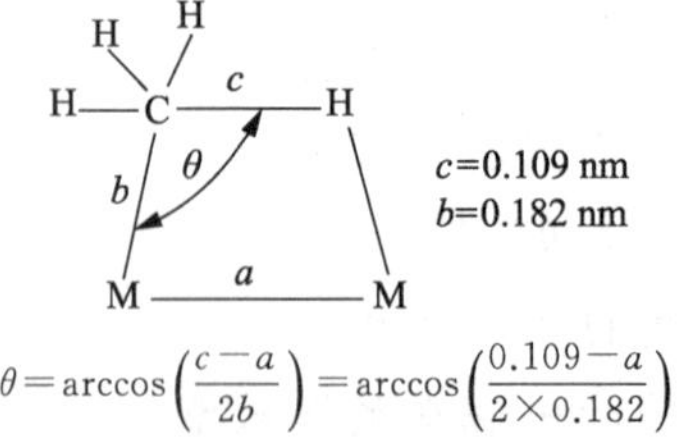

$$\theta=\arccos\left(\frac{c-a}{2b}\right)=\arccos\left(\frac{0.109-a}{2\times0.182}\right)$$

图 4.17　甲烷的吸附模型和吸附键角 θ 的计算公式

表 4.12 金属的晶胞结构和原子间距

<table>
<tr><th colspan="2">金 属</th><th>原子间距/nm</th><th colspan="2">金 属</th><th>原子间距/nm</th></tr>
<tr><td rowspan="4">面心立方晶胞</td><td>Pt</td><td>0.278</td><td>面心立方晶胞</td><td>Ni</td><td>0.249</td></tr>
<tr><td>Pd</td><td>0.275</td><td rowspan="3">六方密堆晶胞</td><td>Ru</td><td>0.265</td></tr>
<tr><td>Ir</td><td>0.271</td><td>Re</td><td>0.274</td></tr>
<tr><td>Rh</td><td>0.269</td><td>Os</td><td>0.268</td></tr>
</table>

综上所述，现有的能带理论、价键理论和多位理论可以用于指导活性组分的筛选或设计，但是，3 种理论需要相互参考和印证。这也从侧面说明金属催化剂的几何结构和电子性质是密切相关的，只有两者综合起来考虑才能为催化反应和催化剂的性质研究提供严谨的阐述。

虽然 Pt 被证明是最优异的甲烷活化催化剂，但是热力学要求水蒸气重整反应在苛刻的温度（>700 ℃）下进行，这必然导致金属活性组分的烧结（表 4.5）。从经济上考虑，Ni 最适合，因此 Ni 是目前天然气水蒸气重整反应催化剂的唯一活性组分。由于重整反应在很高温度下进行，条件苛刻，且催化剂晶粒易长大，而催化剂的活性又取决于活性比表面积的大小，所以必须把 Ni 制备成细小分散的颗粒。为防止微晶增长，要把活性组分分散在耐热载体上。另外，催化剂在高氢分压与高水蒸气分压下操作，管内气体空速很高，这就要求催化剂具有高的机械强度。此外，催化剂还要有抗积炭的能力。总之，高活性、高强度与抗积炭是天然气水蒸气重整催化剂必须具备的基本条件。

（2）助剂的筛选。

为提高金属 Ni 催化剂的抗硫、抗积炭能力，通常添加碱金属作为助剂，如 K。

（3）载体的筛选。

催化剂中的载体应当具有使 Ni 晶粒尽量分散，达到较大比表面积以及阻止 Ni 晶体烧结的作用。催化剂的载体都是熔点在 2 000 ℃以上的金属氧化物，它们能耐高温且具有很高的机械强度。常用的载体有 Al_2O_3，$CaAl_2O_4$ 和 $MgAl_2O_4$ 等。

4.2.2.2 天然气干气（CO_2）重整制氢

1）热力学分析

天然气干气重整反应不仅能充分利用天然气和 CO_2 资源，生产低 H_2 与 CO 物质的量比的合成气，适用于作为羰基合成、二甲醚合成、F-T 合成等的原料气以及用于调整水蒸气重整产物中 H_2 与 CO 的物质的量比，而且这一反应对环境保护具有重大意义。此外，该反应由于强吸热性而在化学储能方面有着广阔的应用前景，因而日益受到人们的重视。

天然气干气重整反应体系中可能发生的反应有：

主反应 $CH_4+CO_2 \rightleftharpoons 2CO+2H_2 \quad \Delta H^{\ominus}_{298\ K}=247\ kJ/mol$

副反应 $CO_2+H_2 \rightleftharpoons CO+H_2O \quad \Delta H^{\ominus}_{298\ K}=41\ kJ/mol$

积炭反应 $2CO \rightleftharpoons CO_2+C \quad \Delta H^{\ominus}_{298\ K}=-172\ kJ/mol$

$$CH_4 \rightleftharpoons 2H_2+C \quad \Delta H^{\ominus}_{298\ K}=75\ kJ/mol$$

$$CO+H_2 \rightleftharpoons H_2O+C \quad \Delta H^{\ominus}_{298\ K}=-131\ kJ/mol$$

主反应是强吸热反应，高温有利于该反应。副反应即水煤气变换反应的逆反应，对主反应的影响非常大，通常可以导致 H_2 与 CO 的物质的量比小于 1。由于存在水煤气变换反应，CO_2 的平衡转化率总是大于 CH_4 的平衡转化率，而转化气中 H_2 与 CO 的物质的量比总是小于或等于 1。

对反应进行热力学分析发现，要避免反应在积炭区进行，反应温度必须达到 727 ℃，原料气中 CO_2 与 CH_4 的物质的量比必须远大于 1。而从工业的角度来看，反应温度低，原料气中 CO_2 与 CH_4 的物质的量比接近于 1 更为理想，因此制备抗积炭能力强的高活性催化剂是反应能否工业化应用的关键。

2）重整反应催化剂

早在 1928 年，Fisher 和 Tropsch 就对天然气干气重整制合成气进行过研究，发现镍基和钴基催化剂的活性最好。1931 年，Pichler 考察了温度和压力对天然气干气重整反应平衡的影响，发现加压将使反应速率降低。Bodrov 等分别在 1964 年和 1967 年对天然气干气重整反应动力学进行了研究。根据动力学结果，Bodrov 等认为天然气干气重整反应实际上是甲烷和水反应，其反应机理与水蒸气重整类似，CO_2 与 CH_4 分解的 H_2 反应生成 H_2O 和 CO，然后进行甲烷水蒸气重整反应。1991 年，Aschcroft 等提出天然气干气重整反应可以制备低氢碳比的合成气。

与水蒸气重整反应不同，在天然气干气重整过程中，积炭的主要来源是 CH_4 裂解反应（$CH_4 \rightleftharpoons 2H_2 + C, \Delta H^{\ominus}_{298\ K} = 75\ kJ/mol$）和 CO 歧化反应（$2CO \rightleftharpoons CO_2 + C, \Delta H^{\ominus}_{298\ K} = -172\ kJ/mol$）。

CO 歧化反应是放热反应，反应平衡常数随温度升高而减小，而 CH_4 裂解反应则与之相反。计算表明，在 CH_4，CO_2，CO，H_2 和 H_2O 组成的平衡体系中，积炭程度随反应温度升高而降低，实验结果也证实了这一点。此外，Gilliland 等认为，CO 歧化反应速率比相同条件下 CH_4 裂解成炭反应速率快 3～10 倍，且反应转化气中 CO 含量较高，因此，积炭的最主要来源应是 CO 歧化反应。积炭也有可能来自 CO_2，即 CO_2 解离产生的 CO 若不能及时脱附，有可能在催化剂表面发生 CO 歧化反应，从而导致积炭产生。

Green，Solymosi 和 Rostrup-Nielsen 等研究小组对铂族贵金属及 Ni 催化剂的研究表明，Rh 和 Ru 具有最佳催化活性和抗积炭的综合性能，在 Rh 催化剂上几乎不产生积炭；Ni 催化剂虽然具有与 Ru 和 Rh 相当的催化活性，但积炭较为严重；Ir 催化剂比 Ni，Pd，Pt 催化剂的抗积炭效果好。对贵金属催化剂上天然气干气重整反应的研究还表明，在相同贵金属负载量的催化剂中，Rh/Al_2O_3 上甲烷和二氧化碳的活化能最低，分别为 66.1 kJ/mol 和 52.7 kJ/mol，这较好地解释了 Rh 催化剂对天然气干气重整反应有很好的活性。对双金属催化剂的天然气干气重整反应研究表明，Pt-Au 和 Pt-Sn 的抗积炭性能好于单金属 Pt 催化剂的抗积炭性能。

催化剂的晶体结构和载体酸碱性对天然气干气重整过程中的积炭也有较大的影响。例如，当采用 Ni/Al_2O_3 为催化剂时，如果在催化剂的预处理过程中，Ni 和 Al_2O_3 相互作用形成具有尖晶石结构的 $NiAl_2O_3$，则积炭会被明显地抑制。其原因是 $NiAl_2O_4$ 中 Ni—O 键键能较大（NiO 和 $NiAl_2O_4$ 还原时的活化能分别为 18 kJ/mol 和 134.4 kJ/mol），导致在催化剂表面上形成小的镍晶粒，从而抑制积炭。此外，当采用 Ni/MgO 为催化剂时，如果形成

NiO-MgO 固溶体，则催化剂的抗积炭效果较好，催化剂寿命延长。其原因也是 NiO-MgO 固溶体的形成能稳定小的镍晶粒，从而抑制积炭。

当载体具有强的 L 碱性时，催化剂的抗积炭效果较好。因为载体的碱性增强，催化剂吸附 CO_2 的能力增强，根据 CO 歧化反应方程式，CO_2 的平衡浓度增加意味着积炭减少。

助剂的加入有利于抑制积炭的产生。例如，添加 CeO_2 可以提高活性原子 Ni 中 d 电子的密度，Ni 原子中 d 电子密度的增加在一定程度上抑制了 CH_4 分子中 C—H 键 σ 电子向 d 轨道的迁移，从而降低了 CH_4 裂解产生积炭性能；添加 Co_3O_4 则可以促进 CH_4 裂解产生积炭。分析表明，活性金属与半导体助剂之间存在的金属-半导体相互作用是影响这种机制的主要因素。添加碱金属或碱土金属助剂有利于 CO_2 气体的吸附，使 CH_4 裂解产生的活性中间体 CH_x 与吸附产生的氧活性位间发生反应，并且由于竞争吸附的存在减少了 CH_4 的吸附，从而大大减少了 CH_4 裂解产生积炭。

3）重整反应的应用

单纯的天然气干气重整反应的工业应用还未见报道，但有 CO_2 参与的混合重整已有报道，现分别予以说明。

(1) 用于水蒸气重整过程。工业上往往采用 CO_2-H_2O-CH_4 混合重整的方法。调节原料气中 H/C 和 O/C 的物质的量比，可以避免在热力学积炭区进行反应。

(2) 在炼铁中的应用。该过程利用重整反应产物 CO 和 H_2 具有的还原性，直接将含合成气高达 95%的重整反应尾气引入炼铁竖炉中与铁矿 Fe_2O_3 反应生成金属铁。反应后生成的 CO_2、未参与反应的 H_2 和 CO 可被循环利用。CO_2 与 CH_4 重新在重整反应器中进行重整可得富 CO 合成气，然后进入炼铁竖炉。

(3) 在化学储能方面的利用。天然气干气重整反应是一强吸热反应（$\Delta H_{298\,K}$ = 247 kJ/mol），因此利用太阳能对 CH_4 和 CO_2 进行重整反应在化学储能方面具有非常重要的意义。美国、德国两国的科学家在这一领域中已取得相当的进展。他们采用称为催化增强的太阳能吸收反应装置，通过一个容量为 150 kW 的抛物面反射镜将太阳光聚集到强吸热反应器上，以加热原料气和催化剂进行重整反应。根据尾气组成和热交换输出的热量计算得到的太阳能利用效率结果表明，在阳光充裕和少云天气下，系统能高效运转。当 CH_4 的转化率为 39.1%时，系统的热效率最高达 85.6%，化学储能效率最高达 54.4%。在二级吸热反应装置中，当 CH_4 的转化率为 50%以上时，仍具有较高的热效率（>65%）和化学储能效率（约 45%）。例如，当 CH_4 的转化率为 68.5%时，系统的热效率为 65.9%，化学储能效率达 44.9%。

4.2.3 甲烷部分氧化制合成气

与传统的甲烷水蒸气重整相比，预混合的 CH_4 与 O_2 是可燃的，在高温、高压下处于爆炸极限内，但是利用 CH_4 和 O_2 反应的热效应能够降低能耗，因此反应器体积小、效率高，在高反应空速下仍具有高的转化率和选择性，且合成气组成中 H_2 与 CO 的物质的量比接近于 2，应用前景广阔。

1）反应热力学

甲烷部分氧化制合成气的总反应方程式如下：

$$CH_4+\frac{1}{2}O_2 \longrightarrow CO+2H_2 \quad \Delta H^{\ominus}_{298\ K}\approx 35.5\ kJ/mol$$

但实际反应过程非常复杂，而且伴有一些副反应发生，包括氧化反应、重整反应、水煤气变换反应以及积炭和消炭反应等。

（1）氧化反应。

$$CH_4+2O_2 \longrightarrow CO_2+2H_2O \quad \Delta H^{\ominus}_{298\ K}=-802\ kJ/mol$$

$$CH_4+\frac{3}{2}O_2 \longrightarrow CO+2H_2O \quad \Delta H^{\ominus}_{298\ K}=-519\ kJ/mol$$

$$CH_4+\frac{3}{2}O_2 \longrightarrow CO_2+H_2+H_2O \quad \Delta H^{\ominus}_{298\ K}=-561\ kJ/mol$$

$$CH_4+O_2 \longrightarrow CO_2+2H_2 \quad \Delta H^{\ominus}_{298\ K}=-319\ kJ/mol$$

$$H_2+\frac{1}{2}O_2 \longrightarrow H_2O \quad \Delta H^{\ominus}_{298\ K}=-241.83\ kJ/mol$$

$$CH_4+O_2 \longrightarrow CO+H_2O+H_2 \quad \Delta H^{\ominus}_{298\ K}=-278\ kJ/mol$$

（2）重整反应。

$$CH_4+H_2O \rightleftharpoons CO+3H_2 \quad \Delta H^{\ominus}_{298\ K}=206\ kJ/mol$$

$$CH_4+CO_2 \rightleftharpoons 2CO+2H_2 \quad \Delta H^{\ominus}_{298\ K}=247\ kJ/mol$$

（3）水煤气变换反应。

$$CO+H_2O \rightleftharpoons CO_2+H_2 \quad \Delta H^{\ominus}_{298\ K}=-41\ kJ/mol$$

（4）积炭和消炭反应。

$$CH_4 \rightleftharpoons C+2H_2 \quad \Delta H^{\ominus}_{298\ K}=75\ kJ/mol$$

$$2CO \rightleftharpoons CO_2+C \quad \Delta H^{\ominus}_{298\ K}=-172\ kJ/mol$$

$$C+H_2O \rightleftharpoons CO+H_2 \quad \Delta H^{\ominus}_{298\ K}=131\ kJ/mol$$

根据上述反应，Green 等在 0.1 MPa，$n(CH_4):n(O_2)=2:1$ 的条件下对反应平衡组成进行了计算。结果表明，随着反应温度的升高，CH_4 的转化率、CO 和 H_2 的选择性增大。在 600 ℃ 以上反应温度时，可以得到 90%以上的 CH_4 的转化率和合成气产率。Lunsford 等对反应平衡组成的计算表明，产物组成中 CH_4，CO_2 和 H_2O 的分压随操作压力的增加而升高，但升高反应温度可补偿这种压力效应。例如，在 1 MPa，900 ℃下，热力学预示的 CH_4 转化率和合成气的选择性分别可达 80%和 90%以上。因此，与水蒸气重整类似，在较高压力下，采用 CH_4 部分氧化为下游过程制取合成气在热力学上是可行的。

2）反应机理

目前，研究人员对负载型金属催化剂上的甲烷部分氧化反应机理主要持 2 种观点，即间接氧化机理（也称燃烧-重整机理）和直接氧化机理。间接氧化机理认为，甲烷先与氧气燃烧生成水和二氧化碳，在燃烧过程中氧气完全被消耗，剩余的甲烷再与水和二氧化碳进行重整反应生成氢气和一氧化碳；直接氧化机理认为，甲烷直接在催化剂上分解生成氢气和表面碳物种，表面碳物种再与表面氧气反应生成一氧化碳。这 2 种反应机理可用图 4.18 表示。

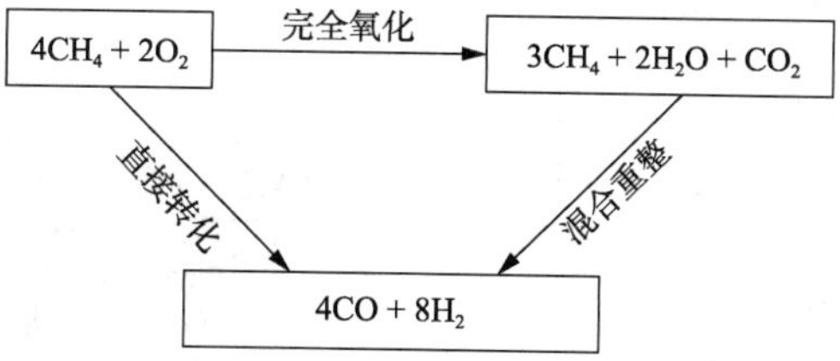

$4CH_4 + 2O_2$ 完全氧化 $3CH_4 + 2H_2O + CO_2$

直接转化 混合重整

$4CO + 8H_2$

图 4.18 甲烷部分氧化制合成气反应机理示意图

3）催化剂

近年来甲烷部分氧化制合成气催化剂的研发工作十分活跃，据文献报道催化剂的活性组分主要集中在 Pt，Ru，Rh，Co，Ni，Ir 等Ⅷ族金属上。一般将这些催化剂分为 3 类：第一类是以 Ni，Co 为主的负载型催化剂，所用载体主要为 Al_2O_3，TiO_2，SiO_2，ZrO_2 及 Y 沸石等；第二类是 Ir，Pt，Pd，Rh，Ru 等负载型贵金属催化剂，所用载体主要为 Al_2O_3，MgO，SiO_2 和独石等；第三类是金属氧化物催化剂。

就催化剂的活性组分而言，第一、二类催化剂的金属都有较好的反应性能，其中贵金属的活性最高。之所以贵金属具有更高的活性，与其本身的抗氧化性相关。一般而言，与过渡金属相比，在氧气氛围内贵金属难以生成体相氧化物，因此催化反应发生的活性中心仍然是金属原子。

图 4.19 给出了甲烷部分氧化制合成气反应过程中氧气分压对 Pd 表面氧物种的影响。在低氧气分压下，金属 Pd 不会被氧化生成体相氧化物，仍具有金属的特性，能够活化氧气分子生成表面氧原子（图 4.20a），而金属 Pd 和 O 组成的活性位能够实现甲烷分子的活化，直接将甲烷解离成甲基；在高氧气分压下，金属 Pd 表面实质就是 PdO（图 4.20b），其活化甲烷分子是利用 PdO 上的活化氧，得到甲氧基物种。Pd 和 PdO 催化甲烷部分活化的过程如图 4.20 所示。可以看出，氧气分压影响金属 Pd 表面的活性物种。当分压较低时，O 原子仅仅和表面的 Pd 原子发生相互作用，甲烷的活化需要表面活化的 O 和金属空位；当分压较高时，此时不仅仅是金属 Pd 表面，金属 Pd 的次表面也与 O 发生强相互作用，生成表面层的 PdO_x 物种，甲烷活化所需要的活性位则是 O 物种。所谓次表面，一般指最外层表面原子层下的薄层区域，通常有几个原子层厚度。

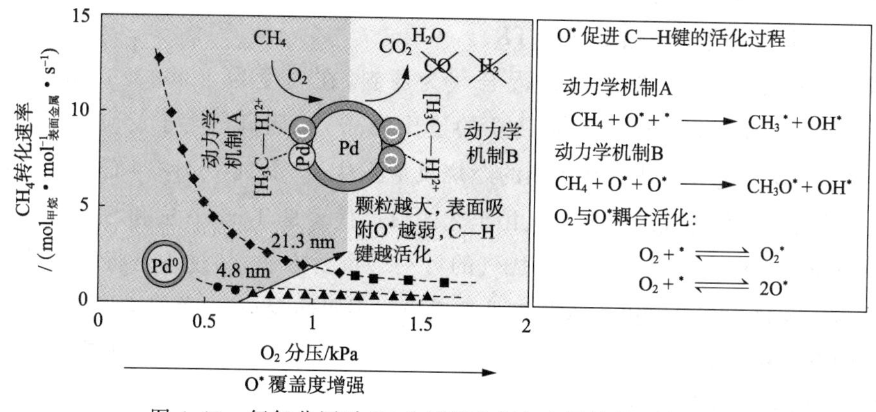

图 4.19 氧气分压对 Pd 金属活化氧气和甲烷的影响机理

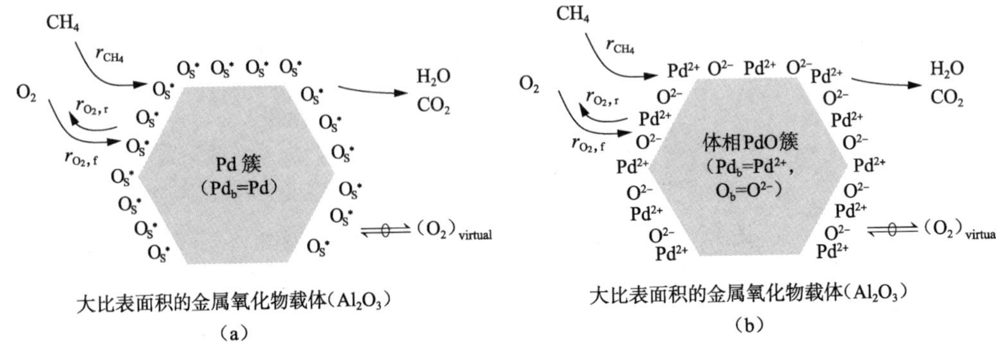

图 4.20　Pd(a)和 PdO(b)上进行甲烷和氧气部分氧化得到 CO_2 和 H_2O 的表面活性物种

下标“S”表示表面，下标“b”表示体相，下标“virtual”表示能够接近催化剂表面，

$r_{O_2,r}$为 O_2 的反应速率，$r_{O_2,f}$为 O_2 的生成速率

从热力学角度分析，RhO，RhO_2，PdO，IrO_2，PtO_2，Ag_2O 和 Au_2O_2 的分解温度分别为 1 037 ℃，1 057 ℃，975 ℃，1 100 ℃，650 ℃，177 ℃和 152 ℃，对于甲烷部分氧化反应，贵金属中只有 Pd，Pt，Ag 和 Au 在 750 ℃左右的反应温度时不会和氧气反应生成体相氧化物，仍保持金属的特性，而 Ag 和 Au 在此温度下容易发生烧结，因此 Pt 和 Pd 是活性最高的金属。虽然金属被证实具有非常优异的解离活化氧的能力，但所用的反应条件必须保证金属的热力学稳定性——不会生成体相氧化物。因此，工业上使用的氧化物催化剂一般都是过渡金属氧化物。真正用于氧化反应的金属在工业上应用的例子较少，典型的是氧化铝负载的 Ag 催化剂在较低温度(200 ℃)下催化乙烯氧化生产环氧乙烷的工艺。这是最成功的工业应用。另外，还有纳米 Au 用于 CO 的低温氧化反应，这是研究 Au 催化剂的典型探针反应。

除甲烷部分氧化制合成气外，还有甲烷氧化制甲醇、甲烷氧化偶联制乙烯等非常重要的甲烷转化反应。这些反应由于都涉及氧气，因此，所用的催化剂以氧化物或金属阳离子催化剂为主。例如，甲烷液相氧化反应制甲醇采用 K_2PtCl_6 和 $Pd(OAc)_2$ 为催化剂并溶于水中；甲烷氧化偶联制乙烯采用稀土氧化物催化剂。

为改善甲烷单一重整工艺中的不足，研究人员将甲烷水蒸气重整、部分氧化、非催化氧化相互结合。已实现工业化的有甲烷水蒸气重整和部分氧化结合的联合重整、非催化部分氧化和水蒸气重整结合的自热重整(ATR)。

非催化氧化工艺以甲烷、氧气的混合气为原料，在温度为 1 000～1 500 ℃、压力为 14 MPa 的条件下反应，O_2 与 CH_4 的物质的量比为 0.75，耗氧量高于反应计量比的 50%，需要使用纯氧，反应过程中伴有强放热的燃烧反应发生，产品气中 H_2 与 CO 的物质的量比为 2 左右，适用于甲醇合成的非催化氧化工艺的典型代表是 Texaco 法和 Shell 法。

自热重整(ATR)是工业上生产合成气的另一个重要方法，其过程是将均相非催化部分氧化和水蒸气重整相结合。由于水蒸气重整反应为强吸热反应，且受化学平衡的影响，所以残余甲烷的含量相对而言相当高。部分氧化反应为放热反应。为了更好地利用热量以及甲烷，可将这 2 种工艺结合起来。

4.2.4 甲烷直接催化转化制乙烯和芳烃

1）甲烷直接催化转化制乙烯

2014 年，中国科学院大连化学物理研究所包信和团队将具有高活性的单中心低价铁原子通过 2 个碳原子和 1 个硅原子镶嵌在氧化硅或碳化硅晶格中，利用限域效应得到高温稳定的催化活性中心，甲烷分子处于配位不饱和的单铁中心上，经催化活化脱氢获得表面吸附态的甲氧基，进一步从催化剂表面脱附形成高活性的甲基自由基，在气相中经自由基偶联反应生成乙烯和其他高碳芳烃分子。当反应温度为 1 090 ℃，每克催化剂每小时流过的甲烷为 21 L 时，甲烷单程转化率高达 48.1%，生成物乙烯、苯和萘的选择性高于 99%，其中生成乙烯的选择性为 48.4%。显然，这种带有限域效应的单金属活性中心是将甲烷进行有效活化的本质。

2）甲烷无氧脱氢制芳烃

1993 年，中国科学院大连化学物理研究所的科研人员报道，在无氧条件下，甲烷在 Mo/HZSM-5 催化剂上转化成芳烃的选择性较高，在 700 ℃时甲烷转化率为 5%～8%，如果不考虑积炭，则芳烃选择性接近 100%。此后，甲烷无氧脱氢制芳烃的研究受到越来越多的关注，特别是最近 10 年来，随着页岩气、煤层气等非常规能源的大力开发，甲烷的高效催化备受重视。

从热力学角度分析，低于 600 ℃下进行甲烷制芳烃，平衡转化率较低，因此，反应多数在 700 ℃以上进行，但是采用分子筛载体 HZSM-5 又必须具有较强的酸性，因此催化剂积炭严重，使用寿命短，目前仍然难以实现工业化。

目前，最为有效的催化剂仍然是 ZSM-5 负载的 Mo 基催化剂。这是一种双功能催化剂，活性组分 Mo 用于活化甲烷和氢气，而 ZSM-5 是芳构化反应的活性组分。虽然Mo/ZSM-5 一般是通过将金属钼盐浸渍到载体上面，然后通过高温焙烧而得到的，但是考虑到反应是在高温、无氧条件下进行的，且甲烷具有还原性，Mo 在反应中应处于金属状态，故目前把 Mo/ZSM-5 归类于金属催化剂。必须指出的是，Mo 物种是以离子的形式引入 ZSM-5 中的，需要考虑到 ZSM-5 本身骨架电负性以及 Mo 物种在酸中心产生位置之间的存在形式。研究表明，焙烧后得到的部分 Mo 物种被证明与沸石的酸中心发生强相互作用，形成 Mo-O-Al 物种，与氧化钼共存于催化剂之中，两者的比例与 Mo 的引入含量相关，而这种 Mo-O-Al 的活性被证明是最佳的。

因此，对于沸石负载的金属催化剂，需要考虑由于孔道空间小引起的限域效应，导致金属与沸石的酸中心之间存在强相互作用，进而影响金属催化剂的活性。例如，有研究表明，将金属 Pt 负载到 Y 沸石的孔道内部或外表面，改变金属 Pt 和酸中心的亲密性（距离）会影响双功能催化剂的裂化和异构能力。对于亲密性好的催化剂，其对烷烃的裂化能力减弱，异构化能力增强。

4.2.5 低碳烷烃脱氢制低碳烯烃

自 2010 年以来，美国页岩气革命改变了整个能源化工体系，页岩气中大多含有乙烷，摩尔分数在 3%～4%，最高甚至达到 16%。用页岩气副产的大量乙烷作为原料生产乙烯的成本仅为传统石脑油工艺的一半，由此乙烷脱氢制乙烯工艺得到显著的推广。除乙烷外，页岩气中也含有1%左右的丙烷，丙烷脱氢制丙烯对全球的丙烯市场造成了显著的冲击。乙烷和丙烷脱氢制备乙烯和丙烯的主要工艺有直接脱氢和氧化脱氢2条路线。直接脱氢工艺主要采用金属催化剂，特别是Pt系金属催化剂的Pt-Sn（表面）合金催化剂最有代表性。氧化脱氢工艺主要采用氧化物催化剂。

工业上，乙烯和丙烯直接脱氢采用的工艺和催化剂较为接近，这里以丙烯直接脱氢为例进行说明。丙烯脱氢是强吸热反应，温度提高对平衡转化率有利，但温度过高往往导致非催化裂解反应和深度脱氢反应，使选择性降低，故反应温度一般控制在590～630 ℃，同时为了抑制积炭产生，反应应在临氢条件下进行，副产物为氢气、甲烷、乙烯、乙烷、丙烷和C_{4+}产物，因此选择性是筛选催化剂的关键。

目前，关于丙烷脱氢的反应机理仍然存在较大争议。例如，丙烷在金属表面发生的是单层吸附还是多层吸附，反应速率控制步骤是烯烃脱附还是表面反应等。因此，下面主要讨论在合金催化领域具有代表性的Pt-Sn合金催化剂。

合金是指一种金属与另一种或几种金属或非金属经过混合熔化，冷却凝固后得到的具有金属性质的固体产物。表面合金是指主体仍然是一种金属，只是在主体金属的表面或次表面与其他金属或非金属发生合金化反应生成的物质。例如Ni-Cu，Ni-Au和Pt-Sn合金，仅仅加入少量的Cu，Au和Sn金属与主体金属合金化，在主体金属表面就能富集Cu，Au和Sn，而主体金属元素反而相对较少。多相催化反应发生的位置主要在固体表面，这种表面合金可被当作一种非常有效的改变金属催化性质的手段。例如，水蒸气重整制氢反应中金属Ni表面沉积微量对反应显惰性的Au金属原子后，形成表面合金，抑制了金属Ni上面的积炭，显著提高了反应稳定性。

除提高稳定性外，表面合金还影响反应的活性和选择性，这在结构敏感反应中体现得最为显著。一般而言，表面合金中引入的微量元素对反应显惰性，但是它又能在表面富集，因此，随着其引入量的提高，金属催化剂表面上活性金属原子间距和排布受到显著的影响（图4.21）。对于结构敏感反应，反应物的吸附需要多个原子以一定的几何结构进行（如苯环的六位吸附），显然表面合金化后，由于活性表面金属原子被稀释，满足吸附要求的活性位数量减少。这就是在双金属催化领域提到的“集团效应”（ensemble effect）。这种效应可以用于描述合金和双金属在选择性和活性方面的特性，而20世纪90年代兴起的金属-非金属非晶态合金，如Ni-B，Ni-P，Co-B和Co-P等，在催化加氢反应中具有优异的选择性，这一方面与合金化后的电子分布在活性金属上的改变有关，另一方面与非金属元素的稀释作用也有密切的关系。

对于丙烷脱氢反应的Pt-Sn合金催化剂，Sn在催化剂表面富集，而催化剂表面上优先于Sn发生合金化作用的都是配位数最低的位于晶角和晶棱上的原子，因此，引入Sn虽然对Pt金属本身的反应活性有一定的抑制作用，但可使活性金属原子之间的活性差异减小，选择性提高。另外，金属Sn易于氧化，容易传输电子给金属Pt，具有接受电子对的能力，起L酸作用，对丙烷的活化吸附有利，而利用金属Pt活化氢的作用可实现脱氢，两者结合又能起协调催化的作用。因此，Pt-Sn合金催化剂是一类应为最为广泛的脱氢催化剂，其在控制脱氢反应的选择性上具有优异的性能。

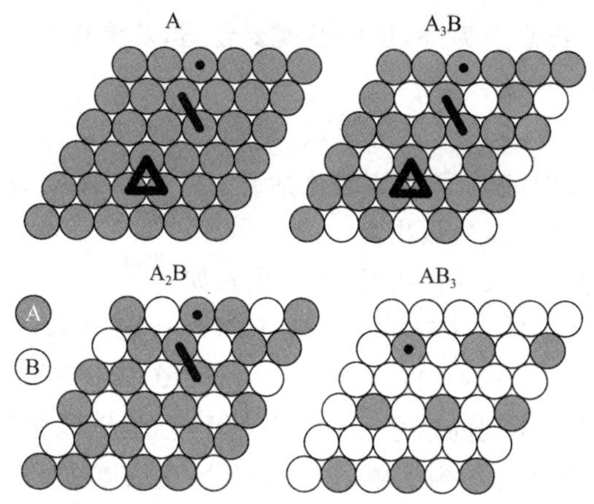

图 4.21 主体金属 A 与少量 B 形成表面合金后合金表面原子比对原子分布的影响

4.3 煤催化转化制燃料和化学品

自“十二五”开始，以煤制油、煤制烯烃、煤制乙二醇、煤制天然气为主的现代煤化工项目完善了其自身工艺流程，产业规模得到快速增长。2021 年，我国煤制油产能达到 931×10^4 t，产量约 680×10^4 t；煤(甲醇)制烯烃产能达到 $1\ 672\times10^4$ t，产量约 $1\ 575\times10^4$ t；煤制乙二醇产能达到 675×10^4 t，产量约 355×10^4 t；煤制天然气产能达到 61.25×10^8 m^3，产量约 47×10^8 m^3。目前，我国已建成 35 套煤(甲醇)制烯烃、14 套煤制油、4 套煤制天然气和 32 套煤制乙二醇装置。本节主要介绍煤制油、煤制烯烃、煤制乙二醇以及煤制天然气过程中涉及金属催化的一些重要反应，如基于煤制合成气加氢合成甲醇、液体燃料(F-T 合成)等。

4.3.1 煤直接液化制油

煤和石油主要由 C，H，O 等元素组成，两者不同的是：煤的氢含量和氢碳原子比比石油低，氧含量比石油高；煤的相对分子质量大，一般大于 5 000，而石油的相对分子质量约为 200，汽油的约为 110；煤的化学结构复杂，一般认为煤中有机质是具有不规则构造的空间聚合体，它的基本结构单元是以缩合芳环为主体的带有侧链和官能团的大分子，而石油则为烷烃、环烷烃和芳烃的混合物。煤还含有相当数量的以细分散组分形式存在的无机矿物质和吸附水，以及数量不定的杂原子(氧、氮、硫)、碱金属和微量元素。要把固体煤转化为液体油，就必须采用升高温度或其他化学方法以打碎煤的分子结构，使大分子物质变成小分子物质，同时外界要供给足量的氢气，以提高其氢碳原子比。

煤直接液化反应比较复杂，大致可分为热解、氢转移、加氢 3 个反应步骤，如果煤在热解过程中外界不提供氢气，则煤热解产生的自由基碎片只能靠自身的氢再分配，使少量的自由基碎片形成低分子油和气，而大量的自由基碎片则发生缩聚反应生成固体焦。如果煤在热解过程中由外界供给氢气，而且煤热解产生的自由基碎片与周围的氢结合成稳定的氢碳原子比较高的低分子物(油和气)，就能抑制缩聚反应，使煤全部或绝大部分转化成油和气。加氢液化的实质是用高温断开化学结构中的 C—C 键，在断裂处用氢来饱和，从而使其相对分子质量减小和氢碳原子比提高。另外，反应温度要合适，若温度太低，则不能打碎煤分子结构或打碎得太少，导致油产率低。

与煤自由基碎片结合的氢必须是活化氢。活化氢的来源：① 煤分子中的氢再分配；② 供氢溶剂提供；③ 氢气中的氢原子被催化活化；④ 化学反应放出氢气，如系统中供给 $CO+H_2O$，则发生水煤气变换反应放出氢气。

对自由基碎片加氢是液化反应的关键，其反应式如下：

$$R—CH_2—CH_2—R' \longrightarrow RCH_2\cdot + R'CH_2\cdot$$

$$RCH_2\cdot + R'CH_2\cdot + 2H\cdot \longrightarrow RCH_3 + R'CH_3$$

煤加氢液化过程包括一系列的顺序反应和平行反应，但以顺序反应为主，每级反应的相对分子质量逐级降低，结构从复杂到简单，杂原子含量逐级减少，氢碳原子比逐级上升。在发生顺序反应的同时，又伴随有副反应，即结焦反应的发生。煤加氢液化反应历程如图 4.22 所示。从沥青烯向油和气的转化是一个相当缓慢的过程，是整个反应的速率控制步骤。

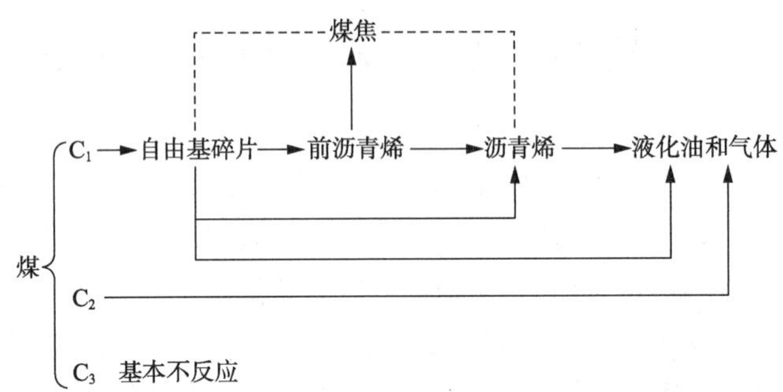

C_1为有机质主体，C_2为存在于煤中的低分子化合物，C_3为惰性组分

图 4.22　煤加氢液化反应路线图

煤加氢液化催化剂的功能是促进溶于液相中的氢与脱氢循环油间的反应，使脱氢循环油加氢并再生。在液化过程中，煤的大分子结构首先受热分解，使煤分解成以结构单元缩合芳烃为单个分子的独立的自由基碎片。在高压氢气和催化剂存在下，这些自由基碎片又通过加氢形成稳定的低分子物。自由基碎片加氢稳定后的液态物质可分成油类、沥青烯和前沥青烯 3 种不同成分，对其继续加氢，前沥青烯即转化成沥青烯；沥青烯又转化为油类物质；油类物质再继续加氢，脱除其中的氧、氮和硫等杂原子后即转化为成品油。

煤加氢液化催化剂通常分为三大类：第一类是 Co，Mo，Ni 金属催化剂，其活化氢气的能力强，催化活性较高，但价格昂贵，相对于煤制油的经济效应往往难以接受；第二类是金属卤化物等酸性催化剂，如 $ZnCl_2$，$SnCl_2$ 等，裂解能力强，但对煤液化装置的设备有较强的腐蚀作用；第三类是铁系催化剂，包括含铁的天然矿石、含铁的工业残渣和各种纯态铁的化合物（如铁的氧化物、硫化物和氢氧化物）。

4.3.2　合成气制甲醇

甲醇是最基本的化学品，是重要的化工基础原料和清洁液体燃料，是 C_1 化学的基础产品，广泛应用于有机合成、染料、医药、农药、涂料、汽车和国防等工业中，是仅次于烯烃和芳烃的第三大重要有机原料。1920 年，BASF 公司在德国建成了世界上第一套年产 3 000 t 合成甲醇的生产装置,该装置以 $ZnO\text{-}Cr_2O_3$ 为催化剂,以合成气为原料,反应温度为 350～450 ℃,反应压力为 25～75 MPa。由于压力很高,故该反应被称为甲醇高压合成法。20 世纪 20—60 年代中期,甲醇生产工艺都使用高压合成法,采用锌铬氧化物催化剂。但是高压合成法工艺条件苛刻,对设备要求高,投资大,生产成本高。为此,世界各主要工业国家都致力于开发低压合成甲醇的工艺。1966 年,英国 ICI 公司成功开发出低压合成甲醇工艺,采用高活性的铜基催化剂,压力为 5～10 MPa,极大促进了甲醇生产的发展。目前世界各国都采用低压或中压合成甲醇工艺。此外,由于甲醇和合成氨的工艺过程及辅助设备十分相似,因此通常将甲醇与合成氨装置联合组建。我国从 20 世纪 60 年代开始从国外引入甲醇生产技术,到目前为止已建成 Lurgi 工艺、ICI 工艺、联醇工艺、小单醇工艺等甲醇生产装置。这些装置在规模、工艺、催化剂等方面都具备较高的技术水平。随着甲醇合成工艺的日益成熟和甲醇应用范围的不断拓展,甲醇工业无疑在国民经济的发展中起着越来越重要的作用。

1）甲醇合成热力学

在甲醇合成原料气中,通常含有 CO,CO_2,H_2,H_2O,N_2 等组分,反应体系中发生的主要化学反应为:

$$CO_2+3H_2 \rightleftharpoons CH_3OH+H_2O \quad \Delta H^{\ominus}_{298\text{ K}}=-40.9\ \text{kJ/mol}$$

$$CO+2H_2 \rightleftharpoons CH_3OH \quad \Delta H^{\ominus}_{298\text{ K}}=-90.7\ \text{kJ/mol}$$

$$CO_2+H_2 \rightleftharpoons CO+H_2O \quad \Delta H^{\ominus}_{298\text{ K}}=41\ \text{kJ/mol}$$

上述反应中只有 2 个独立反应,在热力学计算中只要知道任意 2 个反应,就能推出第 3 个反应的热力学数值。由 CO,CO_2 和 H_2 合成甲醇的反应是强放热的体积缩小反应。从热力学角度来讲,提高反应压力和降低反应温度有利于生成甲醇的反应(图 4.23)。

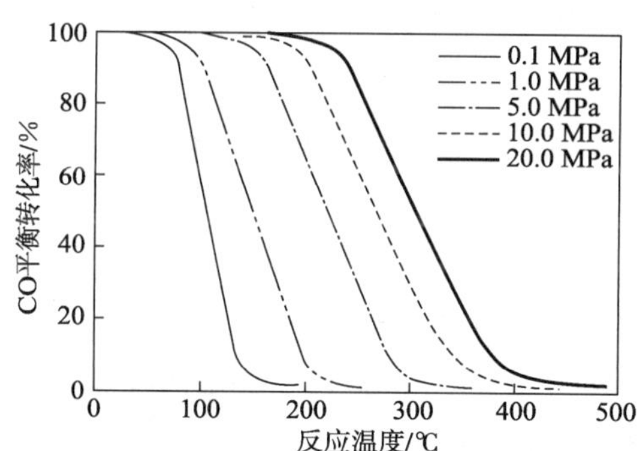

图 4.23 不同温度、压力下甲醇合成的平衡转化率[$n(H_2):n(CO)=2$]

CO 的平衡转化率对温度变化极为敏感,温度越低,达到相同转化率时所需压力越小。当反应温度为 100 ℃、反应压力为 5.0 MPa 时,CO 的平衡转化率可大于 98%;当反应温度为 300 ℃时,即使反应压力达 10 MPa,CO 的平衡转化率仍低于 50%;当反应温度为 400 ℃时,即使反应压力达 20 MPa,CO 的平衡转化率也仅达到 20%。

2）甲醇合成催化剂

甲醇合成是化学工业中重要的催化反应之一。目前甲醇装置大都采用低压工艺,所用催化剂都是铜基催化剂,主要考虑到金属 Cu 不具备 C—C 键成键能力,甲醇选择性高。铜基催化剂的主要组分为 $CuO\text{-}ZnO/Al_2O_3$。催化剂中 ZnO 的作用是使铜固溶在其晶格中而稳定化，以及活化氢气。在空气中经煅烧而得的 CuO-ZnO 复合氧化物中，铜的固溶浓度为 2%～4%，还原后可以达到 12%；而在 CuO-ZnO/Al_2O_3 三元体系中，铜的固溶浓度更大。CuO-ZnO/Al_2O_3 在真正用于合成甲醇前还要进行还原，因此，合成甲醇的活性组分应是 CuO-ZnO 还原后的成分，一般认为是 Cu-ZnO，可称为金属催化反应。

Cu 本身的泰曼温度较低，在 200 ℃时即可发生烧结，而且在水蒸气存在的条件下，烧结速率加快。因此，催化剂烧结是催化剂失活的主要原因之一。为了使铜处于活性铜的状态，不但在催化剂还原时需要存在 CO_2，而且在合成操作时，也需要在合成气中掺入一定量(体积分数为 3%～12%)的 CO_2，以有助于保持活性的 Cu-ZnO 相，使催化剂寿命延长。

铜基催化剂对硫中毒十分敏感，即使痕量硫也能使催化剂中毒。一般认为其原因是 Cu 与 H_2S 形成 CuS 或 Cu_2S。在实际操作过程中，要求原料气中的硫含量低于 0.1×10^{-6} g/g。

氯化物也能与催化剂中的铜反应而使催化剂失活，并且其毒害作用比硫化物更强，合成甲醇的原料气中氯含量应低于 0.01×10^{-6} g/g。

另外，羰基铁、羰基镍、氨、胺类及油类也能造成催化剂中毒，因此应尽可能降低它们在原料气中的含量。

总之，铜基催化剂的主要优点是活性温度低、选择性高；主要缺点是耐热性、耐毒性较差。

3）反应机理

CO 是一种非常弱的给电子配位体，但它是一个很好的“软”配位体，可以非常牢固地键联到处于低氧化态的过渡金属上。CO 有 3 种主要的配位状态，即端点连接、桥联、三键桥联。其价键结构表示如下：

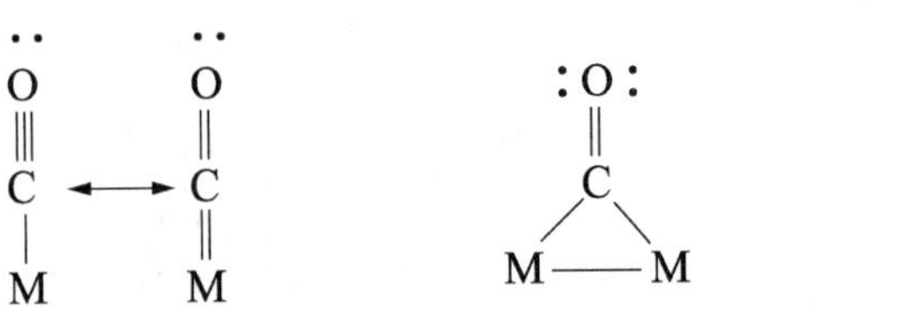

IR 伸缩频率　2 100～1 850 cm^{-1}　　1 850～1 700 cm^{-1}　　1 600 cm^{-1}

这 3 种配位状态中端点连接最为常见。在甲醇合成反应过程中，铜基催化剂 CuO-ZnO/Al_2O_3 是以还原态的形式被使用的，铜以 Cu^+ 或 Cu 的形式存在，Zn 和 Al 以氧化物的形式存在。CO 可在 Cu 上吸附，但在 Cu^+-ZnO 上的吸附性更强。

H_2 在 Cu 上会发生弱化学吸附，在 200 ℃条件下在 Cu-ZnO 催化剂上的这种吸附氢可发生迁移。一般而言，H_2 在 ZnO 上的化学吸附会发生异裂解离。红外实验表明，在 1 712 cm^{-1} 和 3 490 cm^{-1} 有 2 个吸收带，分别对应于 Zn-H 和 ZnO-H 这 2 种表面吸附物种。

CO_2 在 CuO-ZnO/Al_2O_3 催化剂各组分上都能吸附，但活化程度有所不同。CO_2 在 Cu 上的吸附很强，吸附时可分解为 CO 和表面 O，或与表面 O 结合形成碳酸盐。

合成气各组分的吸附强度为 $CO_2>CO>H_2$，在 CO_2 和 CO 之间、CO 和 H_2 之间存在竞争吸附，氢原子可在 Cu 和 ZnO 之间迁移。

许多研究者对合成甲醇提出了不少反应机理，但是都存在一些问题，主要表现在 4 个方面：

(1) 合成甲醇的碳源是 CO 还是 CO_2？

(2) 合成甲醇反应过程中的中间产物有哪些?

(3) 哪一步是反应的速率控制步骤?

(4) 催化剂的活性中心是什么?

有研究者提出在讨论甲醇合成反应机理时,应该考虑水煤气变换反应,因为水煤气变换反应能使 CO 转化为 CO_2,并且影响反应的热效应。

红外光谱(IR)、电导率测试(TDS)、程序升温脱附(TPD)等实验结果表明甲醇合成过程的中间体主要有:

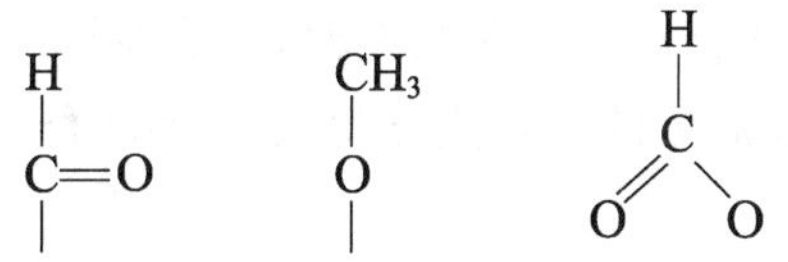

甲醛基 甲氧基 甲酸基

其中双齿甲酸基在铜基催化剂上最为稳定,甲氧基次之,甲醛基最不稳定,容易加氢转变为甲氧基。

目前,大多数吸附实验和动力学实验表明,在甲醇合成反应中,吸附的 CO_2 加氢生成甲酸基和甲氧基,甲酸基加氢生成甲氧基被认为是反应的速率控制步骤。

CuO-ZnO/Al_2O_3 催化剂的活性组分一般认为是 Cu,但是关于 Cu 在使用状态下的活性中心仍有不同的观点,一般认为主要有 3 类:Cu 中心、Cu^+ 中心和 Cu-Cu^+ 中心。

有很多学者通过 XPS 和 XRD 实验发现,铜基催化剂催化活性与 Cu 表面积或分散度有对应关系,因此认为催化剂的活性中心为 Cu。

Herman 等认为铜、锌同时存在时,活性高的原因是存在活性中心——溶解在 ZnO 中的 Cu^+,也就是说,催化剂活性中心不是金属铜而是部分还原的氧化铜,即 Cu^+。他们对催化剂进行结构分析,证明在具有活性的催化剂中,除原有催化剂中的组分外还存在 Cu^+ 溶于 ZnO 的新相。当催化剂深度还原时,一价铜(Cu^+)还原成金属铜(Cu),催化剂就失去活性。

近年来的研究表明,Cu 和 Cu^+ 可能都是活性中心,但是 Cu^+ 的活性优于 Cu,由于原料气中可能含有氧化剂(如 CO_2,H_2O,O_2 等),Cu 容易转化为 Cu^+,从而间接地起催化作用。

此外,Frost 提出了一种完全不同的理论,他认为铜和半导体氧化物相互作用导致金属铜从氧化物中获得电子,从而产生负一价的 Cu^- 和氧空穴,这种氧空穴对 O_2 和 CO_2 的吸附非常有利,是甲醇合成的活性中心。

4.3.3 合成气直接制二甲醚

二甲醚(DME)在高温下是一种无毒、无味、具有良好水溶性的低沸点气体,是一种性能十分优良的新燃料;其分子中氧含量高达 34.78%,燃烧时不产生黑烟;常压下沸点为 −25 ℃,比液化石油气高约 20 ℃,在常温下加压到 0.54 MPa 可以液化,比常规液化气压力低,有利于储存、运输和使用。我国汽车尾气排放采取欧Ⅱ或欧Ⅲ标准。我国 DME 各项排放指标均低于最严格的欧Ⅲ标准,可替代柴油、汽油和液化气作为汽车清洁燃料,满足日益苛刻的环保要求。此外,它还可替代氟利昂用作气雾剂和发泡剂,市场前景极为广阔。

DME 的主要生产方法是甲醇脱水法，但成本较高。1984 年，日本东京大学的研究人员首次提出由合成气一步法制备 DME，由于直接利用合成气，经济上更为合理，并且工序少，热力学上有利，因此一经提出便受到广泛的重视。

由合成气直接制 DME 主要包括甲醇合成和甲醇脱水 2 个反应，它们相互耦合，产生协同作用，甲醇一经生成，即可马上进行脱水反应生成 DME，突破了单纯甲醇合成中的热力学平衡限制，增大了反应推动力，生产成本可以大幅降低。

合成气直接制 DME 技术的关键是高效催化剂开发。通过对反应机理的研究可知，催化剂必须具备 2 种功能，即既能使合成气转化为甲醇，又能使甲醇脱水生成 DME。因此，一般采用具有甲醇合成和甲醇脱水能力的双功能催化剂，2 种功能活性中心接触越紧密，催化剂的活性及选择性越好。

总之，合成气直接制 DME 已成为各国的研究热点。我国煤炭和天然气资源相对丰富，石油资源相对贫乏，因此，研究和开发合成气直接制备 DME 技术对我国经济的高速和可持续性发展有着十分重要的意义。

1）反应热力学

一般认为，合成气直接制 DME 的主要优点在于打破了合成气制甲醇的化学平衡限制，使反应向有利于生成产品甲醇和 DME 的方向进行。整个反应体系包括 3 个相互关联的反应，即甲醇合成、甲醇脱水和水煤气变换反应，可以表示如下：

$$CO+2H_2 \rightleftharpoons CH_3OH \quad \Delta H^{\ominus}_{600\ K}=-100.46\ kJ/mol \tag{1}$$

$$2CH_3OH \rightleftharpoons CH_3OCH_3+H_2O \quad \Delta H^{\ominus}_{600\ K}=-20.59\ kJ/mol \tag{2}$$

$$CO+H_2O \rightleftharpoons CO_2+H_2 \quad \Delta H^{\ominus}_{600\ K}=-38.7\ kJ/mol \tag{3}$$

反应方程式(1)和反应方程式(2)的总反应方程式为：

$$2CO+4H_2 \rightleftharpoons CH_3OCH_3+H_2O \quad \Delta H^{\ominus}_{600\ K}=-221.51\ kJ/mol \tag{4}$$

反应方程式(1)、反应方程式(2)和反应方程式(3)的总反应方程式为：

$$3CO+3H_2 \rightleftharpoons CH_3OCH_3+CO_2 \quad \Delta H^{\ominus}_{600\ K}=-260.21\ kJ/mol \tag{5}$$

反应方程式(1)是传统甲醇合成反应，由于受化学平衡的限制，其在较高的压力下才能达到一定的转化率。反应方程式(4)比反应方程式(1)更容易进行，因为反应方程式(1)生成的甲醇可以经过反应方程式(2)被立即消耗，可打破合成甲醇的热力学平衡；而反应方程式(5)比反应方程式(4)更容易进行，因为反应方程式(2)生成的水被反应方程式(3)所消耗，反应方程式(3)生成的 H_2 又是反应方程式(4)的原料。这些反应相互作用产生很强的协同作用，从而增大了合成气的转化率和 DME 的产率。由合成气直接制 DME 工艺路线克服了合成气制甲醇反应中出现的化学平衡限制问题。合成气制 DME 反应为强放热过程，因此是一个低温有利的过程，同时又是一个物质的量减少的反应，升高压力有利于提高 CO 的转化率和 DME 的生成量。

2）反应机理

目前普遍认为合成气制 DME 经历了甲醇合成和甲醇脱水 2 个步骤，在 2 个步骤之间，中间产物甲醇要经历在复合催化剂的 2 种活性中心之间的脱附、扩散、吸附活化等过程。此外，有报道认为在双功能催化剂上由于甲醇合成和甲醇脱水 2 种反应的活性中心足够接近，因此产物的形成可以不经过中间产物甲醇，而直接由分别位于两活性中心的甲氧基和羟甲基作用转化形成，并据此提出一种新的合成气转化为DME的反应机理。关于甲醇合成反应机理前面已介绍过，这里主要介绍甲醇脱水的反应机理以及合成气直接转化成DME的反应机理。

根据Padmanabhari等的研究，甲醇在氧化铝催化剂上的脱水反应机理为：甲醇分子分别吸附在催化剂表面上的酸位和碱位上，吸附在碱位上的甲醇分子脱去一个质子形成甲氧基，然后酸位上的甲醇和甲氧基反应生成DME。此后大多数研究者都持类似的观点，认为甲醇在催化剂上的脱水反应首先经过甲醇分子解离生成甲氧基，然后甲氧基与甲醇分子作用生成DME。

此外，有文献提出合成气不经过中间产物甲醇而直接转化为DME的反应机理，即认为吸附的甲醇分子在催化剂不同活性中心的作用下分别形成甲氧基和羟甲基，然后分别位于两活性中心的甲氧基和羟甲基直接作用生成DME。该机理要求催化剂的2种活性中心的相对位置必须接近，但是不能相互覆盖，因此要求催化剂的2种活性组分均匀分散，达到分子级接触或结合。对复合催化剂来说，这种双功能活性中心的数量很少，只存在于反应物可以达到的2种活性组分的接触点上。而对于双功能催化剂，由于制备方法的不断改进，2种活性中心接触变得较为紧密，为这种反应机理提高了可能性，但还需要实验的进一步证实。

3）催化剂

合成气直接制DME的关键是催化剂。从反应机理可知，催化剂必须具备2种功能，即甲醇合成和甲醇脱水。催化剂按照制备方法和作用机理可以分成两大类型，即复合催化剂和双功能催化剂。

（1）复合催化剂。

该类催化剂是由甲醇合成催化剂与甲醇脱水催化剂机械混合而成的。早期合成气直接制DME使用的催化剂一般为复合催化剂。甲醇合成催化剂为铜基催化剂，甲醇脱水催化剂为具有酸性的分子筛和γ-Al_2O_3等，其制备过程包括破碎、沉淀、洗涤、过滤、干燥、造粒、成型等。

（2）双功能催化剂。

双功能催化剂是指采用共沉淀、浸渍等物理化学手段制备的同时具有甲醇合成和甲醇脱水2种功能的催化剂。Slaugh最先提出将$Cu(NO_3)_2$和$Zn(NO_3)_2$负载到γ-Al_2O_3上，研究不同Cu和Zn含量对催化剂性能的影响，结果表明，CO的转化率最高达到60%，DME的选择性最高达到98%。若引入HZSM-5和HY沸石，CO的转化率可达89%，DME的选择性接近99%。此外，研究结果还表明，合成气直接制DME反应中的脱水步骤在弱酸中心上进行，即弱酸中心数目越多，酸强度越高，催化剂的活性及产物的选择性也越高；双功能催化剂表现出良好的协同作用，即酸性脱水组分的存在使甲醇合成活性组分趋于活泼，易于还原，甲醇合成活性组分的存在使酸性脱水组分的弱酸中心酸强度增加，从而使催化剂的脱水能力增强。

4.3.4 煤制乙二醇

从技术上来讲，煤制乙二醇有3条路线：第一条是由煤气化制合成气，再由合成气直接催化转化生成乙二醇，称为直接法；第二条是由煤气化制合成气，由合成气制甲醇，然后由甲醇得到乙烯，乙烯环氧化得到环氧乙烷，环氧乙烷水解得到乙二醇，称为烯烃法；第三条是由煤气化制合成气，合成气中的CO催化偶联合成草酸酯，草酸酯加氢得到乙二醇，称为草酸酯法，也就是通常所说的煤制乙二醇工艺。

草酸酯法的反应历程为：CO与亚硝酸酯发生偶联反应，生成草酸酯和一氧化氮，一氧化氮在醇和氧气存在条件下发生再生反应，生成亚硝酸酯；草酸酯在催化剂的存在下与氢气发生加氢还原。反应方程式如下：

CO偶联 $$2CO+2RONO \longrightarrow (COOR)_2+2NO$$

NO再生 $$2NO+2ROH+\frac{1}{2}O_2 \longrightarrow 2RONO+H_2O$$

反应过程中并不消耗NO与RONO。由CO制草酸酯的总反应方程式如下：

$$2CO+2ROH+\frac{1}{2}O_2 \longrightarrow (COOR)_2+H_2O$$

草酸酯加氢的反应历程为：首先草酸酯跟氢气发生反应生成中间产物烷基醇酸酯，然后中间产物加氢生成乙二醇。由于醇羟基活泼性较高，在氢气存在下乙二醇可以进一步加氢生成副产物乙醇。反应方程式如下：

主反应 $$(COOR)_2+2H_2 \longrightarrow CH_2OHCOOR+ROH$$

$$CH_2OHCOOR+2H_2 \longrightarrow (CH_2OH)_2+ROH$$

总反应 $$(COOR)_2+4H_2 \longrightarrow (CH_2OH)_2+2ROH$$

其中，烷基R可为甲基、乙基、丙基、丁基等，RONO可由甲醇、乙醇、丙醇、丁醇等为原料制得。

CO气相催化偶联制草酸酯的催化剂主剂通常为Pd，许多高活性的催化剂都是在以Pd为活性组分的基础上，通过添加过渡金属元素或ⅡA族元素进行改性制得的。选择Pd作为该反应的活性组分其实是从均相催化反应研究向多相催化反应研究的拓展。感兴趣的读者可以查阅2010年诺贝尔化学奖获得者Richard F. Heck，Eiichi Negishi和Akira Suzuki关于"钯催化交叉偶联反应"研究工作的相关文献。所有过渡金属中，Pd具有最为优异的偶联性能，且使用范围极广。在精细化工领域，偶联的Pd催化剂除包括Pd金属配位化合物外，还有典型的Pd/C催化剂。

Pd作为催化剂的原理是：两分子的反应物通过形成2个Pd—C键使C原子被组装在Pd原子上，这就使2个C原子离得较近，进一步形成C—C单键。下面以Heck关于使用甲基或苯基钯的卤化物(RPdX)在室温下与烯烃反应为例阐述Pd的偶联性能。

这种反应原理分为2种类型，用反应方程式表示如下：

PhPdCl + H₂C=CH₂ ⟶ H₂C—CH₂ (Ph, Pd) ⟶(β-H消除) Ph—CH=CH₂ + HPdCl ⟶(−HCl) Pd

反应一开始，活泼的 Pd 催化剂就与卤代烃发生氧化-加成反应。这步反应生成了 RPdX，其中 Pd 的氧化态从 Pd 转化为 Pd^{2+}，也就意味着生成了 Pd—C 键。第二步，烯烃与 Pd 配位，此时烯烃和 R 基团同时与 Pd 连接，这样就使它们能够相互发生反应。第三步，R 基团迁移到烯烃的 C 原子上，而 Pd 同时与烯烃的另一个 C 原子相连，这一步称为迁移-插入，结果生成了 C—C 键。第四步，R 基团取代了底物烯烃上的一个 H 原子，即通过消除烯烃的 β-H 得到了一个新的取代烯烃，同时生成 HPdX，但它随即失去 HX 而得到 Pd，进入另一个催化循环（图 4.24）。

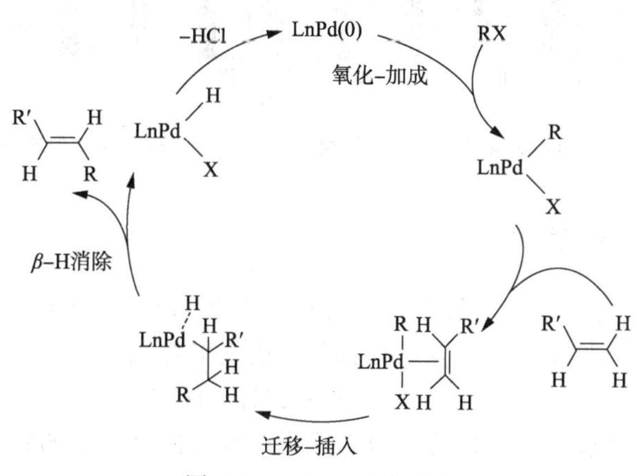

图 4.24 Heck 反应机理

对活化氢气而言，金属 Pd 催化剂是所有过渡金属中较为特殊的一种，其能够与氢气生成表面化合物 PdH_x，其中 H 原子嵌入 Pd 金属次表面的晶格中，具有一定的储氢能力。同时，Pd/Pd^{2+} 本身的还原电势较低，两者之间的循环驱动较为容易，而金属 Pd 被认为是一种具有优异 C—C 偶联性能的催化剂。CO 偶联反应是表面快速氧化反应，其中 CO 吸附是反应速率控制步骤。在循环反应过程中，催化剂活性中心 Pd 原子经历了从 Pd 变成 Pd^{+} 再到 Pd^{2+} 的过程，生成二烷氧基化合物；CO 偶联反应进行时，活性中心 Pd 原子由 Pd^{2+} 还原为 Pd，活性中心 Pd 原子在循环反应中起价态调变作用。CO 在 Pd 上有桥型和线型 2 种吸附态，在 CO 偶联反应中 CO 的线型吸附态比桥型吸附态更有利于偶联反应中 C—C 键的形成。

草酸酯法生产乙二醇的工艺可分为以 Ru 等贵金属催化剂为主的液相均相加氢法和以铜基催化剂为主的非均相气相或液相加氢法。目前，国内草酸酯加氢反应所采用的催化剂主要为 Cu-Cr 催化剂和负载型 Cu/SiO_2 催化剂，两者在催化反应中表现出良好的催化性能。事实上，合成气制甲醇和草酸酯加氢制乙二醇选择金属 Cu 作为活性组分存在一定的必然性。图 4.25 给出了金属 Cu 作为催化剂的几个重要的特点：不具备 C—C 键的成键和裂解能力，加氢能力不强（无甲烷化能力），但是又能活化 C═O 键（水煤气变换反应活性高）。草酸酯加氢制乙二醇要求羧基只能加氢到一定的程度，另外还要求生成的乙二醇不发生裂解，因此，活性金属 Cu 是最佳选择，同时以中性的 SiO_2 为载体，避免了酸或碱催化乙二醇的脱水反应。

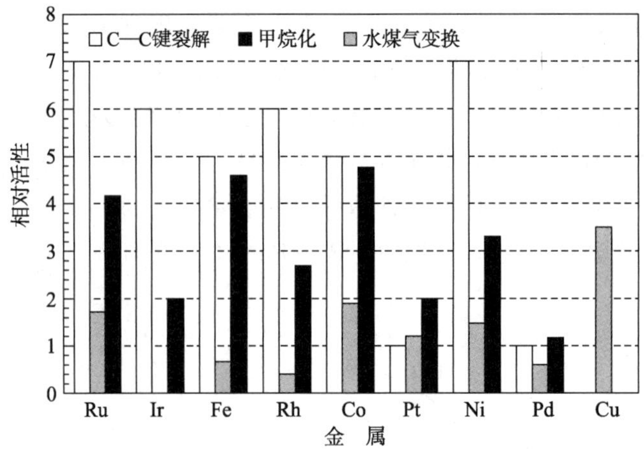

图 4.25 不同金属对 C—C 键裂解、水煤气变换和甲烷化的相对活性

4.3.5 煤制天然气

目前，工业上采用的煤制天然气是指煤经气化产生合成气，再经甲烷化处理，生产代用天然气(SNG)。这里涉及的催化反应过程就是合成气甲烷化反应。

$$CO+3H_2 \longrightarrow CH_4+H_2O$$

该反应正是天然气水蒸气重整反应的逆反应。根据催化作用的定义，对于可逆反应，对正反应性能优异的催化剂也是对逆反应性能优异的催化剂，因此，优异的天然气水蒸气重整催化剂也是甲烷化的优异催化剂(图 4.25)。基于成本和性能的考虑，工业上一般采用氧化铝负载的 Ni 催化剂，与天然气水蒸气重整反应的催化剂类似。

甲烷化反应应用广泛，不仅应用于煤热解气和焦炉气、生物质热解气及 CO_2 的甲烷化反应中，也应用于合成氨和燃料电池等工业中，用于去除富 H_2 体系中少量的 CO，以防止催化剂中毒。CO 的甲烷化过程中伴随很多副反应，所有可能存在的反应见表 4.13。

表 4.13 合成气甲烷化可能发生的反应

序　号	反应方程式	$\Delta H^{\ominus}_{298\,K}/(kJ \cdot mol^{-1})$
1	$CO+3H_2 \rightleftharpoons CH_4+H_2O$	−206
2	$CO_2+4H_2 \rightleftharpoons CH_4+2H_2O$	−165
3	$2CO+2H_2 \rightleftharpoons CH_4+CO_2$	−247
4	$CO+H_2O \rightleftharpoons CO_2+H_2$	−41
5	$2CO \rightleftharpoons C+CO_2$	−172
6	$CH_4 \rightleftharpoons 2H_2+C$	75
7	$2CO+2H_2 \rightleftharpoons C+H_2O$	−131
8	$CO_2+2H_2 \rightleftharpoons C+2H_2O$	−90
9	$nCO+(2n+1)H_2 \rightleftharpoons C_nH_{2m+2}+nH_2O$	—
10	$nCO+2nH_2 \rightleftharpoons C_nH_{2n}+nH_2O$	—

从热力学角度看，CO 及 CO_2 的甲烷化反应都是可行的，问题的关键在于如何提高甲烷的选择性和产率，防止催化剂产生积炭失活。因此，开发高效的甲烷化催化剂是甲烷化技术研究的重点之一。由于甲烷化反应强放热、易积炭，因此，催化剂必须具备活性高、抗烧结性强(高热稳定性)、不易积炭(高选择性)、抗硫性能好等特点。

对于高温甲烷化反应系统，稳定的载体非常关键。为了使催化剂在高温下有一定的热稳定性，Ni 微晶必须负载在氧化铝、氧化硅、高岭土或铝酸钙水泥等惰性物质上。Al_2O_3 负载 Ni 对 CO 加氢生成甲烷来说是考虑最多的，其中 Ni 负载在 γ-Al_2O_3 上的催化剂是非常有效的，一般采用浸渍法先在 γ-Al_2O_3 上负载 NiO，然后通过氢气高温还原 NiO 得到 Ni。此时，γ-Al_2O_3 可起稳定细晶和阻碍 Ni 晶相生长的作用，其表面上 Al^{3+} 和 O^{2-} 具有很强的剩余成键能力，与 NiO 中的 Ni^{2+} 相互作用可形成强的表面离子键，有利于 NiO 在 γ-Al_2O_3 表面上的分散，还原后生成很细的 Ni 晶粒；另外，γ-Al_2O_3 的稳定作用还可以阻止 Ni 晶粒聚集长大，提高 Ni 晶粒的稳定性。总之，一种性能良好的 Ni/Al_2O_3 催化剂必须兼顾载体上述 2 个方面的作用，因此，应选择合适的 Al_2O_3 结构形态，如避免反应因 γ-Al_2O_3 转化为 α-Al_2O_3 而失活。另外，一些金属或载体的助剂常常用于改善催化剂的抗积炭性能。

4.3.6 煤间接液化(F-T 合成)制油

费托合成(Fischer-Tropsch 合成，简称 F-T 合成)是将天然气或煤经合成气转化为烃类化合物和含氧化合物的反应，产物包括各种烷烃和烯烃，以及醇、醛、酮、酸、酯等有机含氧化合物，并副产 CO_2 和 H_2O，产品经深加工可制得优质液体燃料，如汽油、柴油、航空煤油等。

F-T 合成液体燃料已有 90 多年的历史，早在 1925 年 Fischer 和 Tropsch 就提出利用铁和钴催化剂，在 0.1～0.7 MPa 和 250～300 ℃条件下由合成气制烃类和含氧化合物，标志着 F-T 合成工业的诞生。1936 年，他们又提出在 0.5～3.0 MPa 条件下进行的 F-T 合成反应，并且先后在德国、美国、法国、苏联、南非、荷兰、中国建立了 F-T 合成油工厂，其中规模较大的工厂为德国和南非的工厂，年产量分别可达 70×10^4 t/a 和 150×10^4 t/a。此后由于石油大量开采，石油工业蓬勃发展，F-T 合成失去了经济活力，尽管其实验室研究从来没有停止过，但是到 1962 年除南非沙索公司 F-T 合成装置继续运行外，其他 F-T 合成装置相继关闭。20 世纪 70 年代，由于石油资源日益枯竭，以及廉价天然气资源的开发，人们又竞相开发 F-T 合成新技术和工艺。2017 年，我国神华宁煤集团 400×10^4 t/a 煤间接液化示范项目在宁夏建成投产，由此世界上最大也是最先进的煤间接液化制油基地在我国建成。

目前，F-T 合成燃料工艺经过不断创新和改造，经济条件和竞争力大大加强，在经济中的作用越来越重要。另外，随着全球对 CO_2 排放问题的日益重视，CO_2 的再利用问题已经是当前能源化工和环境化工面临的一个挑战。CO 和 CO_2 在加氢反应中呈现出许多共性，且两者的反应体系和工艺、催化剂都可以在一定程度上通用，这就使未来 F-T 合成技术的发展前景无比广阔。

1) F-T 合成热力学

F-T 合成反应体系极为复杂，主要反应为：

$$nCO+(2n+1)H_2 \longrightarrow C_nH_{2n+2}+nH_2O$$

$$nCO+2nH_2 \longrightarrow C_nH_{2n}+nH_2O$$

$$nCO+2nH_2 \longrightarrow C_nH_{2n+2}O+(n-1)H_2O$$

$$CO+H_2O \longrightarrow CO_2+H_2$$

除上述由合成气($CO+H_2$)生成烃类和含氧化合物,以及水煤气变换反应外,还有醇脱水、烯烃加氢、烷烃氢解、异构化以及各种积炭反应。由此可见,从热力学考虑,F-T 合成反应产物分布很广,很难生成单一的产物。

此外,通过对 F-T 合成热力学的研究还可得出以下结论。

(1) 在正常 F-T 合成条件下,CO 与 H_2 的反应在热力学上大多数为强放热反应,温度过高不利于反应的进行。例如:

$$CO+3H_2 \longrightarrow CH_4+H_2O \quad \Delta H^{\ominus}_{298\ K}=-206\ kJ/mol$$

$$2CO+5H_2 \longrightarrow C_2H_6+2H_2O \quad \Delta H^{\ominus}_{298\ K}=-347\ kJ/mol$$

$$2CO+2H_2 \longrightarrow CH_3COOH \quad \Delta H^{\ominus}_{298\ K}=-215\ kJ/mol$$

$$2CO+3H_2 \longrightarrow CH_3CHO+H_2O \quad \Delta H^{\ominus}_{298\ K}=-457\ kJ/mol$$

$$2CO+4H_2 \longrightarrow CH_3CH_2OH+H_2O \quad \Delta H^{\ominus}_{298\ K}=-256\ kJ/mol$$

(2) 从热力学上说,在温度为 50~350 ℃的范围内,F-T 合成反应产物生成的概率大小顺序为 CH_4>饱和烃>烯烃>含氧化合物,即反应更容易生成甲烷和饱和烃。但是反应产物的选择性还受催化剂、反应物配比、温度和压力等因素的影响。

(3) 合成气生成烃类及含氧化合物的反应均为分子数减少的反应,较高的反应压力有利于 CO 转化率的提高。与生成烃类反应相比,生成含氧化合物反应分子数减少的程度更大,因此较高的压力有利于提高含氧化合物的选择性。

(4) 在正构烷烃范围内,碳链越长,生成的概率越小,而正构烯烃的情况正好与之相反。

(5) 合成气中富氢有利于饱和烃的生成,反之,合成气中富 CO 时如果不考虑积炭反应,则有利于烯烃和含氧化合物的生成。

然而,F-T 合成反应的实际产物分布与从热力学角度考虑所估计的不同,因此还应考虑动力学、催化剂、反应条件的影响。

2) F-T 合成动力学

F-T 合成反应产物种类与数量繁多,所用催化剂多种多样,是一个非常复杂的反应体系,因此对其动力学研究的难度非常大。为了加深对 F-T 合成反应过程的理解,强化生产和优化设计,人们对 F-T 合成反应动力学进行了深入广泛的研究。根据 F-T 合成反应动力学模型,人们主要从 2 类模型出发开展 F-T 合成反应动力学研究工作。一类是研究合成气消耗速率的动力学,称为集总动力学(lumping kinetics);另一类是基于 ASF(Anderson-Schulz-Flory)聚合机理或非 ASF 聚合机理的详细动力学(detailed kinetics)。前者通常只能给出合成气转化率随操作条件的变化规律,不能有效地将 F-T 合成中各种反应(链增长、水煤气变换反应)的作用加以区别,因此集总动力学模型在预测 F-T 合成反应产物选择性方面存在严重缺陷,不能满足反应器设计分析的要求。后者的研究尽管相对较少,但可以弥补集总动力学模型的缺陷,代表着 F-T 合成反应动力学的研究方向。

1993 年,Lox 等开创了 F-T 合成反应详细的机理动力学研究工作,首次创新性地由 F-T 合成反应的详细机理出发,建立了碳化物机理和 CO 插入机理等 7 种 F-T 合成反应详细机理模式，在理想 ASF 聚合链增长机理下，获得了由详细机理动力学实验回归所得到的最佳 F-T 合成反应的详细机理动力学模型。这一模型的出现使过程模拟或化工分析中传统 CO 消耗动力学所不能提供的各种烃类选择性信息的理论预测变为现实。

3）反应机理

理论上讲，催化剂的活性、选择性与吸附物种数量、强度直接相关，研究反应物在催化剂上的吸附行为对认识催化剂活性中心、了解反应机理均有重要意义。

在 F-T 合成反应过程中，氢气主要以解离形式参与反应。氢气在金属表面上发生的解离吸附如下式所示：

$$H_2+2M \rightleftharpoons 2M—H \text{(M 表示金属)}$$

相比之下，CO 在金属表面上发生的吸附形式主要分为分子吸附和解离吸附，如下式所示：

$$M+CO \longrightarrow M—CO$$

$$2M+CO \longrightarrow 2M—C+M—O$$

研究表明，在室温下，对于位于元素周期表左端的过渡金属（Cr，Mn，Fe），CO 更倾向于在其表面上发生解离吸附；而对于位于元素周期表右端的过渡金属（Co，Ni，Ru），CO 更倾向于在其表面上发生分子吸附。在较高的温度和压力下，CO 在大多数过渡金属表面发生解离吸附。

图 4.26 表示了 CO 和 H_2 在Ⅷ族过渡金属上吸附热的变化趋势。由图可见，在同一种金属表面上 H_2 吸附强度的增加对应于 CO 吸附强度的减小，H_2 吸附强度的减小对应于 CO 吸附强度的增加。此外，研究结果表明，当温度超过 77 ℃时，在Ⅷ族过渡金属上 CO 比 H_2 的吸附能量更强，因此随着温度升高，CO 以分子吸附和解离吸附的形式存在于金属表面上，并且取代 H_2 的吸附。

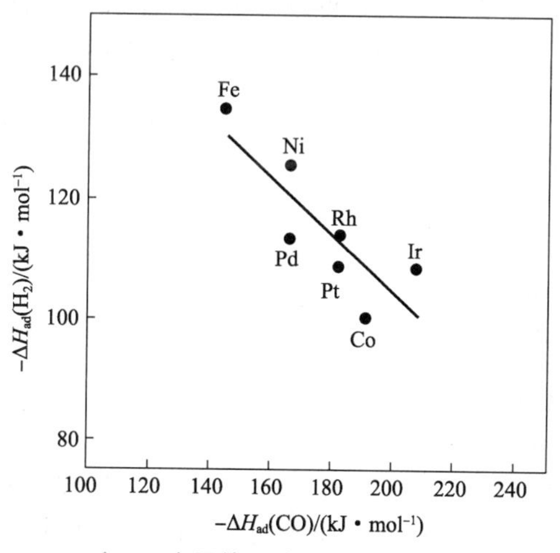

图 4.26 CO 和 H_2 在Ⅷ族过渡金属上吸附能量的变化趋势

值得注意的是，CO 的吸附态对产物有重要影响。例如，在 Cu 上 CO 发生分子吸附，容易形成甲醇；在 Ni 上 CO 发生解离吸附，容易形成甲烷；而在 Co 和 Fe 上由于形成的 M—C 键强度很大，容易导致 C_{2+} 物质的形成。

可以根据金属催化的能带理论和价键理论等来初步分析一下目前工业上 F-T 合成所使用

的主要活性金属(Fe,Co,Ru)的特征。CO 在金属表面上发生化学吸附时,能够提供电子填充到金属的 d 轨道中。从 d 带空穴数[Fe(2.2)＞ Co(1.7)]、d%[Fe(39.5%)＜Co(40%)＜Ru(50%)]可以推断,对 C—O 键的解离活化能力强弱顺序是 Fe＞Co＞Ru;相反,从能带理论角度考虑,对 H_2 的活化能力强弱顺序是 Ru＞Co＞Fe。另外,图 4.25 显示,对 C—C 键的裂解(逆反应链增长)能力强弱顺序是 Ru＞Co＞Fe。因此,利用合成气制油品,若要得到汽油产品,需要采用对 C—C 键裂解能力较弱的金属 Fe,由于金属 Fe 本身活化 H_2 能力弱,反应需要更高的温度;若要得到柴油和石蜡等高级化学品,需要采用对 C—C 键裂解能力较强的金属 Co 或 Ru,由于其活化 H_2 能力强,反应仅需要较低的温度;若要得到低碳烯烃,则一般选择采用 C—C 键裂解能力较弱的金属 Fe 催化剂。

F-T 合成产物繁多复杂,包括烃类、醇、醛、酸等,反应过程中不仅有 C—H 键、C—C 键、C—O 键和 O—H 键的形成,而且有碳链的增长。文献中关于 F-T 合成反应机理非常多,如碳化物机理、含氧中间体机理、CO 插入机理、双中间体机理、C_2 活性物种理论、烯烃重吸附理论等,这些机理中有些试图解释 F-T 合成反应产物分布偏离 ASF 分布的现象,有些试图对反应中的 3 个步骤做出解释:链引发,说明反应开始时活泼的表面物种是怎样形成并增长的;链增长,说明碳链是怎样形成并增长的;链终止,说明在什么情况下链停止增长并生成最终产物。下面简单介绍其中具有代表性的机理。

(1) 碳化物机理。

最早的 F-T 反应机理由 Fischer 和 Tropsch 提出,他们认为,产物烃类通过亚甲基聚合生成,而亚甲基则与催化剂本体中的金属碳化物有关,因此该机理被称为碳化物机理。他们根据 Fe,Ni,Co 等金属单独和 CO 反应时都可生成各自的碳化物,而后者加氢又能转化为烃类的事实认为,当 CO 和 H_2 同时与催化剂接触时,CO 在催化剂表面上最先解离并生成金属碳化物,后者和氢气反应生成亚甲基后再进一步聚合生成烯烃、烷烃。

碳化物机理能够解释各种烃类的生成,但很难解释含氧化合物的生成,如醇、醛和酸是 F-T 合成中常见的产物,尤其是它们在反应的初始阶段都会生成。显然,碳化物机理在以 Fe 为活性组分的 F-T 合成中得到了验证。

(2) 含氧中间体机理(羟基碳烯机理)。

苏联化学家由金属羰基化合物出发,在前人研究的基础上,提出了 CO+H_2 首先生成含氧中间体——表面烯醇(HCOH),然后经脱水生成亚甲基,再聚合成烃类,CO 无须预先解离,这样在能量上更为有利。

CO H CO H $\xrightarrow{+4H^*}$ H OH C H OH C $\xrightarrow{-H_2O}$ H C—C OH $\xrightarrow{+2H^*}$ H_3C OH C

R H_2C OH C → 醇、醛

$\xrightarrow[-H_2O]{+4H^*}$ 正构烷烃 RCH_2CH_3

$\xrightarrow[-H_2O]{+2H^*}$ α-烯烃 RHC═CH

Storch 和 Anderson 等也提出，CO 不经解离直接氢化后生成烯醇中间体(HCOH)。他们同时指出，链增长是通过烯醇中间体相互缩合形成的；而链终止是烷基化的羟基碳烯开裂生成醛或脱去羟基碳烯生成烯烃，然后分别加氢生成醇及烷烃。

(3) CO 插入机理。

Pichler 和 Schulz 等受均相有机金属催化剂作用机理的影响，在 1970 年提出了 CO 插入机理，他们认为 F-T 合成的起始步骤为 CO 插入 M—H 键中形成甲酰基，然后加氢生成桥式氧亚甲基物种，后者进一步加氢生成表面碳烯配合物和甲基。经过 CO 在 M—H 和 M—R 中反复插入和加氢完成了链的增长。

CO H $\xrightarrow{+H^*}$ H O C H → H H C—O $\xrightarrow{+H^*}$ H H C—OH $\xrightarrow[-H_2O]{+2H^*+CO^*}$ CH_3 CO

R CH_2 CO $\xrightarrow{+3H^*}$ 乙醇

R CH_2 CO $\xrightarrow[-H_2O]{+4H^*}$ R CH_2 CH_2 $\xrightarrow{-H^*}$ α-烯烃 H_2C═CHR

$\xrightarrow{+H^*}$ 正构烷烃 CH_3CH_2R

4) *产物分布*

F-T 合成反应可以看成是 CO 加氢产生的 CH_x 单体的表面催化聚合过程，得到碳原子数分布很宽的产物，如果由中间体的插入或加成而形成的碳链具有恒定的链增长概率，那么 F-T 合成产物分布可以由 Anderson-Schulz-Flory(ASF)方程描述。

$$m_n=(1-\alpha)\alpha^{n-1} \tag{4.7}$$

式中，m_n 为具有 n 个碳原子的烃类产物的摩尔分数；α 为碳链增长概率。α 的定义式如下：

$$\alpha=\frac{r_p}{r_p+r_t} \tag{4.8}$$

式中，r_p 和 r_t 分别为链增长速率和链终止速率。α 决定 F-T 合成产物的总碳原子数分布，也就是说，α 一旦确定，F-T 合成反应生成的各种烃的比例也就确定(图 4.27)。

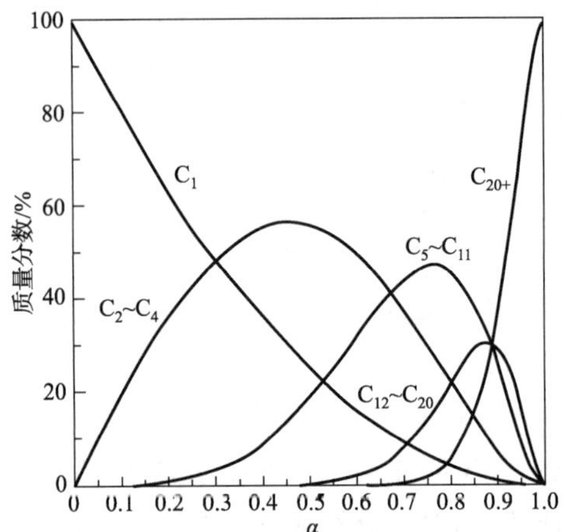

图 4.27　F-T 合成反应生成的各种烃的比例

α 取决于催化剂和反应条件。据文献报道，对于典型的 F-T 合成 Ru，Co，Fe 基催化剂，α 分别为 0.85～0.95，0.70～0.80，0.50～0.70。α 随温度升高而降低，随 H_2 与 CO 物质的量比升高而降低。研究表明，若要得到更多低碳烯烃，需要将 α 控制在 0.45～0.55 之间，C_2～C_4组分的选择性可达到 58%，但是，所得组分中低碳烯烃的选择性仍然较低，而且大量烷烃使分离过程能耗较大。为了解决这一问题，受 MTO 和 MTP 技术的启发，最近 5 年，我国催化学者开发了基于甲醇合成和甲醇转化的工艺，如采用 Cu-Cr/SAPO-34，或者以 ZSM-5 为载体负载 Fe 基或 Co 基催化剂，虽然低碳烯烃的选择性得到显著提高，但是需要兼顾 2 类反应的条件，往往需要牺牲反应的转化率，故低碳烯烃的产率较低。

ASF 方程很好地描述了 F-T 合成产物分布规律，但是也存在偏离 ASF 分布的现象。这起初被认为是实验误差所致，后来随着越来越多的非 ASF 分布被人们发现和报道，以及实验技术的发展排除了误差的影响，人们认识到非 ASF 分布揭示了链增长常数和链终止常数取决于碳原子数的事实。

对非 ASF 分布的解释曾经有 2 种理论比较流行：一种是双活性理论，另一种是粒径尺寸理论。双活性理论认为，有碱金属修饰的催化剂活性位与无碱金属修饰的催化剂活性位具有不同的活性。然而，无碱金属修饰的催化剂上也会出现非 ASF 分布的事实使双活性理论受到质疑。由此，出现了修正的双活性理论，该理论同样认为催化剂上存在 2 种活性位，只是不再提及造成不同活性位的原因。

粒径尺寸理论假定，不同尺寸的催化剂粒径生成的产物烃的最大尺寸不同。因此，催化剂的粒径分布导致产物烃出现非 ASF 分布。但是该理论不能解释粒径分布相同而金属性质不同的催化剂为什么会得到不同的链增长概率。同时，该理论也不能解释反应条件影响产物分布的原因。

许多研究者从机理的角度解释非 ASF 分布。Iglesia 等用扩散增强的烯烃再吸附模型解释了产物烃偏离 ASF 分布的现象。在液蜡充满的催化剂孔中，长链烯烃的扩散受阻，使其难以从孔中脱离，结果导致长链烯烃在孔中的停留时间增长，再次吸附于催化剂活性位上的概率增大。扩散阻力与碳原子数直接相关。碳原子数越多或碳链越长，扩散越困难。因此，烯烃再吸附概率和随之而来的二次反应随着碳原子数的增多而增强。

5）催化剂

Varmice 等以 Al_2O_3 为载体测定了Ⅷ族金属元素对 F-T 合成反应的活性大小，结果发现活性按下列顺序递减：Ru，Co，Fe，Rh，Pd，Pt，Ir。在对 F-T 合成显催化活性的金属中，对 Fe，Co，Ni，Rh 和 Ru 等的研究最为活跃。在反应条件下，这些元素可能以金属、氧化物或者碳化物的状态存在。Ru 是最佳的 F-T 合成催化剂，但价格昂贵；Ni 催化剂易形成羰基镍和甲烷，因而使用上受到限制。因此，钴和铁基催化剂是最为合适的 F-T 合成催化剂。南非的 F-T 工厂所选用的就是铁基催化剂，而马来西亚的 F-T 工厂所选用的是钴基催化剂。铁基催化剂活性较高，且价格低廉，对水煤气变换反应的活性较高，适用于低 H_2 与 CO 物质的量比的合成气 F-T 合成，主要产物为直链的 α-烯烃以及含氧化合物（如醇、醛、酮）等。钴基催化剂是最早投入工业化生产的 F-T 催化剂，其特点是水煤气变换反应活性低，适用于高 H_2 与 CO 物质的量比的合成气 F-T 合成，寿命较长，易于回收再生，比较适合在固定床反应器上进行操作。

（1）钴基催化剂。

早期的筛选实验表明，钴基催化剂对 F-T 合成反应有较好的活性，产物中长链烷烃（液体车用燃料和蜡）的选择性较高，但是 CO_2 很容易使钴基催化剂失活。由于天然气中含有一定的 CO_2，在合成气生产中也会生成一定的 CO_2，而且 F-T 合成中存在水煤气变换反应，因此 CO_2 在 F-T 合成过程中不可避免地存在。目前，获得耐 CO_2 的钴基催化剂，Co 分散度尽可能高且在 F-T 合成反应中稳定存在是 F-T 合成钴基催化剂追求的主要目标，这样的钴基催化剂反应性能稳定，反应活性较高，产物烃分布中甲烷含量低。钴基催化剂常由四大部分组成：活性组分金属钴；极少量的 Ru，Pt，Re 等贵金属助剂；少量的 ThO_2，ZrO_2，MnO，CeO_2，TiO_2，La_2O_3等氧化物助剂；SiO_2，Al_2O_3，TiO_2 等载体。

（2）铁基催化剂。

在 F-T 合成研究中，金属铁由于储存丰富、价格低廉而受到广泛关注。铁基催化剂具有很多优点，如操作条件灵活、低碳烯烃选择性高、可用于制备高辛烷值的汽油等，但铁基催化剂对水煤气变换反应具有高活性，反应温度高时催化剂易积炭和中毒，且链增长能力较差，不利于合成长链烃产物。同时在通常的 F-T 反应条件下，铁基催化剂在整个使用周期中经历着复杂的相组成变化，它具有形成包括金属铁以及铁的氧化物和碳化物在内的化合物相的明显趋势，并且铁的硼化物、碳化物、氮化物、氧化物以及金属铁都具有 F-T 合成活性。

根据其制备方法和目的产物，铁基催化剂的种类主要分为沉淀铁催化剂和熔铁催化剂。沉淀铁催化剂适用于低温（220～270 ℃）F-T 合成过程生产液体燃料，比表面积和活性较高，可在固定床或浆态床反应器上操作，具有较高的水煤气变换反应活性，适用于低氢碳原子比的煤基合成气的 F-T 合成。熔铁催化剂适用于高温（300～350 ℃）F-T 合成过程生产气态烯烃，可在流化床反应器上操作，催化剂颗粒小，比表面积低，积炭对反应操作的影响小，产物经聚合生产汽油或其他有机化学品。此外，还有烧结铁催化剂、高分散铁催化剂、多金属组分铁基催化剂、Raney 铁催化剂等。

4.3.7 F-T 合成油加氢精制制润滑油、煤油和柴油

对于通过 F-T 合成技术生产出的合成油，国内主要采用加氢精制和加氢裂化等技术对

其进行改质生产石脑油和柴油调和组分。例如，以 F-T 合成反应得到的石蜡（F-T 蜡）为原料进行加氢裂化，加氢裂化催化剂为双功能催化剂。由于大分子直链烷烃的活性以及缺少催化剂毒物（S/N 组分），可以直接采用金属作为催化剂，催化裂化条件相对温和，并且可得到较高的煤油、柴油产率。

F-T 蜡的结构简单，主要由正构烷烃及少量的异构烷烃组成，基本不含芳烃、环烷烃，而且其终馏点可达到 800 ℃[370～800 ℃，而减压渣油（VGO）的馏程为 360～520 ℃]，因此，F-T 蜡相对更容易裂化，且必须要经过二次裂化才能得到柴油馏分，但加氢裂化过程中的二次裂化容易造成柴油选择性降低。结合烷烃加氢裂化机理，只有提高双功能加氢裂化催化剂中的加氢功能，降低裂解功能，使金属-载体得到更好的匹配，才能在 F-T 蜡的加氢裂化过程中获得更高的柴油选择性。通过提高加氢金属含量、提高金属分散度、选择加氢活性更高的贵金属、采用酸性相对较低的无定型 SiO_2-Al_2O_3 载体、改性分子筛（如 USY 分子筛等）与无定型 SiO_2-Al_2O_3 载体复合调节催化剂金属-载体之间匹配，提高柴油选择性。南非沙索公司 Leckel 等制备的 Ni-Mo/SiO_2-Al_2O_3 催化剂在催化裂化 F-T 蜡生产柴油的过程中表现出良好的催化性能，当转化率为 70%时，柴油的选择性达 74%。

利用 F-T 合成油生产优质润滑油基础油面临的难题是降凝幅度需达到 100 ℃以上（F-T 合成油凝点高达 70～80 ℃，而优质润滑油基础油的凝点要低于－30 ℃）。由中国石油化工股份有限公司石油化工科学研究院（简称石科院）自主开发的 F-T 合成油加氢提质成套技术于 2016 年在河南油田精蜡厂 3 kt/a 工业装置上应用，成功生产出超高黏度优质润滑油基础油和高熔点的特种蜡等高附加值产品。该技术采用的是有利于油品发生加氢异构而非加氢裂化反应的催化剂，关键就是调节金属和载体之间的匹配关系，实现双功能催化剂的优化。Chevron 公司开发出以 SAPO-11（0.40 nm×0.56 nm）沸石为载体负载贵金属 Pt 的 IDW 系列异构脱蜡催化剂，可生产各类Ⅱ类、Ⅲ类基础油。2019 年，潞安化工集团以 F-T 合成中间油为原料，使用 IDW 系列异构脱蜡催化剂生产出黏度指数高达 140 且倾点低至－35 ℃的高品质润滑油。

4.3.8 合成气制低碳醇

低碳醇一般指醇类混合物，其应用十分广泛。首先，它可以作为优质动力燃料，虽然其热值略低于汽油、柴油，但是由于醇中氧的存在，其燃烧比汽油、柴油充分，尾气排放中有害物较少，是环境友好燃料。其次，它还可以作为燃料添加剂。低碳醇具有很高的辛烷值，其防爆、抗震性能优越，与汽油掺混可替代毒性较大的四乙基铅和有争议的甲基叔丁基醚（MTBE）。低碳醇除作为燃料及添加剂以外，还可以分离为单独的醇作为化工原料。由合成气直接制低碳醇的研究开始于 1920 年。20 世纪 70 年代以来的 2 次石油危机以及世界各国对环保要求的日益重视，使人们对合成低碳醇产生了更大的兴趣。合成气直接制低碳醇成为国内外研究比较活跃的领域之一。

合成气制低碳醇所涉及的反应相当复杂，主要包括低碳醇合成反应，同时伴有 F-T 合成反应和水煤气变换反应：

$$CO+2H_2 \longrightarrow CH_3OH$$

$$nCO+2nH_2 \longrightarrow C_nH_{2n+1}OH+(n-1)H_2O$$

$$CO + H_2O \longrightarrow CO_2 + H_2$$
$$nCO + (2n+1)H_2 \longrightarrow C_nH_{2n+2}OH + nH_2O$$
$$nCO + 2nH_2 \longrightarrow C_nH_{2n} + nH_2O$$

低碳醇合成所用催化剂主要分为两大类:改性的 F-T 合成催化剂和改性的甲醇合成催化剂。前者主要包括 Cu-Co 催化剂,后者主要包括低温 Cu-Zn 催化剂和高温 Zn-Cr 催化剂。

F-T 合成催化剂要求 CO 分子被解离吸附,在表面发生 C—O 键断裂,而甲醇合成催化剂则希望 CO 分子被非解离吸附,C—O 键不发生断裂。由于催化剂活性位不同的电子和物理特征,前者导致烃链的增长,后者导致含氧化合物的生成。低碳醇合成所用催化剂的设计思路是将这两类活性组分进行优化组合以实现高级醇的生成,但同时多组元的特点使催化剂结构、活性、选择性、失活原因等方面的研究显得十分复杂。

1) Cu-Co 催化剂

法国石油研究院(IFP)开发的 Cu-Co 催化剂被认为是具有工业化前景的催化剂之一。这类催化剂的特点是具有较高反应活性和高级醇的选择性,醇的碳原子数分布符合 ASF 分布,反应条件较为温和;缺点是产物为醇和烃的混合物,碳原子数分布范围宽,产物过于复杂,并且产物中水含量较高,造成后续分离较为困难。

催化剂组成通式为 $Cu_xCo_yM_zA_w$,其中 M 为 Cr,Fe,V,Mn 以及稀土,A 为碱金属;Cu 与 Co 形成均匀的金属簇类结构,这种物相被认为是合成低碳醇的活性相;催化剂组成中 Cu 与 Co 的原子比例应严格控制在 $1<Cu<Co<3$,富 Cu 或富 Co 时会主要生成甲醇或甲烷。

助剂和载体对催化剂的活性和选择性有决定性作用。Cu-Co 催化剂中必须有碱金属助剂存在,否则醇的选择性非常低,温度稍高就难以控制,生成甲烷。载体的作用同样十分明显,负载在 MgO 上主要生成甲醇,负载在 TiO_2,CeO_2 和 La_2O_3 上主要生成烃类,负载在 ZrO_2,SiO_2 和 Al_2O_3 上才有可观的高碳醇生成。研究者认为载体之所以能引起催化剂选择性的变化,原因可能是由于载体能引起催化剂表面组成及表面形态的改变。实验证明,Cu-Co/CeO_2 表面主要由 Co 组成,Cu-Co/MgO 表面主要由 Cu 组成,而 Cu-Co/ZrO_2 表面由 Cu 和 Co 2 种原子组成。很明显,出现上述现象的原因可以归结为载体性质不同会引起金属还原和分散程度的不同。由此可得出如下结论:由 $CO+H_2$ 合成低碳醇需要催化剂表面上 Cu 和 Co 的共同作用,两者必须以一定的形式共同存在,但不一定是以合金的形式,C_{2+} 醇的生成必须在相互隔离开的 2 种原子活性位上进行,由于 Cu-Co 尖晶石相的化学组成均匀,还原后能均匀地形成 Cu-Co 金属簇活性中心,因而是良好的低碳醇合成催化剂前驱体。

此外,Mobil 石油公司也研制了 Cu-Co-Zr-K 型催化剂,具有温和的反应条件(温度 250 ℃,压力 6.3 MPa,空速 4 000 h^{-1}),产品中醇类占 81.9%,烷烃占 8.9%,酯类占 4.9%,总醇中 C_{2+} 醇占 65%。另外,该催化剂的另一个显著优点是具有较强的抗毒化、抗老化能力。

2) 低温 Cu-Zn 催化剂

在甲醇低温合成铜基催化剂(Cu-ZnO/Al_2O_3 或 Cu-ZnO/Cr_2O_3)中加入碱金属助剂(如 Cs,K 等)可以提高反应产物中低碳醇的选择性。反应条件为温度 300～350 ℃、压力 6.0～8.0 MPa,反应的主要产物是甲醇和异丁醇。一般认为 Cu-ZnO/Al_2O_3 为双功能催化剂,Cu 为主要活性中心,起活化解离吸附 H_2 的作用,ZnO 也起一定活化 H_2 的作用。Al_2O_3 是助剂，起分散活性组分、防止活性组分烧结等作用。该催化剂反应条件温和，但活性组分 Cu 在较高温度下容易烧结失活，易被硫化物或氯化物导致中毒。该催化剂体系最早是由德国鲁奇公司研发的，目前已进行了单管放大实验。

3）高温 Zn-Cr 催化剂

高温 Zn-Cr 催化剂是由高温、高压甲醇合成催化剂 $ZnO-Cr_2O_3$ 氧化物加入碱性助剂（如 Cs，K 等）改性制得的。反应条件为温度约 400 ℃、压力 12.0～16.0 MPa，主要反应产物是甲醇、乙醇、正丙醇和异丁醇，其中甲醇和异丁醇占较大比例。一般认为具有非化学计量性质的 Zn-Cr 类尖晶石结构是催化反应的活性组分。该体系最早是由意大利 Snam 公司研发的，目前已有小型的示范厂建成。美国 United Carbide 公司也对该催化体系进行过一些研究，主要是考察了 Mn，K 等助剂对催化剂反应结构和性能的影响。中国科学院山西煤炭化学研究所开发的Zn-Cr 催化剂也于 1988 年通过了工业侧线测试鉴定，取得了良好的效果。

其他低碳醇合成催化剂中，贵金属 Rh 基负载型催化剂是研究较多的一种，主要产物依据所选择的载体而异。对于这类催化剂，贵金属负载量低，催化剂的活性和选择性差，而高的负载量在经济上不合理，并且催化剂容易中毒。中国科学院山西煤炭化学研究所开发的 Cn-Mn-Ni-Zr 及多助剂改性的钼硫催化剂具有较好的低碳醇合成性能。总之，众多的催化体系表现出各自不同的优势和缺陷，但总体看与工业化的要求还有一定差距。

4.4　石油催化转化制清洁燃料和化学品

4.4.1　催化重整制清洁油品和芳烃

催化重整是一种石油炼制工艺，目的是通过化学反应改变烃类的分子结构，把沸点在汽油馏程范围内的低辛烷值馏分转换为高辛烷值的掺和燃料。由于催化重整主要是通过生成芳烃的途径来提高汽油辛烷值，因此，催化重整也是芳烃最重要的生产方法。

催化重整反应包括：环己烷和烷基环己烷脱氢生成芳烃；烷基环戊烷异构化为六元环烷烃并脱氢生成芳烃；正构烷烃异构化为分支异构烃（受热力学平衡的限制，通过异构化反应提高辛烷值是有限的）；加氢裂化反应（由于加氢裂化可降低液体产物产率，所以通过加氢裂化反应提高辛烷值是不可取的）；链烷烃芳构化反应。

1）反应热力学

环烷烃脱氢是吸热反应，高温和低压下平衡向右移动。为了防止生焦，重整反应需要在一定氢油比的条件下进行。由烷烃脱氢转化为芳烃都可以得到较高的平衡转化率（甲烷除外）。例如，700 K 时，正己烷转化为苯的 $\Delta G^{\ominus}=-4\ 090$ kJ/mol，正庚烷转化为甲苯的 $\Delta G^{\ominus}=-60\ 809$ J/mol。这说明，六元环烷烃脱氢、五元环烷烃异构脱氢和烷烃脱氢环化（统称为芳构化反应）都是热力学上的自发反应，提高反应温度、降低反应压力对生成芳烃有利。

异构化反应是轻度放热反应，其平衡常数较小，而且在目前使用的重整催化剂及反应条件下异构化反应没有达到平衡，所以在选择重整反应条件时，不考虑异构化反应的平衡问题。

加氢裂化反应包括很多反应，是中等强度的放热反应，可以认为是不可逆反应，不考虑平衡问题。

生焦反应是副反应，是一个热力学上的自发反应，热力学规律与芳构化反应一致，因此，用热力学原理来抑制生焦是不可能的。

2）双功能重整催化剂

重整反应包括脱氢反应和异构化反应，其中脱氢反应在金属中心进行，异构化反应在酸中心进行，因此重整催化剂是双功能的。

（1）活性组分。

重整脱氢反应分为相邻碳原子上脱氢和不相邻碳原子上脱氢环化2类。具有脱氢活性的金属和金属氧化物很多，但实验证明金属Pt是环己烷脱氢的最好选择。关于环己烷在Pt催化剂上脱氢的活性中心，多位理论对此有过解释，现代曾用铂单晶不同取向的晶面作模型催化剂进行实验，证明铂单晶的(111)晶面环已烷脱氢活性最高，与多位理论相符。正构烷烃脱氢环化是在金属中心和酸中心共同作用下完成的。到目前为止，Pt是最好的重整催化剂脱氢活性组分，具有不可替代性。

（2）载体。

η-Al_2O_3 和 γ-Al_2O_3 都可作为重整催化剂的载体。η-Al_2O_3 的优点是温度较高时比表面积较大，氯保持能力较强，但热稳定性和抗水性能不如 γ-Al_2O_3，因此目前重整催化剂趋向于采用 γ-Al_2O_3。

（3）卤素。

根据重整反应，要求催化剂同时具备一定酸性，η-Al_2O_3 和 γ-Al_2O_3 虽然也具有酸性，但酸强度不够，不能满足重整反应的需求，重整催化剂必须含一定量卤素，以维持催化剂一定的酸功能。卤素能增强催化剂的酸强度的一般解释是卤化时卤原子部分取代了载体表面上的羟基，由于卤原子具有强吸电子能力，使未被取代的载体表面上羟基的酸强度增加，可表示为：

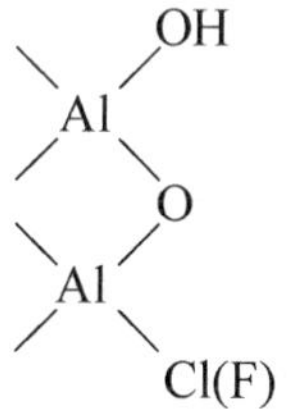

```
 \   OH
  \ /
   Al
  / \
 /   O
 \  /
  \/
   Al
  / \
 /   Cl(F)
```

改变卤素含量可调节催化剂的酸功能，随着卤素含量的增加，催化剂对异构化和加氢裂化等酸性反应的催化活性也增强。使用的卤素通常分为氟氯型和全氯型2种。氟在催化剂上比较稳定，在操作时不易被水带走，因此氟氯型催化剂的酸功能受重整原料水含量的影响较小。一般氟氯型新鲜催化剂中氟和氯含量共约1%。但是氟的引入使载体的裂化性能增强，使催化剂性能变差，因此近年来国外多采用全氯型。氯在催化剂上不稳定，容易被水带走，但是可以在工艺操作中根据系统中的水-氯平衡状况注氯以及在催化剂再生后进行氯化等措施来维持氯在催化剂上的适宜含量。当卤素含量太低时，由于酸功能不足，芳烃转化率低（尤其是五元环烷烃和烷烃的转化率）或生成油的辛烷值低。虽然提高反应温度可以补偿这一影响，但是会使催化剂的寿命显著缩短。卤素含量太高时，加氢裂化反应增强，导致液体产物产率下降。

3）催化剂上重整反应的历程

（1）脱氢反应。

在以 Pt 为脱氢活性组分的双功能重整催化剂上，六元环烷烃的脱氢反应速率很快，而在双功能催化剂上，五元环烷烃异构脱氢反应速率较慢，馏出物芳烃常常是由反应速率决定而不是由反应平衡决定的。

（2）芳构化反应。

五元环烷烃芳构化的机理一般认为是：在催化剂的金属活性中心上脱氢生成烯烃，烯烃转移到酸中心上生成碳正离子，碳正离子异构化成六元环并放出质子生成环己烯，环己烯转移到金属活性中心上进一步脱氢生成芳烃。异构化反应速率最慢。以 n-C_6 为例说明正构烷烃芳构化的机理。

① 反应物在金属活性中心上脱氢生成烯烃：

$$\underset{\substack{|\\ H\\ \cdot\\ M}}{CH_2}-\underset{\substack{|\\ H\\ \cdot\\ M}}{CH}-CH_2-CH_2-CH_2-CH_3 \longrightarrow CH_2=CH-CH_2-CH_2-CH_2-CH_3+2\overset{\substack{H\\ |}}{M}$$

$$2\overset{\substack{H\\ |}}{M} \longrightarrow H_2+2\dot{M}$$

② 生成的烯烃与 B 酸中心作用生成碳正离子：

$$CH_2=CH-CH_2-CH_2-CH_2-CH_3 \xrightarrow[\substack{H^+\\ |\\ B}]{} CH_2=CH-CH_2-CH_2-CH_2-\overset{+}{C}H_2+H_2$$

③ 碳正离子与烯键作用闭环：

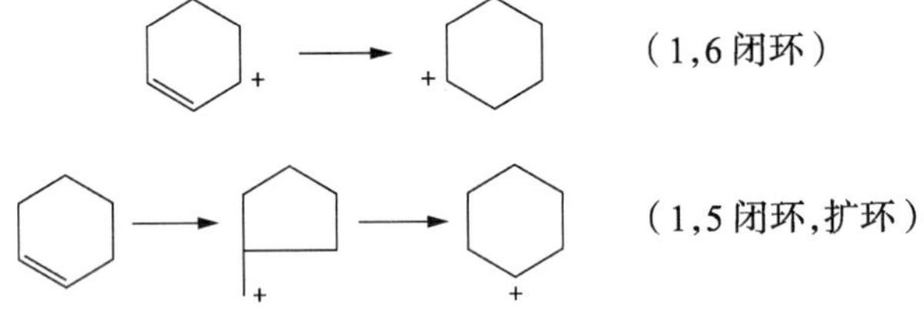

④ 在碱中心上脱 H^+，催化剂恢复酸中心：

$$\xrightarrow{+B} \quad + \underset{\substack{|\\ B}}{H^+}$$

⑤ 在金属活性中心上进一步脱氢生成苯：

$$\longrightarrow \quad +2H_2$$

当然，正己烷遇到金属活性中心和 B 酸中心时，在分子任何位置都可脱氢生成烯链及碳正离子，但是易成环的脱氢位置和碳正离子位置必须满足一定要求才能形成五元环或六元环。

正己烷在金属活性中心上也可以芳构化，机理如下：

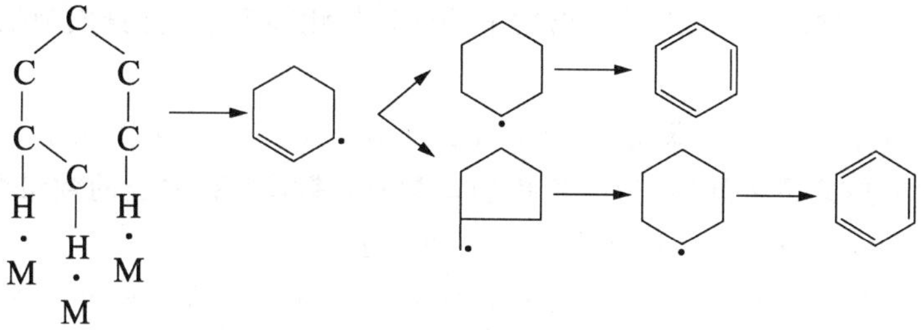

在双功能催化剂上，于金属活性中心上完成的芳构化反应占比不大。

烷烃在双功能催化剂上芳构化的反应速率与以下几个因素有关：升温使芳构化反应速率增大；降压使芳构化反应速率增大；碳链越长，芳构化反应速率越大，正己烷芳构化反应速率最小；带支链的芳构化反应速率比不带支链的大。

链状分子闭环需要分子有一个适合闭环的构型，如正己烷闭环，自然需要两端碳原子互相靠近。由双功能重整催化剂上链状分子芳构化反应速率的影响因素可知，适合闭环构型的形成靠分子的随机运动，有一定的概率。这可能是在双功能重整催化剂上链烷烃芳构化反应速率慢的原因。

在双功能重整催化剂上，氢解和加氢裂化副反应是难免的，同时适合环化的分子构型的出现是一个随机过程，使脱氢环化的反应速率不会很高，所以烷烃芳构化在双功能催化剂上的产率不会很高。

(3) 异构化反应。

在双功能重整催化剂上，异构化反应速率比脱氢环化和加氢裂化快，但比环烷烃脱氢慢。在重整反应条件下，异构烷烃的浓度受反应速率影响而不是受热力学平衡的限制。异构化反应为双功能机理。Pt/C 或 Pt/SiO_2 为催化剂时正构烷烃基本上不发生异构化反应，SiO_2-Al_2O_3 为催化剂时也不发生异构化反应，但若把 Pt/SiO_2 和 SiO_2-Al_2O_3 等体积机械混合，则表现出明显的异构化反应活性。因此，异构化过程可用图 4.28 说明。

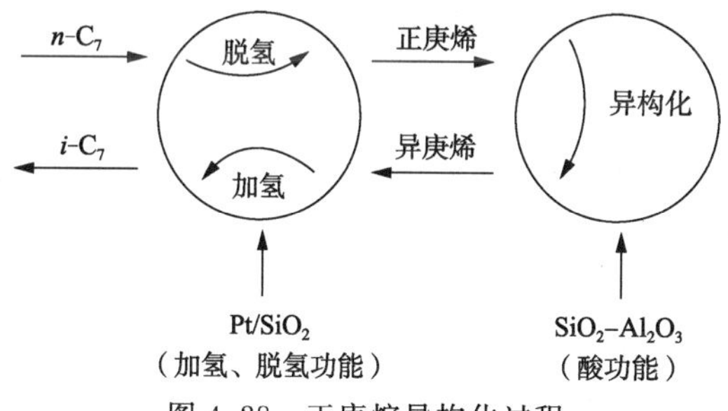

图 4.28 正庚烷异构化过程

异构化反应也可按单功能机理进行，但在双功能重整催化剂上，双功能机理占主导地位。

(4) 加氢裂化和氢解反应。

加氢裂化和氢解反应是重整过程的副反应，并且是热力学上的自发反应，抑制这些反应只能靠调变催化剂的催化性能来实现。

加氢裂化为双功能机理，包括以下步骤：在金属活性中心上脱氢生成烯烃；烯烃与酸中心作用生成碳正离子；碳正离子进行 β 裂解生成较小分子的烯烃和碳正离子；小分子烯烃在金属活性中心上加氢饱和；碳正离子放出质子并恢复催化剂活性，自身成为烯烃并在金属活性中心上加氢饱和。

由以上反应历程可以看出，防止烷烃脱氢后在酸中心上生成碳正离子是抑制加氢裂化的关键。但是酸中心又是必需的，为了防止加氢裂化，催化剂酸中心的数量和强度要适当，所以控制氯化的程度是减少加氢裂化反应的一种办法。

氢解反应是在金属活性中心上进行的，相邻的 2 个碳原子强吸附在 2 个金属活性中心上使 C—C 键活化，受到附近供氢中心上活化氢的进攻而完成氢解反应。氢解反应需要在多个金属活性中心的协同作用下完成，所以氢解反应的活性中心是高配位的金属原子，只有在金属晶粒足够小的尺寸情况下才会出现高配位 Pt 原子。因此，抑制氢解反应的有效办法是提高金属在载体上的分散度。

与氢解反应相关的甲烷化反应也是重整过程的副反应，甲烷化反应产物除甲烷外还有炭质，炭质的生成具有抑制甲烷化反应的作用，硫中毒也有抑制甲烷化反应的作用，所以甲烷化反应只在新鲜催化剂上进行得快。

(5) 生焦反应。

重整操作条件和重整工艺在很大程度上取决于生焦反应的抑制方法和因生焦造成催化剂失活的再生方法。升温和降压对芳构化反应，特别是对烷烃的芳构化反应，能够加快反应速率，同时推动反应平衡向正反应方向移动，但是生焦反应速率也加快，造成催化剂失活快，所以反应温度、压力和氢油比的确受生焦反应的制约。催化剂失活快慢决定了再生的频率和再生方法(间歇再生与连续再生)。因此，生焦动力学和抑制生焦的方法是重整催化剂研究的重要课题。

重整反应的中间物种和产物都是反应活性很高的物质，如烷烃脱氢环化的中间物种同时具有双键和碳正离子，若这些活性物种在催化剂表面上密度过大，它们之间就会发生如下反应：

$$C=C—C—C—C—\overset{+}{C}+C=C—C—C—C—\overset{+}{C}\longrightarrow$$

$$\longrightarrow C=C—C—C—C—C—C—\overset{+}{C}—C—C—C—\overset{+}{C}\longrightarrow\cdots$$

如此进行下去，相对分子质量越来越大，造成脱附困难，并不断脱氢生成炭质。

研究还发现，烷基环戊烷含量与生焦反应快慢有关，原料中甲基环戊烷含量越高，生焦反应越快。

4) 重整催化剂

催化重整出现于 20 世纪 40 年代，最初使用的重整催化剂为 MoO_3/Al_2O_3 或 Cr_2O_3/Al_2O_3。20 世纪 50 年代铂重整催化剂研制成功，促进了催化重整技术的进步。铂重整催化剂之所以具有突破性的技术进步是因为金属助剂的使用。1968 年出现了铂-铼双金属重整催化剂，随后又出现了铂-锡双金属重整催化剂及多金属重整催化剂，如国外的 Pt-Ge-Ni，Pt-Ge-Sn，Pt-Re-Sn，Pt-Re-Fe，Pt-Re-Ir，Pt-Sn-Ir 及我国的 Pt-Ir-Al-Ce 等。与单铂重整催化剂相比，各种双金属和多金属重整催化剂的突出优点是稳定性得到提高，当然对金属 Pt 的催化性能也有调变作用，如调变 Pt 的电子性质。

在多金属重整催化剂中，各种金属组分的具体功能还不十分清楚，但多金属重整催化剂是综合运用载体调变作用和合金调变作用的典型例子。下面分别介绍几种双金属重整催化剂。

(1) Pt-Re 系列重整催化剂。

Pt-Re 系列重整催化剂的优点是稳定性好,容炭能力强,最适合用于半再生重整装置(周期性再生进料)。由于 Re 是一种活性组分,Pt-Re 合金调变了 Pt 的电子性质,使 Pt 的成键能力增强,新鲜催化剂进料时加氢裂化能力强,开工时需要特别小心。

(2) Pt-Ir 系列重整催化剂。

在 Pt 催化剂中引入 Ir 可以大幅提高催化剂的脱氢环化能力,所以 Ir 可看成是活性组分。它的脱氢环化能力强,但氢解能力也强,所以在 Pt-Ir 系列重整催化剂中,常常加入第三组分作为抑制剂,以改善其选择性。

(3) Pt-Sn 系列重整催化剂。

在 Pt-Sn 系列重整催化剂中,Sn 是一种抑制剂,在 Pt 含量相同的情况下,Pt-Sn 催化剂的活性低于 Pt-Re 催化剂。Sn 的引入使催化剂的裂解活性下降,异构化反应选择性提高,尤其是在高温和低压条件下,Pt-Sn 系列重整催化剂表现出较好的烷烃芳构化性能,所以 Pt-Sn 系列重整催化剂适用于连续重整装置。

重整催化剂的再生是体现载体和活性组分之间作用力关系的典型例子。失活的重整催化剂里含有积炭,而且氯流失严重,需要进行再生。再生过程是用含氧气体烧去催化剂上的积炭(烧焦),但是在烧焦的过程中,金属 Pt 晶粒变大,而且生成的水分进一步造成催化剂上氯损失,因此,催化剂还需要氯化和更新处理。氯化是在烧焦之后进行的,用含氯气体在一定温度下处理催化剂,使催化剂补充一部分氯。更新是在氯化之后进行的,用干空气在较高温度(480~500 ℃)下处理催化剂,使金属 Pt 发生氧化,变成氧化铂,使载体和金属之间较弱的界面作用力变成作用力更强的氧化物界面间作用力,实现氧化铂的再分散,从而使催化剂的表面积和活性增加,当然在氧化处理之后还需要还原。新鲜催化剂的铂晶粒直径平均为 5 nm,烧焦后为 14.5 nm,氯化和更新后恢复到 5 nm。

可以看到,传统重整催化剂生产过程中需要不断补充氯,工艺较为复杂。目前,国内外很多研究者开始转向以分子筛为载体的新型重整催化剂的研究。分子筛重整催化剂从 20 世纪 70 年代开始发展极为迅速,研究最多的分子筛重整催化剂主要有 ZSM-5 沸石、丝光沸石、Beta 沸石以及 L 沸石催化剂,活性组分仍为金属 Pt,但是由于采用了沸石分子筛,酸强度较低,反应活性仍未能满足工业生产需求。

除用于石脑油的重整反应中外,为了完善我国汽油池的高辛烷值组分,重整催化剂在轻质烷烃(C_5 和 C_6 烷烃)异构化反应中的应用也备受关注。虽然反应条件有所差异,但是催化剂都是基于贵金属 Pt 的双功能催化剂,如硫酸根处理的硫酸锆超强酸与金属 Pt 催化剂的复合、丝光沸石和 Y 沸石负载的金属 Pt 催化剂等。

4.4.2 二甲苯异构制对二甲苯

芳烃是石油化工工业的重要基础原料,在总数约 800 万种的已知有机化合物中,芳烃化合物约占 30%,其中苯(B)、甲苯(T)、二甲苯(X)的产量和规模仅次于乙烯、丙烯,被称为一级基本有机原料。通常所说的芳烃生产技术是指 BTX 的生产技术。其中对二甲苯(PX)是聚酯工业的"龙头"，主要用于生产对苯二甲酸(PTA)、对苯二甲酸二甲酯(DMT)。

目前芳烃的大规模工业生产是通过芳烃联合装置实现的。典型的芳烃联合装置包括石脑油加氢、催化重整、裂解汽油加氢等生产芳烃的装置以及芳烃转化和芳烃分离装置，主产品是苯和二甲苯(主要是对二甲苯和适量的邻二甲苯)。涉及的关键性技术有催化重整、芳烃抽提、甲苯歧化、烷基转移、二甲苯异构化及对二甲苯分离等芳烃转化技术。

下面主要介绍甲苯歧化、烷基转移以及二甲苯异构化反应。氢型沸石(H^+Zeo^-)上甲苯歧化和烷基转移制对二甲苯的反应机理如下：

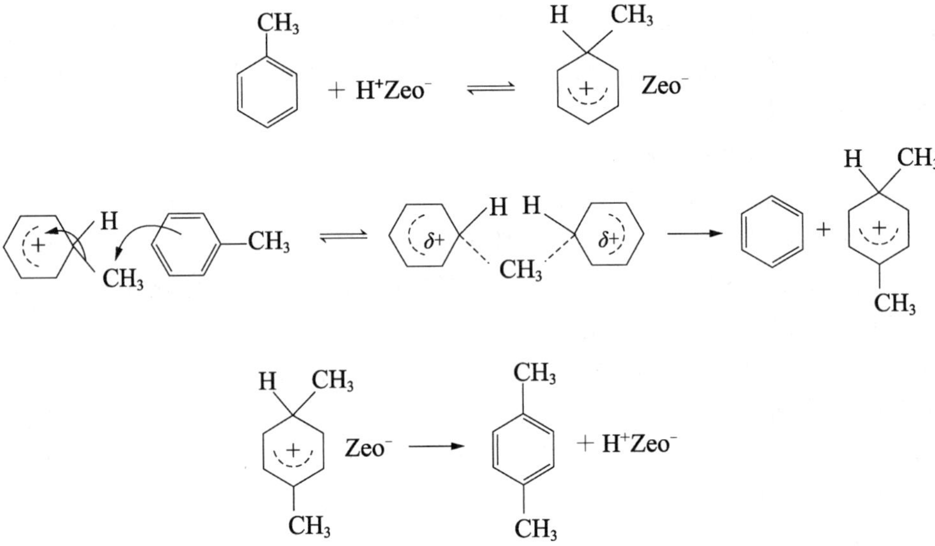

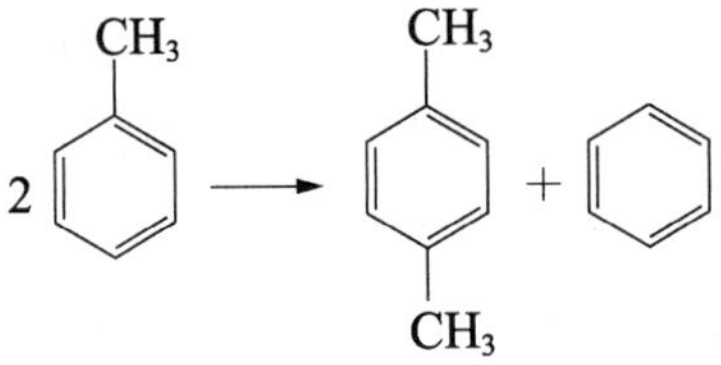

一般采用 ZSM-5 和 Beta 等十元环和十二元环的沸石作为择形催化剂。由于受芳烃 π 电子云的吸引，沸石上的 B 酸中心与甲苯分子作用生成碳正离子，使 C—CH_3 键减弱，容易受到另外一个甲苯分子的攻击，甲苯开始向第二个甲苯分子转移甲基。最终，两分子的甲苯生成对二甲苯和苯。

为了提高芳烃联合装置中的对二甲苯产率，采用二甲苯异构化作为核心工艺。由于工业原料中除含有 3 种二甲苯异构体(邻二甲苯、间二甲苯和对二甲苯)外，还有乙苯(EB)的存在，为了节约原料成本，将乙苯也进行转化，所以工业上多采用双功能催化剂，其中酸功能可以催化二甲苯之间的异构化反应发生，贵金属的加氢-脱氢活性可以方便乙苯的转化。二甲苯的异构化和乙苯的转化是 C_8 芳烃异构化的两部分，其中按照乙苯的转化，C_8 芳烃异构化催化剂可以分为 2 类：一类是乙苯脱乙基型催化剂，另一类是乙苯转化型催化剂。

采用乙苯转化型催化剂时，二甲苯异构体之间的转化只需要借助催化剂的酸功能便可以实现，而乙苯转化为二甲苯的反应是通过加氢—异构—脱氢进行的，该过程需要双功能催化剂才可以完成。另外，反应过程中存在副反应，如乙苯转化制邻二甲苯：

$$\text{乙苯} \underset{Pt}{\overset{+3H_2}{\rightleftharpoons}} \text{乙基环己烷} \rightleftharpoons \text{1-乙基-2-甲基环戊烷} \rightleftharpoons \text{1,2-二甲基环己烷} \underset{Pt}{\overset{-3H_2}{\rightleftharpoons}} \text{邻二甲苯}$$

对二甲苯异构化（$\sim CH_3$ 表示甲基转移）：

$$\text{对二甲苯} \underset{-H^+}{\overset{+H^+}{\rightleftharpoons}} [\text{质子化对二甲苯}]^+ \overset{\sim CH_3}{\rightleftharpoons} [\text{质子化间二甲苯}]^+ \overset{\sim CH_3}{\rightleftharpoons} [\text{质子化邻二甲苯}]^+ \underset{-H^+}{\overset{+H^+}{\rightleftharpoons}} \text{邻二甲苯}$$

$$[\text{质子化间二甲苯}]^+ \underset{+H^+}{\overset{-H^+}{\rightleftharpoons}} \text{间二甲苯}$$

甲苯和二甲苯歧化与加氢裂解：

$$\text{甲苯} + \text{乙基甲苯}(C_2H_5) \rightleftharpoons \text{二甲苯}(CH_3) + \text{乙苯} \rightleftharpoons \text{乙基二甲苯}(CH_3, H_3C) + \text{苯}$$

$$\text{二甲苯} \rightleftharpoons \text{三甲苯}(CH_3, H_3C);\quad \text{乙苯} \rightleftharpoons \text{二乙苯}(H_2C—CH_3)$$

$$\text{烷基苯}(CH_2)_4 \xleftarrow{\text{多次烷基化}} \cdots$$

控制对二甲苯的选择性主要是利用沸石分子筛的择形性能，因此，异构化反应所用的沸石分子筛和甲苯歧化反应所用的沸石分子筛有一定的共同性，如都可采用ZSM-5沸石和丝光沸石。近年来，还开发出具有EUO骨架结构的EU-1沸石。所采用的2种沸石在酸性质上存在一定差别。双功能催化剂中的加氢活性组分一般采用少量的贵金属Pt。

4.4.3 贵金属和类贵金属加氢脱硫制清洁油品

尽管加氢脱硫(HDS)作为石油化工领域中一个至关重要的过程已有50余年的历史，但直至今日，人们对HDS催化剂的研究仍在不断深入和发展。近年来，随着环境保护日益要求严格和经济方面的压力，力图提升HDS催化剂性能的研究再度成为催化界的研究热点。

汽油和柴油的含硫有机物种类随原油产地和生产工艺不同而有很大区别，一般而言包括硫醇类与噻吩、苯并噻吩和二苯并噻吩(DBT)类及其衍生物等数百种。其中硫醇与噻吩类物质比较容易脱除，而要除去苯并噻吩和二苯并噻吩类物质比较困难，尤其是多烷基的二苯并噻吩，如4,6-二甲基二苯并噻吩(4,6-DMDBT)，由于加氢位阻，更难脱除。

因此，要使油品达到清洁油品的质量标准要求，就必须实现深度(主要指二苯并噻吩类物质)和超深度(多烷基二苯并噻吩)脱硫。就反应热力学而言，HDS反应的平衡常数较大，是强放热反应，一般所需温度不能过高。HDS 过程是在一定温度（340～400 ℃）和压力（2.5～4.0 MPa）下对石油中的含硫化合物进行催化加氢处理，使之转化成相应的烃和 H_2S，后者被后续工艺脱除。含硫化合物中，硫醇、直链和环状的硫化物转化为饱和烃，苯并噻吩转化为烷基芳烃，DBT 转化为联苯。

$$RSH + H_2 \longrightarrow RH + H_2S$$

$$RSR' + 2H_2 \longrightarrow RH + R'H + H_2S$$

$$RSSR' + 3H_2 \longrightarrow RH + R'H + 2H_2S$$

$$C_4H_8S + 2H_2 \longrightarrow C_4H_{10} + H_2S$$

$$C_4H_4S + 4H_2 \longrightarrow C_4H_{10} + H_2S$$

$$C_{12}H_8S + 2H_2 \longrightarrow C_{12}H_{10} + H_2S$$

HDS 基本的化学反应包括 S—C 键的断裂（氢解）和断裂键的饱和（加氢）。就 DBT 衍生物而言，一般认为部分环饱和的趋势要大于 S—C 键的断裂。对于加氢过程中各种硫化物的转化，通常认为，有机硫杂环化合物脱硫的难易程度不仅取决于缩合芳环的数目，而且取决于烷基的数目和位置；低沸点馏分硫化物的脱硫比高沸点馏分容易，脱硫难易顺序为芳烃类＞环烷烃类＞烷烃类；较简单的硫化物（硫醇等）比复杂的硫化物容易脱除；脱硫反应速率随相对分子质量的增大而显著减小。而贵金属和类贵金属的开发主要针对的是脱硫难度最高的多烷基的二苯并噻吩。

贵金属催化剂如 Pd/Al_2O_3 和 Pt/Al_2O_3 具有很强的芳烃加氢能力，适用于油品芳烃的深度饱和。人们对贵金属作为 HDS 催化剂的研究兴趣主要集中在如何提高其耐硫性，使之能够适应芳烃的 HDS 和加氢饱和。为了保证贵金属的加氢能力，同时兼顾耐硫性，可以通过贵金属之间的合金化提高耐硫性，如通过 Pt-Pd 合金形成高耐硫的活性相。另外，通过对载体改性，如采用酸性无定型硅铝酸盐或沸石分子筛等作为载体，可以大大提高贵金属催化剂的 HDS 性能。

过渡金属氮化物和碳化物（主要指 Mo 基化合物，图 4.29）具有与贵金属类似的电子结构，被认为是一类极具潜力的加氢催化材料。它们是从离子氮化物、碳化物到共价氮化物、碳化物的过渡。它们同时兼具共价晶体、离子晶体和过渡金属的特征，又具有高的金属/N 和金属/C，因此具有类似金属的性质。例如，它们具有共价固体的高硬度和脆性、离子晶体的高熔点和简单结构及类似于过渡金属的电磁性质。一般认为，过渡金属氮化物、碳化物的结构由 2 个紧密联系的因素决定，即几何因素和电子因素。几何因素以 Hagg 的经验规则为基础。该规则认为，当非金属与金属硬球半径之比小于 0.59 时，化合物为简单结构，如面心立方（FCC）、六方密堆（HCP）、简单六方（HEX）。过渡金属氮化物、碳化物容易满足 Hagg 规则，故常具有简单的晶体结构。一般情况下，非金属原子占据金属间最大的空隙位，如 FCC 和 HCP 中的八面体位、HEX 中的三棱柱位，如图 4.29 所示。电子因素的影响可用于解释过渡金属碳化物与其金属前驱体间结构的差异。按照 Engel-Brewer 理论，随 s-p 电子数的增加，金属或合金的结构将从 BCC 经 HCP 直至变为 FCC。过渡金属碳化物中 C 的 d-p 轨道与金属的 s-p-d 轨道的杂化使其总的 s-p 电子数增加，从而造成过渡金属碳化物与其金属前驱体结构的差异。例如，金属 Mo 为体心立方结构，其碳化物则为六方密堆结构或面心立方结构。正是因为氮、碳原子的插入导致了金属晶格扩张，晶格畸变量增大，增加了相应的 d 轨道态密度，才使其具有类贵金属的电磁性质和催化性能。

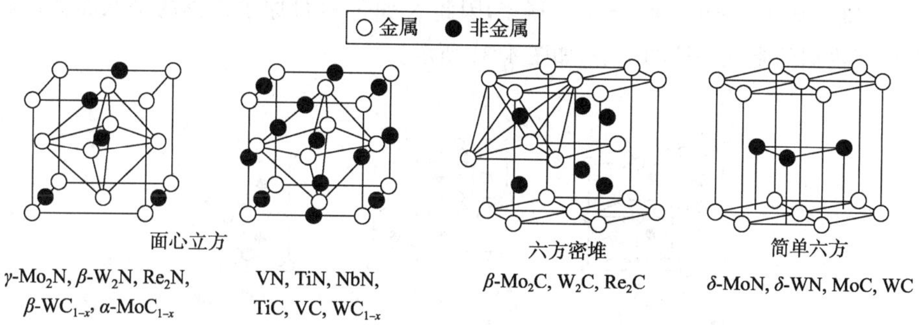

图 4.29 常见过渡金属(ⅣB～ⅦB 族)氮化物和碳化物的晶体结构

美国 Busell 课题组对过渡金属氮(碳)化物的催化活性进行了比较系统的研究。他们发现，就噻吩的 HDS 而言，催化剂活性有以下规律：$MoS_2 \approx \alpha$-MoC_{1-x}($x \approx 0.5$)$<\gamma$-$Mo_2N<\beta$-Mo_2C。然后对 Al_2O_3 负载的氮(碳)化物和 Co 掺杂的负载型 Mo_2C，以及双金属氮(碳)化物催化剂(Ni_2Mo_3N/Al_2O_3，Co_3Mo_3N/Al_2O_3，Co_3Mo_3C/Al_2O_3)进行了考察，结果如图 4.30 所示。可见，Co 掺杂的 Mo_2C(即图 4.30 中的 $CoMo_2C$)具有很高的活性，而双金属催化剂 Co_3Mo_3N/Al_2O_3 和 Co_3Mo_3C/Al_2O_3 的活性不仅低于 Co 掺杂的 Mo_2C，而且稍低于传统的硫化态 Co-Mo 催化剂。尽管如此，仍可以肯定的是，与硫化物催化剂相似，Co 的引入能够有效地促进过渡金属氮(碳)化物的活性提高。但从长远来讲，过渡金属氮(碳)化物要想取代硫化物催化剂，还需要解决比表面积较小、容易硫中毒以及长周期反应过程中 N 和 C 物种流失的问题。

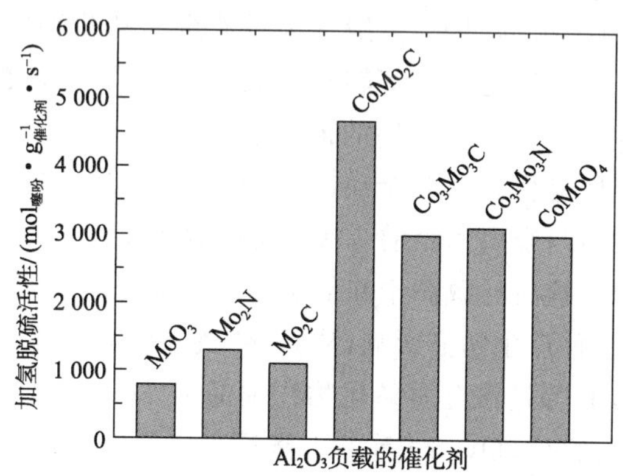

图 4.30 Al_2O_3 负载的不同氮(碳)化物催化剂噻吩 HDS 活性的对比

过渡金属磷化物是近 30 年来发现的一类具有良好稳定性、较强抗硫性和出色加氢能力的加氢脱硫催化新材料。过渡金属磷化物是 P 原子进入过渡金属晶格而形成的一类具有金属性质的化合物，兼有共价固体、离子晶体和过渡金属的特性，如有共价固体一样的硬度和脆度、与典型的离子晶体一样具有高的熔点，从而表现出特殊的物理和化学性质。过渡金属磷化物与过渡金属碳化物和氮化物都属于金属化合物，因而具有相近的物理和化学性质，但是它们的结构有着本质区别，过渡金属碳化物和氮化物都是在金属原子孔隙间形成简单的面心立方、六方密堆积和简单六方结构。根据晶体的几何效应，要想形成稳定的结构，非金属原子与金属原子的半径之比应为 0.41～0.59。但是，P 原子半径为 0.109 nm，比 C 原子半径(0.071 nm)和 N 原子半径(0.065 nm)大得多，因此 N 原子和 C 原子占据的是八面体位和三棱柱位，而 P 原子占据的是三棱柱的中心，如图 4.31 所示。

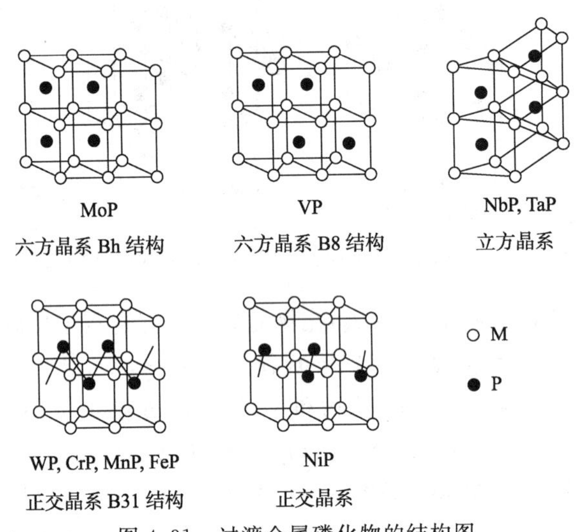

图 4.31　过渡金属磷化物的结构图

过渡金属磷化物与过渡金属氮化物和碳化物成键情况类似，同时有金属键、共价键和离子键的形成。金属键的形成与这些化合物中金属-金属键的重排有关，共价键是由金属和非金属原子间形成的键，而离子键以金属和非金属原子间的电子转移为特征。一般来说，过渡金属磷化物的电子性质涉及 2 个方面：一是电荷转移的方向和数量，二是金属磷化物的形成对金属 d 轨道能带的影响。根据研究，一般认为过渡金属磷化物中电荷转移的方向是由金属原子到非金属原子，其离子性是由电荷转移的数量决定的。过渡金属磷化物的形成对金属原子 d 轨道有很大影响，从而导致它们的催化活性与单纯过渡金属相比有明显不同。因为形成金属化合物后，金属晶格扩张和金属间距增大，这导致金属原子间相互作用减弱，金属 d 轨道能带收缩(收缩值与金属间距的 5 次方的倒数成反比)，d 轨道能带收缩会引起费米能级附近的能级密度增高，这将导致高于和低于费米能级处的能级密度重新分布，对它们在催化反应中表面吸附的物种产生明显影响，从而影响它们的催化活性。

MoP，WP，Ni_2P，Co_2P 等过渡金属磷化物在油品的 HDS 和加氢脱氮(HDN)中均表现出较高的活性。在相关研究中，Oyama 等的工作具有代表性。他们系统地考察了不同过渡金属磷化物的二苯并噻吩的 HDS 活性和喹啉的 HDN 活性，发现不同过渡金属磷化物的 HDS 和 HDN 活性均符合如下次序：Fe_2P＜CoP＜MoP＜WP＜Ni_2P(图 4.32)。其中，Ni_2P/SiO_2 催化剂明显比工业催化剂 Ni-Mo-S/Al_2O_3 具有更高的催化活性。从长远看，过渡金属磷化物要想取代硫化物催化剂，仍需要解决制备温度高、磷化剂毒性高以及长周期反应过程中 P 物种流失的问题。

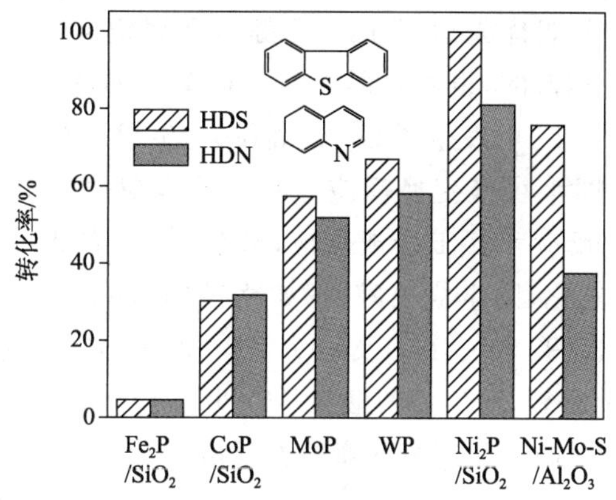

图 4.32 不同过渡金属磷化物的活性比较

4.5 生物质催化转化制燃料和化学品

4.5.1 生物质重整制液体燃料和氢气

美国 Dumesic 课题组发展了一种新颖的制氢方法，即液相重整制氢(aqueous phase reforming，APR)，该制氢过程以可再生生物质衍生物和水为原料制取液体燃料和与氢气。采用该工艺制氢不会增加温室气体含量，因为生成的 CO_2 气体又被生物生长过程中的光合作用所消耗，从物质的循环角度来讲，并没有 CO_2 净排放。另外，碳水化合物液相重整反应温度(500 K)比烷烃的水蒸气重整反应温度(如 900 K)和上述化学方法制取氢气的反应温度低得多。

APR 反应具有许多优点：

(1) 能耗小。反应在液相条件下进行，反应原料无须汽化，因而可以节省大量能源。

(2) 原料易得、安全。反应原料源自生物质的任何易溶于水的糖类或醇类，来源丰富，还具有无毒、不易燃烧等优点，可以安全地储存与运输。

(3) 产物气体 CO 浓度低，副产物少。500 K 左右的反应温度有利于水煤气变换反应，因此采用单个反应器便可以使产物气体中 CO 的浓度降至 500×10^{-6} g/g 以下，而且较低的反应温度可以避免反应物的汽化分解，从而减少反应副产物。

(4) H_2 纯化方便。APR 反应的压力通常为 1.5～5.0 MPa，因此产物气体仍有一定的压力，从而可以有效地采用变压吸附或膜技术分离提纯 H_2，副产物 CO_2 可以有效地分离并回收利用。

(5) 过程简单。可通过低温过程一步反应获得 H_2，比烃类化合物在多个反应器中进行的水蒸气重整反应更方便。

图 4.33 给出了具有代表性的含氧烃类化合物乙二醇液相重整反应制取 H_2 和烷烃类化合物所涉及的反应路径图。在发生 C—C 或 C—O 键断裂之前，乙二醇首先经历可逆脱氢步骤，形成吸附中间态，不同催化剂金属表面所形成的吸附物种是不同的，成键形式可以为 M—C 或 M—O 键。在用 Pt 作为催化剂时，形成 Pt—C 键吸附物种比形成 Pt—O 键吸附物

种更稳定，因此吸附物种可能优先通过 Pt—C 键与金属键合。然而，在 Pt 上 C—H 键和 H—O 键断裂的活化能是相似的，也可以形成 Pt—O 键。如图 4.33 所示，存在（Ⅰ），（Ⅱ）和（Ⅲ）3 条反应路径。路径（Ⅰ）中发生了 C—C 键断裂，生成了 CO 和 H_2，紧接着 CO 与 H_2O 反应转变为 CO_2 和 H_2，即水煤气变换反应。在一些金属（如 Ni，Rh 和 Ru）上，CO 和/或 CO_2 与 H_2 发生了甲烷化反应和 F-T 合成反应，减少了 H_2 的产生。在金属催化剂上C—O 键发生断裂后，若进一步氢化，则生成乙醇，正如路径（Ⅱ）所示。所生成的乙醇在金属表面进一步反应，会生成烷烃（CH_4 和 C_2H_6）及 CO_2，H_2 和 H_2O。根据路径（Ⅲ），从金属表面脱附的物种发生重排反应生成酸，所生成的酸又进一步反应生成烷烃（CH_4 和 C_2H_6）及 CO_2，H_2 和 H_2O。路径（Ⅱ）和（Ⅲ）都是产氢的竞争性反应。

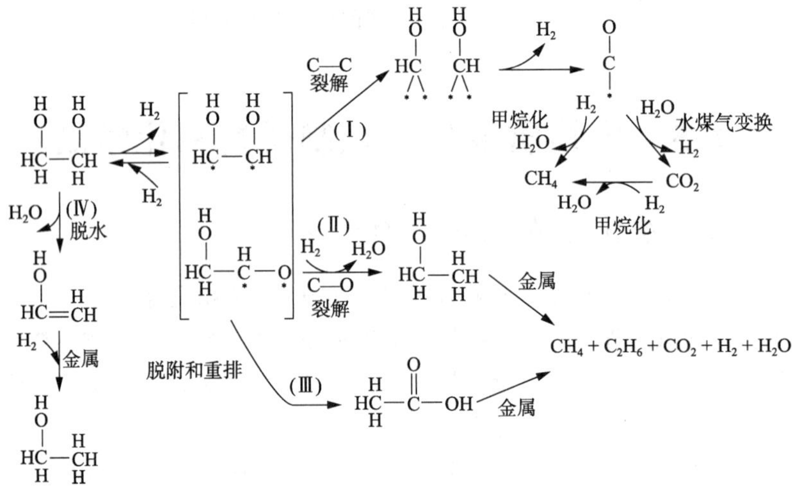

图 4.33　乙二醇与水反应制取 H_2 的反应路径

催化剂载体对氢气的选择性有很大影响。在乙二醇液相重整制氢反应中，Pt/SiO_2 催化剂上氢气的选择性明显低于 Pt/Al_2O_3 催化剂上氢气的选择性。显而易见，与 SiO_2 相比，Al_2O_3 具有更高的酸性，能够促进催化剂上发生酸催化的乙二醇脱水反应，如图 4.33 中路径（Ⅳ）所示。脱水后所得到的中间体在催化剂表面发生氢化反应生成乙醇，所生成的乙醇按照路径（Ⅱ）发生表面反应，生成烷烃（CH_4 和 C_2H_6）及 CO_2，H_2 和 H_2O。这些双功能的脱水/氢化反应消耗了 H_2，结果提高了烷烃的选择性，降低了 H_2 的选择性。

根据该反应机理，在液相重整制氢反应中，为了提高重整活性和对氢气的选择性，所用催化剂必须是能促进 C—C 键断裂而抑制 C—O 键断裂，促进水煤气变换反应而抑制甲烷化和 F-T 合成反应的催化剂。另外，这些复杂的反应路径还显示，通过液相重整反应来制取长链或短链的烷烃将是由生物质制取燃料的另一条具有积极意义的路径。Dumesic 研究小组已经开展了通过液相重整制取 H_2/CO_2 或 H_2/CO 合成气以及醇醛缩合和脱水/氢化过程制备液态烷烃等方面的研究工作。此外，在所形成的副产物中，乙酸是最不利的物质，因为乙酸比较稳定，不易发生重整，而且它的酸性将导致非贵金属催化剂的流失以及设备的腐蚀。

根据文献报道，能够促进碳水化合物 C—C 键断裂的有效活性物种主要集中在Ⅷ主族。Ni，Ru 和 Rh 基催化剂虽然具有较好的促进 C—C 键断裂的能力，但是其同时能够加速甲烷化反应和 F-T 合成反应，结果限制了氢气选择性的提高。研究发现，Ir 基催化剂具有很好的促进 C—C 键断裂和低的甲烷化反应的能力，但是其在水煤气变换反应中却表现出很低的反应活性，所产生的 CO 毒化了活性位，以致影响了催化剂的活性。Pt 和 Pd 基催化剂具有较好的促进 C—C 键断裂的能力，并且对甲烷化反应和 F-T 合成反应的催化活性不高，所以 Pt 和 Pd 基催化剂在液相重整制氢反应中具有很好的应用前景。

研究表明，Cu 在甲醇水蒸气重整制氢反应中是很好的催化剂，但其在碳水化合物水蒸气重整中不是有效的催化剂，这主要归因于其没有 C—C 键生成能力(图 4.25)，即不易催化 C—C 键断裂。但是，正是 Cu 基催化剂的这一特点，使其在生物甘油水相临氢加氢裂解制备丙二醇中表现出优异的选择性。目前，利用 Cu 优异的 C—O 键活化能力，Cu-Cr 和 Cu-Zn 金属催化剂已经在生物甘油转化制 1,2-丙二醇的反应中得到了工业应用。

4.5.2 生物质加氢脱氧制清洁燃料

生物质与石油的最大区别是氧含量的不同。第 3 章中介绍过，生物纤维素水解的最主要产物是葡萄糖，而葡萄糖可以通过一些加氢反应脱除氧，从而得到清洁的柴油，如图 4.34 所示，采用 SiO_2-Al_2O_3 负载的 Pt 或 Pd 催化剂，经过金属催化加氢反应、酸中心催化醛酮缩合反应以及双功能活性中心的协同作用可得到柴油组分。生物质热裂解得到的生物油中含有大量酚、呋喃、醛、酮等含氧化合物，氧含量高达 50%，导致其热值低、化学稳定性差等，因而阻碍了其广泛应用，所以必须对其进行加氢脱氧(HDO)精制以降低氧含量。贵金属催化剂具有较高的加氢活性，在酚类化合物的 HDO 反应中可促进氢化-氢解反应，因而广泛应用于生物油的 HDO 反应。

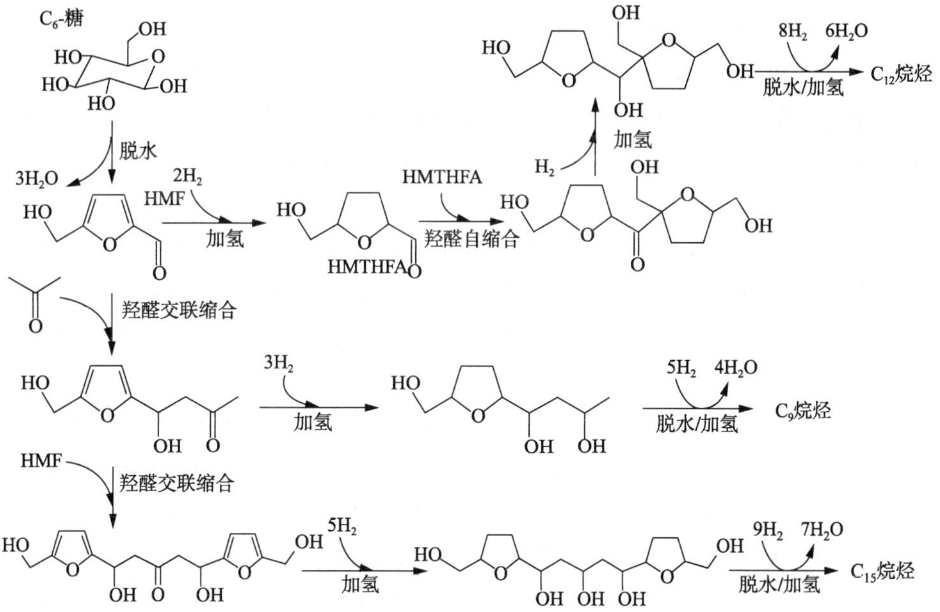

图 4.34 生物质来源的葡萄糖加氢脱氧制清洁柴油的反应路径

温和条件下 Pd/C 和无机酸催化剂上酚类化合物的 HDO 反应路径(图 4.35)表明，苯酚 HDO 反应生成环己烷需要双功能催化剂。在温度 250 ℃和氢压 5.0 MPa 下，酚类化合物

（如 4-丙基邻甲氧基苯酚、4-烯丙基邻甲氧基苯酚和 4-丙酮基邻甲氧基苯酚）可以转化成烷烃化合物和甲醇，其中生成大约 80％的烷烃，7％～8％的甲醇，12％～18％的中间产物环烷醇和环烷酮。

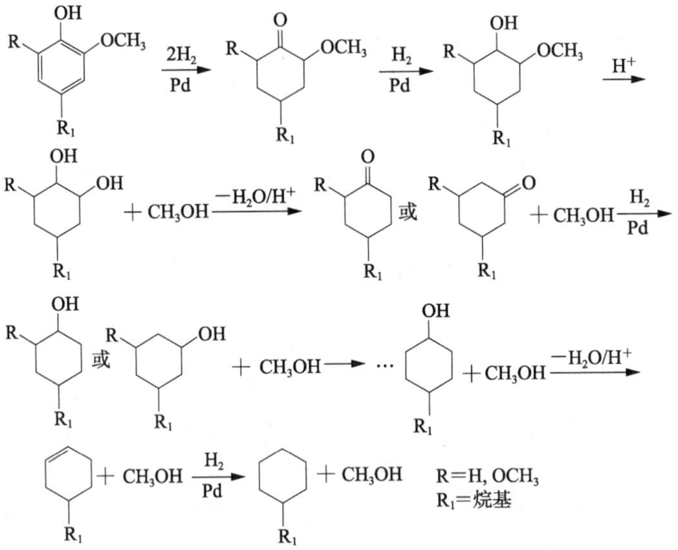

图 4.35　Pd/C 和 H_3PO_4 催化剂催化酚类化合物水相加氢脱氧反应制备烷烃的反应路径

生物质裂解后的产物中除含生物油之外，还含一部分水，以及一部分酚类等含氧化合物。为了提高有机烃的产率，人们提出在生物质裂解后，经简单提纯，将生物油和水混合在一起加氢脱氧。因此，除气-固相加氢脱氧反应外，人们更加关注液相加氢脱氧反应，特别是水相中的反应。所以，对于加氢脱氧催化剂，活性组分的选择范围非常广泛，除传统的贵金属和过渡金属外，还有前述的具有类贵金属特性的过渡金属氮化物、碳化物和磷化物，亦涉及一些在液相加氢反应方面应用非常广泛的骨架镍和非晶态合金。下面分别进行简单介绍。

骨架镍（Raney Ni）是应用最为广泛的一类低温液相加氢催化剂。骨架镍催化剂具有很多微孔，是以多孔金属形态出现的金属催化剂。该类形态已延伸到骨架铜、骨架钴和骨架铁等催化剂。由于催化剂的骨架结构能够增加催化剂的表面积，所以骨架镍催化剂具有优异的催化加氢活性。

骨架镍的制备是将 Ni 和 Al，Mg，Si 或 Zn 等易溶于碱的金属元素在高温下熔炼成合金，将合金粉碎后，再在一定的条件下用碱溶解非活性组分，在非活性组分去除后留下很多微孔，成为骨架形的催化剂。在催化剂制备过程中，镍铝合金实际上是几种金属化合物，主要组分为 $NiAl_3$，Ni_2Al_3，NiAl 和 $NiAl_2$，其中前 2 种组分的多少直接影响骨架镍催化剂的活性。例如，骨架镍的放氢量很大（50～100 mL/g），比吸附和正常溶解过程释放的量（$<$10 mL/g）多，这种过量氢是由残留金属铝和氧化铝中结合水之间的化学反应所产生的。为了增加催化剂的活性或改善催化剂的选择性和稳定性，还可以在熔融阶段加入不溶于碱的第二组分和第三组分金属元素，如添加 Sn，Pb，Mn，Cu，Ag，Mo，Cr，Fe 或 Co 等。

骨架镍催化剂采用熔融法制备，能耗高且制备过程需要碱洗，易造成环境污染。另外，骨架镍表面吸附大量的活化氢，非常容易引起燃烧，给催化剂的使用带来安全隐患。在酚类水相加氢脱氧反应中，将骨架镍和超强酸(如全氟磺酸，Nafion)组合，形成双功能催化材料，可以在温度 300 ℃、氢压 4.0 MPa 的条件下将苯酚、邻苯二酚和磷甲氧基苯酚完全转化成苯，加氢脱氧活性很高。

20 世纪 90 年代，为了解决骨架镍在运输和使用过程中容易出现自燃的问题，我国科学家开始大力提倡非晶态 Ni 合金催化剂。非晶态合金催化剂具有长程无序、短程有序等特点，在加氢反应中表现出很高的催化活性。1918 年，Ellis 发现采用硼氢化物还原镍盐可以制备用于油脂加氢用的催化剂，这是关于非晶态镍催化剂最早的报道。由于当时硼氢化物的合成较为困难，催化剂制备成本过高，Ellis 的专利并未受到重视。直到 1952 年，Paul 等用 $NaBH_4$ 溶液还原 $NiCl_2$ 制得 Ni 基催化剂，发现该催化剂的组成是 Ni_2B，且具有非晶态结构，因此将该催化剂命名为硼化镍(Ni-B)催化剂。同一时期，Brown 父子考察了 $NaBH_4$ 还原镍盐制备 Ni-B 催化剂的各种条件(如溶剂、镍盐种类、反应环境等)与催化性能的关联，发现 Ni-B 催化剂是一类优良的加氢催化剂，在某些液相加氢反应中展现出优于骨架镍的活性和选择性。1981 年，Matyjaszczyk 在其博士论文中首次将熔融骤冷法制备的 $Pd_{80}Si_{20}$，$Pd_{86.2}Fe_{13.8}$ 和 $Ni_{57.5}Au_{42.5}$ 块状非晶态合金应用于烯烃加氢反应。1983 年，Matyjaszczyk 所在课题组正式提出了金属玻璃(metallic glasses)作为新型催化剂的概念，非晶态合金催化剂逐渐引起了广泛关注。1986 年，Wonterghem 等提出采用硼氢化物液相还原镍盐、铁盐或钴盐方法制备的金属粒子实质是一种超细的非晶态合金颗粒。此后，硼化镍催化剂也被部分科学家当作 NiB 非晶态合金催化剂，“硼化物催化剂”和“非晶态合金催化剂”这 2 个概念在催化科学领域一直共存沿用至今。

工业上间歇釜式加氢反应主要采用骨架镍催化剂。在 C═O，C═C，C≡C，C≡N，—NO_2 和—COOR 等基团的液相加氢反应中，非晶态 Ni 合金催化剂都具有广泛的应用。该催化剂不仅具有和骨架镍相当甚至更加优异的活性，而且加氢过程较为缓和，副反应较少。例如，苯酚在 Ni-Mo-B 和 Ni-W-B 非晶态合金催化剂上主要的 HDO 反应路径为氢化—氢解反应路径，大大降低了产物中的芳苯含量，提高了氢碳原子比。

4.5.3 生物质衍生物氧化制高级化学品

作为生物质重要的平台化合物之一，5-羟甲基糠醛(HMF)可通过可再生的果糖、葡萄糖和纤维素等生物质碳水化合物酸催化水解脱水得到，它可以经催化转化合成一系列重要的有机化工中间体，如 2,5-呋喃二甲酸(FDCA)、5-甲酰基-2-呋喃甲酸(FFCA)、5-羟甲基-2-呋喃甲酸(HMFCA)。HMF 的高效转化制高附加值产品，对突破自然界中分布最广的纤维素水解的商业化具有非常重要的意义。

在 2,5-呋喃二甲醛(DFF)的合成方面，金属催化剂主要围绕 Pt/C 和 Ru/C 催化分子氧进行氧化反应(图 4.36)。对于混合镁铝水滑石固体碱的 Ru/C 催化剂，HMF 在金属 Ru 表面发生饱和解离吸附，再在解离吸附的氧原子的协助下消除 β-H 生成 DFF 吸附物种。该 DFF 吸附物种进一步发生水合与氧化生成产物 FFCA。必须指出，虽然采用氧气作为氧化剂，但是产物 FFCA 和 FDCA 中的氧实际上是来自于水而非氧气，这是一种在生物质催化转化中容易观察到的现象。

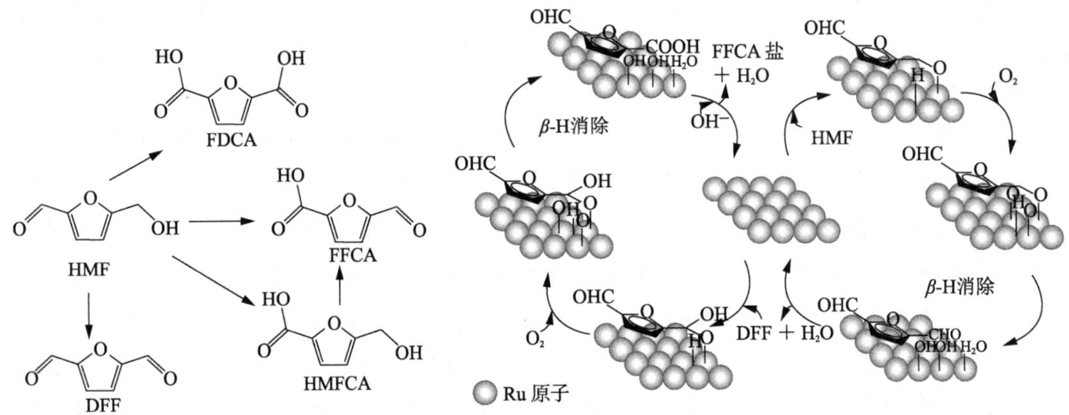

图 4.36　HMF 氧化转化及其在 Ru/C 催化剂上的催化循环

对 Pt/C 催化剂的研究表明,产物分布取决于溶剂、体系的 pH、温度、分压和催化剂自身特征等因素。在高温、中性条件下,DFF 产率为 19%。将 Co-Mn-Br 催化剂体系用于 HMF 催化转化时,以冰醋酸为溶剂,在 7 MPa 空气压力下反应 2 h,DFF 产率为 63%。因所使用的催化剂中含有 Br,因此这种催化剂具有腐蚀性。

HMF 氧化制备 FDCA 的研究仍集中于贵金属催化氧化,包括 Pt,Au,Ru 等,其中 Pt 基催化剂的用量很大。自 20 世纪 80 年代以来,Au 基催化剂取得了极大的进展并广泛应用于不同领域。用 Au 基催化剂催化分子氧氧化 HMF 制备 FDCA 的反应有望取得突破。

除 HMF 外,当前生物质衍生物氧化制高级化学品的另一种重要的平台化合物是甘油。甘油具有伯位和仲位 2 种羟基官能团,是一种最具应用和发展前景的生物质转化平台化合物。甘油的转化途径主要有氧化、氢解、脱水、重整和酯化反应等。其中,以负载型贵金属为催化剂、分子氧或空气为氧化剂在非碱性水溶液中氧化甘油制备二羟基丙酮(DHA)被认为是一条经济、绿色的工艺路线,具有潜在的工业应用价值。DHA 作为一种重要的化工原料,用于化妆品可对皮肤具有防晒功效;作为药物,可用于糖尿病的辅助治疗;还可用作果蔬及肉制品的保鲜剂。

近年来,已有大量文献报道了贵金属(Au,Pd,Pt)在助剂(Bi,Sb,Ag 等)修饰的作用下可以选择性催化氧化甘油制备 DHA。最早研究发现,单金属 Pt/C 催化剂上甘油氧化生成 DHA 的选择性最高只有 10%,而经过 Bi 修饰后该催化剂上 DHA 的选择性得到显著提高。自此,基于 Pt 的双金属催化剂得到广泛的关注。选择表 4.2 中 B_2 和 E 类金属进行组合,可得到合金或双金属催化剂。E 类金属(如 Bi 和 Sb)对氧气有活化作用,组成合金后能够维持活性,同时不影响选择性。研究发现,将 Pt-Sb 双金属催化剂用于甘油氧化反应,当转化率达到 90%时,仍然维持了较高的转化频率($TOF=229.0\ h^{-1}$)、DHA 选择性(51.4%)以及 C_3 总选择性(90.6%),表明 Pt-Sb 双金属催化剂能够维持较高的 DHA 选择性并有效抑制反应过程中 C—C 键的断裂。

4.6 金属催化制氢用于燃料电池

氢能作为理想的清洁能源之一，已引起极大重视并被广泛使用。如果将氢气直接用作内燃机的燃料，则不但比一般碳氢化合物燃料具备更高的效率，还具有零污染排放的优异性能；如果将氢气用于氢氧燃料电池，则可得到高达45%～60%的化学能-电能转化效率，这是一般内燃机15%的热机效率所不及的。近年来燃料电池以其高能量转化效率、低噪音、零排放等一系列优点日益受到人们的广泛关注。据报道，燃料电池的总工作效率要比传统内燃机高出1倍左右。目前，燃料电池技术的研究和开发越来越受到各国政府与大公司的重视，这其中包括美国、加拿大、德国、日本和澳大利亚等。燃料电池在20世纪90年代取得了高速发展，尤其以质子交换膜燃料电池(PEMFC)为典型，它主要具有工作温度低、启动快、工作电流高、比功率和比能量密度大、无腐蚀、无噪音、零污染等特点，有望应用于汽车工业以缓解化石能源危机，同时也能减少对环境的污染。而氢气作为燃料电池的最佳原料，其开发工艺自然也得到了更广泛的关注。

图4.37给出了PEMFC工作原理。氢气是燃料电池的燃料，当其输送到电池的阳极时，阳极催化剂(如金属Pt)催化氢气分子分解成氢质子(H^+)和电子。高分子聚合物电解质膜允许氢质子在阳极和阴极之间传递，而电子需要通过外部的导线传输到阴极，这样就产生了电流。另外，氧气输送到阴极，它与电子和氢质子发生反应，生成水。

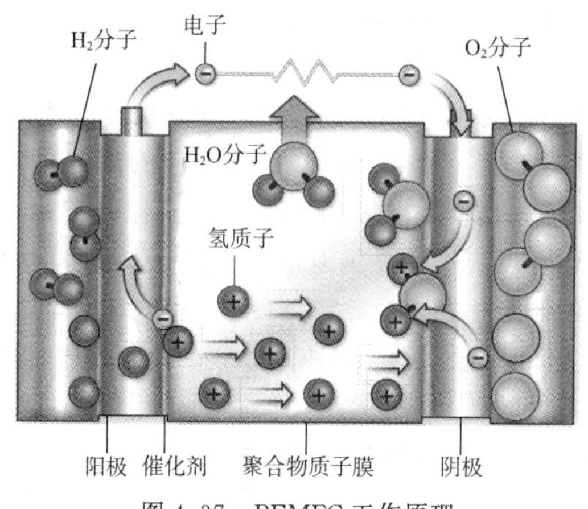

图4.37　PEMFC工作原理

4.6.1 甲醇重整制氢

一般来说，传统的制氢方法是电解水，但其缺点是规模都比较小，一般小于200 m^3/h(标准)。而工业上大规模的制氢方法主要有天然气转化制氢、水煤气转化制氢、烃类(轻油)转化制氢等，当然也有从炼油等化工过程中回收等，不过这会受到具体条件的限制。目前PEMFC的氢源技术主要分为两类：第一类是燃料电池携带纯氢，第二类是液体燃料在线制氢。由于氢气具有价格高、运输困难等特点，这使得第二类途径即液体燃料现场制氢成为研究的热点。液相醇类、烃类重整现场制氢技术具有能量密度高，能量转换效率高，液体燃料容易运输、补充和储存，经济性、安全性好等优点，是最现实的燃料电池氢源技术。而其中甲醇制氢有着尤为明显的优势：

(1) 与烃类相比，反应启动快，所需反应温度低，能耗较小；

(2) 甲醇含氢量高并且不含 C—C 键，反应温度低，减少了温室气体 CO_2 的排放；

(3) 甲醇是大众化工产品，产量丰富且易得；

(4) 甲醇常温下为液态，运输存储方便。

因此，选择甲醇作为制氢的原料以及开发甲醇制氢工艺具有非常重大的意义。

甲醇制氢主要有以下 3 种工艺途径：

(1) 甲醇分解(DM)。

$$CH_3OH \longrightarrow CO + 2H_2 \quad \Delta H^{\ominus}_{298\ K} = 91\ kJ/mol$$

(2) 甲醇水蒸气重整(SRM)。

$$CH_3OH + H_2O \longrightarrow 3H_2 + CO_2 \quad \Delta H^{\ominus}_{298\ K} = 49\ kJ/mol$$

(3) 甲醇部分氧化(POM)。

$$CH_3OH + \frac{1}{2}O_2 \longrightarrow 2H_2 + CO_2 \quad \Delta H^{\ominus}_{298\ K} = -192\ kJ/mol$$

甲醇分解(DM)可在常压条件下发生，一般反应温度为 200～500 ℃，直接产生的氢气与一氧化碳能作为有效的洁净燃料用于内燃机，其效率比汽油高 60%，而只采用甲醇这一单一原料也是其一大优点，这使甲醇分解在应用上相当广泛。但由于甲醇分解是强吸热反应，需要额外的加热装置而使制氢系统笨重，此外大量使燃料电池电极中毒的一氧化碳的产生也会造成后续处理的困难，因此该反应难以应用于燃料电池中。

与甲醇分解反应的理论产氢量(CH_3OH 与 H_2 物质的量比为 1/2)相比，甲醇水蒸气重整在理论上可以产生更多的氢气(即 CH_3OH 与 H_2 物质的量比为 1/3)，是诸多甲醇制氢途径中产氢量最高的一种制氢工艺。水的加入降低了反应的副产物含量，一氧化碳的含量也得到了降低，有利于燃料电池的装车。但是甲醇水蒸气重整过程也是一个强吸热过程，因此需要换热装置，给原料气化及反应本身提供能量，且还有启动速度慢的特点。因此从能耗方面考虑，其也不是最理想的制氢途径。

相对于 DM，SRM 过程，甲醇部分氧化(POM)是一个强放热过程，达到一定的温度反应就能自动进行，因此启动速度较快，这一优点大大有利于甲醇制氢装置的小型化，因此在近十几年来该工艺发展速度较快。但其缺点是尾气的氢含量低，如果采用空气作为氧化剂，氢含量更会低于 50%，而燃料电池要求氢含量达到 50%～100%，因此大大降低了燃料电池的效率，而且强放热过程也很容易导致反应过程中出现飞温现象。除这 3 种工艺外，还有一种新型的甲醇制氢工艺即甲醇水蒸气氧化重整(OSRM)，该过程可看作甲醇水蒸气重整和部分氧化两部分的耦合。

最早对甲醇水蒸气重整制氢机理进行研究的是 20 世纪 80 年代初的 Amphlett 等。他们从热力学出发，考虑了所有可能的物种，提出了甲醇分解-水煤气变换机理，即认为甲醇水蒸气重整可通过两步反应进行，即甲醇分解反应、水煤气转换反应。反应网络如图 4.38 所示。

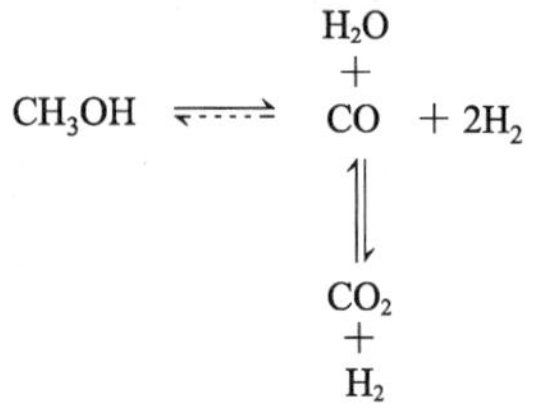

$$\begin{array}{ccc} & & H_2O \\ & & + \\ CH_3OH & \rightleftharpoons & CO \ + 2H_2 \\ & & \Updownarrow \\ & & CO_2 \\ & & + \\ & & H_2 \end{array}$$

图 4.38　甲醇水蒸气重整反应网络

通过对 $Cu\text{-}ZnO/Al_2O_3$ 催化剂上甲醛水蒸气重整反应进行研究，发现 CO 的浓度远低于甲醇分解-水煤气变换的平衡浓度。通过对中间体的研究，他们认为上述机理中的甲醇分解反应不可能发生，而是先经过一个中间物 $HCOOCH_3$，然后 $HCOOCH_3$ 进一步反应得到最终产物，其机理可表述如下：

$$2CH_3OH \longrightarrow HCOOCH_3 + 2H_2$$

$$HCOOCH_3 + H_2O \longrightarrow CH_3OH + HCOOH$$

$$HCOOH \longrightarrow CO_2 + H_2$$

通过对以上各反应进行考察，可获得各反应的动力学参数，其中第一步脱氢步骤为反应速率控制步骤。可以认为，甲醇水蒸气重整同时包含 3 个反应，即甲醇分解、甲酸甲酯水蒸气重整和水煤气变换，甲醇分解的活性位是不同的。

Huang 等认为甲醇的部分氧化同时包含甲醇分解和水煤气变换，根据甲醇部分氧化制甲醛的机理进一步提出了甲醇部分氧化制氢的可能机理为：

$$HCHO \longrightarrow CO + H_2$$

$$2CH_3OH + \frac{1}{2}O_2 \longrightarrow 2HCHO + H_2 + H_2O$$

$$H_2 + \frac{1}{2}O_2 \longrightarrow H_2O$$

$$CO + \frac{1}{2}O_2 \longrightarrow CO_2$$

Fierro 等对在 Cu-Zn 催化剂上的甲醇氧化反应进行研究，认为金属 Cu 是甲醇氧化生成 CO_2 和 H_2 的活性中心，Cu^+ 有利于 H_2O 与 CO 的生成，并且通过改变 O_2/CH_3OH 进料比的实验证明甲醇分解反应的存在，认为甲醇部分氧化制氢的机理可能为：

$$CH_3OH + O_2 \longrightarrow CO + 2H_2O$$

$$CH_3OH \longrightarrow CO + 2H_2$$

$$CO + H_2O_2 \longrightarrow H_2 + CO_2$$

对于甲醇制氢工艺，Cu 基催化剂是目前研究最多也是研究最早的催化剂体系。它以对甲醇合成反应的优良催化性能而被广泛应用于甲醇制氢的各类反应中，其中 Cu-Zn(Cu-ZnO)催化剂是研究得最早的催化剂。Cu 是活性中心，Cu^+ 可促进 CO 和 H_2O 的生成，Cu^{2+} 则可促进 CH_3OH 的深度氧化而得到 CO_2 和 H_2O。应用于合成甲醇的商业化催化剂 $CuO\text{-}ZnO/Al_2O_3$ 对甲醇制氢也有很好的活性和选择性。Cu 基催化剂具有低温活性好、一氧化碳产量低、氢气选择性高等优点，与此同时，其也有着催化剂容易中毒、高温易烧结导致寿命有限等缺点，从而限制了 Cu 基催化剂的发展。近年来研究较多的还有贵金属 Pd 和 Pt 基催化剂等。

4.6.2 乙醇重整制氢

与天然气、汽油、甲醇等重整原料相比，乙醇重整制氢具有环境友好和氢气产率高等特点。乙醇可以通过以下 3 种反应途径制氢：

(1) 乙醇水蒸气重整(steam reforming)。

$$CH_3CH_2OH + 3H_2O \longrightarrow 6H_2 + 2CO_2 \quad \Delta H^{\ominus}_{298\ K} = 174.4\ kJ/mol$$

（2）乙醇部分氧化重整。

$$CH_3CH_2OH + 1.5O_2 \longrightarrow 3H_2 + 2CO_2 \quad \Delta H^{\ominus}_{298\ K} = -554\ kJ/mol$$

（3）乙醇水蒸气部分氧化混合重整。

$$CH_3CH_2OH + (3-2\alpha)H_2O + \alpha O_2 \longrightarrow (6-2\alpha)H_2 + 2CO_2 \quad \Delta H^{\ominus}_{298} = 4.4\ kJ/mol(\alpha = 0.6)$$

以上 3 种重整方式各有其优缺点，目前国内外的研究工作主要集中在乙醇水蒸气重整制氢上。一方面乙醇水蒸气重整制氢产率最高，另一方面水蒸气重整反应是其他制氢途径的基础。从原子经济角度来看，水蒸气重整是一种高效的反应，因为它不仅能从乙醇中提取氢原子，而且能有效地从水分子中提取氢原子，结合生物质乙醇的可再生性和环境友好性，乙醇水蒸气重整制氢反应有很大的发展前景。但乙醇水蒸气重整是个非常复杂的反应，催化剂对乙醇的转化率和氢气的选择性起决定性的作用，不同的催化剂会导致不同的反应途径和氢气选择性；催化剂还可以加快反应速率，使反应快速达到热力学平衡。目前用于乙醇水蒸气重整反应的催化剂体系可分为两大类，即金属氧化物催化剂、金属氧化物负载的金属催化剂。后者还可以分为过渡金属催化剂和贵金属催化剂。负载型过渡金属催化剂由于其价格低廉和具有良好的稳定性，在乙醇水蒸气重整反应中占据重要的位置。在已有的乙醇水蒸气重整反应研究工作中，催化剂使用的活性组分主要是 Ni，Co 和 Cu 等过渡金属。

4.6.3 电解水析氢和析氧催化剂

电催化是指在电场作用下电极表面或液相中的物质促进或抑制电极上发生的电子转移反应，而电极表面或溶液中的物质本身并不发生变化的化学作用，它是使电极、电解质界面上的电荷转移加速的一种催化作用。电催化反应速率不仅由催化剂活性决定，还与电场及电解质本性有关。由于电场强度很高，对参加电化学反应的分子或离子具有明显的活性作用，使反应所需的活化能大大降低，所以大部分电化学反应可以在比通常化学反应低得多的温度下进行。在电催化反应中，由于电极催化剂的作用发生了电极反应，使化学能直接转变成电能，最终输出电流。

电催化作用覆盖电极反应和催化作用 2 个方面，因此电极催化剂必须同时具有这 2 种功能：① 能导电和比较自由地传递电子；② 能对底物进行有效的催化活化。能导电的材料并不都具有对底物的活化作用，反之亦然。因此，需选用合适的电极材料，以加速电极反应。电极催化剂的范围仅限于金属和半导体等电性材料。电极上施加的过电位也能影响反应速率，因此衡量电催化作用的大小必须用平衡电位 E_e 下的电极反应速率，常称为交换电流密度 i°。设电解池和原电池的电位分别为 E_1 和 E_2，则有如下关系：

$$E_1 = E_e + IR' - \eta_a + |\eta_c| + \eta_o$$

$$E_2 = E_e - IR' - \eta_a - |\eta_c| + \eta_o$$

$$|\eta| = \frac{RT}{\alpha nF}\ln\frac{i}{i^{\circ}}$$

式中，η_a 和 η_c 分别为阳极和阴极的电活化过电位；I 为电流；R' 为电阻；n 为电极反应的电子转移数；R 为气体常数；T 为热力学温度；F 为法拉第常数；α 为阴极反应的传递系数；η_o 为其他过电位。显然，交换电流密度越大，则电活化过电位越小，越有利于反应的进行。

电解水是生产高纯氢气的重要方法，是现代清洁能源技术的重要组成部分。水的电解由阴极析氢(hydrogen evolution reaction,HER)和阳极析氧(oxygen evolution reaction,OER)2个半反应构成。对于HER和ORE的电极催化材料,表面电催化反应的共同特点是反应过程包含2个以上的连续步骤,且在电极表面上生成化学吸附中间物。中间物的生成和反应方式主要有2类:一类是离子或分子通过电子传递步骤在电极表面生成化学吸附中间物,随后中间物经过异相化学步骤或电化学脱附步骤生成稳定的分子,如酸性溶液中的析氢反应;另一类是反应物首先在电极上进行解离式或缔合式化学吸附,随后吸附中间物或吸附反应物进行电子传递或表面化学反应,如甲酸的电氧化。下面介绍典型的电极反应。

1) 析氢反应与分子氢的氧化

析氢反应是非常重要的电极反应,不仅因为水电解制氢是获取清洁能源氢能的有效途径,而且它是水溶液中其他阴极过程的伴随反应。其反应机理可表示为:

$$2H_3O^+ + 2e^- \longrightarrow H_2 + 2H_2O \quad (酸性溶液)$$

$$2H_2O + 2e^- \longrightarrow H_2 + 2OH^- \quad (碱性溶液)$$

目前普遍认为,该反应由如下基元步骤组成:

(1) 质子放电步骤(Volmer反应)。

$$H_3O^+ + M + e^- \longrightarrow M—H + H_2O$$

或

$$H_2O + M + e^- \longrightarrow M—H + OH^-$$

(2) 化学脱附或催化复合步骤(Tafel反应)。

$$M—H + M—H \longrightarrow 2M + H_2$$

(3) 电化学脱附步骤(Heyrovsky反应)。

$$M—H + H_3O^+ + e^- \longrightarrow M + H_2O + H_2$$

或

$$M—H + H_2O + e^- \longrightarrow H_2 + M + OH^-$$

分子氢的氧化是氢氧燃料电池中的重要反应,被视为贵金属表面上氧化反应的模型,一般包括氢气的解离吸附和电子传递补充,但过程受氢气的扩散所控制。例如,H_2在未氧化的Pt表面发生的离子化过程如下:

$$H_2 + 2M \longrightarrow 2M—H$$

$$M—H \longrightarrow M + H^+ + e^-$$

M—H表示电极表面上氢的化学吸附物。

2) 氧还原反应

氧还原反应(oxygen reduction reaction,ORR)是金属-空气电池和燃料电池中的正极反应,其动力学和机理一直是电化学中重要的研究课题。在水溶液中,氧还原可按以下2种途径进行。

(1) 直接4电子途径。

$$O_2 + 2H_2O + 4e^- \longrightarrow 4OH^- \quad (碱性溶液,E^\ominus = 0.401\ V)$$

$$O_2 + 4H^+ + 4e^- \longrightarrow 2H_2O \quad (酸性溶液,E^\ominus = 1.229\ V)$$

(2) 24 电子途径(或称过氧化物途径)。

$$O_2 + H_2O + 2e^- \longrightarrow HO_2^- + OH^- \quad (\text{碱性溶液}, E^{\ominus} = -0.065\ V)$$

$$HO_2^- + H_2O + 2e^- \longrightarrow 3OH^- \quad (E^{\ominus} = 0.867\ V)$$

$$2HO_2^- \longrightarrow 2OH^- + O_2$$

或

$$O_2 + 2H^+ + 2e^- \longrightarrow H_2O_2 \quad (\text{酸性溶液}, E^{\ominus} = 0.682\ 4\ V)$$

$$H_2O_2 + 2H^+ + 2e^- \longrightarrow 2H_2O \quad (E^{\ominus} = 1.77\ V)$$

$$2H_2O_2 \longrightarrow 2H_2O + O_2$$

直接 4 电子途径需要经过许多步骤,其间可能形成吸附的过氧化物中间物,但总结果不会导致溶液中过氧化物的生成;而 24 电子途径在溶液中生成过氧化物,后者一旦分解就会转变为氧气和水。现有资料表明,直接 4 电子途径主要发生在贵金属氧化物以及某些过渡金属大环配合物等催化剂上;24 电子途径主要发生在过渡金属氧化物和覆盖有氧化物的金属以及某些过渡金属大环配合物等催化剂上。

3) 析氧反应

与析氢反应不同,金属电极上的析氧反应是在较正的电位区进行的,此时金属电极上常常伴有氧化物的生长过程。其机理可表示为:

(1) 酸性溶液。

$$(H_2O)_{ad} \longrightarrow (OH)_{ad} + H^+ + e^-$$

$$2(OH)_{ad} \longrightarrow O_{ad} + H_2O$$

$$2(OH)_{ad}^+ \longrightarrow O_{ad} + H_2O$$

$$2O_{ad} \longrightarrow (O_2)_{ad}$$

$$(O_2)_{ad} \longrightarrow O_2$$

电子转移步骤是速率控制步骤。

(2) 碱性溶液。

$$M^z + OH^- \longrightarrow (M—OH)^z + e^-$$

$$(M—OH)^z \longrightarrow (M—OH)^{z+1} + e^-$$

$$2(M—OH)^{z+1} + 2OH^- \longrightarrow 2M^z + O_2 + 2H_2O$$

电解水制氢由于所需能耗高,电极催化剂成本高,一直以来并未得到大规模的应用。相比于 HER 和 OER,ORR 不仅是电解水过程中涉及的反应,也是燃料电池中重要的反应。因此,ORR 所用电极催化剂研究是电催化领域的重点。目前,ORR 所用催化剂的主要成分仍然是 Pt/C(图 4.39)。Pt/C 电极是在电极表面涂覆一层高分子膜,然后将 Pt/C 颗粒沉积到其表面而制备得到的。在 ORR 过程中,主要发生反应的场所是催化剂表面和次表面的 Pt 原子(图 4.40)。之前在讨论金属用于氧化反应时,提到了不同金属氧化物的分解温度,其中 Pt,Ag 和 Au 金属氧化物的分解温度较低,难以生成体相的氧化物。这也是为何目前商业上,对 ORR 反应的活性组分而言,纯金属催化剂中 Pt 和 Au 被认为是最优异的本质原因:在强电场作用下,Pt 和 Au 仅表面参与了氧化反应,因此氧化-还原的循环能够稳定发生,稳定性好。Pt 金属的这一特性也是其能够在电催化领域得到非常广泛应用的基础。但是,金属 Pt 电极也存在一定的问题。例如,电催化处理废水中,容易在电极表面发生钝化反应，从而在表面生成一层氧化物膜，使电极的活性降低。此时，采用金属氧化物为电极材料进行废水处理反而是一个更加理性的选择。

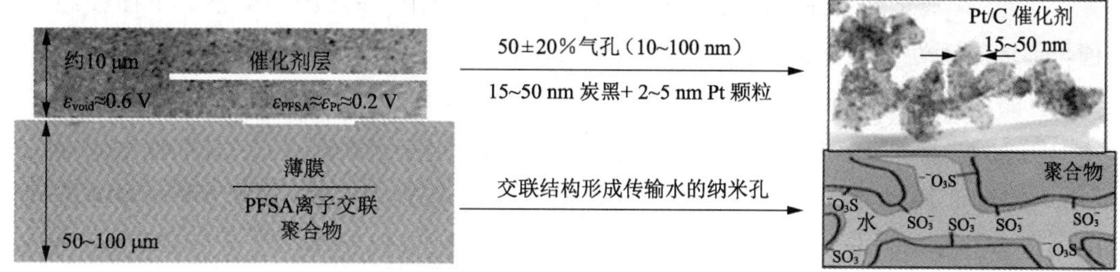

图 4.39 Pt/C 电极催化剂的结构

ε 为电动势，下标“void”表示催化剂层，PFSA 为全氟磺酸

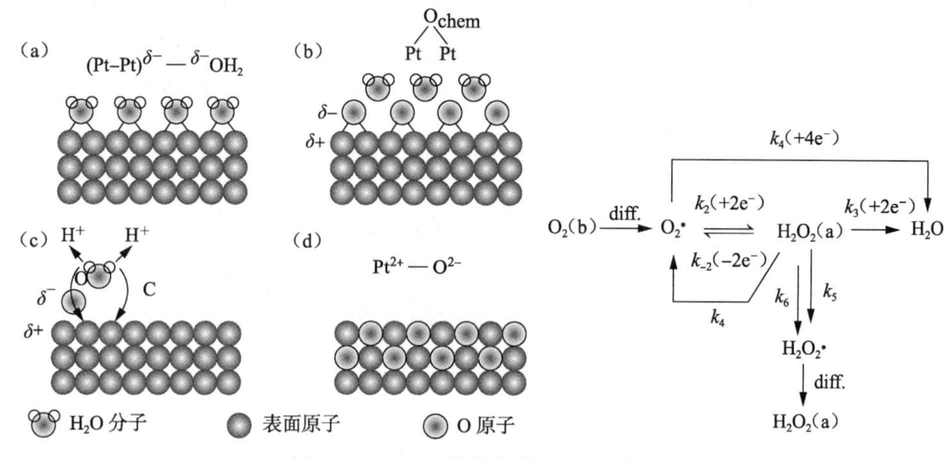

图 4.40 Pt/C 催化剂表面 ORR 机理

O_{chem}表示化学吸附态的氧，diff.表示扩散

近年来，寻找廉价高效的非贵金属 ORR 催化剂是研究的热点。其中，掺杂增强碳材料的非贵金属 Fe，Co，Ni 等都被广泛报道，但是在酸性电解质中的 ORR 性能仍然不令人满意。美国西北国家实验室开发了一种 FeN_4/C 的 Fe 单原子催化剂，在酸性体系中的活性与商业上的 Pt/C 催化剂相差不大，且稳定性相当，为 ORR 催化剂的发展提供了非常有意义的参考。

对于 HER，Pt 族金属虽然具有低过电位和高稳定性，但成本过高是制约其应用的关键。目前，用电催化性能优异的廉价金属或化合物取代 Pt 是 HER 的研究重点。例如，单原子催化剂可以在碱性、中性和酸性环境中展现优异的性能，有望推动电解水制氢这一可持续产氢方法的大规模应用。

相比于 HER，涉及 4 个电子转移的 OER 反应缓慢，由此引发的高析氧过电位是造成槽电压远高于理论水分解电压(1.23 V)的主要原因。出于提高能效的根本目的，发展 OER 电极催化剂自然成了水电解制氢技术的关键。在各种材料中，过渡金属硫化物、硒化物、磷化物和硼化物等金属化合物相较于贵金属催化剂除具有成本优势外，还在析氧过电位、耐久性方面趋近甚至超越 RuO_2，IrO_2 等标准催化剂。但是，OER 电极材料在外加电场所形成的强氧化条件下，电极催化剂表面的成分、物相及结构均会发生显著变化，进而催化反应活性位也会发生相应改变。

虽然电催化和传统热驱动的催化存在许多区别，如电场强度的影响、电解质酸碱性的影响等。但是，在催化剂物性与催化性能之间的关系方面存在一定的相似性。下面介绍一下电催化剂的物理性质与催化性质之间的构效关系。

(1) 晶面结构的影响。

如图 4.41 所示，Pt(111)晶面上可区分出 4 个不同的吸附位点，分别是顶(top)位、桥(bridge)位和 2 种间隙(interstitial)，这 2 种间隙为面心立方间隙(FCC)和六方密堆间隙(HCP)位点。在 Pt(100)晶面上有 3 个吸附位点：顶位、桥位和体心立方间隙(BCC)位点。图中(c)～(i)描述了 Pt(111)晶面对 O 和 H 吸附的几何原子结构。例如，热力学上最有利于氧原子吸附的位置是间隙位点，而桥位有利于对氧原子的优先吸附。不同原子结构的表面位点具有不同的吸附能，因此吸附机理不同。这就形成了电催化中的结构灵敏度，也可称作结构-函数关系。这种效应类似于传统催化中的结构敏感性问题，而直观的体现就是尺寸效应。因此，能够暴露出不同晶面指数的纳米晶一直是电化学家追求的研究模型。

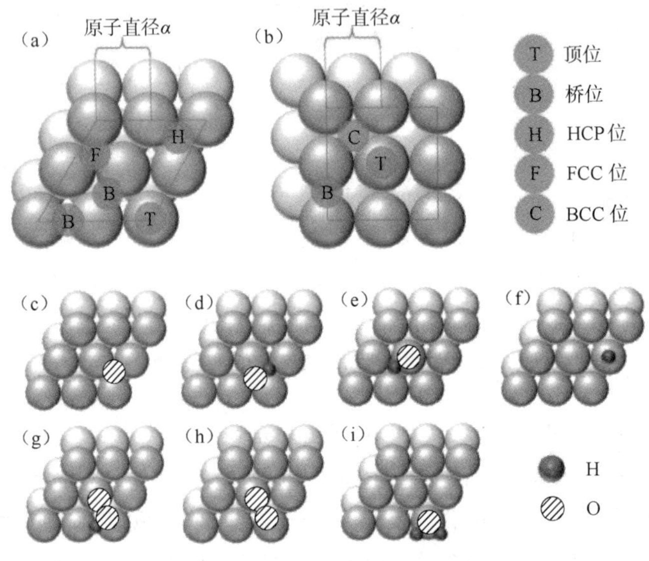

图 4.41 Pt 原子结构(俯视图)

(a)为(111)晶面，(b)为(100)晶面，

(c)～(i)表示 Pt(111)晶面吸附 O 和 H 的典型几何原子结构

(2) d 轨道的影响。

图 4.42 给出了金属催化剂 ORR 反应性能的"火山曲线"。对于 ORR，过渡金属中 Pt 和 Pd 是活性最高的。对于位于"火山曲线"左侧的金属，H^+ 到表面吸附 O 的转移反应是反应速率控制步骤；对于位于"火山曲线"右侧的金属，H^+ 和 e^- 与吸附 O_2 的反应是反应速率控制步骤。这一理论可以用 d 带空穴的观点进行解释。可以通过合金化(与 3d 过渡金属)改变金属 Pt 的电子结构及 d 带空穴来提高 ORR 活性。

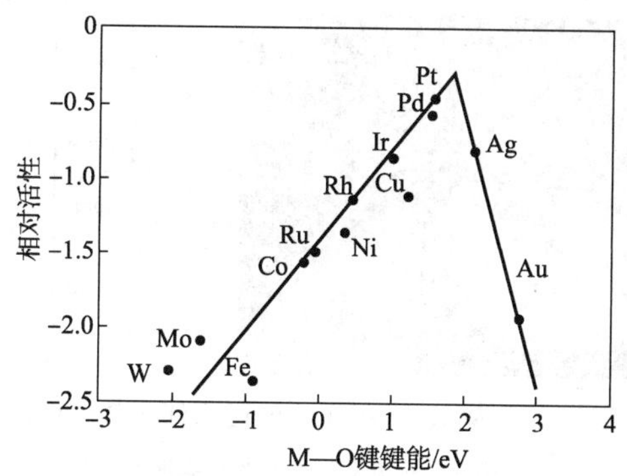

图 4.42 金属催化剂 ORR 反应性能的“火山曲线”

4.6.4 电催化还原二氧化碳

近年来，全球二氧化碳排放量的逐年增加对人类赖以生存的生态环境造成了严重威胁，因此二氧化碳的捕获、存储以及转化受到研究者的广泛关注。在二氧化碳转化方面，利用传统化学方法还原二氧化碳需要同时提供能量和氢气，而采用电催化方法还原二氧化碳，与电解水反应耦合，从水中获取氢气，可以在比较温和的反应条件下直接将二氧化碳还原成一氧化碳、碳氢化合物和甲醇等高值化学品和液体燃料。同时，该过程可与可再生能源或富余核能利用相结合，实现大规模电能存储，表现出极具潜力的应用前景，当前已成为相关领域一个重要的研究热点。

Pd 是典型的析氢反应催化剂，体相 Pd 电极上的 CO_2 还原过电位高以及竞争性的析氢反应造成法拉第效率低。中国科学院大连化学物理研究所催化基础国家重点实验室研究发现，在 2.4～10.3 nm 范围内，Pd 纳米粒子的 CO_2 还原选择性和活性表现出明显的尺寸依赖性。在 −0.89 V(相对于 RHE，参考电极电位)时生成 CO 的法拉第效率由 10.3 nm Pd 上的 5.8% 增加到 3.7 nm Pd 上的 91.2%，同时生成 CO 的电流密度增加了 18.4 倍。研究发现，生成 CO 的转化频率(*TOF*)与粒径呈现“火山曲线”关系，这表明可以通过改变 Pd 纳米粒子的尺寸来调节 CO_2 吸附、中间物 $COOH^*$ 的形成以及 CO^* 的脱附等，从而实现 Pd 纳米粒子从析氢催化剂到高效 CO_2 还原催化剂的转变(图 4.43)。

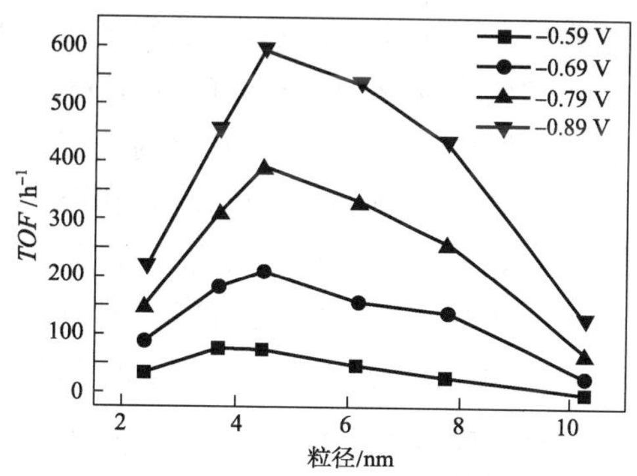

图 4.43 CO_2 电催化还原过程中的粒径效应

同时，该研究团队还根据载体和金属之间的 SMSI 作用，利用金属-氧化物界面催化限域效应，设计合成了金属-氧化物界面结构的碳载 Au-CeO_x 催化剂，在保证不同催化剂中 Au 纳米粒子尺寸和形貌相同的情况下，研究了 Au-CeO_x 界面与二氧化碳电催化还原性能的内在关系。在 0.89 V(相对于 RHE)时，Au-CeO_x 催化剂上生成一氧化碳的法拉第效率达到 89.1%，远高于单独的 Au(59.0%)或 CeO_x 催化剂(9.8%)，生成一氧化碳的电流密度是 Au 的 1.6 倍(图 4.44)。

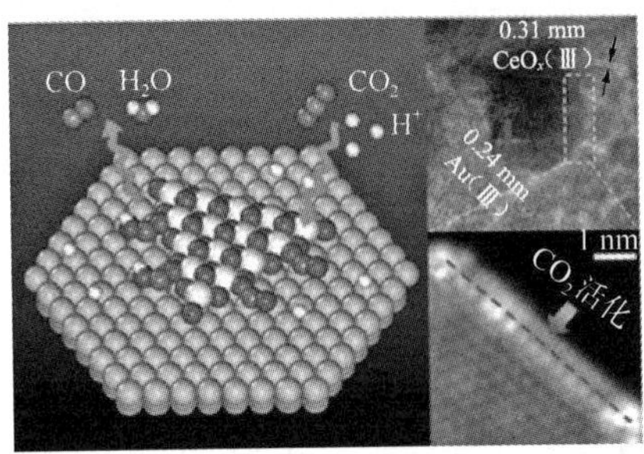

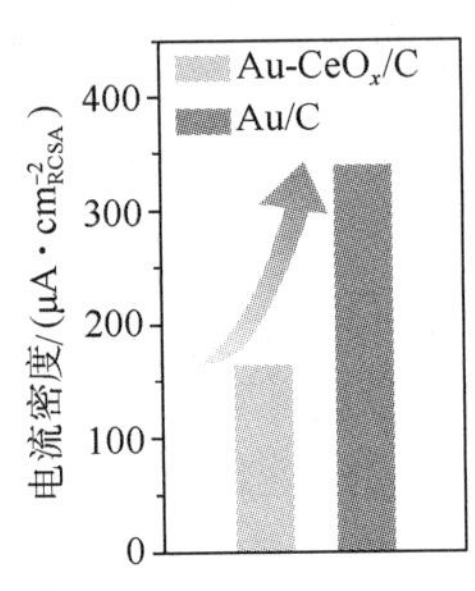

图 4.44　碳载 Au-CeO_x 电还原催化剂的设计

RCSA 表示电化学活性比表面积

4.7　车用尾气催化处理

随着城市的发展和机动车辆的增加，向大气中排放的污染物日益增加，如何降低机动车尾气排放，减少对环境造成的污染，已成为人们关注的问题。

1）汽油机汽车尾气净化催化技术

汽车尾气的主要成分包括一氧化碳(CO)、碳氢化合物(HC)、氮氧化物(NO_x)、硫氧化物(SO_x)、颗粒物(铅化合物、黑烟、油雾等)、臭气(甲醛、丙烯醛等)等，其中 CO，HC 及 NO_x 是汽车污染控制所涉及的主要大气污染成分。

汽车尾气净化技术主要包括两大方面：机内净化和机外净化。机内净化主要是改善发动机燃烧状况，以降低有害物质的生成。例如，改进进气系统、供油系统和燃烧室结构等。这些技术与汽车发动机设计及制造水平密切相关。很显然，机内净化只能减少有害气体的生成，而不能除去已经生成的有害气体。机外净化是在尾气排出气缸进入大气之前，利用转化装置将其中的有害物质转化为无害气体。尾气转化装置包括：① 热反应器，向排气口喷入新鲜空气，并加强排气管保温，利用尾气本身的热量使 CO 和 HC 继续氧化，转化为相对无害的 CO_2 和 H_2O；② 催化反应器，利用催化剂将 CO，HC 和 NO_x 转化为 CO_2，H_2O 和 N_2。由于汽油燃烧过程中有害气体的生成不可避免，热反应器对 CO 和 HC 的转化效率有限，且不能对 NO_x 进行转化，因此，催化反应是解决尾气污染最根本有效的办法。

汽车尾气净化催化剂的研究始于 20 世纪 60 年代。20 世纪 70 年代首先得到应用的催化剂主要是以 Pt 和 Pd 为活性组分的 Pt-Pd 氧化型催化剂，这种催化剂主要将尾气中的 CO 和 HC 氧化为 CO_2 和 H_2O。由于当时的汽车尾气排放法规只规定了对 CO 和 HC 的控制，因此，这种催化剂满足了当时的排放要求。在外形上，最初使用时催化剂多为颗粒状，后来又采用了整体式的圆形或椭圆形的蜂窝陶瓷载体催化剂。

进入 20 世纪 80 年代后，排放法规对 NO_x 的排放进行了限量，Pt-Pd 氧化型催化剂已不能满足 NO_x 的控制要求。进一步研究发现，贵金属 Rh 对还原反应有很好的催化活性。在原来 Pt-Pd 氧化型催化剂的基础上，引入 Rh 并进行某些改性制得的催化剂能同时有效地对 CO，HC 和 NO_x 进行催化转化，这就是三效催化剂(TWC)。

（1）三效催化剂尾气净化原理。

三效催化剂闭环控制系统是目前世界上最常用的汽车排气催化净化系统。在这个系统中，汽油机排气中的3种主要污染物CO，HC和NO_x能同时被高效率地净化。对车用三效催化剂的主要要求有：① 起燃温度低，有利于减少汽车冷启动时的排气污染物；② 有较高的储氧能力，以补偿空气系数的波动；③ 耐高温，不易热老化；④ 对杂质不敏感，不易中毒；⑤ 极少产生H_2S，NH_3等物质；⑥ 价格合适。

在三效催化剂上发生的化学反应如下。

① 氮氧化物（NO_x）的还原（以NO为例）：

$$NO + CO \longrightarrow \frac{1}{2}N_2 + CO_2 \tag{1}$$

$$NO + H_2 \longrightarrow \frac{1}{2}N_2 + H_2O \tag{2}$$

Rh对N_2的生成具有良好的活性和选择性，它是催化剂的主要部分。

② 一氧化碳（CO）和碳氢化合物（HC）的氧化：

$$CO + \frac{1}{2}O_2 \longrightarrow CO_2 \tag{3}$$

$$4HC + 5O_2 \longrightarrow 4CO_2 + 2H_2O \tag{4}$$

Pt和Pd是除去CO和HC的有效金属。

③ 其他反应：

$$2HC + 4H_2O \longrightarrow CO_2 + 5H_2 \tag{5}$$

$$CO + H_2O \longrightarrow CO_2 + H_2 \tag{6}$$

从以上反应方程式可以看出，汽车尾气净化主要发生了氧化-还原反应。三效催化转化器能同时减少3种排气污染物，但只有在空燃比（混合空气中空气与燃料的质量比）等于14.6时才能达到最优化，这是因为NO_x的还原需要H_2，CO和HC等作为还原剂。

（2）三效催化剂组成。

TWC通常是以贵金属Pt，Rh和Pd为活性组分，堇青石为第一载体，γ-Al_2O_3为第二载体（活性涂层），将γ-Al_2O_3涂附在熔点达1 350 ℃的堇青石上，并向γ-Al_2O_3中加入Ce，La，Ba，Zr等作为改性助剂，以增强氧化铝的热稳定性，减少比表面积的损失，并提高贵金属的分散度，防止金属聚集，促进水煤气转化。活性组分是通过浸渍的方法分散在大比表面积的γ-Al_2O_3上。

对TWC来说，Pt和Pd主要氧化CO和HC，Rh主要还原NO_x。其中Pd对CO和不饱和碳氢化合物的氧化活性比Pt好，Pd的耐热性能也比Pt好，但Pd的抗中毒能力不如Pt，Pt对饱和碳氢化合物的活性比Pd好。

尽管贵金属催化剂催化性能好，但考虑贵金属的来源及经济的限制，人们对非贵金属TWC研究也较多。其主要以过渡元素氧化物（ZnO，Cr_2O_3，TiO_2，CaO，MgO，FeO，CuO，Co_3O_4，NiO，MnO_2，CeO_2，La_2O_3等）及其尖晶石、钙钛矿结构复合氧化物为活性组分。

由于单组分氧化物耐热性差、活性低、起燃温度高，在使用上受到限制。因此，一般采用多组分的复合氧化物为催化剂，通过复合活性组分的配方和采用适当的制备技术，使其性能赶上贵金属催化剂。

活性涂层 γ-Al_2O_3 附着于堇青石载体表面，提供大的比表面积来附着铂族贵金属或其他催化组分。对活性涂层的基本要求是：对载体附着性好且附着均匀，比表面积大，高温稳定性好。但是 γ-Al_2O_3 是 Al_2O_3 的过渡态，在高温 800 ℃以上不稳定，会转变为无活性、比表面积很小的 α-Al_2O_3，从而使催化剂的活性下降。为防止 γ-Al_2O_3 的高温劣化，通常要加入 Ce，La 等稀土元素或碱土元素作为助剂，提高 γ-Al_2O_3 的高温热稳定性。

TWC 载体不仅包括用于分散活性组分及改性助剂的高比表面积物质 γ-Al_2O_3，还包括多孔结构的陶瓷——堇青石（$2MgO \cdot 2Al_2O_3 \cdot 5SiO_2$，47～62 孔/$cm^2$）。这种陶瓷载体具有一组薄壁的平行通道，减小了压力降，强度高，几何表面积大，适于在高温条件下使用。

三效催化剂常用的助剂有 Ce，少量 La，Y，Nd，Sm 以及碱土金属 Ba，Sr，Ca，Mg。具有储氧功能的 CeO_2 作为助剂加入 TWC 能显著降低由于空燃比变化而对催化剂性能造成的不良影响，从而扩大操作弹性。由于 Ce 具有变价（+3，+4），在发动机瞬时富油而造成排气瞬时缺氧时，四价铈（CeO_2）可变成三价铈（Ce_2O_3）而放出氧气，反之结合氧气。

（3）三效催化剂存在的问题。

尽管 TWC 具有良好的催化性能，其制备和应用技术也已相当成熟，但它还是存在以下几方面问题：

① 催化转化率不能满足更苛刻的要求。大多数催化剂高温活性好，低温活性差，这极大地影响了催化转化效果。

② 催化剂易热失效、中毒失效。这也是自汽车尾气净化催化剂研制以来一直未能妥善解决的问题。热失效是指催化剂在高温作用下会发生烧结和晶粒长大，导致活性下降。

催化剂中毒失效可以分成化学中毒和机械中毒。前者是废气与催化剂中的活性组分发生化学反应，导致活性下降；后者是毒物强烈吸附在催化剂的表面，从而阻碍反应物在表面的吸附而导致活性下降。总之，高温下催化剂的热劣化和 S，P，Pb 中毒极大地缩短了催化剂的使用寿命。

③ 冷启动问题。汽车尾气中 60%～80%的有毒气体是在冷启动 2 min 内产生的，要想有效处理好这个阶段的废气，就必须改善催化剂的低温活性，以提高尾气的低温催化转化。

④ 贫燃条件下催化效率降低，常规的三效催化剂虽然能控制 CO 和 HC 的排放，但几乎无法控制 NO_x 的排放。

⑤ 热稳定性不高。大多数催化剂的热稳定性还不甚理想，其耐热冲击能力弱，热抗震性能差。

⑥ 当前汽车广泛应用的催化剂大多还是贵金属或贵金属掺杂其他金属氧化物型，其成本仍然很高。

综上所述，提高涂层的热稳定性，弄清稳定机理，提高净化器使用寿命；开发转化尾气中 NO_x 的技术和材料，提高低温活性和贫燃条件下的 NO_x 还原转化率；降低成本，减少贵金属用量或开发以 Pd 替代 Pt 技术等仍是目前的研究热点。虽然 Au 催化剂被认为是一种具有更高活性的金属成分，但是由于高温的汽车尾气容易导致其烧结，目前仍未见商业化应用。

2）柴油机汽车尾气净化催化技术

与汽油机汽车尾气不同，柴油机汽车通过尾气排放的有害物质主要有 CO，HC，NO_x，

SO_2 和颗粒排放物(PM)。柴油机由于空燃比高,过量氧气使燃油燃烧充分,节省了燃料,增大了功率,降低了 CO,HC,CO_2 的排放,但此时高氧浓度导致高 NO_x 的排放,同时大量颗粒物也随之排放出来。因此,对于柴油机汽车尾气,含 NO_x 的颗粒物成为主要治理对象。

柴油机汽车尾气比汽油机汽车尾气治理技术更复杂,柴油机汽车尾气中同时存在气、液、固三相,气相中主要是可挥发性的 HC,CO,NO_x,SO_2 等;液相、固相混合在一起形成颗粒物。颗粒物主要由固态碳、液相未燃烃以及少量吸附的硫酸或硫酸盐组成。燃油中的 S 燃烧后形成 SO_2,一部分被氧化为 SO_3 并与水分、其他离子接触形成硫酸和硫酸盐;液态烃主要是未燃烧完全的烃和润滑油,二者共称为可溶性有机物(SOF),形成气溶胶黏附于固态碳上。

柴油机汽车尾气净化化学反应分为氧化型、还原型和自分解型 3 种,与汽油机汽车尾气反应类似,即氧化型[式(3)与式(4)]、还原型[式(1)与式(2)]、自分解型($2NO \longrightarrow N_2+O_2$)。

自分解型反应是一种反应速率迟缓的化学反应。由于没有很好的有效催化剂,所以是一种难以使用的方法。对于还原型反应,尾气要有还原的条件。汽油机因尾气贫氧,且 CO 含量高,具有还原的条件。而柴油车发动机是富氧燃烧,空燃比高达 20。柴油机排放的尾气中氧含量高,所以氧化型反应比较适合柴油机的净化,这样氧化-还原型的三效催化剂不适用于柴油机汽车尾气处理。

柴油机加装氧化型催化转换器是一种有效的机外净化排气中可燃气体和可溶性 SOF 有机组分的方法。氧化型催化转换器中的催化剂以贵金属 Pt,Pd 作为活性组分,能使 HC 和 CO 减少 50%,颗粒粉尘减少 50%~70%,其中多环芳烃和硝基多环芳烃也有明显减少,还可有效地减少排气的臭味。但是,氧化型催化转化器的缺点是会将排气中的 SO_2 氧化为 SO_3,生成硫酸雾或固态硫酸盐颗粒,额外增加颗粒物质排放量。所以,柴油机氧化型催化转化器一般适用于硫含量较低的柴油燃料,并要保证催化剂及载体、发动机运行工况、发动机特性、废气的流速和催化转换器的大小以及废气流入转换器的进口温度等正常,使净化效果达到最佳。

对于柴油机汽车尾气中的 NO_x,常用 NO_x 催化转化器,在温度为 350~550 ℃的范围内进行良好的催化转化,可使柴油机 NO_x 的排放减少 20%~30%。NO_x 催化转化技术可分为催化热分解和选择性的 SCR 反应 2 种。催化热分解是利用由沸石、钒和钼构成的催化剂来降低 NO_x 热分解反应的活化能,使 NO_x 分解成无毒的 N_2,该方法简单且反应产物无毒;SCR 是 selective(选择性)、catalyic(催化)、reduction(还原)的英文首字母缩写,是一种机外净化系统。SCR 反应是在排气中喷入尿素水溶液,反应产物为 N_2,CO_2 和 H_2O,但选择性的还原反应将会生成额外的 CO_2。

NO_x 选择性催化还原技术作为有效的排气后处理措施最初应用在锅炉、焚烧炉和发电厂等固定式的污染源上以减少 NO_x 的排放。其基本原理是以氨气作为还原剂,在催化剂的作用下将柴油机排气中有害的 NO_x 转化为无害的氮气(N_2)和水蒸气。由于氨气虽然本身无毒,但是一种刺激性很强的气体,不便于直接在汽车上使用,故采用向排气管中喷射尿素水溶液的方式提供反应所需的氨气。

商业 SCR 催化剂活性组分为 V_2O_5,载体为锐钛矿型的 TiO_2,WO_3 或 MoO_3 作助剂。近年来,研究发现,采用具有 CHA 拓扑结构的 SSZ-13 沸石负载的 Cu 催化剂、ZSM-5 沸石负载的 Fe 催化剂同样具有优异的 SCR 活性。

参考文献

[1] 黄仲涛,耿建铭. 工业催化[M]. 3版. 北京:化学工业出版社,2014.

[2] 王桂茹. 催化剂与催化作用——石油、非石油资源催化转化制取能源及化学品[M]. 大连:大连理工大学出版社,2015.

[3] 甄开吉,王国甲,毕颖丽,等. 催化作用基础[M]. 3版. 北京:科学出版社,2005.

[4] 孙桂大. 闫富山. 石油化工催化作用导论[M]. 北京:中国石化出版社,2000.

[5] GOLUNSKI S. Why Use Platinum in Catalytic Converters? [J]. Platinum Metals Rev.,2007,51(3):162.

[6] WU Z,SARIKA G,CHOI M,et al. Hydrothermal Synthesis of LTA-encapsulated Metal Clusters and Consequences for Catalyst Stability,Reactivity,and Selectivity[J]. Journal of Catalysis,2014,311:458-468.

[7] ERTL G,KNOZINGER H,SCHUTH F,et al. Handbook of Heterogeneous[M]. Weinheim:Wiley-VCH,2008.

[8] BOND G C. Small Particles of the Platinum Metals[J]. Platinum Metals Rev.,1975,19(4):126-134.

[9] CHO A. Connecting the Dots to Custom Catalysts[J]. Science,2003,299:1684-1685.

[10] 贺黎明,沈召军. 甲烷的转化和利用[M]. 北京:化学工业出版社,2005.

[11] WEI J,IGLESIA E. Mechanism and Site Requirements for Activation and Chemical Conversion of Methane on Supported Pt Clusters and Turnover Rate Comparisons among Noble Metals[J]. J. Phys. Chem. B,2004,108:4094-4103.

[12] WEI J,IGLESIA E. Reaction Pathways and Site Requirements for the Activation and Chemical Conversion of Methane on Ru-based Catalysts[J]. J. Phys. Chem. B,2004,108:7253-7262.

[13] YAWS C L. Yaws' Handbook of Thermodynamic Properties for Hydrocarbons and Chemicals [M]. Amsterdam:Elesiver,2007.

[14] CHIN Y H,IGLESIA E. Elementary Steps,the Role of Chemisorbed Oxygen,and the Effects of Cluster Size in Catalytic CH_4-O_2 Reactions on Palladium[J]. J. Phys. Chem. C,2011,115:17845-17855.

[15] CHIN Y H,GARCÍA-DIÉGUEZ M,IGLESIA E. Dynamics and Thermodynamics of Pd-PdO Phase Transitions: Effects of Pd Cluster Size and Kinetic Implications for Catalytic Methane Combustion[J]. J. Phys. Chem. C,2016,120:1446-1460.

[16] JUTAND A. Mechanisms of the Mizoroki-Heck Reaction[M]. Hoboken:Wiley,2009.

[17] DAVDA R R,SHABAKER J W,HUBER G W,et al. Aqueous-phase Reforming of Ethylene Glycol on Silica-supported Metal Catalysts[J]. Appl. Catal. B: Environ.,2003,43:13-26.

[18] OYAMA S T. Preparation and Catalytic Properties of Transition Metal Carbides and Nitrides [J]. Catal. Today,1992,15(2):179-200.

[19] DIAZ B,SAWHILL S,BALE D,et al. Hydrodesulfurization over Supported Monometallic,Bimetallic and Promoted Carbide and Nitride Catalysts[J]. Catal. Today,2003,86:191-209.

[20] OYAMA S T. Novel Catalysts for Advanced Hydroprocessing:Transition Metal Phosphides[J].

J. Catal.,2003,216:343-352.

[21] HUBER G W,CHHEDA J N,BARRETT C J,et al. Production of Liquid Alkanes by Aqueous-phase Processing of Biomass-derived Carbohydrates[J]. Science,2005,308:1446-1460.

[22] 王威燕,张小哲,杨运泉,等. 生物油中酚类化合物加氢脱氧催化剂研究进展[J]. 催化学报,2012,33:215-221.

[23] XIE J,NIE J,LIU H. Aqueous-phase Selective Aerobic Oxidation of 5-hydroxymethylfurfural on Ru/C in the Presence of Base[J]. 催化学报,2014,35:937-944.

[24] SCHLAPBACH L. Hydrogen-fuelled Vehicles[J]. Nature,2009,460:809-811.

[25] OKADA T,KANEKO M. Molecular Catalysts for Energy Conversion[M]. Berlin:Springer,2009.

[26] KANG Y,YANG P,MARKOVIC N M,et al. Shaping Electrocatalysis through Tailored Nanomaterials[J]. Nano Today,2016,11:587-600.

[27] GAO D,ZHOU H,WANG J,et al. Size-dependent Electrocatalytic Reduction of CO_2 over Pd Nanoparticles[J]. J. Am. Chem. Soc.,2015,137:4288-4291.

[28] GAO D,ZHANG Y,ZHOU Z,et al. Enhancing CO_2 Electroreduction with the Metal-oxide Interface[J]. J. Am. Chem. Soc.,2017,139(16):5652-5655.

[29] 包信和. 催化基础理论研究发展浅析——兼述催化中的限域效应[J]. 中国科学:化学,2012,42:355-362.

[30] 庄曦,郑福尔. 电催化氧化基本原理和所需电极材料及在环境污染控制中的应用[D]. 福州:福州大学,2015.

[31] 胡大成,高加俭,贾春苗,等. 甲烷化催化剂及反应机理的研究进展[J]. 过程工程学报,2011,11(5):880-893.

[32] GABOR A SOMORJAI,YIMIN LI. Introduction to Surface Chemistry and Catalysis[M]. 2nd Edition. Hoboken:Wiley,2010.

[33] 辛勤,徐杰. 现代催化化学[M]. 北京:科学出版社,2016.

[34] 贺黎明,沈召军. 甲烷的转化与利用[M]. 北京:化学工业出版社,2005.

[35] AMPHLETT J C,EVANS M J,MANN R F,et al. Hydrogen Production by the Catalytic Steam Reforming of Methanol: Part 2: Kinetics of Methanol Decomposition Using Girdler G66B Catalyst[J]. Canadian J. Chem. Eng.,1985,63(4):605-611.

[36] KOPER M T M. Fuel Cell Catalysis: A Surface Science Approach[M]. Hoboken:Wiley,2009.

[37] BECKER C,WANDELT K. Tailoring Specific Adsorption Sites by Alloying:Adsorption of Unsaturated Organic Molecules on Alloy Surfaces[J]. Top. Catal.,2007,46:151-160.

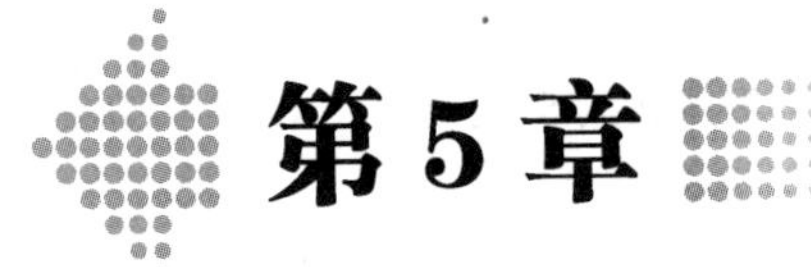

第5章

金属氧(硫)化物催化与能源资源转化制燃料和化学品

在工业上过渡金属氧化物使用范围最广。主族元素的氧化物多用于酸碱机理的催化反应(如固体酸催化剂),其他半导体氧化物广泛用于氧化-还原机理的催化反应,该催化反应可以是氧化、脱氢、加氢、氧化脱氢、氨化氧化、氧氯化等。本章主要介绍基于氧化-还原反应机理的固体氧化物催化剂,特别是过渡金属氧化物。

5.1 基本概念

过渡金属氧化物催化剂一般为非化学计量化合物,存在负离子或正离子缺位,形成特定的活性中心;分子结构中的某些金属与氧的化学键的强度往往不同于正常化合物,能通过电子转移机理使反应物活化。在金属氧化物催化的氧化反应中有多种活化的过渡态氧生成,如 O_2^-,O^-,O^{2-},它们表现出不同的反应活性,根据其反应活性可分为 2 种作用机理,即吸附氧作用机理和晶格氧作用机理。前者借助因吸附而活化的过渡态氧与被氧化的反应物发生作用;后者借助氧化物催化剂中的晶格氧与被氧化的反应物发生作用使自身被还原,还原状态的氧化物催化剂再从催化剂表面气相中夺取氧而再次被氧化,形成催化循环,即氧化-还原反应。

金属硫化物催化剂同样遵循氧化-还原反应机理,可用于加氢、异构和氢解等,是目前石油化工和煤化工领域加氢精制、加氢处理的商用催化剂,具有优异的加氢饱和、加氢脱硫、加氢脱氮、加氢脱金属等性能。

5.1.1 半导体氧化物的能带结构及其催化活性

半导体的能带结构是不叠加的,如价带、空带、导带和禁带,其区别如图 5.1 所示。

图 5.1 中实线构成的能带已被形成晶格价键的电子所占用,是填满的价带,称为满带。虚线构成的能带为空带,只有当电子受热或辐照激发从价带跃迁到空带上时,空带才有电子。这些电子在能量上是自由的,在外加电场的作用下,电子导电,由此形成了导带。与此同时,电子从满带中跃迁后形成的空穴可以接受电子,该过程以与电子跃迁相反的方向传递

电流。价带与导带之间有一能量宽度为 E_g 的禁带。金属的 E_g 为零，绝缘体的 E_g 很大，各种半导体的 E_g 介于金属和绝缘体之间。具有电子和空穴 2 种载流体传导的半导体称为本征半导体。非化学计量的半导体在催化中十分重要，分为 n 型和 p 型两大类。

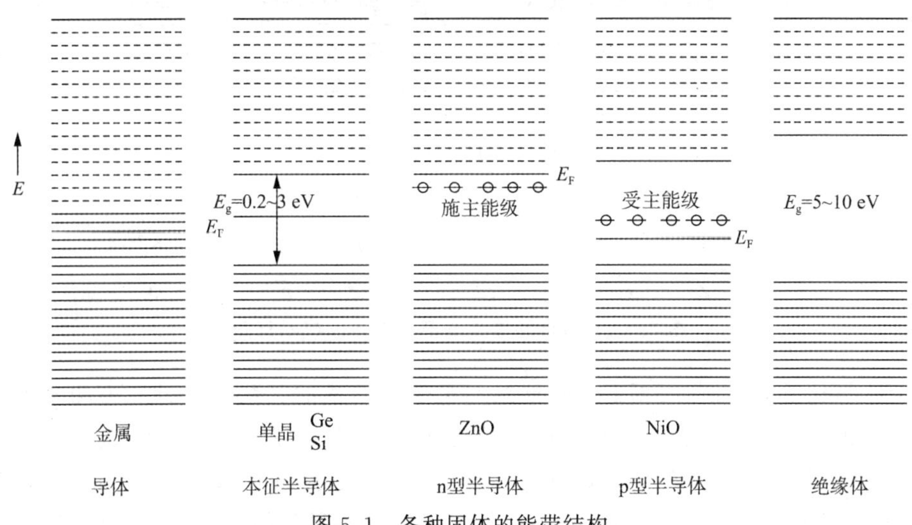

图 5.1 各种固体的能带结构

费米(Fermi)能级 E_F 是表征半导体性质的一个重要物理量，可用于衡量固体中电子逸出的难易，它与电子的逸出功 φ 直接相关。φ 是指将一个电子从固体内部拉到外部变成自由电子所需要的能量，此能量用于克服电子的平均位能(即 E_F)。因此，从 E_F 到导带顶的能量差就是逸出功 φ，如图 5.2 所示。显然，E_F越大，电子逸出越容易。对于本征半导体，E_F 在禁带中间；对于 n 型半导体，E_F 在施主能级与导带之间；对于 p 型半导体，E_F 在受主能级与满带之间。

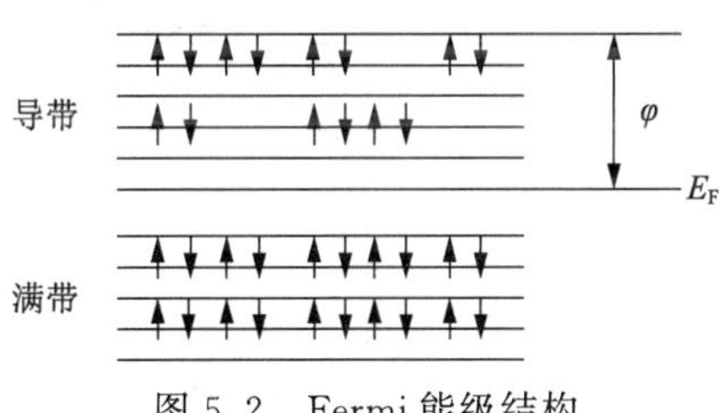

图 5.2 Fermi 能级结构

在 n 型半导体中，如非计量的化合物 ZnO(图 5.3)存在 Zn^+ 过剩的现象，Zn^+ 位于晶格的间隙中。为了保持电中性，间隙处过剩的 Zn^+ 拉住一个电子在附近形成 eZn^+，在靠近导带附近形成一附加能级。温度升高时，此 eZn^+ 拉住的电子释放出来，变成自由电子，成为 ZnO 导电的来源。提供电子的附加能级称为施主能级。在 p 型半导体中，如 NiO，由于缺少正离子造成非化学计量性，导致阳离子空位(图 5.3)。为了保持电中性，空位附近有 2 个 Ni^{2+} 变成 Ni^{3+}，后者可看成是 Ni^{2+} 束缚一个空穴“⊕”。温度升高时，此空穴变成自由空穴，可在固体表面迁移，成为 NiO 导电的来源。空穴产生的附加能级靠近价带，容易接受来自价带的电子，称为受主能级。因此，n 型半导体是电子导电，而 p 型半导体是空穴导电。

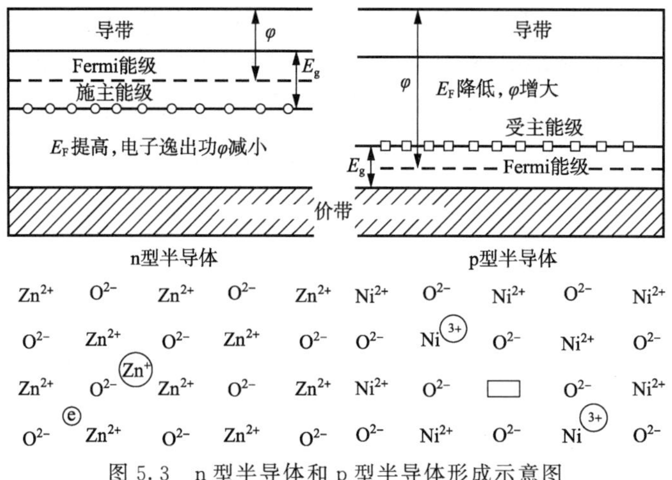

图 5.3　n 型半导体和 p 型半导体形成示意图

以 CO 氧化反应为例，根据 Fermi 能级与电子逸出功的关系来探讨 n 型和 p 型半导体的反应活性调变方法。p 型半导体 NiO 为催化剂时，相对于高价态的氧化镍 Ni_2O_3，NiO 中 Ni 显＋2 价的低价态，吸附气体时，能够优先吸附氧化能力强的气体分子。在 CO 氧化反应中，NiO 对氧气的吸附能力强，但是对还原性气体 CO 的吸附能力弱，此时反应速率控制步骤是 CO 的吸附活化。此时，若向 NiO 中加入少量的 Cr_2O_3 制备复合氧化物催化剂，经过高温处理，施主型杂质 Cr^{3+} 晶格取代 Ni^{2+}，使 Ni^{3+} 即空穴数量减少，则不利于还原性气体 CO 的吸附，氧化反应速率下降；若加入少量 Li_2O 作助催化剂，受主型杂质 Li^+ 晶格取代 Ni^{2+}，使 Ni^{3+} 即空穴数量增加，则有利于 CO 的吸附，氧化反应速率增大(图 5.4)。

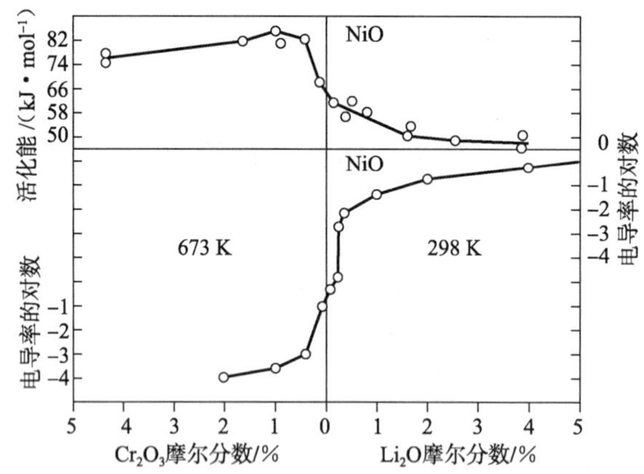

图 5.4　CO 氧化反应活化能与电导率随掺杂元素含量的变化关系(NiO)

若采用 ZnO 作为催化剂，相对于金属 Zn，ZnO 上 Zn 为＋2 价的高价态，吸附气体时能够优先吸附还原性气体。在 CO 氧化反应中，ZnO 对还原性的 CO 吸附能力强，但是对氧化性的 O_2 吸附能力极弱，此时反应速率控制步骤是 O_2 的吸附活化。若加入少量 Cr_2O_3 制备复合氧化物，经过高温处理，施主型杂质 Cr^{3+} 晶格取代 Zn^{2+}，使 Zn^+(e)数量增加，则有利于 O_2 的吸附，氧化反应速率提高；若加入少量 Li_2O 作助剂，受主型杂质 Li^+ 晶格取代 Zn^{2+}，使电子数量减少，则不利于 O_2 的吸附，氧化反应速率减小(图 5.5)。

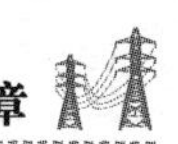

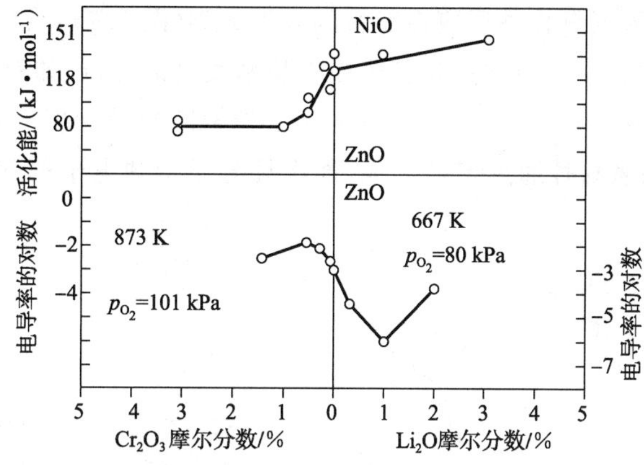

图 5.5 CO 氧化反应活化能与电导率随掺杂元素含量的变化关系(ZnO)

从上述对 CO 氧化反应的分析可以看出,对于给定的晶格结构,E_F 的位置对它的催化活性具有重要意义。因此,在多相金属和半导体氧化物催化剂的研制中,常采用添加少量助剂来调变主催化剂的 E_F位置,达到改善催化剂活性、选择性的目的。

但是,这种仅将催化剂活性与 E_F位置相关联的模型过于简化,并不能解释许多催化现象。若将该模型与表面化学键合的性质结合在一起,则会得出更为满意的结论。

5.1.2 金属氧化物的物性与其催化性能的关系

1) 氧化-还原机理——晶格氧(O^{2-})催化作用

气相 O_2 解离为 O 原子的过程是吸热过程,其反应方程式如下所示:

$$\frac{1}{2}O_2(g) \longrightarrow O(g) \quad \Delta H_1 = 248\ \text{kJ/mol}$$

$$O(g) + e^- \longrightarrow O^-(g) \quad \Delta H_2 = -148\ \text{kJ/mol}$$

$$O^-(g) + e^- \longrightarrow O^{2-}(g) \quad \Delta H_3 = 844\ \text{kJ/mol}$$

$$\frac{1}{2}O_2(g) + 2e^- \longrightarrow O^{2-}(g) \quad \Delta H_4 = 944\ \text{kJ/mol}$$

因此,在一定的温度下,气相氧在氧化物表面吸附(图 5.6),可通过电导、功函、顺磁共振等确定,形成不同的氧物种。

$$O_2(g) \longleftrightarrow O_2(s) \longleftrightarrow O_2^-(s) \longleftrightarrow O_2^{2-}(s) \longleftrightarrow 2O^-(s) \longleftrightarrow 2O^{2-}(s)$$

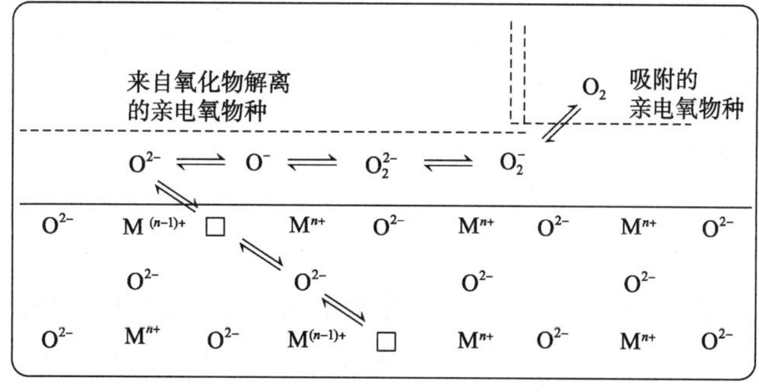

图 5.6 气相氧在氧化物表面吸附的形态

波兰学者 Haber 根据氧物种反应性能将其分为 2 类(图 5.7)：第一类为亲电氧物种，包括 O_2^-，O^-。亲电氧物种一般进攻有机分子中电荷密度高的部位，如双键，发生亲电加成，形成过氧化物或环氧化物中间体，往往会进一步发生骨架断裂及深度氧化。第二类是亲核氧物种，包括 O^{2-}。亲核氧物种通过亲核加成，插入烃分子中缺电子的部位，生成选择氧化产物。

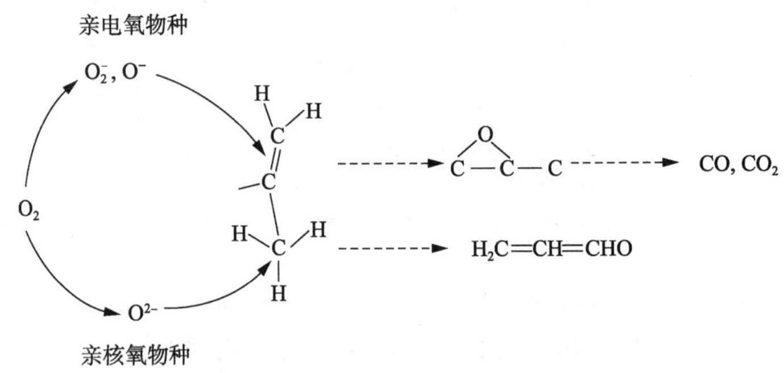

图 5.7　亲电氧物种和亲核氧物种活化丙烯的方式

1954 年，Mars 和 Van Krevelen 在分析萘在 V_2O_5 上氧化制苯酐的反应动力学时，提出了如下的催化循环(图 5.8)：

$$M^{n+}—O(\text{催化剂})+R \longrightarrow RO^{+}+M^{(n-1)+}(\text{还原态})$$

$$2M^{(n-1)+}(\text{还原态})+O_2 \longrightarrow 2M^{n+}—O(\text{催化剂})$$

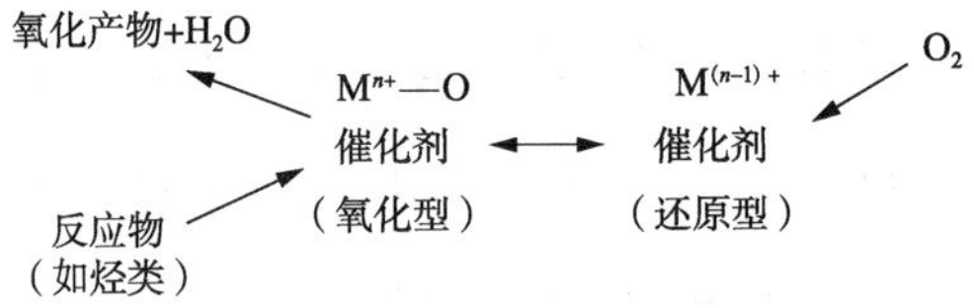

氧化产物+H_2O
$M^{n+}—O$ 催化剂（氧化型）⟷ $M^{(n-1)+}$ 催化剂（还原型）
O_2
反应物（如烃类）

图 5.8　氧化-还原催化循环

苯酐与氧化物催化剂反应，苯酐被氧化，氧化物被还原，被还原的氧化物又与 O_2 反应被氧化，恢复至起始状态。此过程中氧化物中的晶格氧 O^{2-} 参与反应，气相 O_2 用来补充反应中消耗的晶格氧 O^{2-}，完成一个氧化-还原(redox)循环。发生此催化循环的反应机理称为氧化-还原机理(redox mechanism)。

Mars 等刚开始提出此循环时并未涉及氧的形态，认为可以是吸附氧，也可以是晶格氧。但是大量事实证明，此机理对应的氧为晶格氧，它直接承担氧化的功能。对许多复合氧化物催化剂和催化反应来说，当催化剂在氧气流和烃气流的稳态下反应时，纵使 O_2 供应中断，催化反应仍将继续一段时间，以不变的选择性继续运转。当催化剂被还原后，其活性下降；再次恢复供氧，反应又将恢复到原来的稳定状态。一般认为，在反应过程中需要将催化剂还原到某种程度，而且不同的催化剂有其自身的最佳还原态。例如，丙烯气相氧化成丙烯醛的催化反应中，同位素示踪研究证明，O^{2-} 是主要的催化氧化剂，至少在烯丙基(allylic)反应中如此。反应前气相氧为 $^{18}O(O_2)$，Bi_2O_3-MoO_3 催化剂的氧为 ^{16}O；反应后氧化产物中的氧均为 ^{16}O(CO_2 和 $CH_2=CH—CH^{16}O$)，$C^{18}O^{16}O$ 极少。实验结果如图 5.9 所示。反应途径为：

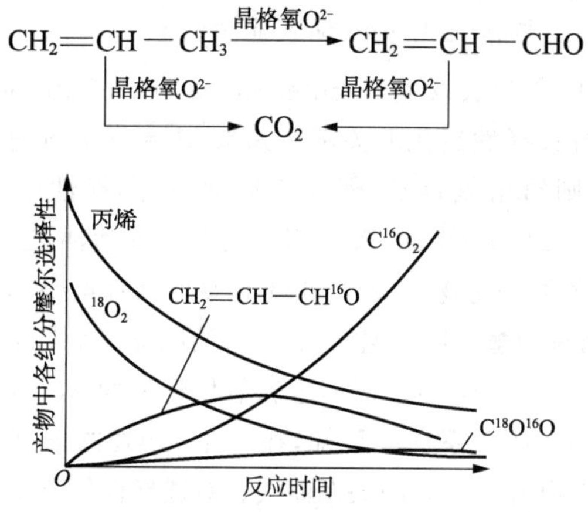

图 5.9 丙烯氧化成丙烯醛

当反应持续进行时，产物中含氧的组分有^{18}O，这是由于气相的^{18}O逐步取代了一部分晶格氧^{16}O。对于Bi_2O_3-MoO_3催化剂，全部晶格氧可以逐步被取代而传递到表面，故表面都是有效的；而使用Sb_2O_5-SnO_2催化剂时，只有少数表面层的晶格氧参与反应。

通过总结众多复合氧化物催化氧化反应可得：① 选择性氧化反应涉及有效的晶格氧；② 无选择性完全氧化反应中吸附氧和晶格氧都参与反应；③ 对于具有2种不同阳离子的复合氧化物催化剂，其中一种阳离子M^{n+}承担对烃分子的活化与氧化功能，它们的再氧化依靠沿晶格传递的O^{2-}，另一种金属阳离子处于还原态，承担接受气相氧的功能。这种双氧化-还原(dual-redox)机理类似于均相催化的Wacker氧化反应。

2) 金属与氧的键合和 M=O 键的类型

以Co^{2+}的氧化键合为例，其反应过程为：

$$Co^{2+} + O_2 + Co^{2+} \longrightarrow Co^{3+} - O_2^{2-} - Co^{3+}$$

有3种不同的成键方式形成 M=O 的 σ-π 双键结合：① 金属钴的l_g轨道(即$d_{x^2-y^2}$与d_{z^2})与O_2的孤对电子形成σ键；② 金属钴的t_g轨道与O_2的π分子轨道形成σ键；③ 金属钴的t_{2g}轨道(即d_{xy}，d_{yz}，d_{xz})与O_2的π^*分子轨道形成π键，如图5.10所示。

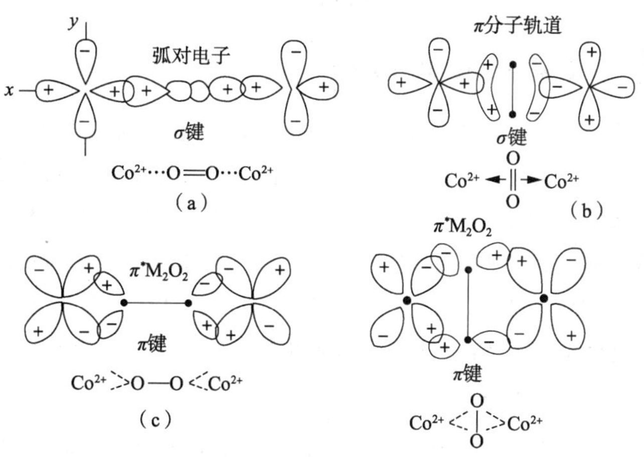

图 5.10 M=O 键合的形式

3）M ═O 键键能大小与催化剂表面脱氧能力

在 1965 年第三届国际催化会议上，Sachter 和 De-Boer 提出，复合氧化物催化剂给出氧的趋势是衡量它能否进行选择性氧化的关键。如果 M ═O 键解离出氧(给予气相的反应物分子)的热效应 ΔH_D小，则给出氧容易，催化剂活性高，选择性小；如果 ΔH_D大，则给出氧难，催化剂活性低；只有当 ΔH_D适中时，催化剂才具有中等活性，选择性好。

因此，通过实验测出各种氧化物的 M ═O 键能大小具有重要的意义。Боресков 利用真空下测出的金属氧化物表面氧的蒸气压与温度的关系，绘制 $\lg p_{O_2}$ 与 $1/T$ 之间的关系图，由此求出相应 M ═O 键的键能。用 B(kJ/mol)表示金属氧化物表面 M ═O 键，$S\%$表示表面单层氧原子脱除比例。由 B 与 $S\%$的关系曲线可知，在 $S\%=0$ 处的 B 值即 M ═O 键的键能。图 5.11 绘出了部分金属氧化物 B 与 $S\%$的关系曲线。对选择性氧化来说，B 值大一些相对有利，这样从M ═O键中脱除氧较难，可防止深度氧化。

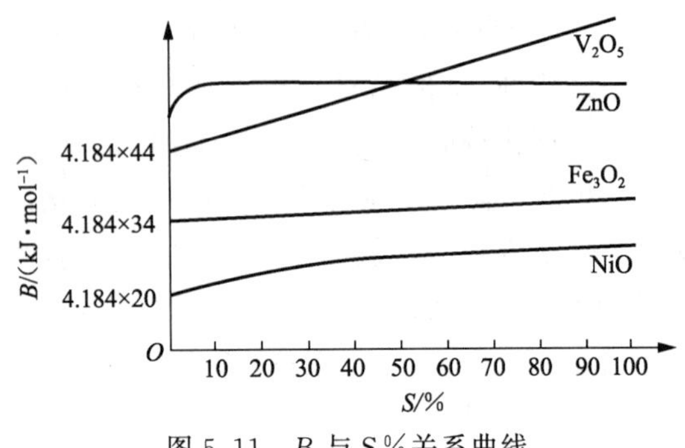

图 5.11　B 与 $S\%$关系曲线

Баландин 认为，如果将下述过程

$$MO_n(s) \longrightarrow MO_{n-1} + \frac{1}{2}O_2(g)$$

的热效应 Q_0 作为 M ═O 键键能衡量的标准，则 Q_0 与烃分子深度氧化的速率的关系曲线将呈“火山曲线”关系。他通过总结大量的实验数据得出，用作选择性氧化的最佳的金属氧化物催化剂的 Q_0 值为(50～60)×4.184 kJ/mol。

5.1.3　复合金属氧化物结构

生成具有某一特定晶格结构的新化合物需要满足 3 个方面的要求：① 控制化学计量关系的价态平衡；② 控制金属离子尺寸接近，实现相互取代的可能；③ 修饰理想结构的配位情况变化。理想结构通常为假定离子是刚性的、不可穿透的、非畸变的球体，但实际复合金属氧化物催化剂的结构通常是有晶格缺陷的、非化学计量的，且离子是可变形的。下面介绍 2 种目前在高温氧化反应以及光催化反应中应用非常广泛的复合金属氧化物：尖晶石结构的复合金属氧化物和钙钛矿型结构的复合金属氧化物。

1）尖晶石结构的复合金属氧化物

许多具有尖晶石结构的复合金属氧化物常用作氧化和脱氢过程的催化剂，其结构通式可写成 AB_2O_4。其单位晶胞中含有 32 个 O^{2-}，组成立方体紧密堆积，对应于 $A_8B_{16}O_{32}$。正常的晶格中,8个A原子各与4个氧原子以正四面体配位,16个B原子各与6个氧原子以正八面体配位。图5.12是正常的尖晶石结构的单位晶胞,其中A原子占据正四面体位,B原子占据正八面体位。有一些尖晶石结构的化合物具有反常的结构,其中一半B原子占据正四面体位,另一半B原子与所有的A原子占据正八面体位。此外,还有A原子与B原子完全混乱分布的尖晶石结构化合物。

就AB_2O_4尖晶石结构的复合金属氧化物来说,8个负电荷可用3种不同阳离子结合的方式保持电价平衡:($A^{2+}+2B^{3+}$),($A^{4+}+2B^{2+}$)和($A^{6+}+2B^{+}$)。以第1种方式结合的尖晶石结构占绝大多数,约为80%,阴离子除是O^{2-}外还可以是S^{2-},Se^{2-}或Te^{2-};A^{2+}离子可以是Mg^{2+},Ca^{2+},Cr^{2+},Mn^{2+},Fe^{2+},Co^{2+},Ni^{2+},Cu^{2+},Zn^{2+},Cd^{2+},Hg^{2+}或Sn^{2+};B^{3+}可以是Al^{3+},Ga^{3+},In^{3+},Ti^{3+},V^{3+},Cr^{3+},Mn^{3+},Fe^{3+},Co^{3+},Ni^{3+}或Rh^{3+}。以第2种方式结合的尖晶石结构占比居次,约为15%,阴离子主要是O^{2-}或S^{2-}。以第3种方式结合的尖晶石结构只有少数几种氧化物系,如$MoAg_2O_4$,$MoLi_2O_4$以及WLi_2O_4。尖晶石结构催化剂的工业应用主要是在催化氧化领域内,如烃类的氧化脱氢,其中丁烯氧化脱氢制1,3-丁二烯的$ZnFe_2O_4$尖晶石催化剂最为典型。

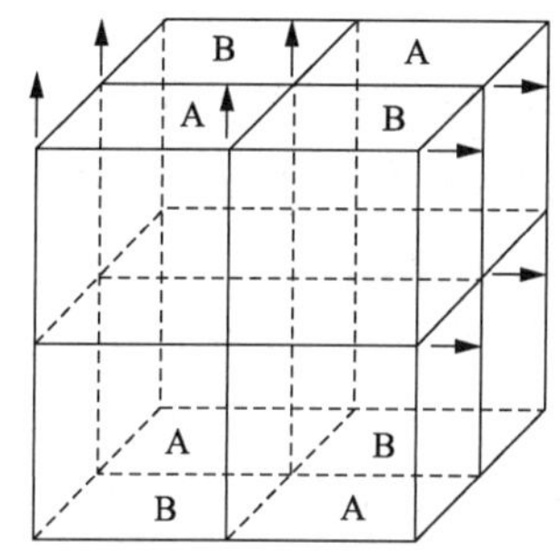

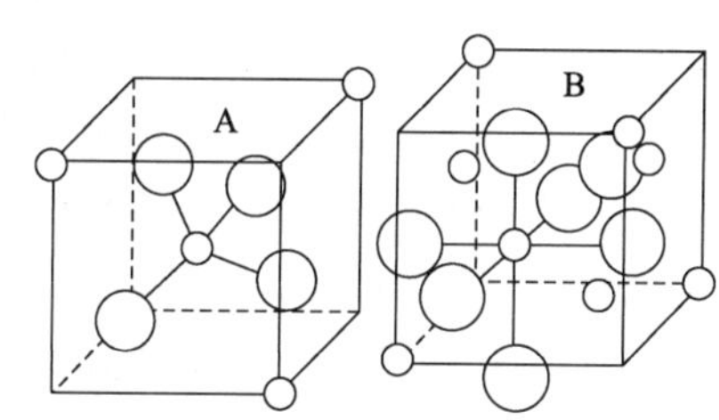

图5.12 尖晶石结构的单位晶胞(仅2个1/8小图给出了离子位置)

右图大圆表示O^{2-},右图A中的小圆表示正八面体金属离子位,B中的小圆表示正四面体金属离子位

2) 钙钛矿型结构的复合金属氧化物

钙钛矿型[$CaTiO_3$,$ABX_3(O_3)$]结构的复合金属氧化物是一类化合物,其晶格结构与矿物$CaTiO_3$类似,可用通式ABX_3表示,此处X为O^{2-}。通式中A表示一个大的阳离子,B表示一个小的阳离子,图5.13为理想钙钛矿型结构的单位晶胞,A位于晶胞中心,B位于正立方体的顶点。实际上,极少钙钛矿型复合金属氧化物在室温下具有理想的正立方结构,但在高温下可能呈现这种结构。其中A的配位数为12(O^{2-}),B的配位数为6(O^{2-})。基于电中性原理,阳离子的电荷之和应为+6,故其计量要求为:[1+5]=$A^{I}B^{V}O_3$,[2+4]=$A^{II}B^{IV}O_3$,[3+3]=$A^{III}B^{III}O_3$。具有这3类计量关系的钙钛矿型化合物有300多种,覆盖了很大的范围。

钙钛矿型氧化物的催化氧化性能是在1952年被发现的,然而直至20世纪70年代才有众多学者从事它们的催化开发研究。1970年,有人报道$La_{0.5}Sr_{0.2}CoO_3$具有很高的催化活性,可与Pt催化剂对氧的催化还原相比较。与此同时,发现Co基和Mn基钙钛矿型化合物是顺丁烯加氢和氢解的气相反应催化剂,也是CO气相氧化和NO_x还原分解的良好催化剂。据此认为,钙钛矿型氧化物是电催化、催化燃烧和汽车尾气处理潜在的可用催化剂。

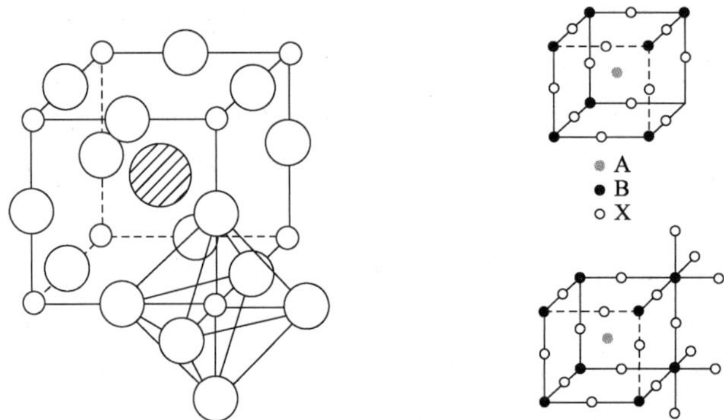

图 5.13　理想钙钛矿型结构的单位晶胞

与应用催化相并行，人们对钙钛矿型催化剂与固态化学之间的关联也开展了一系列的基础研究，得出了如下原则：

(1) 组分 A 无催化活性，组分 B 有催化活性。A 与 B 结合生成钙钛矿型氧化物 ABO_3 时，或 A 与 B 被别的离子部分取代时，均不影响它的基本晶格结构。故有 $A_{1-X}A'_XBO_3$ 型、$AB_{1-X}B'_XO_3$ 型，以及 $A_{1-X}A'_XB_{1-Y}B'_YO_3$ 型等。

(2) A 位和 B 位阳离子的特定组合与部分取代会导致 B 位阳离子的反常价态，也可能造成阳离子空穴和/或 O^{2-} 空穴。产生这样的晶格缺陷后，缺陷位会改变氧化物的化学性质或者传递性质，这种修饰会直接或者间接地影响它们的催化性能。

(3) 在 ABO_3 型氧化物催化剂中，体相性质或表面性质都可与催化活性相关联，因为组分 A 基本上无活性，活性位 B 彼此相距较远，约 0.4 nm；气态分子仅与单一活性位作用。在建立这种关联时，必须区分 2 种不同的表面过程：一为表面层内的(intrafacial)，一为表面上的(suprafacial)。前者的催化在相当高的温度下进行，催化剂作为反应试剂之一，先在过程中部分消耗，然后在催化循环中再生，按催化剂的氧化-还原循环结合进行；后者的催化在催化剂的表面上进行，表面作为一种固定的模板提供特定的能级和对称性的轨道，用于反应物和中间物的键合。

一般地说，未取代的 ABO_3 钙钛矿型复合金属氧化物趋向于催化表面上的反应，而 A 位取代的$(AA')BO_3$ 氧化物易催化表面层内的反应。例如，Mn 型的催化表面上的反应属于未取代型的，Co 型和 Fe 型则属于取代型的。这 2 种不同的催化作用强烈地依赖于 O^{2-} 迁移的难易，其中易迁移的有利于表面层内的催化，不易迁移的有利于表面上的催化。

(4) 影响 ABO_3 钙钛矿型复合金属氧化物催化剂吸附和催化性能的另一个关键因素是其表面组成。当 A 和 B 在表面上配位不饱和、失去对称性时，它们就强烈地企图与气相分子反应以达到饱和，这会造成表面组成相对于体相计量关系的组成差异，如 B 组分在表面上出现偏析，在表面上出现一种以上的氧物种等，给吸附和催化带来显著影响。

针对钙钛矿型复合金属氧化物用作催化燃烧催化剂，已有大量的研究工作。CO、C_1～C_4 烃、甲醇和 NH_3 等催化燃烧反应催化剂在 A 位含有稀土元素，尤其是 La；在 B 位含有 3d 过渡金属，特别是 Co 与 Mn。该类催化剂用于部分氧化的反应类型有：脱氢反应(如醇变醛，烯烃变成二烯烃)、脱氢羰化或腈化反应(如烃变成醛、腈)、脱氢偶联反应(如甲烷氧化脱氢偶联成 C_2 烃)。

5.2 金属硫化物催化剂在石油化工中的应用

5.2.1 金属硫化物的性质及其加氢脱硫性能

金属硫化物与金属氧化物有许多相似之处,它们大多数是半导体类型的,具有氧化-还原功能和酸碱功能,其中前者更为重要。金属硫化物作为催化剂可以是单组分形式和复合硫化物形式。表5.1列出了常见的过渡金属硫化物的半导体性质。

表5.1 过渡金属硫化物的半导体性质

硫化物	半导体类型	禁带宽度/eV	硫化物	半导体类型	禁带宽度/eV	硫化物	半导体类型	禁带宽度/eV
Cu_2S	p	1.7	MoS_2	p	1.2	Ag_2S	n	1.2
NiS	p	—	WS_2	p	—	Cr_2S_3	n	0.9
FeS	p	0.1	FeS_2	p,n	1.2	ZnS	n	3.6

金属硫化物的催化性质主要体现在石油化工领域清洁油品的生产中,通过加氢精制、加氢处理、加氢裂化等方式得到低硫、低氮、低金属含量的清洁油品。典型硫化物加氢催化剂一般以Al_2O_3作为载体,以Mo,W,Co,Ni等硫化物作为活性组分。其中,用于柴油加氢的催化剂为Al_2O_3负载的Co-Mo(W)-S催化剂,用于汽油加氢的催化剂为Al_2O_3负载的Ni-Mo(W)-S催化剂。这类硫化物催化剂的主要反应就是加氢脱硫(HDS)反应。硫化物加氢脱硫基于氧化-还原机理。与氧化物相比,金属M—S键较M—O键强度更弱,这就使硫化物在加氢脱硫反应中具有更高的活性。硫化物的表面M—S键容易断裂,在氢气氛围中失去硫,同时也容易通过气相中的硫物种(如有机硫化物或H_2S)硫化得到补充,这样就形成了一个循环过程。事实上,在清洁油品的生产过程中还有一个典型的氧化脱硫过程,其实质也是氧化-还原过程,只是采用了氧化物催化剂和氧气。下面详细阐述一下硫化物的加氢脱硫机理和性能。对于HDS催化剂,常用噻吩作为标准物进行评定(图5.14)。

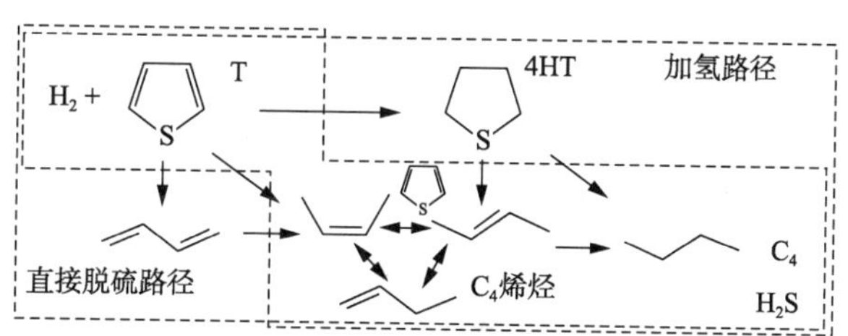

图5.14 硫化物催化剂上噻吩进行加氢脱硫的反应路径

T为噻吩,HT为四氢噻吩

由图5.14可以看出,HDS反应中S的脱除涉及加氢路径和直接脱硫(S—C键的断裂)路径2种方式,因此,催化剂本身必须具备活化氢的能力,同时对S具有强吸附能力。显然金属催化剂符合这2条要求,但是几乎所有的金属都能与H_2S和有机硫化物反应形成金属硫化物,因此只能选择一些特殊的金属,使这些金属在适宜的温度和压力下形成硫化物,同

时仍能有效地使 H_2 解离，吸附有机硫化物并使之氢解。

图 5.15 给出了符合这一要求的硫化物的表面结构。硫化物催化剂的表面需要存在金属空位，形成一个由未覆盖 S 原子的金属(M)原子和邻近金属原子表面 S 原子组成的 Vacancy(*)-Sulfur(S)活性位。该活性位可以将 H_2 解离吸附成 $H^{\delta+}$ 和 $H^{\delta-}$；活性位中的 Vacancy(*)可以直接吸附噻吩中的 S 原子，通过强吸附作用，实现 C—S 键直接断裂，即直接脱硫(图 5.16)；活性位中的 Vacancy(*)也可以吸附噻吩分子的五元环(大 π 键)，然后利用邻近解离的活性氢进行加氢饱和，实现加氢路径的脱硫；另外，活性位中的 Sulfur(S)在氢气氛围中也会发生还原反应，产生硫化氢和新的 Vacancy(*)空位。这样，通过反应原料中的硫化物和反应气中的 H_2S，可以保证一定的温度和压力下 Vacancy(*)-Sulfur(S)组成的活性位的生成与消失实现循环，活性位的数量处于动态稳定，进而实现连续的加氢脱硫活性的稳定。不同金属硫化物由于 M—S 键键能不同以及 M—S 和 M 之间氧化-还原的循环能力不同，导致加氢脱硫的活性不同。这也能充分解释硫化物和加氢脱硫活性之间的"火山曲线"(图 5.17)：金属与硫的化学键不能太强，但也不能太弱，太强与太弱都导致 HDS 反应活性降低。

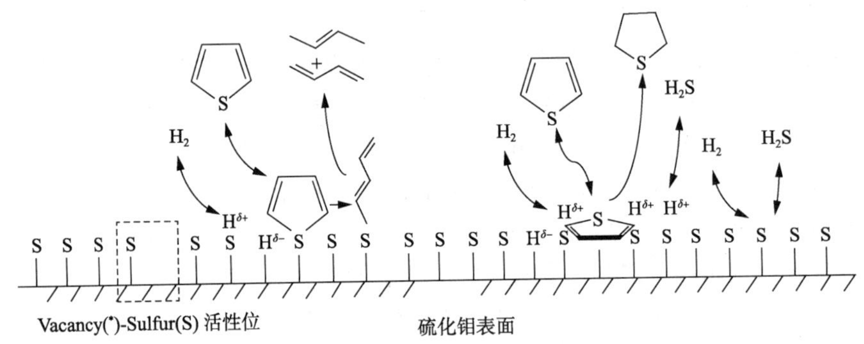

图 5.15 金属硫化物表面的金属空位(*)-金属表面吸附 S(S*)活性位产生示意图及其催化噻吩加氢脱硫的反应历程

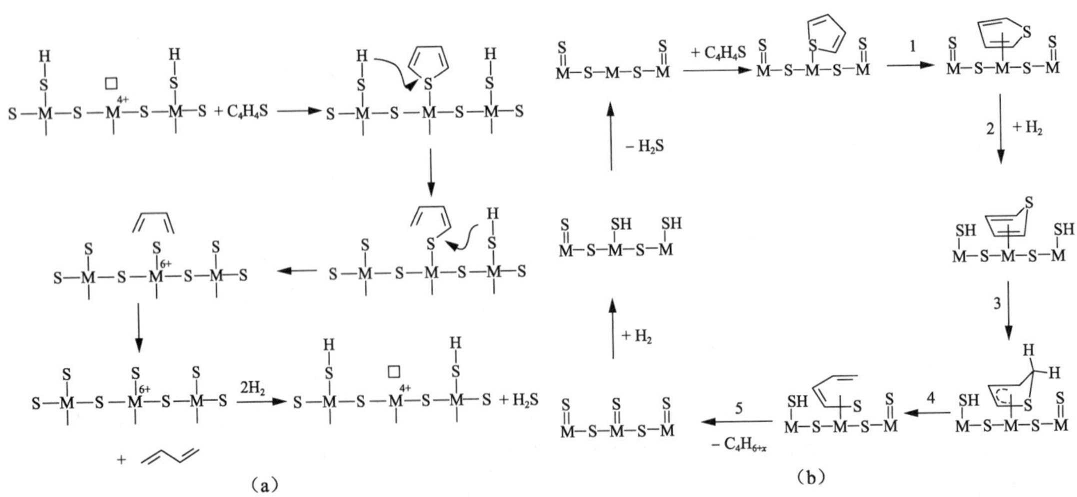

(a)

(b)

图 5.16 Vacancy(*)-Sulfur(S)中 Vacancy(*)催化噻吩直接脱硫路径(a)和加氢路径(b)脱硫的循环

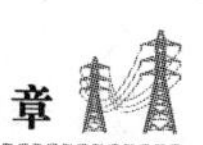

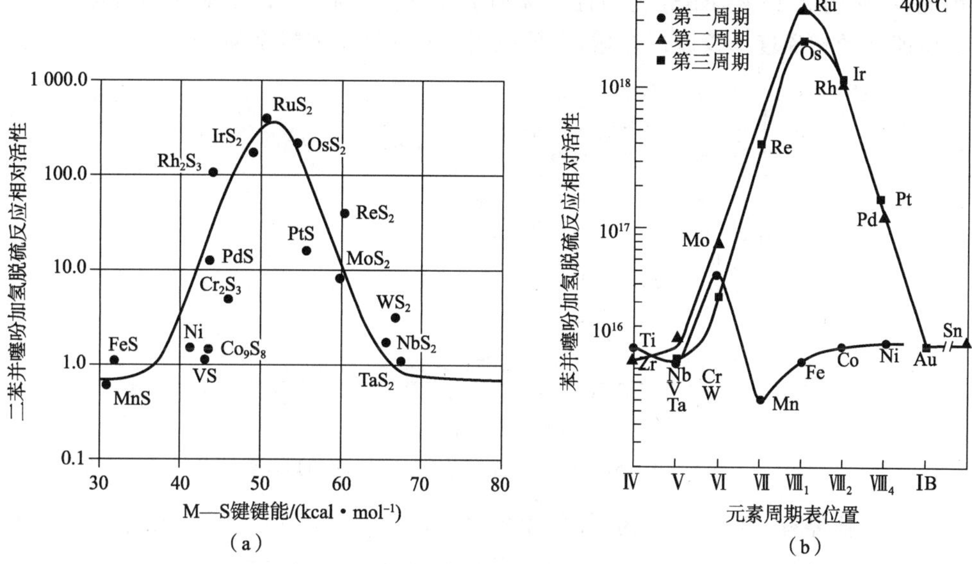

图 5.17 二苯并噻吩(a)和苯并噻吩(b)在金属硫化物上的加氢脱硫反应相对活性

由图 5.17 和图 5.18 可知，Ni-Mo-S 和 Co-Mo-S 等二元硫化物具有较好的 HDS 催化活性，这主要是因为 S 原子提供给 d 轨道的电子数量合适，产生的 M—S 键强度适中。事实上，γ-Al_2O_3 负载的 Co-Mo-S 加氢催化剂是工业上早已应用的 HDS 催化剂，它含有 3%(质量分数)CoO、12%(质量分数)MoO_3。此外，其他二元硫化物体系，如同样用 γ-Al_2O_3 负载的 Ni-Mo-S 和 Ni-W-S 催化剂等，也是近年来报道的较好的 HDS 催化剂。它们的 HDS 机理本质上是相似的。

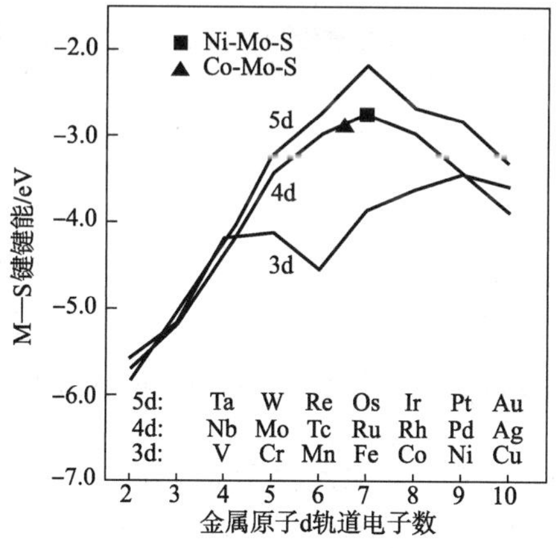

图 5.18 金属原子 d 轨道电子数与 M—S 键键能的关系

下面对加氢脱硫反应中金属和硫化物催化剂的区别进行讨论。一般认为，金属虽然具有加氢活性，但耐硫性差，故加氢脱硫活性一般。这里必须指出的是，这只是相对的，需要视具体金属和反应条件而定。图 5.19 为不同硫化氢和氢气分压比(p_{H_2S}/p_{H_2})下不同金属表面 S 覆盖度的变化示意图。在工业加氢脱硫条件下，p_{H_2S}/p_{H_2} 一般在 10^{-5}～0.01 之间，此时过渡金属 Fe、Ni、Co 和 Ru 金属表面 S 覆盖度接近 100%，而贵金属 Pt 仍存在部分金属空位。因此，虽然图 5.15 中 RuS_2 是活性最高的硫化物催化剂，但仍不能代替贵金属 Pt 用于第 4 章中所述的超深度加氢脱硫领域，本质原因是其活性不如贵金属 Pt。

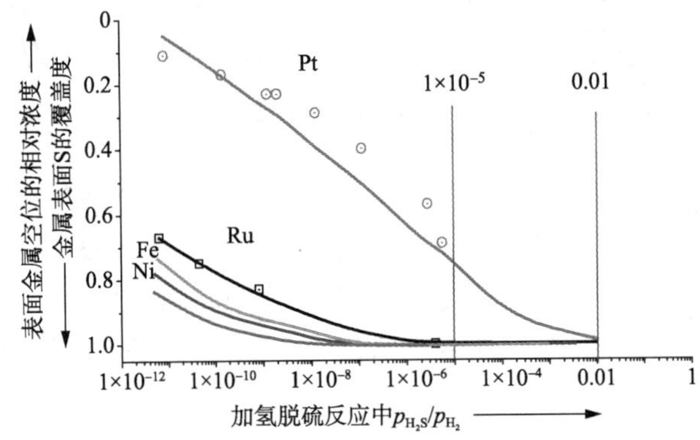

图 5.19　p_{H_2S}/p_{H_2} 对金属表面 S 覆盖度的影响

目前在工业界有一种观点认为，加氢脱硫之所以采用 Ni-Mo-S 而不采用硫化钼之类的单金属硫化物，是因为引入金属 Ni 后，利用其优异的活化氢能力可提高加氢性能。但是如果从热力学角度考虑，如图 5.19 所示，尽管 Ni 原子被引入，但是在反应条件下 Ni 已经被 S 完全覆盖，体现不出金属的特性。表 5.2 给出了原料中存在和不存在硫化氢时 Ni-Mo-S 和 MoS_2 这 2 种催化剂催化苯并噻吩的加氢脱硫活性。若原料中不含硫化氢，则上述表述是成立的，Ni 引入硫化钼中生成复合硫化物，直接脱硫路径和加氢路径脱硫的活性都得到提高；若原料中含有硫化氢，则直接脱硫路径和加氢路径脱硫的活性都显著下降，Ni-Mo-S 的加氢饱和脱硫活性甚至低于 MoS_2 催化剂。可见，工业应用中引入 Ni 主要是为了提高直接脱硫的活性。

表 5.2　Ni-Mo-S 和 MoS_2 催化苯并噻吩加氢脱硫的初始本征活性(300 ℃，5 MPa)

原料中硫化氢分压/kPa	直接脱硫活性 TOF/s^{-1}		加氢饱和脱硫活性 TOF/s^{-1}	
	Ni-Mo-S	MoS_2	Ni-Mo-S	MoS_2
0	1.14	0.062	0.060	0.020
35	0.048	0.004	0.015	0.020

5.2.2　金属硫化物催化剂在油品加氢处理中的应用

5.2.2.1　石油馏分中的含硫、含氮和金属化合物

随着世界石油资源的紧张，人们把目光转向了石油中的重质馏分，但这些重质碳氢化合物资源中有很多含硫、含氮和金属化合物。因此，对改进和开发加氢处理过程的催化剂和工艺而言，了解石油馏分中的含硫、含氮和金属化合物的类型和化学性质是非常重要的。

1）石油馏分中的含氮化合物

众所周知，石油馏分中的含氮化合物一方面会强烈地降低催化裂化、催化重整和加氢裂化等催化剂的活性（主要使催化剂的酸中心中毒），另一方面在油品储存中会形成胶质，而且在油品燃烧时容易产生 NO_x 污染物。石油馏分中的含氮化合物主要分为杂环化合物和非

杂环化合物两大类。与杂环化合物相比,非杂环化合物容易加氢脱氮,并且含量较低,因此加氢脱氮过程主要是对杂环化合物进行加氢脱氮。

经过对原油中含氮化合物的性质进行广泛研究后发现,含氮化合物又可分为碱性和非碱性两大类,同时发现随着馏分油沸点的增大,氮含量增加。在轻质油或中间馏分油中主要是单环和双环含氮化合物(如吡啶、喹啉、吡咯和吲哚),如裂化柴油中是喹啉、吡啶和苯胺等,直馏重柴油中是喹啉、苯并喹啉等;而重质油馏分中主要是多环化合物,在焦化柴油中主要是吡啶系和咔啉系等。

2) *石油馏分中的含硫化合物*

石油馏分中的含硫化合物会使石油二次加工(催化重整)的催化剂严重中毒,并且石油馏分燃烧后含硫化合物会转化为 SO_x,造成环境污染。此外,含有含硫化合物的油品质量不稳定,易腐蚀设备。

石油馏分中的含硫化合物大致分为以下几类:① 硫醇,如烷基硫醇;② 二硫化物,如烷基二硫化物;③ 硫化物,如硫杂烷烃;④ 噻吩和苯并噻吩类。噻吩和苯并噻吩分子常带有侧链,侧链的长度和数量随石油馏分变化而变化。一般低沸点的馏分主要是低沸点的硫醇、噻吩,而高沸点的馏分主要是苯并噻吩类。

3) *石油馏分中的金属化合物*

石油馏分中含有少量金属化合物,最主要的是金属钒和镍的化合物,一方面它们可以使催化裂化催化剂快速失活,另一方面钒的氧化物又会腐蚀设备。

石油馏分中的金属化合物主要分为卟啉类和沥青质 2 类。卟啉类在结构上类似于哺乳动物血液中的血红蛋白和绿色植物中的叶绿素,它们可能是长期埋在地下的动植物在黏土的裂解作用下钒、镍离子与铁、镁离子发生交换而衍生出来的。

与一般烃类相比,沥青质的相对分子质量可达 40×10^4,并且极性强、芳构化程度高以及含有更多的杂原子(如 S,N 和 O)和金属(如 Ni 和 V)离子。在室温下,沥青质可能形成直径为 2~8 nm 的大胶粒。研究结果表明,当这些胶粒的结合力相当弱时,很容易被剪切力或高于 371 ℃的热运动破坏,因此单个分子或被 S,O 或 N 螯合的有机金属化合物的相对分子质量可能小于 1 000,直径小于 1.2 nm。

镍和钒往往集中在较重的石油馏分中,特别是在蒸馏后的渣油中。因而加氢脱金属过程往往是催化加氢处理过程的一部分,但加氢脱金属又与加氢脱除杂原子不同。这主要是因为金属元素不像 N,S,O 那样在加氢处理过程中生成气相物质,而是沉积在加氢催化剂上,因而缩短了加氢催化剂的使用寿命。

5.2.2.2 石油化工中的加氢技术

加氢技术是炼油化工的重要技术之一,主要包括加氢处理、加氢裂化(反应过程中有超过 10%的烃分子变小)两大类。加氢是指在一定温度和氢气压力条件下,通过催化剂的催化作用,使原料油与氢气发生反应,除去非理想组分以改善产品质量,进而提高油品质量或者得到目的产品。

随着燃油标准日益严格,油品质量需求越来越高,国内外的汽、柴油都需要大幅脱硫、降低烯烃含量(或脱芳)、提高辛烷值(或十六烷值)。石油化工中的涉氢反应主要体现在以下几个方面。

（1）加氢处理技术：汽、柴油通过加氢处理成为清洁燃料；重油和渣油加氢处理后则为催化裂化等其他二次加工过程提供优质原料，从而提高其目的产品产率并改善产品分布和质量；石脑油加氢处理是催化重整和乙烯裂解等过程必需的原料预处理手段。

（2）加氢裂化技术：直接生产清洁燃料的重油二次加工技术，可以最大量生产优质石脑油和加氢裂化尾油。

（3）加氢异构技术：可生产 API Ⅱ/Ⅲ类润滑油基础油以及低凝柴油。

以上这 3 个方面中，加氢处理技术主要采用硫化物催化剂，而加氢裂化技术和加氢异构技术，除可采用硫化物催化剂外，还可采用金属催化剂。下面对加氢处理催化剂进行讨论。

5.2.2.3 加氢处理催化剂

最常用的加氢处理催化剂的金属组分是 Co-Mo，Ni-Mo，Ni-W 和 Co-W。法国石油研究院（IFP）曾比较系统地研究了各种金属组分对加氢处理过程中各种基本类型反应（如加氢脱氮 HDN、加氢脱硫 HDS、加氢脱金属 HDM、芳烃饱和 HYD、烯烃加氢以及异构化等）的影响，得出了各金属组分在 HDN，HDM 和加氢裂化中的活性顺序为：

$$\text{Ni-W} > \text{Ni-Mo} > \text{Co-Mo} > \text{Co-W}$$

但是这些金属组分在加氢脱硫中的活性顺序则与此不同，通常 Co-Mo 或 Ni-Mo 的活性高于 Ni-W。与此同时，多数馏分油的加氢处理过程首推 Ni-W 体系，但由于 W 的价格是 Mo 的 3 倍，因此从综合经济效益考虑，可以用 Ni(Co)-Mo 体系代替 Ni-W 体系。然而我国的情况有些不同，更多使用 Ni-W 体系，这主要因为我国的 W 资源极其丰富（世界第一），W 的价格比 Mo 低。

在加氢处理催化剂中，各种金属组分的原子比严重影响加氢处理催化剂的催化性能。当 $\frac{n(\mathrm{A})}{n(\mathrm{A})+n(\mathrm{B})}$（其中 A 代表 Ni 或 Co，B 代表 Mo 或 W）为 0.25 左右时，加氢处理过程的催化活性达到极大值。石油化工科学研究院用共浸渍法制备 Ni-W/Al_2O_3 催化剂，考察催化剂加氢处理活性时发现，当$\frac{n(\mathrm{Ni})}{n(\mathrm{Ni})+n(\mathrm{W})}$为 0.3 左右时，吡啶加氢脱氮活性达到极大值；而对噻吩加氢脱硫来说，$\frac{n(\mathrm{Ni})}{n(\mathrm{Ni})+n(\mathrm{W})}$为 0.54 左右时活性达到极大值。Beuther 等的研究结果表明，Co 与 Mo 的原子比为 0.3 的 Co-Mo/Al_2O_3 催化剂的加氢处理活性最大。对 Ni-Mo/Al_2O_3 催化剂而言，Ni 与 Mo 的原子比为 0.60 时活性最大。在选择工业催化剂的最佳组成时，要综合考虑催化剂成本和催化性能等因素。实际上工业催化剂往往选择最佳 Ni/Mo（原子比），选用富 Ni 组成。

典型的加氢处理催化剂形状是直径 1.2～3.0 mm 的圆柱形或三叶草形。鉴于加氢处理过程往往受扩散控制的影响，因此应尽可能减小催化剂粒度，对重质原料油的加氢处理更是如此。除此之外，为了克服扩散控制的影响，载体具有适宜的孔分布也是非常重要的。Hamner 指出，加氢处理催化剂的载体孔分布与原料的沸点范围有关，380～480 ℃沸点的馏分油要求载体的平均孔径为 5～8 nm，而重油或原油则要求载体的平均孔径为 10～20 nm。然而由于加氢脱氮反应比加氢脱硫反应慢，轻质或中间馏分油的加氢脱氮通常不受扩散控制的影响,因此孔分布在相当大的范围内变化并不影响催化剂的活性。据报道,催化剂的加氢脱氮活性与其表面积有关,认为脱氮活性随着催化剂表面积的减小而下降。

加氢处理催化剂的载体为 γ-Al_2O_3 或含有少量 SiO_2 的 Al_2O_3,而加氢裂化催化剂载体中常加入少量沸石分子筛以改善催化剂的酸功能。在加氢脱金属催化剂中常常采用双孔模式的载体:载体的小孔能阻止较大的金属有机化合物进入,同时又具有其他加氢处理功能;加氢脱金属主要在大孔中完成。

近几年来石油馏分加氢处理催化剂的发展主要围绕提高催化剂的活性和稳定性,从而降低加氢处理装置的能耗。Amoco Oil 公司报道了一种新型的催化剂,该催化剂主要加入第 3 种金属氧化物(如 Cr_2O_3)作为结构稳定剂,并且可以根据不同的加工过程采用不同的载体。例如,加氢脱硫采用 γ-Al_2O_3 或 20%SiO_2+80%Al_2O_3,若既要加氢脱氮,又要加氢裂化,则采用50%分子筛+50%Al_2O_3。加氢处理催化剂的活性随着载体酸性的增加而增大,如在催化剂载体中加入沸石分子筛或氟化物可以提高催化剂的加氢处理活性。现在许多石油公司把加氢处理催化剂的开发集中在载体上。例如 Phillips 石油公司在使用钛酸锌载体后发现其催化性能良好,并且可以降低 Co 和 Mo 的含量;Exxon 研究与工程公司开发了一种高表面积的 Al_2O_3-$AlPO_4$ 载体;Mobil 公司制备了以 Al_2O_3-TiO_2 或 Al_2O_3-TiO_2-ZrO_2 为载体的 Ni-Mo-S 加氢处理催化剂;日本学者研究了一系列复合氧化物载体后发现,以复合氧化物为载体的催化剂具有良好的加氢处理选择性,并且氢耗低。总之,要改善加氢处理催化剂的性能,其载体性能的改变、催化剂调配、制备技术的优化和载体孔分布控制是问题的关键。

5.2.2.4 加氢处理催化剂的结构

为了说明加氢处理催化剂的作用,下面用模型来解释加氢处理催化剂的活性、助剂的作用和采用 γ-Al_2O_3 载体的必要性。这里仅以 Co-Mo/γ-Al_2O_3 催化剂为例说明加氢处理催化剂的结构与催化性能之间的关系。

目前已经提出的催化剂结构模型可以分为 2 类:

(1) 氧化态催化剂结构模型:即以氧化态催化剂结构为基础的模型,假定还原和硫化后仅部分氧被硫取代外,原来的结构保持不变。由于仅用 γ-Al_2O_3 载体,这种模型往往是从 γ-Al_2O_3 的结构模型引申出来的。

(2) 硫化态催化剂结构模型:假定氧化物完全转化为含 Co(或 Ni)和 Mo(或 W)的硫化物结构,与 γ-Al_2O_3 载体无关。

1) 氧化态催化剂的结构

根据用现代分析手段研究加氢处理催化剂结构的结果,认为在没有助剂存在的 MoO_3/γ-Al_2O_3 催化剂中,MoO_3 在 γ-Al_2O_3 表面形成单层组分,由此提出单层分散的氧化态结构,进而能够算出每个 MoO_3 基团的表面积约 0.18 nm^2,这与某些实验结果完全吻合。但当 MoO_3 的负载量高时,可以观察到有 $Al_2(MoO_4)_3$ 存在。

$$\begin{matrix} \text{Al—OH} \\ \text{Al—OH} \end{matrix} + (HO)_2MoO_2 \longrightarrow \begin{matrix} \text{Al—O} \\ \text{Al—O} \end{matrix} \!\!> MoO_2 + 2H_2O$$

当含有 Co 助剂时，Co-Mo/γ-Al_2O_3 催化剂的结构更为复杂。理查森认为，在浸渍时 Co 就以某种形式进入 γ-Al_2O_3 体相中，即 Co^{2+} 在四面体孔隙中定位形成一种类似于尖晶石 $CoAl_2O_4$ 的结构，而当助剂含量高时，可能形成 Co_3O_4 类的化合物。

2）硫化态催化剂的结构

在精心控制的反应条件下，用 H_2/H_2S 预处理催化剂 Co-Mo/γ-Al_2O_3 时，部分 O^{2-} 被 S^{2-} 取代。研究发现，硫化态催化剂的硫含量大致相当于化合物（$Co_9S_8+MoS_2$）中的硫含量（图 5.20）。这表明表面单层被破坏，并且已嵌入 γ-Al_2O_3 体相中的阳离子又扩散回到表面层而形成新的结构。由此可见，硫化态催化剂的结构与它的前驱体结构完全不同。

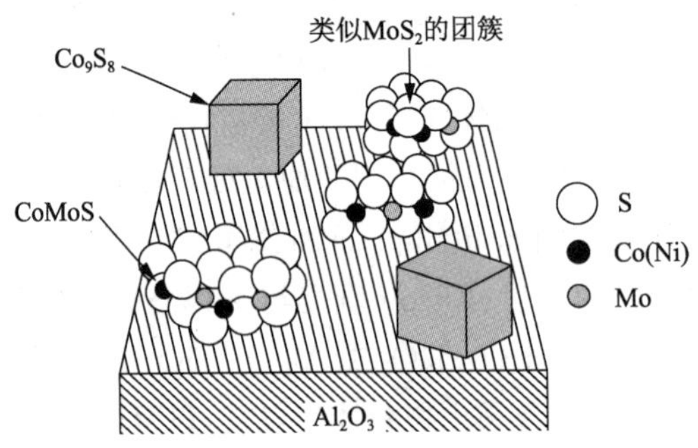

图 5.20　Co-Mo-S/γ-Al_2O_3 的结构模型

沃洛耶夫于 1971 年提出了一种硫化态催化剂结构模型，并由法拉盖等进一步发展完善。他们认为这是一种“插入固体”的硫化态结构。图 5.21 为 NiS，MoS_2 和 WS_2 一类四价过渡金属硫化物的层结构，阳离子处在六重三棱柱包围之中。图 5.21(a)中，每层中的硫离子被紧密填充，阳离子位于 2 个紧密填充层之间，但是层与层之间的孔隙有一半是满的，因此堆叠顺序可能如图 5.22 所示。

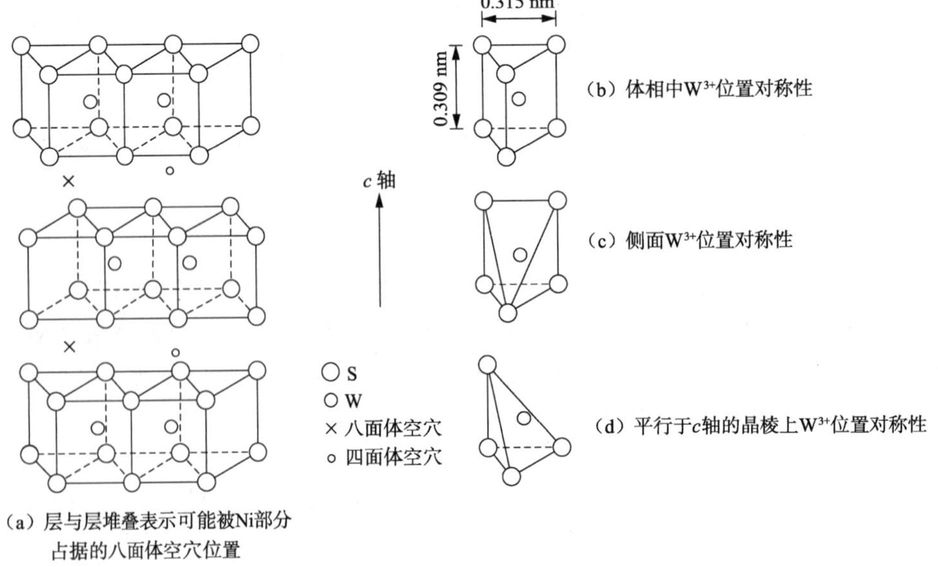

图 5.21　WS_2 的结构

————————	S层
××××××	三棱柱空隙(满的)
————————	S层
	八面体空隙(空的)
————————	S层
××××××	三棱柱空隙(满的)
————————	S层

图 5.22　NiS,MoS 层结构中的堆积顺序

一般来说,MoS_2 和 WS_2 中 Ni 不可能发生层间插入,但从电子显微镜照片上可以看出少量的 Ni 插入 WS_2 的晶棱上,由此提出了 Ni 插入形成的晶棱结构模型(图 5.23)。

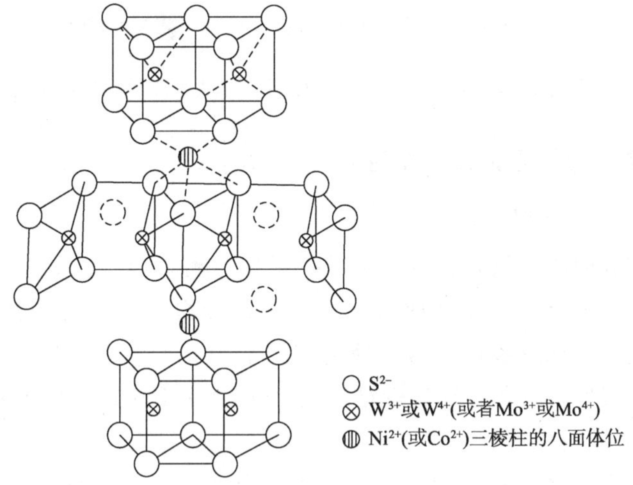

图 5.23　WS_2(或 MoS_2)晶体中插入 Ni 后形成的晶棱结构模型

3) 加氢脱硫催化剂的活性中心

根据大量研究结果,假定加氢脱硫催化剂的活性中心位于晶棱处的阳离子空位上,并且硫原子一旦失去,阳离子便暴露在气相中。阴离子空位的形成可以用单层模型(图 5.24)和晶棱插入模型(图 5.25)来解释。加氢脱硫活性中心 Mo 原子核外有较强扰动环境,是有空位或严重变形的八面体配位 Mo,其数量约占总 Mo 数的 30%。虽然这些模型可以用于解释一些实验结果,但对 Co_9S_8 和 MoS_2 的紧密混合物上的噻吩加氢脱硫活性高于单一化合物以及 Co/(Co+Mo)的原子比在 0.2～0.3 之间的活性最好等仍不能做出合理的解释。此外,活性组分和助剂的加入方式以及载体的种类对加氢处理催化剂性能的影响等仍有待于进一步深入研究。

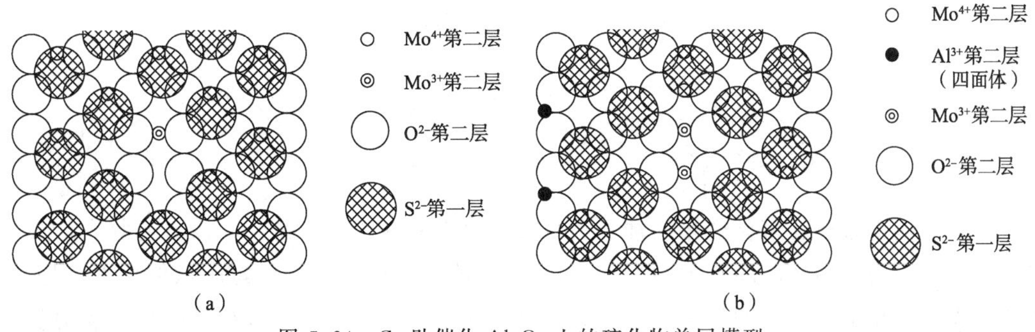

图 5.24　Co 助催化 Al_2O_3 上的硫化物单层模型

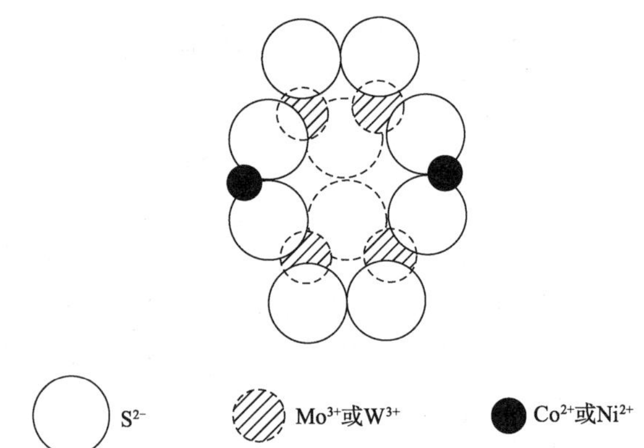

图 5.25　助剂插入 MoS_2（或 WS_2）晶棱后的加氢脱硫活性中心简化模型

5.2.2.5　加氢处理过程的反应机理

1）加氢脱氮的反应机理

一般情况下，馏分油的加氢脱氮可以用准一级反应动力学方程处理。在石油所含有的各类含氮化合物中，大部分是五元环或六元环含氮化合物，非杂环含氮化合物的含量比较低，同时也较容易脱除，因此在加氢脱氮过程中这类含氮化合物并不是很重要。在杂环含氮化合物中，吡啶类的碱性含氮化合物比较难以脱除，因此一般选用吡啶或喹啉作为模型反应物来研究加氢脱氮的反应机理。

一般来说，杂环含氮化合物的加氢脱氮过程可分为：① 杂环饱和；② 环的 C—N 键断裂；③ 生成的胺类或苯胺类以 NH_3 的形式脱除。典型杂环含氮化合物的加氢脱氮反应机理如下：

$$\text{N} \underset{-3H_2}{\overset{+3H_2}{\rightleftharpoons}} \underset{\text{H}}{\text{N}} \xrightarrow{+H_2} C_5H_{11}NH_2 \xrightarrow{+H_2} C_5H_{12} + NH_3$$

$$\text{N} \underset{-2H_2}{\overset{+2H_2}{\rightleftharpoons}} \underset{\text{H}}{\text{N}} \xrightarrow{+H_2} C_4H_9NH_2 \xrightarrow{+H_2} C_4H_{10} + NH_3$$

$$\text{N} \underset{-2H_2}{\overset{+2H_2}{\longrightarrow}} \underset{\text{H}}{\text{N}} \xrightarrow{+H_2} (C_3H_7,\ NH_2) \xrightarrow{+H_2} C_3H_7 + NH_3$$

$$\text{N} \underset{-H_2}{\overset{+H_2}{\longrightarrow}} \underset{\text{H}}{\text{N}} \xrightarrow{+H_2} (CH_2,\ NH_2) \xrightarrow{+H_2} CH_2 + NH_3$$

在了解典型杂环含氮化合物的加氢脱氮反应机理的基础上，进一步认识更复杂的反应网络以及确定网络中每步的动力学参数，将有助于改进和设计新的加氢脱氮催化剂，以及了解什么样的催化剂可能影响加氢和 C—N 键断裂的相对速率。另外，对提高总的脱氮反应速率也具有重要意义。喹啉加氢脱氮的反应网络为：

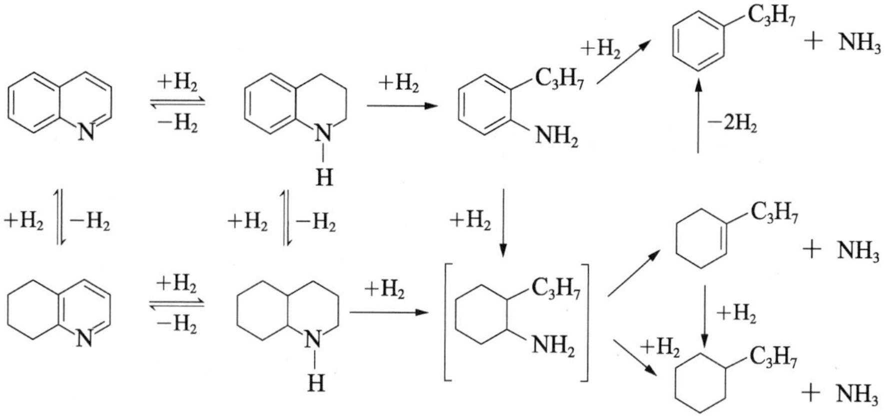

10-氮杂蒽的加氢脱氮反应网络为：

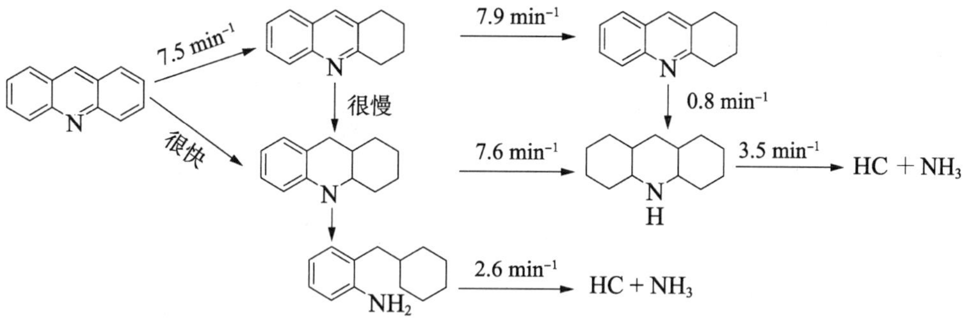

通过喹啉和10-氮杂蒽加氢脱氮的反应网络可以看出，首先发生杂环饱和，随后发生C—N键的断裂，并且只有饱和的六元环上才能发生C—N键的断裂，这可能是因为芳烃型含氮六元环的稳定性与共振作用有关。可以很清楚地看出，加氢脱氮包括2种不同类型的反应，即加氢和C—N键断裂。因此加氢脱氮催化剂需要具有加氢和C—N键断裂2种功能，其中硫化态的金属提供加氢功能，而C—N键的断裂由载体的酸性功能来完成。

2）加氢脱硫的反应机理

噻吩类化合物是石油中最不活泼的含硫化合物，所以在加氢脱硫过程中常选用易得的噻吩作为模型化合物进行研究，其反应网络如下：

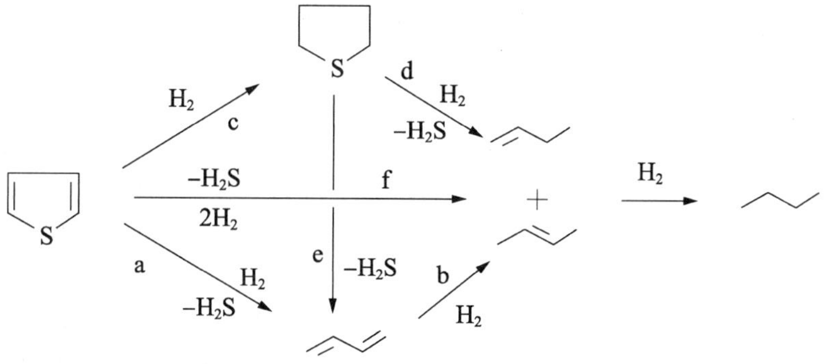

从反应动力学和催化剂的结果可知，吸附中间物包括 H_2，H_2S 和含硫化合物，并且后两者占据金属空位（$\square_S$）。因此，反应至少经过3个表面反应步骤：

$$H_2 \longrightarrow 2H_{ad}$$

$$C_4H_4S + \square_S + 2H_{ad} + 2e^- \longrightarrow C_4H_6 + S^{2-}$$

$$S^{2-} + 2H_{ad} \longrightarrow H_2S + \square_S + 2e^-$$

假定吸附的氢是通过还原吸附形成的：

$$Co^{2+} + H_2 + 2S^{2-} \longrightarrow Co + 2HS^-$$

$$2Co^{2+} + H_2 + 2S^{2-} \longrightarrow 2Co^+ + 2HS^-$$

即吸附的氢是以吸附态的 HS^- 形式出现的，电子给予可以描述为：

$$2Mo^{3+} \longrightarrow 2Mo^{4+} + 2e^-$$

根据上述观点，设想加氢脱硫反应由 2 个独立的氧化-还原步骤组成，其中一个提供 H 原子，而另一个给予电子。噻吩分子被吸附在金属空位上，并分别从金属和 HS^- 基团接受电子和质子，从而发生从 Co 到 Mo^{4+} 的电子转移。图 5.26 为噻吩在 Co-Mo-S/Al_2O_3 催化剂上的加氢脱硫反应机理。

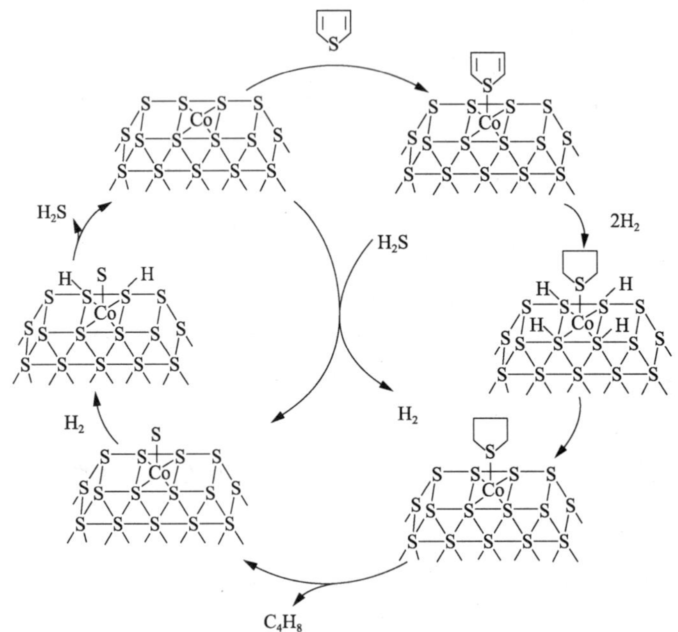

图 5.26　噻吩在 Co-Mo-S 催化剂上的加氢脱硫反应机理

3）加氢脱金属的反应机理

原油和渣油中含有各种各样性能不明、属性不定的有机金属化合物，它们具有进行各种反应的可能性。这些复杂混合物之间的相互作用以及含硫、含氮化合物的存在使研究原油和渣油的加氢脱金属动力学和反应机理变得相当困难。因此，将模型化合物溶于清洁油中，可为研究加氢脱金属的动力学和反应机理提供指导。

卟啉是最好的模型化合物，这是因为它们容易获得并且已被完善地表征过。广泛使用的卟啉化合物是镍和钒基形式的初卟啉、四苯基卟啉（TPP）和四（3-甲基-苯基）卟啉（T3MPP）。

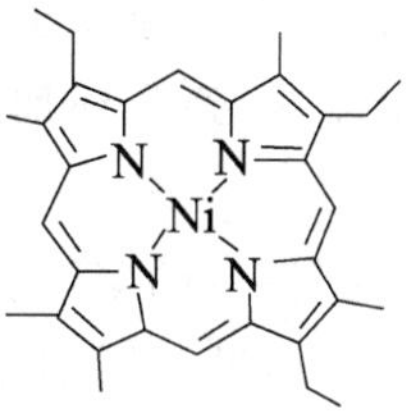

Ni-初卟啉
(Ni-EP)

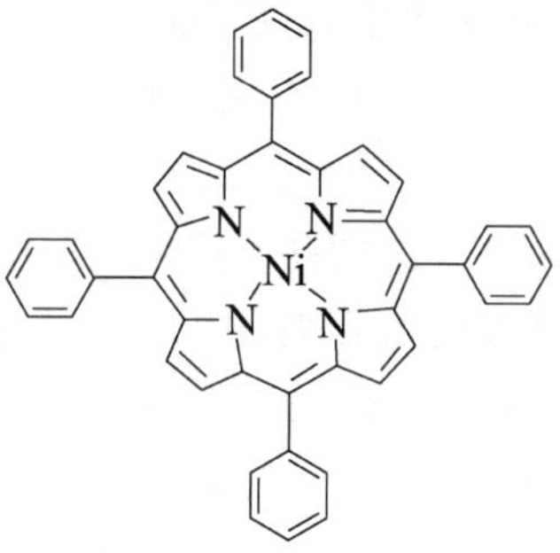

Ni-四苯基卟啉
(Ni-TPP)

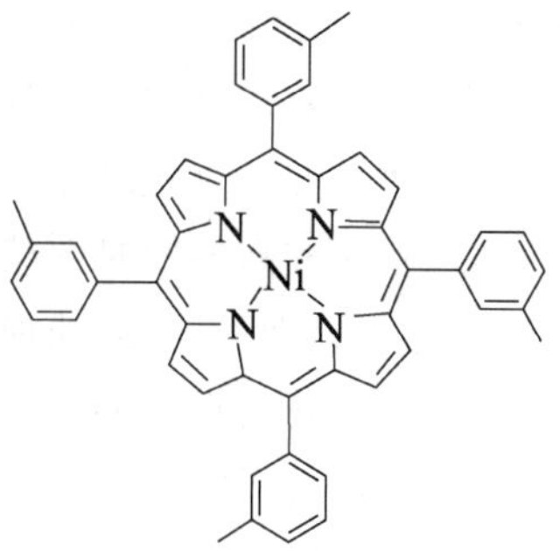

Ni-四(3-甲基-苯基)卟啉
(Ni-T3MPP)

研究表明,卟啉的加氢脱金属反应过程包括一种或多种加氢过程的中间物。反应的第一步是金属卟啉可逆地加氢生成金属二氢卟酚中间物,这种中间物已由质谱分析得到证实;第二步是卟啉结构发生不可逆氢解反应;最后一步是金属在催化剂上沉积。

目前已经知道加氢处理催化剂中的金属硫化物提供加氢功能,但对活性中心的本质和反应机理仍不十分清楚,还有待于进一步深入研究。

5.2.2.6 催化裂化汽油加氢处理制清洁汽油

我国汽油以 FCC 汽油组分为主(占我国成品汽油的 80%以上),其特点是高硫、高烯烃、低芳烃及高辛烷值组分不足。催化裂化汽油是经催化裂化工艺制得的汽油组分,研究法辛烷值(*RON*)约为 91。催化裂化汽油中烯烃含量较高,一般为 35%~50%,有些炼厂烯烃含量高达 55%,而催化裂化汽油原料硫含量一般在 100~1 000 mg/kg 之间。目前我国已全面实现国Ⅵ(A)标准,要求烯烃含量为 15%以下,硫含量为 10 mg/kg 以下,但脱硫降烯烃势必造成辛烷值的损失。目前国内外开发的催化汽油加氢处理技术主要分三大类。第一类是催化汽油选择性加氢脱硫:国外代表性技术为 Axens 公司的 Prime-G+技术和 CDTECH 公司的 CD Hydro/CD HDS 技术,国内代表性技术主要有中国石化的 OCT-M 技术、RSDS 技术以及中国石油的 DSO 技术。第二类是催化汽油加氢改质技术:加氢脱硫使用常规加氢催化剂,同时通过烃类异构化、芳构化等反应提高汽油的辛烷值,以弥补加氢脱硫过程中的辛烷值损失,大幅降低烯烃含量。加氢改质技术主要有 Exxon Mobil 公司的 OCTGAIN 技术、UOP 公司的 ISAL 技术、RIPP 公司的 RIDOS 技术、中国石油的 M-DSO 技术、中国石油和中国石油大学(北京)联合开发的 GARDES 技术。第三类是临氢吸附脱硫技术,具有辛烷值损失小、氢耗低等特点,特别适用于高脱硫率、低烯烃饱和率的原料加工需要。临氢吸附脱硫技术以康菲公司开发的 S-Zorb 技术为代表。

前两类技术涉及的催化剂主要以氧化铝为载体,负载 Co-Mo 金属,其中改质催化剂载体添加了一定量的分子筛,起异构、芳构作用。临氢吸附脱硫技术是在临氢的条件下,利用低加氢活性的吸附剂 ZnO/NiO 吸附硫化物的硫原子,使之反应生成硫化物(如 ZnS 和 NiS)保留在吸附剂上,而硫化物的烃基部分被释放回工艺流程中,实现脱硫过程。整个过程不产生 H_2S,因此可避免传统加氢脱硫技术反应过程中 H_2S 与烯烃再生成硫醇的问题以及硫化氢对加氢脱硫反应的抑制作用。

5.2.2.7 柴油加氢处理制清洁柴油

柴油中硫含量远高于汽油,并且其含硫化合物结构较复杂,反应活性差。当需要生产硫

含量小于 5×10^{-6} g/g 甚至 10×10^{-6} g/g 的超低硫柴油(ULSD)时，必须要脱除其中反应活性最差的物质，主要是多烷基取代的二苯并噻吩类化合物。这些化合物中的硫原子被取代基掩蔽，很难通过直接方式脱除，一般先将芳环预加氢饱和之后再脱硫，受到芳环加氢热力学平衡的影响，在较高温度时继续升高反应温度并不能提高脱硫率。

与汽油加氢处理不同，柴油加氢处理还需要耦合其他技术才能得到清洁的柴油。例如，Topsoe 的深度脱硫脱芳(HDS/HDA)两段联合工艺通过高压加氢或采用贵金属催化剂(参见第 4 章)对芳烃进行深度饱和，以提高产品的十六烷值并适当降低干点和密度；通过缓和加氢裂化对多环芳烃进行部分饱和及选择性开环，可大幅提高产品的十六烷值并适当降低干点和密度；通过对正构烷烃的选择性加氢裂化或异构化，可改善产品的冷流动性能等。

常用的加氢处理催化剂中，Co-Mo 型催化剂的 HDS 活性较高，而 HDN 及 HYD(或HDA)活性较低，适用于中低压条件下的深度脱硫，因此国外柴油加氢脱硫主要采用 Co-Mo 型催化剂；通常 Ni-Mo 或 Ni-W 型催化剂的 HDS 活性低于 Co-Mo 催化剂，而 HDN 和 HYD 活性较高，在中高压条件下深度脱硫时 HDS 活性高于 Co-Mo 催化剂，因此 Ni-Mo 或 Ni-W 型催化剂适用于中高压装置及处理二次加工柴油比例较高或高氮含量的原料，生产硫含量小于 50×10^{-6} g/g 的 ULSD。

5.2.3 金属硫化物催化剂在原料油加氢裂化中的应用

加氢裂化是重油深度加工的主要工艺手段之一，也是唯一能在原料轻质化的同时直接生产车用清洁燃料和优质化工原料的重要技术手段，是最有效利用原油资源的工艺。目前，世界上拥有馏分油固定床加氢裂化专利技术的公司很多，如 UOP(Unocal)，Chevron，IFP，Akzo Nobel，Criterion，TOPSOE，Shell 等，其中工业应用最多的当属 Chevron 和 UOP。国内主要的加氢裂化技术研究机构为 FRIPP(抚顺石油化工研究院)和 RIPP(石油化工研究院)。

加氢裂化是指石油炼制过程中在较高的压力和温度条件下，氢气经催化剂作用使重质油发生加氢、裂化和异构化反应，转化为轻质油(汽油、煤油、柴油或催化裂化、裂解制烯烃的原料)的加工过程。Chevron 公司分别推出了最大量生产中间馏分油，特别是柴油的 ICR-142 和 ICR-150 催化剂；灵活生产石脑油、喷气燃料和柴油的 ICR-147 催化剂；最大量生产喷气燃料的 ICR-220 和 ICR-240 催化剂；生产 API Ⅱ/Ⅲ类润滑油基础油的 ICR-106 和 ICR-150 催化剂。可以看出，加氢裂化的一个重要特点是利用原料特点，通过改变催化剂实现针对市场的灵活生产。

加氢裂化实质上是加氢和催化裂化过程的有机结合，能够使重质油品通过催化裂化反应生成汽油、煤油和柴油等轻质油品，又可以防止生成大量的焦炭，还可以将原料中的硫、氮、氧等杂质脱除，并使烯烃饱和。加氢裂化具有轻质油产率高、产品质量好的突出特点。

1) 加氢裂化与催化裂化的区别

加氢裂化与催化裂化不同的是在进行催化裂化反应的同时伴随有烃类加氢反应。加氢裂化的液体产品产率达 98%以上，其质量也远高于催化裂化。虽然加氢裂化有许多优点，但由于它是在高压下操作，条件较苛刻，需要较多的合金钢材，耗氢较多，投资较高，故没有像催化裂化那样被普遍应用。

2) 加氢裂化发生的化学反应

烃类在加氢裂化条件下的反应方向和深度取决于烃的组成、催化剂性能以及操作条件，主要发生的反应类型包括裂化、加氢、异构化、环化、脱硫、脱氮、脱氧以及脱金属等。

(1) 烷烃的加氢裂化反应。在加氢裂化条件下，烷烃主要发生 C—C 键的断裂反应，以及生成不饱和分子碎片的加氢反应，此外还可以发生异构化反应。

(2) 环烷烃的加氢裂化反应。加氢裂化过程中，环烷烃发生的反应受环数多少、侧链长度以及催化剂性质等因素的影响。单环环烷烃一般发生异构化、断链和脱烷基侧链等反应；双环环烷烃和多环环烷烃首先异构化成五元环衍生物，然后断链。

(3) 烯烃的加氢裂化反应。加氢裂化条件下，烯烃很容易加氢变成饱和烃，此外还会进行聚合和环化等反应。

(4) 芳烃的加氢裂化反应。对于侧链有 3 个以上碳原子的芳烃，首先会断侧链生成相应的芳烃和烷烃，少部分芳烃也可能加氢饱和生成环烷烃。双环、多环芳烃的加氢裂化是分步进行的，首先是一个芳环加氢成为环烷芳烃，接着环烷环断裂生成烷基芳烃，然后继续反应。

(5) 非烃化合物的加氢裂化反应。在加氢裂化条件下，含硫、氮、氧杂原子的非烃化合物进行加氢反应生成相应的烃类以及硫化氢、氨和水。

3) 加氢裂化催化剂

加氢裂化催化剂是由金属加氢组分和酸性载体组成的双功能催化剂。该类催化剂不但要求具有加氢活性，而且要求具有裂解活性和异构化活性。

(1) 与加氢精制催化剂相同，加氢裂化催化剂的加氢活性组分主要是Ⅵ和Ⅷ族(如 Fe, Co, Ni, Cr, Mo, W)的氧化物或硫化物，以及贵金属 Pt, Pd 等。

(2) 催化剂的载体。加氢裂化催化剂的载体有酸性和弱酸性 2 种。酸性载体为硅酸铝、硅酸镁、分子筛等，弱酸性载体为氧化铝及活性炭等。催化剂的载体具有如下几方面的作用：增加催化剂的有效表面积；提供合适的孔结构；提供酸性中心；提高催化剂的机械强度；提高催化剂的热稳定性；增强催化剂的抗毒能力；节省金属组分的用量，降低成本。

5.2.4 金属硫化物催化剂在加氢异构脱蜡反应中的应用

加氢异构是指在氢气参与反应的条件下，使正构(环)烷烃发生异构化反应，甚至可以开环、闭环等，从而变成异构烷烃，如带侧链的环戊烷变成环己烷，使产品中异构烃的含量增加。近年来，随着科技进步和汽车工业的发展，新机械设备不断出现，对高品质成品润滑油的需求量不断增加，质量要求也越来越高，产品等级更新换代大大加快。

基础油异构脱蜡是将原料中的大部分正构烷烃转化成异构烷烃以降低基础油的倾点，同时发生少量裂化反应的过程。该过程在三功能(包括酸功能、加氢/脱氢功能和择形功能)催化剂上完成。酸性载体提供异构化/裂化的酸性位，金属位提供加氢/脱氢功能，择形功能主要体现在催化剂载体材料的特殊结构上。载体的酸性(酸强度和酸位的分布)和金属性的平衡以及载体本身的孔道结构是决定异构化产物分布的主要因素。

1993 年，Chevron 公司首次工业化应用的异构脱蜡工艺采用全氢工艺或者和溶剂脱蜡相结合，对应的工艺路线分别为异构裂化（ISOCRACKING）—异构脱蜡（ISODEWAXING）—加氢后精制（ISOFINISHING）和溶剂精制/溶剂脱蜡—加氢处理—异构脱蜡—加氢后精制。反应采用两段固定床反应器，第一段加氢裂化或加氢处理，用于提高基础油的黏度指数，去除硫、氮、芳烃等有害和非理想组分，转化率通常控制在10%以下。加氢异构裂化或加氢处理产品经过初步分馏后进入第二段加氢异构和加氢后精制的串联部分，以实现降低基础油的倾点，改善基础油的氧化安定性和光安定性的目的。

加氢异构所用催化剂为 Chevron 专利催化剂 ICR-106，ICR-142，ICR-150 等；若是针对油品的加氢预处理，则加氢异构所用催化剂为普通的加氢处理催化剂，即氧化铝负载的 Ni-W 硫化物催化剂；若是针对需要进行异构和裂化以实现脱蜡的反应，则采用沸石分子筛负载的 Ni-W 硫化物催化剂；后精制催化剂为贵金属催化剂，组成为 $Pt\text{-}Pd/Al_2O_3\text{-}SiO_2$。

5.3 金属氧化物催化剂在天然气（页岩气）化工的应用

5.3.1 甲烷氧化偶联制乙烯

甲烷氧化偶联制乙烯（OCM）是指甲烷在氧气存在的条件下直接转化为乙烯和水的化学过程，是天然气综合利用研究的一个新型发展方向，也是目前 C_1 化学和催化领域中受关注的重点研究课题之一。自从 1982 年美国联碳公司（UCC）的 Keller 和 Bhasin 发现甲烷氧化偶联反应以来，OCM 反应就受到了各国学者的极大关注。该技术要实现工业化就要求在高转化率下保持较高的选择性，即甲烷的转化率超过 25%，同时乙烯的选择性超过 80%。

1）反应热力学

甲烷氧化偶联制乙烯为强放热反应，如下式：

$$2CH_4+\frac{1}{2}O_2 \longrightarrow C_2H_6+H_2O \quad \Delta G^{\ominus}=-174.2\ \text{kJ/mol}$$

$$C_2H_6+\frac{1}{2}O_2 \longrightarrow C_2H_4+H_2O \quad \Delta G^{\ominus}=-103.9\ \text{kJ/mol}$$

$$C_2H_6 \longrightarrow C_2H_4+H_2 \quad \Delta G^{\ominus}=114.6\ \text{kJ/mol}$$

$$2H_2+O_2 \longrightarrow 2H_2O \quad \Delta G^{\ominus}=-474.6\ \text{kJ/mol}$$

$$CH_4+2O_2 \longrightarrow CO_2+2H_2O \quad \Delta G^{\ominus}=-801.6\ \text{kJ/mol}$$

$$CH_4+\frac{3}{2}O_2 \longrightarrow CO+2H_2O \quad \Delta G^{\ominus}=-519.1\ \text{kJ/mol}$$

临氧状态下，甲烷在较低的温度条件下可以发生氧化偶联反应，转化为乙烷与乙烯。但是由于反应产物乙烯、乙烷的化学性质比较活泼，比甲烷更容易活化，生成 CO_x 在热力学上更为有利，即在临氧状况下反应物甲烷、中间物及产物乙烯、乙烷极易深度氧化生成 CO 和 CO_2，从而使目的产物 C_2 烃的选择性下降，因而只有选择合适的催化剂用于甲烷氧化偶联反应才能尽量减少反应过程中深度氧化等副反应的发生，在保证甲烷转化率的同时提高 C_2 烃产物的选择性，如图 5.27 所示。

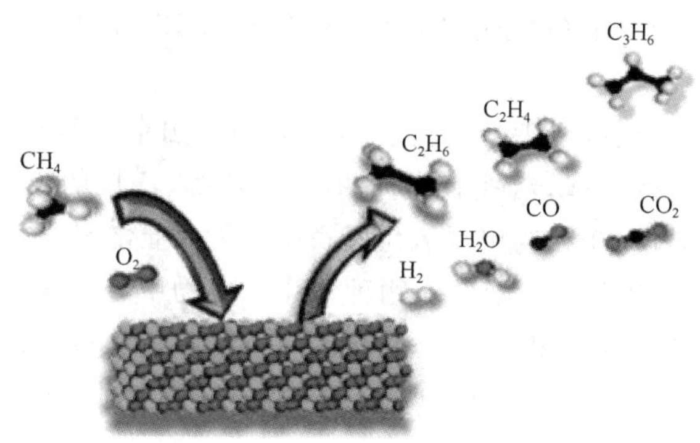

图 5.27 甲烷氧化偶联反应产物

甲烷氧化偶联制乙烯(OCM)反应属于高温(>623 ℃)、强放热(>292.6 kJ/mol)过程，即在高温与催化剂的作用下，氧气吸附于催化剂表面形成活性氧物种，该物种能活化甲烷产生甲基自由基，然后甲基自由基气相耦合形成乙烷，乙烷再进一步氧化脱氢生成乙烯，而反应物、中间物和产物乙烯、乙烷在催化剂表面或气相中能够深度氧化产生 CO_x。

2) 反应机理

(1) 活性氧物种。

利用甲烷合成工业化学产品的前提是使甲烷分子活化，即 C—H 键断裂。Lunsford 等认为甲烷中 C—H 键的解离分为异裂(酸碱催化)与均裂(自由基催化)2 种方式。前者认为催化剂表面金属氧化物活化甲烷产生 $CH_3\cdot^-$，然后进一步与亲离子体作用失去一个电子生成甲基自由基 $CH_3\cdot$，该反应的本质是酸碱反应；而后者认为气相中的甲烷在吸附氧的作用下均裂成 $CH_3\cdot$ 与吸附态 ·OH，部分 $CH_3\cdot$ 进行气相二聚反应形成乙烷或深度氧化成 CO_x，另一部分 $CH_3\cdot$ 则在催化剂表面被氧化。不过从 OCM 催化剂具备的表面特性来看，大多数甲烷氧化偶联催化剂都是强碱性氧化物的事实有力地支持了 C—H 键的异裂方式，如图 5.28 所示。

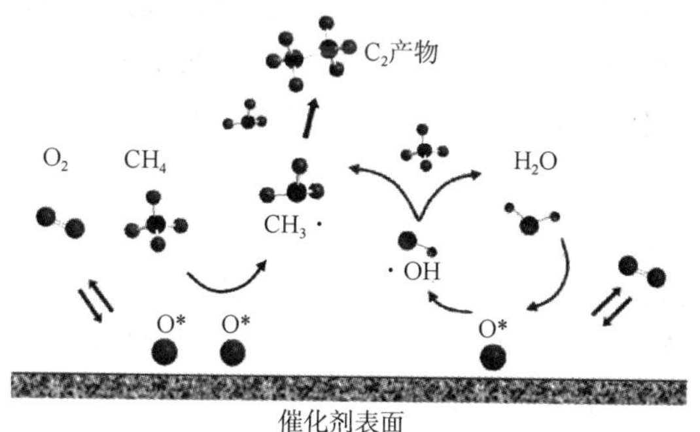

图 5.28 甲烷氧化偶联反应历程

对于 OCM 反应机理，不同研究者的看法各不相同。Keller 等最早提出金属在反应过程中发生氧化-还原反应，金属氧化物晶格参与甲烷活化的机理；Lin 等通过研究 Li/MgO 催化剂上 OCM 的反应，认为 Li^+O^- 为催化剂的活性中心；Otsuka 等研究了 Sm_2O_3 催化剂上 OCM 反应动力学后提出 Langmuir-Hinshelwood 反应机理，认为甲烷与氧气吸附于催化剂表面的不同部位，相互作用后甲烷被活化产生 $CH_3\cdot$，然后二聚产生乙烷或深度氧化成

CO_x;Iwamateu 等认为 Na-MgO 催化剂上主要存在 Eley-Rideal 反应机理,即 C—H 键异裂解离方式。

甲烷氧化偶联制乙烯反应机理十分复杂,至今没有得出十分明确的结论,主要存在下面几点争论:甲烷活化脱氢的方式,活性氧物种的类型,乙烯、乙烷的生成机理以及 CO_x 产生的过程。目前人们普遍倾向于认为甲烷氧化偶联反应是由催化剂表面活性氧物种引发的多相-均相自由基反应,即催化剂表面活性氧物种活化反应物甲烷 CH_4 脱去一个 H 原子产生甲基自由基 $CH_3\cdot$,$CH_3\cdot$ 在气相中二聚生成乙烷或深度氧化成 CO_x,乙烯则主要来自乙烷氧化脱氢次级反应。乙烯与 CO_x 不仅可以在催化剂表面生成,而且可以在气相中反应产生。

由此可知,在甲烷氧化偶联反应中,催化剂表面活性氧物种的产生对甲烷分子的活化是至关重要的。反应过程中,气相氧 O_2 首先吸附于催化剂表面,再经过解离产生各种活性氧物种缺位,主要包括超氧物种(O_2^-)、过氧物种(O_2^{2-}/O^-)和表面晶格氧物种(O^{2-})。其活化转化过程一般可表述如下:

$$O_2 \longleftrightarrow O_{2ad} \longleftrightarrow O_{ad}^{2-} \longleftrightarrow O_{2ad}^{2-} \longleftrightarrow 2O_{ad}^{-} \longleftrightarrow 2O_{ad}^{2-}$$

即气相氧吸附于催化剂表面形成吸附氧分子,之后催化剂上获得电子依次形成上式中各种类型氧物种,它们在反应中可以直接参与反应物甲烷的活化,或者继续夺取催化剂上的电子产生另一种下游活性氧物种。由于不同催化剂体系的甲烷氧化偶联反应机理有所不同,而且气相氧分子活化产生活性氧物种的能力及类型与催化剂上活性相的结构密切相关,因此,在一定的反应条件下,气相氧活化产生何种氧物种,何种氧物种可以活化甲烷并且对 C_2 烃选择性有效,催化剂活性相的组成、晶格结构及表面特性怎样影响 C_2 烃产物的选择性,这些问题一直都是研究与争论的焦点。

非变价的碱金属、碱土金属和稀土金属氧化物催化剂体系通过化学吸附产生的活性氧物种(如超氧物种 O_2^-、过氧物种 O_2^{2-}/O^-)是其选择性氧物种,催化剂表面晶格氧则起到促进甲烷深度氧化的作用。在大量稀土氧化物或碱土与稀土复合氧化物催化剂上检测到超氧物种 O_2^- 的存在,由此有报道推测 O_2^- 可能是稀土催化剂上的活性氧物种。通常情况下,超氧物种 O_2^- 的热稳定性要低于过氧物种 O_2^{2-},并且越来越多的证据表明过氧物种 O_2^{2-} 对甲烷氧化偶联反应起着直接或间接的作用。

(2) 氧化物表面酸碱性。

到目前为止,所研究的 OCM 催化剂大多数是碱性氧化物,而性能良好的催化剂一般具有较强的碱性。由此可知,在甲烷氧化偶联制乙烯反应中,催化剂的酸碱性一直被认为是影响反应性能的重要因素。Carreiro 等考察了一系列碱土金属氧化物催化剂的甲烷氧化偶联反应,研究发现各催化剂的 OCM 催化活性高低与它们碱性的强弱(C_2 烃选择性按 BeO<MgO<CaO<SrO<BaO 的顺序依次增加)相关,碱性越强,催化活性越高。在未改性的碱土金属氧化物上添加碱金属后,催化剂的活性和选择性得到了进一步提高,这可能是由于碱金属的加入调节了催化剂表面的碱性强度,引起了晶格畸变,使催化剂活性中心的比表面积发生了变化,从而抑制了甲烷的完全氧化。邱显清等利用 CO_2-TPD 技术研究了不同碱金属化合物催化剂的表面碱性,结果表明碱金属的添加使催化剂表面碱位数量和强度都有所增加,催化剂的反应性能与其表面碱性之间存在良好的关联性。Tong 等在稀土金属镧氧化物

催化剂上也发现了相同的变化规律。然而值得注意的是,这种变化规律大多出现在含碱金属、碱土金属和稀土金属氧化物催化剂上,而只有少数含变价金属氧化物的催化剂体现了这一规律,原因可能是两者的催化机理不同。谢卫国等通过研究负载不同碱土金属氧化物的 MO/Re_2O_3(M 为 Ba,Sr,Ca,Mg,Be)催化剂的稀土氧化物 Re_2O_3 表面碱性与催化性能之间的关系发现,虽然催化剂表面碱性强弱与碱土金属氧化物一致,但是太强或太弱的表面碱性都不利于甲烷氧化偶联反应。利用 NH_3-TPD 技术表征发现,MO/Re_2O_3 催化剂表面不存在强酸中心,但均含有一定量的弱酸中心(120 ℃左右)。Choudhary 等将不同碱土金属负载于涂覆稀土氧化物层的 SA-5205 载体上,对各催化剂进行 CO_2-TPD 表征测试。研究结果表明,涂覆 La_2O_3 或 Nd_2O_3 氧化层的催化剂在不同温度区间都出现了二氧化碳的脱附峰,其中中等强度的碱位与强碱位(500~750 ℃,750~900 ℃)对催化剂的 OCM 反应活性影响较大,两者之间存在良好的对应关系,而催化剂上的弱碱位(50~500 ℃)与极强碱位(>950 ℃)与甲烷氧化偶联反应活性无关。因此,对 OCM 催化剂而言,具有适中碱性且酸碱性可调节的催化剂更有利于甲烷氧化偶联反应性能的提高。

3) 甲烷氧化偶联催化剂

到目前为止,已经研究过的 OCM 催化剂达 2 000 多种,种类繁多,所使用的元素包括了除零族元素以外几乎所有的元素。总体来说,OCM 催化剂大致可以分为 4 类:碱金属或碱土金属氧化物催化剂体系、稀土金属氧化物催化剂体系、过渡金属氧化物催化剂体系和其他类型复合氧化物催化剂体系。

碱金属与碱土金属氧化物催化剂体系是一类催化活性较好的 OCM 催化剂,受到了研究者们的普遍关注。研究较多的是 MgO 基催化剂,特别是添加了碱金属离子的催化剂体系。目前效果最好的催化剂也多半含有碱金属。

纯稀土金属氧化物催化剂或以稀土金属氧化物为主体的催化剂也是甲烷氧化偶联制乙烯反应领域中重点研究的催化体系之一。Sm_2O_3,La_2O_3,Pr_2O_3,Y_2O_3 以及 CeY 沸石混合物等催化剂都已被证明具有甲烷氧化偶联反应催化性能,La_2O_3,Sm_2O_3 则被认为是纯稀土金属氧化物中活性最好的催化剂。这类催化剂的主要特点是催化剂活性高、热稳定性好、反应温度低(一般在 600~800 ℃就可以进行 OCM 反应)。

美国 Siluria 公司在甲烷氧化偶联制乙烯反应领域做出了一些开创性的工作。他们采用高通量法筛选了大量的 OCM 催化剂,最后使用一种菌丝体作为模板剂制备出了一系列无机复合氧化物的纳米线催化剂,并进行了大规模的应用实验。与之前研究的催化剂相比,Siluria 公司发明的无机纳米线催化剂在高甲烷空速条件下具有优良的催化活性与 C_2 烃选择性,这是因为该催化剂的纳米结构使其拥有更多表面结晶缺陷与比表面积,从而提高了催化剂的催化活性。同时,催化剂的反应操作温度显著降低,在 600 ℃就能通过氧化偶联反应,将甲烷有效地转化为目的产物乙烯 C_2H_4,且催化剂稳定性极好。2013 年,Siluria 公司在美国得克萨斯州建立了一套示范装置,并成功投产,这是目前最为接近工业化的 OCM 技术。

过渡金属氧化物催化剂也具有一定的甲烷氧化偶联反应催化活性,并且在低温条件下就能对甲烷产生活化作用,其中氧化性能较好的过渡金属有 Mn,Ti,Zn,Sn,Bi,Pt,Mo,Fe,Co,Ni,Cr,Cd 等。这些催化剂上的氧物种被认为主要以晶格氧 O^{2-} 状态存在,其表面扩散深度至少为 20 个原子层,反应过程中倾向于促进完全氧化,导致催化剂选择性不高。因此,需要采用其他复合氧化物进行活性调节，一般采用碱金属、碱土金属氧化物或卤化物等改性后的过渡金属氧化物，使催化剂体系的催化活性大大提高。

除上述3类比较典型的甲烷氧化偶联催化剂体系类型外，近年来还研制出了一些具有固定结构的复合氧化物催化剂体系，如钙钛矿型复合氧化物催化剂。除此之外，尖晶石结构的铁酸锌铌和羟基磷石灰铅等同样具有良好的甲烷氧化偶联反应催化性能，同时多组分催化剂的研究也是甲烷氧化偶联反应催化剂开发的一个重要方向。

5.3.2 低碳烷烃氧化脱氢制低碳烯烃

页岩气的商业化开采使乙烷和丙烷的产量急剧升高，乙烷和丙烷的价格降低，两者成为低碳烯烃中最有竞争力的原料。高效转化低碳烷烃($C_2 \sim C_4$)生产相应烯烃不仅可以使非传统燃料气作为化石资源的补充原料，而且可以解除化学工业对石油资源的单纯依赖，这是21世纪能源利用和转化领域的里程碑。氧化脱氢(ODH)因其步骤单一、无积炭、不受热力学限制等优点，成为低碳烷烃转化制烯烃最具前景的工艺路线。然而，ODH过程最大的瓶颈在于缺乏高选择性的催化剂来控制氧化程度，从而减少过度氧化及二氧化碳排放。众所周知，烯烃比烷烃更活泼，因此ODH过程得到的烯烃更容易继续反应生成CO_2，其理论最大烯烃产率仅为35%，大部分文献中催化剂上烯烃产率不超过20%。

1) 反应热力学

从化学反应角度考虑，理想的直接脱氢属于一步反应，无副反应，同时产生氢气，过程清洁，原子利用率高。该反应最大的缺点在于过程受热力学平衡限制，属于体积膨胀反应，反应强吸热，直接脱氢转化率的提高过分依赖于高的反应温度和低的反应压力。与直接脱氢相比，氧化脱氢最大的优点在于：

(1) 解除了直接脱氢过程中的热力学平衡限制，烷烃转化率可在任意温度下达到100%。

(2) 反应放热，避免了直接脱氢过程中额外的能量补给。

(3) 反应副产物(如裂解产物)减少，这样可以简化后续分离步骤。

(4) 基本无积炭，催化剂失活速率大幅下降。

尽管存在上述优势，但迄今为止，氧化脱氢过程的工业化仍然是一大挑战。由表5.3可知，除乙烷中仅含的一级C—H键键能小于乙烯中仅含的乙烯基C—H键键能以外，其余烷烃分子中主要含的一级、二级、三级C—H键键能都要高于相应烯烃所含的烯丙基C—H键键能，在氧化脱氢过程中，活性氧物种更容易进攻键能较低的烯烃，因而大部分烯烃产生后被继续氧化成CO和CO_2，导致烯烃选择性偏低。氧化脱氢反应通常在较低温度(<500 ℃)下进行，尽管表5.3中C—C键键能最低，但通常在此温度下C—C键很少断裂，这是因为与C—C键连接的氢原子或烷基所形成的空间位阻碍了活性氧物种对它的进攻。因此，对氧化脱氢工艺的改进除优化工艺条件外，还应对高烯烃选择性的催化剂进行集中研究。

表5.3 典型C—H键的键能

键类型	键能/($kJ \cdot mol^{-1}$)
C—C	360

续表

键类型	键能/(kJ·mol^{-1})
一级 C—H	420
二级 C—H	401
三级 C—H	390
烯丙基 C—H	361
乙烯基 C—H	445

2）反应机理

关于烷烃氧化脱氢反应机理的文献非常多，由于涉及的催化剂体系以及反应条件不同，几乎每个研究都有独立的结论。通过大量调研关于金属氧化物催化剂上烷烃氧化脱氢反应机理的综述可知，不同反应物以及不同催化剂上反应机理不相同，但普遍认为第一个 C—H 键的活化是速率控制步骤。因此，以第一个 C—H 键活化方式的不同分类，反应机理主要分为 2 类：

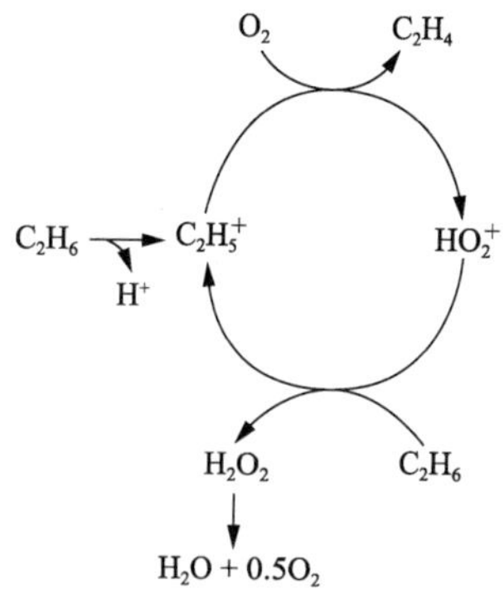

图 5.29 氧化脱氢自由基机理

(1) 自由基机理，主要涉及未成对电子参与反应。如图 5.29 所示，主要由烷烃中第一个 C—H 键均裂产生烷基自由基开始，烷基自由基继续与氧气反应生成烯烃和 HO_2·自由基，HO_2·自由基进攻另一个烷烃分子再生成烷基自由基参与上述循环，并产生中间体过氧化氢，最后分解成水和氧气。通常，烷基自由基的产生需要较高的反应温度来引发，往往高于烷烃氧化-还原反应发生的温度。烷基自由基的生成过程可细分成 2 种：气相反应和表面反应。气相反应指自由基会在气相中发生链转移和链繁殖，这类反应通常难以控制，释放到气相中的烷基自由基会迅速与氧反应生成碳氧化物，同时也会在气相中发生聚合增长碳链或形成聚合物使催化剂失活，一般碱金属及碱土金属氧化物上烷烃脱氢反应属于此类机理。表面自由基反应仅限于发生在催化剂表面，反应容易控制，因而能获得较高的烯烃选择性，含钒和含镍的催化剂上通常会发生此过程。

(2) 氧化-还原机理，主要涉及成对电子参与反应。这类机理通常认为可变价的金属，其活化催化第一个 C—H 键时发生异裂，烷烃中的氢被高价金属剥夺而形成烯烃，得到还原态的金属，通过氧气氧化再生，完成氧化-还原循环。

表 5.4 给出了几种常见金属氧化物催化剂上的活性位、反应机理及相应的催化性能。

表 5.4 不同催化剂上乙烷 ODH 活性位及反应机理

活性位点	位点类型	第一个 C—H 键活化	反应机理	温度/℃	乙烯选择性/%
V-O	氧化-还原型	单电子，均裂 或双电子，异裂	表面自由基 或氧化-还原	430～650	10～90
Mo-O	氧化-还原	单电子，均裂	氧化-还原	550～580	40～90
[Ni-Nb-O]	氧化-还原型	—	—	350～400	80～90
Co-O	非氧化-还原型	—	—	550	45～80

续表

活性位点	位点类型	第一个 C—H 键活化	反应机理	温度/℃	乙烯选择性/%
Sm_2O_3	非氧化-还原型	单电子,均裂	自由基	550～700	20～70
Li-Mg	非氧化-还原型	单电子,均裂	自由基	570～650	57～75
OCl^-	氧化-还原型	单电子,均裂	—	525～600	80～95

除从活化烷烃的角度对反应机理进行分类外,催化剂上氧物种的作用也非常重要,Baems 等按氧物种类型将烷烃氧化脱氢机理分为 3 类(图 5.30)。

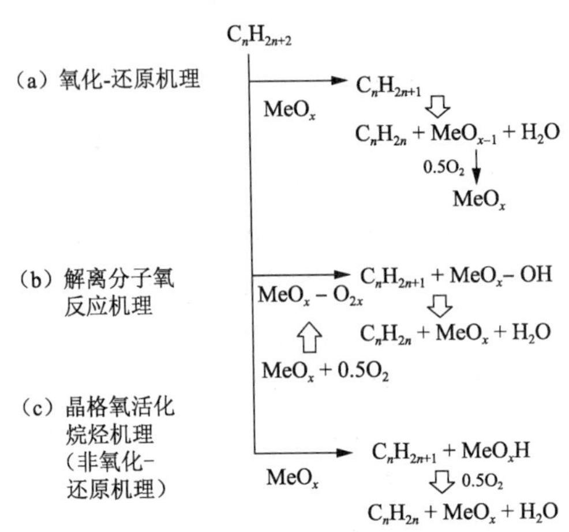

图 5.30 按金属氧化物(MeO_x)物种分类的氧化脱氢机理

(1) 氧化-还原机理:该机理与上面第 2 类机理基本相同,认为金属氧化物 MeO_x 中的氧是从烷烃中获取质子而形成 MeO_xH 基团,该基团脱水,部分被还原成 MeO_{x-1},然后重新被气相氧氧化成 MeO_x,完成氧化-还原循环。

(2) 解离分子氧反应机理:催化剂首先将气相中的氧解离成吸附态的活性氧物种,活性氧物种活化烷烃 C—H 键生成烯烃,活性位形成羟基后脱水。

(3) 晶格氧活化烷烃机理:金属氧化物上的晶格氧活化烷烃 C—H 键,该机理与氧化-还原机理不同的是,活性位不依赖于可变价金属的氧化-还原作用,而是取决于晶格氧的活化能力。

综上,对低碳烷烃氧化脱氢反应机理研究较多,得到的结论存在较多争议。需要注意的是,反应机理的研究需针对不同催化体系、不同反应物以及反应条件进行具体分析和论证。

3) 氧化脱氢催化剂

目前,乙烷制乙烯的主要工业路线是乙烷通过金属催化剂直接脱氢,而丙烷制丙烯的工业路线则包括直接脱氢和氧化脱氢。下面主要介绍丙烷氧化脱氢催化剂。这类催化剂中研究较多的是可以变价的金属元素,以过渡金属为主,如 V,Mo,Cr,Ni,Fe,Mn 等,这些催化剂遵循氧化-还原机理。反应过程包含丙烷活化、晶格氧插入和表面氧化-还原等。这些过渡金属与氧结合,可形成不同强度的金属氧键,使晶格氧在一定程度上流动,完成对丙烷分子的活化。当催化剂的还原性较强时,催化剂反应活性较高,但表面金属与氧结合不牢,容易脱去,发生反应中间物和产物的深度氧化,使反应活性下降。当催化剂的氧化性较强时,丙烯选择性较高,但表面金属与氧结合牢固,晶格氧的流动性差,丙烷的转化率下降。同时,反应物的吸附和活化以及产物的脱附与催化剂的酸碱性有关。

丙烷氧化脱氢制丙烯反应常用的催化剂有钒基催化剂、钼基催化剂、稀土金属催化剂、磷酸盐类催化剂和其他类型催化剂等。

钒基催化剂是目前研究较多的一类催化剂，它对丙烷氧化脱氢制丙烯反应有很好的催化效果。钒基催化剂可分为 V-Mg-O 催化剂和负载型钒基催化剂。V-Mg-O 催化剂具有较高的活性和选择性，其反应过程中存在 3 种不同的晶相，分别为焦钒酸盐($Mg_2V_2O_7$)、正钒酸盐($Mg_3V_2O_8$)和偏钒酸盐(MgV_2O_6)。Kung 等认为 $Mg_3V_2O_8$ 是活性物种，V-Mg-O 催化剂遵循氧化-还原反应机理；Sam 等认为活性相是 $Mg_2V_2O_7$，活性位是共角 V_2O_7 四面体，催化剂中 V^{4+} 的稳定存在有利于氧缺位的形成，从而有利于提高催化剂的活性；方智敏等认为活性相应该是含有适量 V^{4+} 的正、焦钒酸镁，由于催化剂中钒价态之间的转化而形成氧缺位，因此催化剂中形成更多的晶格氧。

除钒基催化剂外，钼基催化剂也是一种有效的氧化脱氢催化剂，特别是对丙烷氧化脱氢制丙烯来说。MoO_3 是钼基催化剂的活性中心，若不考虑载体的效应，则 MoO_3 的催化活性稍逊于 V_2O_5。MoO_3 是八面体结构的酸性氧化物，Mo 原子位于八面体中心，周围有 6 个氧原子，钼基催化剂的活性和选择性与 Mo 的负载量、Mo 的价态以及催化剂的结构有关。$NiMoO_4$ 分为低温 α 相和高温 β 相 2 种。温度达到 700 ℃时 α-$NiMoO_4$ 通过加热可以全部转化为 β-MoO_4，温度降到 300 ℃时 β-$NiMoO_4$ 可以全部转化为 α-$NiMoO_4$。

稀土氧化物、稀土钒酸盐和稀土基氟氧化物对低碳烷烃的氧化有很好的催化性能，特别是对丙烷氧化脱氢制丙烯反应。由于稀土金属具有特殊的价电子层结构，尤其是一些稀土元素具有类似于过渡金属变价的性质，稀土氧化物能够增加催化剂表面储氧能力，增加晶格氧的流动性，增强催化剂的热稳定性以及表面活性物种的分散性，稳定其他金属离子的氧化价态，因此，稀土金属氧化物可以作为良好的催化剂和助剂。Zhao 等认为 $LnVO_4$(Ln 是镧系元素)催化剂对丙烷氧化脱氢制丙烯反应有很好的活性。

从催化活性来看，负载型催化剂要远高于非负载型催化剂。负载型催化剂比非负载型催化剂的机械强度更高、热稳定性更好、比表面积更大。更重要的是载体与其表面的活性物种间的相互作用能够改变活性物种的聚集状态，最终影响催化剂的催化活性。可见，载体是氧化脱氢催化剂的重要组成部分。目前，此类反应中最常用的催化剂载体有三氧化二铝(Al_2O_3)、Y 沸石、ZSM-5 沸石、二氧化硅(SiO_2)和二氧化钛(TiO_2)等。

除传统的氧化物外，最近十几年来表面功能化的碳材料也被认为是一种优异的氧化脱氢催化剂。1973 年，Iwasawa 等发现多聚萘醌在较低的温度下能催化乙苯氧化脱氢；1976—1994 年，许多研究者在研究金属氧化物催化乙苯脱氢过程中发现积炭层才是真正的活性中性；1999 年，Silva 利用活性炭催化乙苯氧化脱氢，给出了活性炭上所含的醌羰基数量与乙苯脱氢活性之间的线性关系，该发现开启了碳催化研究的大门。

2001 年，德国马普学会 Fritz Haber 研究所研究小组在研究乙苯氧化脱氢过程中发现金属催化剂上的积炭是活性位，然后首次利用纳米碳纤维代替金属催化剂进行该反应并取得成功。后来大量研究表明，碳表面含氧官能团醌羰基 C═O 是这一反应的活性位。然而，相比于较易活化的苄基 C—H 键，低碳烷烃中的 C—H 键活化一直是传统催化领域的热点和难点。2008 年，Zhang 等首次发现氧化的碳纳米管可作为正丁烷氧化脱氢反应的催化剂，并利用少量磷酸盐改性，将丁烯的选择性从 20％提高到 74％，其 100 h 内稳定性测试无明显变化，结果如图 5.31 所示。这一过程利用先进的原位 XPS 技术证实了醌羰基C═O 是脱氢反应的活性位：当仅有丁烷引入时，亲核的醌羰基 C═O 含量减少，而氧气引入体系后 C═O 能够再生。结合理论计算可提出图 5.31 所示的反应机理。Zhang 等认为，反应选择性低是由于碳纳米管表面的缺陷和边缘位活化分子氧产生亲电氧物种超氧阴离子 O^{2-} 及过氧阴离子 O_2^{2-}，这些亲电氧物种破坏烯烃中富电子的 C═C 键生成 CO_2 而导致烯烃选择性下降，在引入磷后，亲电氧物种的产生得到抑制，从而提高了烯烃选择性。随后，利用碳催化丙烷、异丁烷、乙烷氧化脱氢反应的研究得到大量扩展。

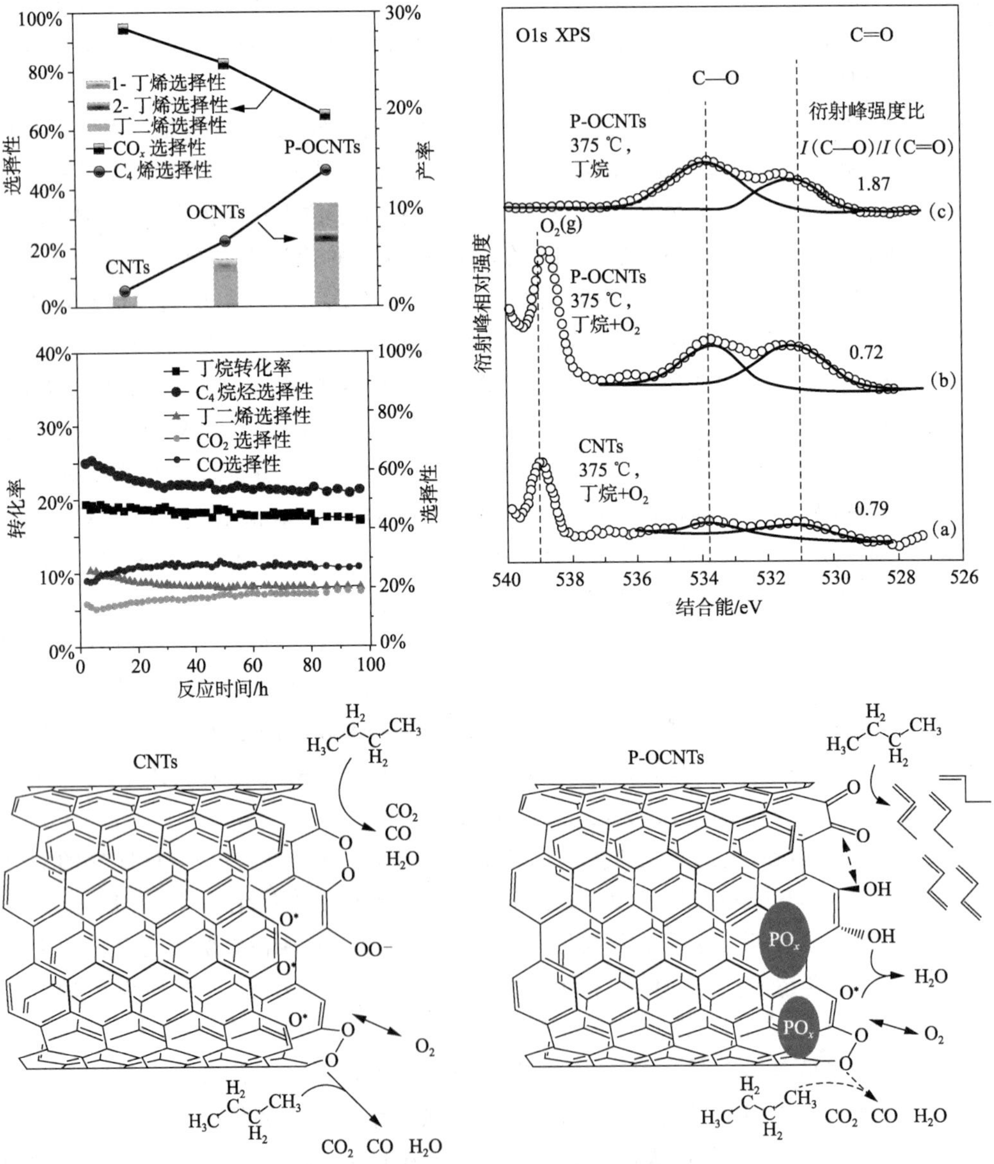

图 5.31 磷改性碳纳米管催化丁烷氧化脱氢反应机理

OCNTs 为含 O 的碳纳米管，P-OCNTs 为含 P 和 O 的碳纳米管

5.3.3 甲烷直接氧化燃料电池

固体氧化物燃料电池(solid oxide fuel cell,简称 SOFC)采用高熔点的固体氧化物作为电解质,全固体的电池结构不存在漏液问题,不采用贵金属(如铂)作为电极催化剂,使成本大大降低,而且燃料适用范围广,余热利用价值高,成为燃料电池的研究热点。甲烷直接氧化的固体燃料电池是指燃料和氧化剂(一般是氧气)在电极附近参与原电池反应的化学电源。燃料(CH_4)与氧化剂(O_2)反应生成 CO_2 和 H_2O 的过程中得失电子就可产生电流,从而发电。

SOFC 工作时,电子由阳极经外电路流向阴极,O^{2-} 经电解质由阴极流向阳极,燃料气(如甲烷)通入电池的阳极,通过扩散作用到达阳极/固体电解质的界面,被 O^{2-} 氧化并释放出电子;氧化剂(如空气中的氧气)通入电池的阴极,氧气扩散到阴极/固体电解质的界面,被还原为 O^{2-}。阳极释放出的电子经过外电路的负载回到电池的阴极;固体电解质则完成了 O^{2-} 从阴极到阳极的输送过程,构成电子流通的回路;产物水由阳极随高温尾气排出。

甲烷在 SOFC 中的内部反应主要有水蒸气重整和直接氧化 2 种。在水蒸气内部重整型 SOFC 中,重整反应所需的热量由燃料电池反应供给,可以省去传统 SOFC 的燃料处理器。Ni/YSZ(或 Ni/ZrO_2)是目前研究最多、用得最广、最适宜甲烷水蒸气重整的 SOFC 阳极材料。甲烷在 Ni 电极上发生重整反应时,Ni 的烧结及电极积炭对电极性能影响很大,一般要向燃料气中加入过量的水蒸气[$V(H_2O)/V(C)>2$]以避免积炭。另外,当燃料中存在 H_2S 等硫化物时,由于 Ni 电极耐硫能力不强,阳极上易沉积 Ni 的硫化物,会导致电极性能的衰减。水蒸气重整反应的强吸热作用导致阳极气体入口处存在较大的温度梯度,增加了操作中温度控制的难度。

甲烷直接氧化可以克服甲烷水蒸气重整的许多缺陷,且不受低温时反应平衡限制,因此目前 SOFC 有向中低温型发展的趋势。甲烷未经外部转化直接进入 SOFC 阳极,与来自阴极的 O_2 在阳极的催化氧化反应可能存在以下几种形式。

(1) 甲烷与 O_2 发生完全氧化反应,生成 CO_2 和 H_2O,释放出电子:

$$CH_4+4O_2 \longrightarrow 2H_2O+CO_2+8e^-$$

(2) 甲烷与 O_2 发生部分氧化反应生成合成气,H_2 和 CO 再与 O_2 反应释放出电子:

$$CH_4+O_2 \longrightarrow 2H_2+CO+e^-$$

(3) 甲烷与生成的水蒸气发生重整反应,生成 H_2 和 CO_2:

$$CH_4+2H_2O \longrightarrow CO_2+4H_2$$

(4) 当 O_2 供应不足时,也可能生成 C_2 烃类,并释放出部分电子,这时甲烷没有发生完全氧化反应,但这是 SOFC 作为电化学反应器合成乙烯、乙烷等化工产品时所希望达到的状态。

(5) 积炭反应,如

$$CH_4 \longrightarrow C+2H_2$$

此外,反应生成的 CO_2,H_2O 又可能分别与 CH_4,CO 发生以下反应:

$$CH_4+CO_2 \longrightarrow 2CO+2H_2+e^-$$

$$CO+H_2O \longrightarrow CO_2+H_2+e^-$$

目前甲烷直接氧化反应主要有甲烷部分氧化和甲烷完全氧化 2 种实现形式。直接以干甲烷为燃料，与 O^{2-} 在阳极进行的完全氧化反应是一个复杂的多电子电化学反应，比 H_2 的电化学反应过程复杂得多。传统的 Ni 基 SOFC 阳极直接以甲烷为燃料，会因积炭而失活。

掺杂 CeO_2 的阳极材料是 SOFC 甲烷直接氧化阳极中研究得最为广泛的电极材料，这是因为 CeO_2 对甲烷具有优异的电催化活性。根据电解质及电池操作条件的不同，掺杂 CeO_2 的阳极包括 Ce-Ni/YSZ，Ni/CGO，Ni-SDC 等含 Ni 阳极和掺杂其他稀土贵金属的 CeO_2 阳极、Cu-CeO_2 阳极。另外，钙钛矿结构的混合离子导体材料也是 SOFC 甲烷直接氧化阳极材料之一。

一般认为，过渡金属的多氧化态可促进电子电导、增强催化活性。尽管在第 4 章已经介绍过金属 Pt 是氧化反应的高活性催化剂，但是在 800 ℃下操作的 SOFC 中，Pt 对甲烷氧化反应的催化活性反而弱于 CeO_2 和 Bi_2O_5 等氧化物。与甲烷在氧气中的多相氧化不同，氧在 SOFC 中必须从电解质扩散到电催化剂的表面，才能发生甲烷氧化反应。金属 Pt 与金属氧化物（电解质）之间的界面轮廓分明，氧从氧化物扩散到金属的难度限制其反应速率，金属催化剂的本征活性也较低。相反，采用离子电导率大、储氧能力强的 CeO_2，其氧化能力反而增强。

5.4　金属硫化物催化剂在煤化工中的应用

煤焦油是煤干馏过程中得到的黑褐色黏稠产物，主要含有苯、甲苯、二甲苯等芳烃，以及芳香族含氧化合物（如苯酚等酚类化合物）、含氮和含硫的杂环化合物等多种有机物。煤焦油的组成特点是硫、氮、氧含量高，多环芳烃含量较高，碳氢原子比大，黏度和密度大，机械杂质含量高，易缩合生焦，较难进行加工。煤焦油加氢轻质化为多相催化反应，可达到降低硫、氮含量及其腐蚀性，减少环境污染的目的，同时可以降低芳烃原料的碳氢原子比、芳烃含量，改善其安定性，获得石脑油和优质燃料油，使重烃得到综合利用。

与传统石油化工中汽油和柴油的处理方式不同，煤焦油轻质化反应包含 2 类反应：

（1）加氢精制反应。加氢精制的主要目的是：① 烯烃饱和，主要是将不饱和的烯烃加氢，变成饱和的烷烃；② 脱硫，主要是将原料中的硫化物氢解，转化成烃和硫化氢；③ 脱氮，主要是将原料中的氮化合物氢解，转化成烃和氨；④ 脱氧，主要是将原料中的氧化合物氢解，转化成烃和水。

（2）加氢裂化反应。加氢裂化的主要目的是使得未转化油进一步裂化成轻组分，提高轻油产率。

因此，除采用传统的硫化物催化剂作为主要加氢活性组分外，一般采用具有强酸性质的载体如沸石分子筛作为裂化的活性组分。

5.5　金属硫化物催化剂在生物油加氢提质中的应用

随着化石能源的日益减少，来源于木质纤维素基的可再生生物质油越来越受到人们的关注。生物质油与传统化石燃料在元素组成上存在显著差别：生物质油中硫和氮含量极低，但氧含量非常高，特别是快速热解油的氧含量接近50%。高氧含量使生物质油的能量密度变低[快速热解得到的生物质油燃烧值约为17 MJ/kg，不及石油燃料(40 MJ/kg)的一半]、黏度增高、pH降低、热化学稳定性变差，不能直接用作发动机燃料。此外，因极性含氧化合物无法与非极性的石油馏分混溶，也无法通过调和工艺直接使用，因此，生物质油必须通过脱氧提质才能用作发动机燃料。

在加氢脱氧(HDO)催化剂中，早期研究较多的是炼油工业上常用的Co-Mo-S/γ-Al_2O_3和Ni-Mo-S/γ-Al_2O_3加氢精制催化剂。Laurent等在间歇反应器中，以对甲基苯酚为模型化合物，以癸烷为溶剂，考察了Co-Mo-S/γ-Al_2O_3和Ni-Mo-S/γ-Al_2O_3的HDO催化性能，发现Ni-Mo-S是高活性的加氢催化剂，而Co-Mo-S是高活性的HDO催化剂。Romero等在固定床反应器上研究了Mo基硫化物催化剂在乙基苯酚HDO中的催化性能。乙基苯酚的HDO反应包含3条路径：氢化-氢解、烷基异构化和直接脱氧。他们发现助剂Ni和Co的加入显著提高了催化剂的活性，同时会调变反应的路径：Co助剂会强化氢化-氢解和直接脱氧路径，而Ni助剂则有利于氢化-氢解反应路径。Senol等研究了Co-Mo-S/γ-Al_2O_3和Ni-Mo-S/γ-Al_2O_3催化剂中苯酚的HDO反应，发现Co-Mo-S/γ-Al_2O_3的HDO催化活性高于Ni-Mo-S/γ-Al_2O_3，且2种催化剂的主产物不同，前者以苯为主，而后者以环己烷为主。Ratcliff等以邻甲基苯酚和萘为模型化合物，考察了磷酸铝负载的Ni-Mo-S和Co-Mo-S催化剂的HDO性能。结果表明，磷酸铝负载的Ni-Mo-S催化剂具有高加氢活性和较高脱氧活性，而Co-Mo-S催化剂的总HDO活性更高。在过渡金属硫化物催化剂中，非金属P也可作为催化助剂用于改善催化剂的反应活性。Yang等研究了苯酚HDO反应中氧化镁负载Co-Mo-S的催化性能，发现P的引入明显提高了催化剂的HDO性能。然而，在HDO反应过程中，硫化物催化剂表面的硫原子会被氧取代而导致硫损失，造成催化剂失活。为了避免催化剂失活，通常在原料中加入少量含硫化合物(如H_2S和CS_2)以弥补表面硫损失。加入含硫物种虽然可以保持催化剂结构稳定，但会因为竞争吸附而降低催化剂的HDO活性，并且会在燃料中带入有害的硫。Laurent等在间歇反应器中考察了不同的分子对γ-Al_2O_3负载的Ni-Mo和Co-Mo硫化物催化剂HDO活性的影响，其抑制顺序为NH_3>H_2S>2-乙基苯酚>H_2O。Senol等研究了H_2S对Co-Mo-S/γ-Al_2O_3和Ni-Mo-S/γ-Al_2O_3催化剂催化苯酚HDO反应性能的影响程度，发现苯酚和H_2S之间存在竞争吸附，H_2S抑制了Co-Mo-S/γ-Al_2O_3催化剂的氢解活性，也对Ni-Mo-S/γ-Al_2O_3催化剂的氢解和氢化-氢解表现出很强的抑制作用。此外，HDO反应的副产物水也会导致催化剂失活。

5.6 金属氧(硫)化物催化剂在电催化析氧反应中的应用

电催化分解水催化剂主要由贵金属单质及其氧化物、非贵金属化合物及非金属材料组成。其中，Pt是目前报道的最好的电催化析氢反应(hydrogen evolution reaction，HER)催化剂，对电催化析氧反应(oxygen evolution reaction，OER)来说，其主要的贵金属催化剂为Ru，Ir及其氧化物，但由于贵金属具有储量低、成本高、易被毒化等缺点，科学家们一直在寻找可替代的电催化剂。

非贵金属化合物主要有过渡金属氧化物、硫化物、氮化物、硒化物、磷化物、硼化物、碳化物及氨氧化物等，目前已有大量非贵金属化合物作为可能的Pt，Ru，Ir等贵金属的替代物。过渡金属原子d轨道电子结构多变，其化合物具有价格低、无毒无害、金属种类多、可调控性高等特点，从科研及商业角度来看都具有很高的研究探索价值。另外，在理论和实践研究中，处于第四周期的过渡金属单质及其化合物的纳米结构均表现出优异的性能。在未来科技生活中，非贵金属将会扮演着重要的角色。

过渡金属氧化物主要应用于OER与电极氧还原反应(oxygen roduction reaction，ORR)催化，可分为2类。第一类是基于金属Ni与Co元素的氧化物，无论是单独作为催化剂还是负载到碳材料上，Ni和Co氧化物均能表现出较高的催化活性。谢毅课题组对多孔的Co_3O_4超薄纳米片进行研究。由于其特殊的超薄结构，加之30%的孔，使得材料具有更多的表面活性位，而且电子传输路径缩短。该材料在碱性溶液中可有效地催化分解水而产生氧气。此外，将Co_3O_4负载到氮掺杂的石墨烯上，尽管石墨烯本身几乎没有OER催化活性，但两者相复合可达到意想不到的双功能(OER与ORR)催化活性，并且具有较好的稳定性。类似地，将Ni/NiO核壳结构负载到碳纳米管上，可具有优异的HER催化活性。

第二类过渡金属氧化物为混合金属氧化物，如尖晶石($NiCo_2O_4$，$NiLa_2O_4$)及钙钛矿($LaCoO_3$，$Ba_{0.5}Sr_{0.5}Co_{0.8}Fe_{0.2}O_3$)。这类金属氧化物同样可有效地催化OER反应，并且比其单金属氧化物的催化活性更高。该类化合物活性的提高可归因于低/高氧化物过渡金属原子被取代后能量及氧化功能的变化。Co-Mn-水滑石作为催化剂前驱体的Co_3O_4/Co_2MnO_4纳米复合材料同样被报道。该材料充分利用了2种氧化物的协同效应，其中Co_3O_4为OER的活性位，Co_2MnO_4为ORR的活性位，二者协同起到双功能催化作用。以Co-Fe-水滑石为前驱体的Co/CoO/$CoFe_2O_4$不仅具有较高的ORR催化活性与稳定性，还具有很好的抗甲醇毒化能力，解决了贵金属Pt等催化剂易被毒化的弊端。

2009年，王鸣魁等采用电化学沉积的方法在ITO-PEN衬底上沉积一层CoS薄膜，并将其作为循环伏安法的对电极材料。EIS实验结果表明，CoS与Pt相当，Tafel极化实验证明CoS有较大的交换电流密度(J_0)，说明CoS与Pt有类似的催化性能。基于CoS与Pt的对电极的电池效率都达到6.5%。稳定性实验(60 ℃，光照)表明，经过1 000 h光照后，电池效率仍能达到初始值的85%。随后，Lin等在FTO衬底上制备CoS对电极，电池效率达到6.01%，高于Pt-DSC的效率(5.71%)。

5.7 金属氧(硫)化物催化剂在光催化反应中的应用

5.7.1 光催化定义

多相光催化研究始于1972年，藤岛昭和本多健一在n型半导体TiO_2电极上发现了水的光电催化分解作用。

光化学反应通常是“量子”或“阈”反应，即光能是被单独的量子吸收的，量子能量应超过表征反应能垒的某一特征值(阈值)。光化学中存在2个已经确定的规则：

(1) 第一规则(Grottus-Draper规则，1818年)：只有被物质吸收的光才能有效地引发物质的光化学变化；

(2) 第二规则(量子活化规则，Stark，1908 年；Einstein，1912 年)：在光化学反应初期过程中，活化一个分子吸收的光称为 1 光量子。此时的量子产率总和必须等于 1。

而对于光催化反应

$$A \xrightarrow{\text{催化剂},h\nu} B$$

来说，仅有光($h\nu$)或仅用具有催化功能的催化剂都不能使反应进行，只有在光和催化剂同时存在时反应才能进行。例如光分解水制氢反应：

$$H_2O \xrightarrow{TiO_2,400\ nm} H_2 + O_2$$

n 型半导体 TiO_2 吸收 $\lambda=400$ nm 的光形成电子-空穴对，这样生成的电子将水还原成氢，空穴将水氧化成氧。而在无 TiO_2 情况下，水必须吸收波长小于 165 nm 的真空紫外光后才能使其电子状态激发到可以断键的程度。165 nm 的真空紫外光能量相当于约 7.5 eV，而 400 nm只相当于3 eV，也就是说，TiO_2 在较小的光能下即可进行光解水反应。显然，TiO_2 对光解水反应有催化作用。

同样，目前配合物三(2,2′-联吡啶，简写为 bpy)氯化钌也是一种被广泛研究的光解水催化剂。配合物三(2,2′-联吡啶)氯化钌的水溶液被光照时，对波长 450 nm 有最大吸收的 $Ru(bpy)_3^{2+}$ 激发态能将 H^+ 还原成 H_2，具有很强的还原能力；而氧化生成的配合物 $Ru(bpy)_3^{3+}$ 则将 OH^- 氧化成 O_2。波长为 450 nm 的光能量与水电解的能量 2.12 eV 相当，故与水电解能量(2.12 eV)相当的光照在原理上也可将水分解。

光催化反应通常都是由若干个基元反应组合而成的，最为人们熟知的有自然界的光合作用：

$$CO_2 + H_2O \longrightarrow (CH_2O) + O_2$$

绿色植物通过叶绿素吸收阳光，由 CO_2 和 H_2O 光合成碳水化合物及其他化合物，同时向大气释放 O_2。这是一个相当复杂的光催化过程。天然叶绿素(antenna chlorophyll)分子吸收的光能经不同的叶绿素分子传递最终到达反应中心，并使反应物进行光化合反应，这是由光及其与之有关的多种酶反应组合而成的光合成反应。整个过程能在有光和无光情况下进行，故可将其分成光反应和暗反应。光反应是形成活化物种的过程，暗反应是活化物种将 CO_2 还原的过程。

5.7.2 光催化反应类型

(1) 反应物被光激发后，在催化剂(K)作用下引起的催化反应。可表示为：

$$A \xrightarrow{h\nu} A^* \quad A^* + K \longrightarrow (AK)^* \longrightarrow B + K$$

式中，A^* 有自己的结构、物理性质和包括催化性质在内的化学性质，它与具有过剩能的基态分子不同，具有特殊的氧化-还原性质，即成键轨道上产生的空位在一个电子的影响下更易从外界再接受电子，而由于吸收光子上升到反键轨道上的电子更易在电子转移过程中丢失。另外，电子密度的重排也将影响分子中发生反应的位置等。例如：

$$UO_2^{2+} \xrightarrow[(250\sim450\ nm)]{h\nu} (UO_2^{2+})^*$$

$$(UO_2^{2+})^* + (COOH) \xrightarrow{K} (UO_2^{2+}) + CO_2 + CO + H_2O$$

(2) 由激发的催化剂 K^* 所引起的催化反应。可表示为：

$$K \xrightarrow{h\nu} K^* \quad K^* + A \longrightarrow (AK)^* \longrightarrow B + K^*$$

前述 TiO_2 催化光分解水反应即属于此类型。

(3) 催化剂和反应物有很强的相互作用。例如，形成配合物，后者再经光激发进行催化反应，可表示为：

$$A + K \longrightarrow (AK) \quad (AK) \xrightarrow{h\nu} (AK)^* \longrightarrow B + K$$

许多用有机金属配合物为催化剂的光催化反应属于此类。例如，用 $W(CO)_6$ 或者 $Mo(CO)_6$ 为催化剂的 1,2-二苯乙烯的几何异构反应。

(4) 在多次激发后的催化剂 K 作用下引发的催化反应。可表示为：

$$K \xrightarrow{h\nu} K^* \longrightarrow \cdots \longrightarrow K' \quad A + K' \longrightarrow (AK) \longrightarrow B + K'$$

这类光催化反应中存在催化剂的光调节作用。

(5) 光催化氧化-还原反应。可表示为：

$$K \xrightarrow{h\nu} K^* \quad K^* + A^+ + B^- \longrightarrow K + A + B$$

5.7.3 半导体光催化剂

图 5.32 为半导体光催化制氢反应的基本过程：当光照强度 $h\nu$ 大于半导体的禁带宽度 E_g 时，位于半导体价带的电子跃迁到导带，并在价带上形成空穴，随后光生电子和空穴分别迁移到材料的表面，与吸附在材料表面的物质发生氧化-还原反应。在上述过程中，对半导体光催化反应量子效率起决定性作用的因素有：光生电子-空穴对的数量和寿命、光生载流子的迁移速率以及电荷在反应界面的转移速率。如图 5.32 所示，光催化反应包括光生电子还原电子受体 H^+ 和光生空穴氧化电子给体 OH^- 的电子转移反应，这 2 个反应分别称为光催化还原反应和光催化氧化反应。根据激发态电子转移反应的热力学限制，光催化还原反应要求导带电位比受体的电位 $E(H^+/H_2)$ 偏负，光催化氧化反应要求价带电位比给体的电位 $E(O_2/OH^-)$ 偏正，换句话说，导带底能级要比受体的 $E(H^+/H_2)$ 能级高，价带顶能级要比给体的 $E(O_2/OH^-)$ 能级低。在实际反应过程中，受半导体能带弯曲及表面过电位等因素影响，对禁带宽度的要求往往要比理论值大。

TiO_2 有 3 种常见晶相，即锐钛矿、金红石和板钛矿，其中锐钛矿与金红石为四方晶系，板钛矿为斜方晶系。金红石为 TiO_2 的稳定晶相并大量存在于自然界中，但研究发现，处于亚稳态晶型的锐钛矿往往显示出更加优越的光催化性能。当 TiO_2 处于金红石、锐钛矿混相时，光催化性能表现出协同效应，工业上常用光催化活性较高的 P25 型号的 TiO_2（一般含锐钛矿约 80%，含金红石约 20%）。

继 TiO_2 之后，20 世纪 80—90 年代，其他对紫外光有响应的光催化剂也有陆续报道。其中，以钙钛矿型的 $SrTiO_3$ 为代表的钛酸盐系列引起了研究人员的普遍关注。在负载 NiO 作为产氢活性位的情况下，$Sr_3Ti_2O_7$、碱金属钛酸盐 $M_2Ti_nO_{2n+1}$（M 为 Na，K 和 Rb，$n=2$，3，4，6）、$BaTi_4O_9$ 及 $KTiNbO_5$ 等都具有较高的光催化产氢活性。

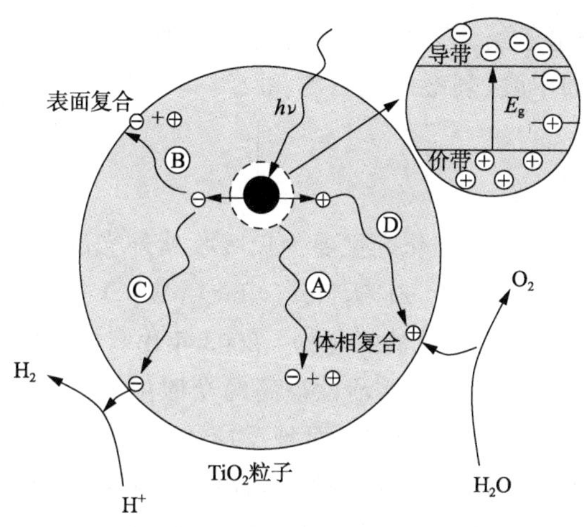

图 5.32 半导体 TiO_2 光催化制氢反应过程示意图

经过多年研究,在紫外光下完全分解水制氢已经取得了较大的进展,获得了较高的量子效率,但是由于紫外光仅占太阳光谱的4%,要使更多太阳能得到利用,开发稳定、高活性、廉价的、具有可见光响应的光催化剂是实现太阳能光催化制氢的根本途径。

为了研制可见光响应的催化剂,对宽禁带半导体进行能带调变是有效的策略之一。一般而言,稳定的半导体氧化物的导带能级主要由过渡金属离子的空轨道构成,价带能级虽与晶体结构及金属离子与氧的成键有关,但主要还是由O的2p轨道构成的。调变能级结构可以采用以下几种策略:① 掺杂过渡金属阳离子以形成新的给体或供体能级;② 掺杂电负性比O低的元素,如C,N,S,P等提高价带电位;③ 用宽窄带隙的半导体形成固溶体来降低禁带宽度,如图5.33所示。一些硫化物及磷化物半导体是本征吸收可见光的材料,也能用于可见光光催化中。通过半导体复合可以提高光生电荷分离效率,扩展光谱响应范围。

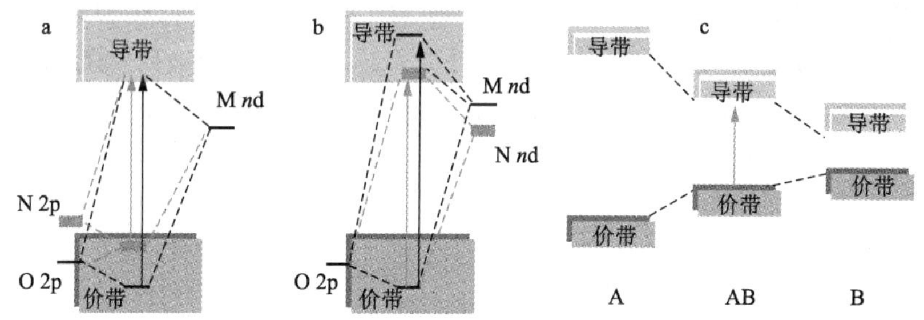

图 5.33 光催化剂可见光化能级调变示意图

a为阴离子掺杂,b为阳离子掺杂,c为形成固溶体

5.7.4 光催化制氢

随着光催化研究的不断发展,各种新型光催化剂不断被开发出来,而不同类型的光催化剂又有其各自适用的反应体系,如硫化物由于其易发生光腐蚀而失去硫,当其在含有 S^{2-} 的溶液中时,催化剂失去的硫可以得到及时补充,因而硫化物在含有 S^{2-} 的溶液中产氢活性较高。根据光催化剂表面发生反应的不同,可以将光催化制氢划分为不同的反应体系,简单来说可划分为2类,即光催化分解纯水制氢体系及含有牺牲试剂制氢体系。对光催化制氢反

应来说，牺牲试剂是一类电子给体，它的加入可有效地消耗空穴，提高产氢活性。牺牲试剂种类很多，包括生物质（如甲醇、乳酸等）、H_2S 和 S^{2-} 等。根据不同的牺牲试剂又可发展出不同的制氢体系。

1）光催化分解纯水制氢

目前，具有分解纯水性能的光催化剂主要为仅吸收紫外光的氧化物光催化剂。氧化物半导体光催化剂主要包括由 d^0（Ti^{4+}，Zr^{4+}，Nb^{5+}，Ta^{5+}，W^{6+}）或 d^{10}（Ga^{3+}，In^{3+}，Ge^{4+}，Sn^{4+}，Sb^{5+}，Zn^{2+}）离子构型的金属元素构成的氧化物。2003 年由日本 Kudo 研究组合成的掺 La 的 $NaTaO_3$ 光催化剂是目前紫外区分解纯水活性最高的光催化剂。该光催化剂在 NiO 作为助剂的情况下，分解纯水的量子产率达到 56%，而且反应 400 h 后仍然非常稳定。2008 年，日本 Sakata 研究组合成的掺 Zn 的 Ga_2O_3 光催化剂显示出了非常高的光催化分解纯水的活性。在 450 W 高压汞灯的照射下，负载 Ni 的 Zn-Ga_2O_3 催化剂的活性达到 4 100 μmol/h。但上述催化剂仅能吸收紫外光。

2008 年，我国上官文峰研究组和日本 Teroaka 小组合作研究了 $BiYWO_6$ 氧化物固溶体光催化体系。该催化剂带宽为 2.17 eV，可认为是 Bi_2WO_6 和 Y_2WO_6 2 种物质组成的固溶体。当负载 RuO_2 等贵金属助剂时，该催化剂可在可见光区分解纯水并同时产生氢气和氧气，420 nm 的量子效率为 0.17%。近 10 年来，日本 Domen 研究组研究了一系列具有可见光响应的氮（氧）化物光催化剂，其中$(Ga_{1-x}Zn_x)(N_{1-x}O_x)$和$(Zn_{1+x}Ge)(N_2O_x)$固溶体光催化剂在可见光照射下显示了优异的光催化分解纯水同时产氢、产氧的性能。当采用 Rh-Ir-Cr 混合氧化物助剂修饰$(Ga_{1-x}Zn_x)(N_{1-x}O_x)$时，该固溶体催化剂的光催化活性显著提高，在 420～440 nm 的平均量子效率达到 21.5%，而在 $AgNO_3$ 牺牲试剂存在下产生 O_2 的量子效率高达 51%。

为了提高光解水制氢的利用效率，最近十几年来研究者们开发了染料-敏化太阳能电池（图 5.34）。众所周知，一般紫外光才能激发 TiO_2（$E_g=3.2$ eV）进行光解水制氢，而太阳光的能量中紫外光只占 4%，大部分的能量都是可见光。研究者利用金属钌的络合物和氧化钛薄膜复合，采用能够发生 I_3^-/I^- 氧化-还原反应的电解质，在有机介质中成功研制出开路电压为 0.68 V、电流密度为 11.2 mA/cm^2 的太阳能电池。

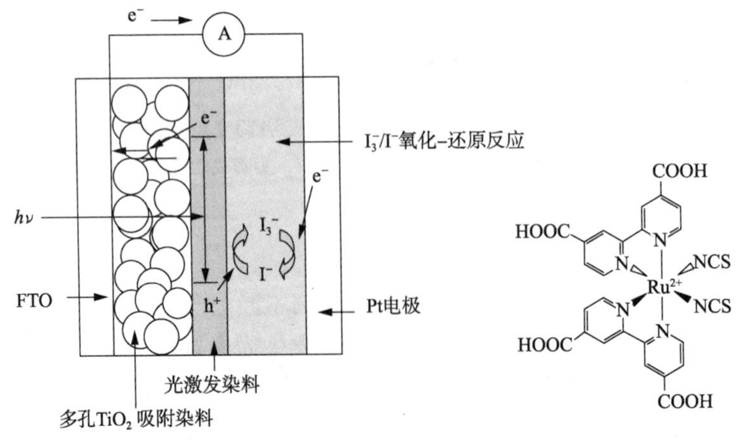

图 5.34　染料-敏化太阳能电池的结构及所用金属钌的络合物结构

2）光催化分解 H_2S 等污染物制氢

光催化方法分解 H_2S 制氢是利用清洁、丰富的太阳能资源消除硫化氢的同时回收氢气，这一研究对保护环境、节约能源都有重要意义。

目前光催化分解 H_2S 研究主要采用一种间接分解的途径，即先采用碱性水溶液吸收 H_2S，生成含硫离子的水溶液，将催化剂分散在溶液中，通过光照产生氢气，主要反应步骤如下。

（1）H_2S 吸收解离：

$$H_2S + 2OH^- \longrightarrow S^{2-} + 2H_2O$$

（2）光催化氧化：

$$2S^{2-} + 2h^+ \xrightarrow{\text{催化剂}} S_2^{2-}$$

（3）还原：

$$2H^+ + 2e^- \longrightarrow H_2$$

分解 H_2S 的光催化剂一般为硫化物半导体，在含有 S_2^{2-} 和 SO_3^{2-} 牺牲试剂水溶液中表现出较好的光催化产氢活性。研究较多的硫化物光催化剂主要有 CdS，ZnS，$Zn_xCd_{1-x}S$ 固溶体等。

光催化间接分解 H_2S 时，光催化氧化产物较复杂，常同时含有 S^{2-}，SO_3^{2-}，$S_2O_3^{2-}$，SO_4^{2-}，$S_2O_6^{2-}$ 等多种离子。从应用前景考虑，光催化反应后溶液的分离纯化回收（直接排放废液同样会对环境造成严重污染）存在较高难度。光催化直接分解 H_2S 产物为氢气和硫，可以实现将太阳能转化为化学能的同时回收硫，这项技术不仅可以作为 Claus 工艺的有益补充，甚至有望替代 Claus 工艺来处理 H_2S。

3）光催化重整生物质制氢

生物质资源是地球上储量最大、分布最广泛的可再生能源，随着能源环境问题的日益严峻，充分合理地利用生物质资源无疑是解决问题的重要途径。光催化重整生物质制氢偶联了太阳能与生物质能两大可再生能源，其应用价值不言而喻。

日本科学家 Kawai 等早期尝试利用 $Pt/RuO_2/TiO_2$ 催化剂，在水中光催化重整生物质及其衍生物制得氢气。当以甘氨酸、谷氨酸和脯氨酸以及相对分子质量为 10 000～70 000 的白明胶蛋白质为原料时，在中性溶液中反应只有 H_2 和 CO_2 放出，在碱性溶液中反应则只有 H_2 和 NH_3 放出。他们发现，不仅食糖、可溶性淀粉可以作为原料，甚至撕碎的滤纸（主要成分是纤维素）也可在光催化条件下产氢。另外，乳酸作为一种生物质亦可用于光催化重整制氢。

近年来关于生物质重整的机理研究正不断展开，其中催化剂以 TiO_2 居多，而生物质则主要采用最简单的模型分子，如甲醇、乙醇、丙三醇、葡萄糖等。

生物质重整制氢在获得高产氢活性的同时，CO 的产生量往往被人们忽视。众所周知，氢能作为未来能源的重要组成，其主要利用技术为燃料电池，但 H_2 中微量的 CO 就能使燃料电池催化剂中毒。因此，降低催化重整制氢中 CO 的含量也是一个很有意义的研究课题。

4）人工模拟光合作用制氢

自然界绿色植物的光合作用是最有效的太阳能向化学能转化的体系，是地球上所有生命现象的能量和物质基础。光合膜上的色素复合物根据功能主要分为光系统Ⅰ和光系统Ⅱ。在2个光系统的共同参与下，光合作用的光反应完成电子从 H_2O 到 $NADP^+$（烟酰胺腺嘌呤二核苷酸磷酸）的传递，整个传递过程构成Z模型。这种Z模型使电子和空穴在空间上得以有效分离，从而抑制复合反应的发生，初始量子效率可以接近100%。

受到自然界的启发，人们在光催化剂的设计上也采用了Z模型体系。Sayama等用负载Pt的 WO_3 作为氧化光催化剂，以负载Pt的掺Cr，Ta的 $SrTiO_3$ 作为还原光催化剂，以 IO_3^-/I^- 为氧化-还原离子对，在同一个水溶液体系中构建了双光子光催化分解水体系。在可见光照射下，氢气和氧气按2∶1的比例析出，实现了水的分解。Kato等以 Fe^{3+}/Fe^{2+} 为氧化-还原离子对，以负载Pt的掺Rh的钛酸锶为还原光催化剂，再分别以 $BiVO_4$，Bi_2MoO_6，WO_3 为氧化光催化剂，在水溶液中进行光催化分解水，表现出较高的可见光光催化分解水活性。

染料-敏化可以说是人类借鉴大自然光合作用的另一个成功的范例。通过类似于植物中吸光天线的染料分子吸收光，再将激发态电子注入半导体导带，从而实现电荷的有效分离。自1991年起，Gätzel在染料-敏化电池领域取得了一系列重大进展。如果将染料光激发注入半导体导带的电子用于还原 H^+ 制氢，则构成了染料-敏化光催化制氢体系。Dhanalakshmi等对 $[Ru(dcpy)_2(dpq)]_2^+$ [dcpy为2，2′-联吡啶-4，4′-二甲酸，dpq为2，3-二(2-吡啶基)喹啉]敏化的 TiO_2 催化剂在可见光下对光催化产氢过程进行了系统研究，发现负载贵金属以及吸附染料之后，$[Ru(dcpy)_2(dpq)]_2^+$ 的光催化活性明显提高。Abe等研究了曙红作为染料敏化的 Pt/TiO_2 光催化制氢活性，发现在520 nm处最高的量子效率达到10%。

5.7.5 光催化降解有机物

有毒难降解有机污染物的光催化降解在原理、过程和效率等方面存在着巨大的挑战，特别是光催化剂的构效关系、可见光的利用、分子氧的活化和污染物分子矿化分解机理仍是该领域的研究热点。将CdS纳米颗粒胶体溶液采用半胱氨酸进行包覆后，材料能够光降解甲基紫精、碱性品红、萘酚蓝黑等染料；同样地，细菌合成的CdS纳米颗粒同样具有光催化活性。此外，针对ZnS光催化还原 CO_2 的反应中伴随ZnS颗粒减小，催化活性与产物甲醛的选择性增大的问题，将纳米ZnS做成纳米空心球结构，使其能够浮于含有有机物的废水表面，从而可充分利用太阳光降解有机污染物。利用这种方法，美国、日本等国家成功对海上石油泄漏造成的污染进行处理；将这种粉体添加到陶瓷釉料后，所得陶瓷器具有保洁杀菌的功能，同时这种粉体也可以添加到人造纤维中制成杀菌纤维。

5.8 金属氧化物催化剂在环境催化中的应用

5.8.1 金属氧化物催化剂在脱硫和脱硝反应中的应用

5.8.1.1 氨为还原剂的催化脱除 NO_x

氮氧化物 NO_x（包括 N_2O，NO和 NO_2）是光化学烟雾形成、高空臭氧层破坏，以及温室效应、酸雨的主要参与源。它的排放主要来自煤和油的燃烧（电厂和锅炉的烟道气，机动车排气，硝酸厂、炼铁厂、水泥厂、玻璃厂及其他有关化工厂的排气），每年全世界人为排放的

NO_x 总量已超过 50×10^4 t。

催化消除 NO_x 有2种途径，其中最成熟的工业技术是以氨(NH_3)为还原剂，当排气的含氧量在5%以下时进行选择催化还原(SCR)反应，使 NO_x 转化为 N_2 和 H_2O。在美国、德国和日本已有数百个大型电厂采用此技术。该过程的反应温度为200～450 ℃，所用催化剂为钛基化合物(Ti-V，Ti-W)。该过程装置费用昂贵，并且 NH_3 泄漏会造成二次污染，在含氧量大于5% 的过量氧条件下，反而会因 NH_3 氧化成 NO_2 造成新的污染。而 NO_x 直接催化分解的方法无须添加还原物，使用安全、成本低。但该方法反应温度较高，在较狭窄的温度区范围(550～600 ℃)内转化率即出现极大值。该方法最主要的问题是当气氛中氧含量高时，NO_2 难以分解，此时氧还原的脱附成为反应的控制步骤。此外，在富氧燃烧的排气过程中，烃类还原剂可以在较低反应温度下将 NO_x 还原为 H_2O，N_2 和 CO_2，也成为 NO_x 选择氧化催化过程的研究热点。

以 TiO_2 或 TiO_2/SiO_2 作载体，V_2O_5，MoO_3，WO_3 和 Cr_2O_3 作活性组分的催化剂都可用作SCR催化剂，其中 V_2O_5/TiO_2 最为常用。SCR催化剂一般用于发电厂、废弃物焚化炉以及燃气轮机。

煤燃烧后产生的烟道气与 NH_3 一起流经SCR反应器。SCR反应器一般置于废气预热器和空气预热器之间。烟道气粉尘很大，反应器在高粉尘状态下工作，因此要求催化剂有很高的耐磨性，这也是选择 TiO_2 作载体的重要原因之一。

除 NH_3 之外，CH_4，CO，H_2 都可作还原剂，但由于 NH_3 活性高，而且有氧存在时能够提高其反应速率，因此常选 NH_3 作还原剂。在 V_2O_5/TiO_2 催化剂下，总的反应方程式为：

$$4NO+4NH_3+O = 4N_2+6H_2O$$

$$6NO_2+8NH_3 = 7N_2+12H_2O$$

V_2O_5 催化剂是一种结构敏感的催化剂。在 V_2O_5 晶体中，(010)面的V—O键在反应中起关键作用。但到目前为止，SCR反应在 V_2O_5 催化剂上的反应机理尚无定论。Langmuir-Hinshelwood(L-H)机理与Eley-Rideal(E-R)机理是最常见的2种机理。与L-H机理相比，E-R机理被更多研究者认可。L-H机理认为，反应是在吸附的 NO_2 和 NH_4^+ 之间进行的。而E-R机理则认为，NH_3 强烈吸附在催化剂表面，生成 NH_4^+，之后与气相反应物中分子NO反应生成 H_2O，N_2 和V—OH。后者被晶格氧或气相反应物中的分子氧氧化生成V=O，反应方程式如下：

$$NO+NH_3+V{=}O \longrightarrow N_2+H_2O+V{-}OH$$

$$2V{-}OH+O \longrightarrow 2V{=}O+H_2O$$

除 TiO_2 或 TiO_2/SiO_2 负载的 V_2O_5 非贵金属催化剂外，也可用贵金属作SCR反应的催化剂。但贵金属催化剂容易因重金属、磷和砷而中毒，因 SO_x、卤素而失活，因飞尘而被污染，所以在SCR反应中的应用受到限制。此外，还有一些新型催化剂，如分子筛催化剂、碳作载体的催化剂、氧化铬催化剂、混合氧化物催化剂等。用 NH_3 作还原剂的催化剂时，由于 NH_3 价格较高，而且在未完全反应的情况下会带来二次污染，因此还需进一步开发新的催化技术。

5.8.1.2 烃类为还原剂的催化脱除 NO_x

20世纪90年代初，Iwamoto和Held研究了Cu/ZSM-5及相关金属离子交换的沸石对上述反应的催化作用，引起了人们对这一课题的浓厚兴趣。到目前为止，人们已对以贵金属和部分过渡金属、稀土金属氧化物等为活性组分的大量催化剂进行了考察，一般将它们分为如下3类。

（1）金属离子交换的沸石催化剂：除Cu/ZSM-5外，还有Co，Ag，Fe，Ga，In，H，Ce，Zn，Mn，Ni，Ca，La等离子交换的沸石催化剂。主要沸石类型为ZSM-5，其次还有丝光沸石、镁碱沸石、Y沸石、L沸石、SSZ-13分子筛等。

（2）金属氧化物催化剂：以γ-Al_2O_3，TiO_2，SiO_2，ZrO_2等为载体的负载型金属氧化物，γ-Al_2O_3、TiO_2，SiO_2、ZrO_2、Cr_2O_3、稀土氧化物、Al_2O_3、TiO_2、SiO_2、ZrO_2和ZnO相互构成的双金属氧化物，以及$LaAlO_3$等稀土钙钛矿型复合金属氧化物。

（3）贵金属催化剂：Pt，Pd，Rh和Au等以原子态形式或交换在沸石上，或负载在Al_2O_3，TiO_2，SiO_2，ZrO_2上作为催化剂。

用于催化还原NO的还原剂包括低碳氢化合物和含氧低碳氢化合物，可将它们分为选择性和非选择性两类。前者在一定条件下优先与NO作用，而后者则优先被O_2氧化。Iwamoto等曾报道Cu/ZSM-5催化剂催化NO还原的性能，发现采用C_2H_4，C_3H_6，C_3H_8和C_4H_8不饱和烃为还原剂时，是选择性还原反应，而采用CH_4，C_2H_6等饱和烃为还原剂时，是非选择性还原反应。但这并不是普遍适用的规律。在Co和Ga离子交换的沸石上，CH_4和C_2H_6也能够选择性还原NO。一般来说，不饱和碳氢化合物的还原性能比相应饱和碳氢化合物好。

对催化剂性能影响最大的排气组分是O_2，H_2O和SO_2。无O_2时，碳氢化合物几乎不能还原NO。O_2能显著提高碳氢化合物选择性催化还原NO的活性，这一规律几乎适用于所有催化剂体系。但过高的O_2含量会导致催化剂活性降低，尤其是高温区域的活性。其原因是O_2氧化碳氢化合物的能力随O_2含量和反应温度提高而增大。H_2O会引起除Pt之外的贵金属和过渡金属离子交换的沸石催化剂失活，失活程度随H_2O量、接触时间和反应温度提高而增大。

到目前为止，碳氢化合物选择性催化还原NO的机理尚不十分清楚，但是已有研究者在此方面进行了大量研究，提出了一些可能的机理，大体可分为如下2类。

（1）NO与碳氢化合物不直接作用机理。

这种机理认为NO与碳氢化合物或它们的中间产物之间并不直接接触，而是交替作用于催化剂表面，实现NO还原。以金属离子交换的沸石为例，NO首先吸附在金属离子位置，并就地直接分解为N_2和表面氧物种，然后碳氢化合物和这些表面氧物种快速反应使活性位置复原。H_2O的作用是避免金属离子被还原为低活性或无活性的原子态金属。

（2）NO与碳氢化合物直接作用机理。

这种机理认为，NO与碳氢化合物或它们的中间产物之间发生了直接接触，含碳沉积物、部分氧化的碳氢化合物或碳氢化合物自身是活性物种，反应物NO被还原为N_2。

5.8.1.3　催化脱除SO_x

SO_x与NO_x一样，是酸雨的主要来源。SO_x（SO_2及SO_3）主要来自含硫燃料（煤和油）的燃烧，以及含硫矿石的加工、含硫化工厂废气的排放等。

1) 催化脱硫工艺

根据废气排放中 SO_2 的浓度和其他具体工厂条件，有多种脱硫方法可供选择。其中主要包括亚硫酸钠、氨-石灰或钠-石灰等双碱法、石灰石湿式吸收法，以及催化氧化法和吸附法等。采用非催化过程的石灰石湿式吸收法吸收速率比较快，脱硫率一般可达 90%～95%。该方法先吸收 SO_2 并反应形成 $CaSO_3 \cdot 5H_2O$，再氧化成 $CaSO_4 \cdot 2H_2O$。但用此方法脱硫需要处理大量固体废弃物和废水，且装置庞大，副产物硫酸钙无法有效利用。近年来催化方法脱除 SO_x 越来越受到关注。

用催化法脱硫消除烟道气中的 SO_2，化学反应很简单，反应方程式为：

$$SO_2 + \frac{1}{2}O_2 \longrightarrow SO_3$$

生成的 SO_3 被水吸收后生成硫酸：

$$SO_3 + H_2O \longrightarrow H_2SO_4$$

H_2S 和 SO_2 反应生成 S 和 H_2O 的 Claus 工艺是另一条消除 SO_2 的途径。该工艺用活性氧化铝或新型的铁基组分作为催化剂。该工艺生成副产物硫，在工艺过程中需要使用并控制 H_2S 的含量。除 Claus 工艺外，Wellrnan-Lord 工艺也可以消除 SO_2。该工艺是先将低浓度 SO_2 用低浓度 Na_2SO_3 水溶液吸收并反应生成 $NaHSO_4$，加热分解生成 SO_2，然后用 CH_4 或 H_2S(即 Claus 反应)催化还原成元素硫，也可使用 V_2O_5 催化剂，使 SO_2 催化氧化成 SO_3，再用水吸收生成 H_2SO_4，但成本较高。

工业上处理电厂烟道气可采用的工艺包括以钒为催化剂和以活性炭为催化剂。

(1) 以钒为催化剂的催化氧化法。

发电量为 110 MW 的电厂每年燃烧的 27.5×10^4 t 煤中含硫 3.1%，排放烟气量 510 t。排放烟气时，首先要经静电除尘，除去夹带的固体微粒；然后经加热炉将烟气升温到反应温度进行催化氧化，使 SO_2 转化为 SO_3，再用水将其吸收转变为硫酸。钒催化剂在使用过程中每年要经过 4 次过筛，除去使用中的粉碎物，以保证反应顺利进行。这种方法可将烟气中 85%的 SO_2 除去。

(2) 以活性炭为催化剂的催化法。

活性炭有极大的比表面积，能吸附大量其他物质，在一定条件下还能起催化作用。活性炭的这种独特性能引起了人们的广泛注意，可用它来吸附富集烟气中微量 SO_2，并使之转化。德国鲁齐公司用活性炭固定床脱除 SO_2，该工艺是在吸附时将 SO_2 转化为 SO_3，后者被水吸收，转变为硫酸，储存在活性炭微孔中，可用喷水将其从催化剂微孔中洗出，得到 10%～20%的 H_2SO_4。

2) 催化脱硫催化剂

尽管上面介绍的钒催化剂和活性炭催化剂已在工业上被广泛使用，但还需开发更有效、更廉价的催化剂。目前正在研究的催化剂有以下几种：

(1) 单一金属氧化物：CeO，MgO，CuO 等。

(2) 尖晶石型复合金属氧化物：Al-Mg 尖晶石等。

(3) 层状双羟基复合金属氧化物：LDH(layered double hydroxide)。LDH 是一种具有层状微孔结构的类天然黏土材料，具有很大的比表面积，层间有可交换的阴离子，可由 2 种以上金属盐类合成。

3) 同时催化脱除 SO_x 和 NO_x

由于热电厂烟气中同时含 NO_x 和 SO_x，因此迫切需要开发出同时消除 NO_x 和 SO_x 的技术。目前实际使用的装置仍是分步进行的。例如，以煤为燃料的电厂一般可用前述的SCR法先除去 NO_x，然后用石灰石湿式吸收法除去 SO_x，但此类装置的设计十分复杂。目前新开发的 NO_x/SO_x 消除技术可将SCR和 SO_2 氧化成 H_2SO_4 相结合。如今，仅有德国Degusssa公司的DESONOX过程将分子筛催化剂用于脱 NO_x 和 SO_x 过程。

5.8.2 金属氧化物催化剂在催化燃烧中的应用

高温火焰往往不能使燃料完全燃烧，导致在燃烧过程中除发生生成二氧化碳和水的放热反应外，还会在高温火焰(超过1 300 ℃)中发生副反应，产生有毒化合物 NO_x，CO及致癌的碳氢化合物。例如在热电厂，若用天然气作为燃料，则燃烧产物只有 CO_2 和 H_2O，并且它比所有的含碳燃料所产生的 CO_2 都少，因此对减少环境污染和缓解温室效应有利。但是天然气的火焰燃烧温度高于1 300 ℃，可使空气中的 N_2 和 O_2 结合成 NO_x。另外，含硫天然气还会释放 SO_x。

目前处理有机废气的方法很多，如吸附法、吸收法、冷凝法等。采用催化燃烧可改善燃烧过程、促进完全燃烧、降低燃烧温度，是减少有毒物质生成副反应的最有效途径。燃料的催化燃烧和火焰燃烧有本质不同。催化燃烧时，有机物质的氧化发生在固体催化剂表面，同时产生 CO_2 和 H_2O，不形成火焰，氧化反应温度低，可大大抑制空气中的 N_2 氧化为 NO_x，并且催化剂的选择性催化作用有可能限制燃料中含氮化合物(RNH)的氧化过程，使其多数形成 N_2。这种对污染控制的方法远比前述的有害废气的催化消除更为彻底和经济。

自从Davy首次发现甲烷在Pd，Pt等贵金属丝上发生催化燃烧现象以来，催化燃烧理论研究迅速发展，其应用研究也取得了显著的成就。催化剂的研究经历了贵金属催化剂、过渡金属氧化物催化剂和复合氧化物催化剂几个阶段。

早期催化燃烧是以贵金属作为催化剂，以甲烷、一氧化碳等低碳烃类作为底物，重点是基础理论的探索研究。作为催化剂的贵金属常负载于 γ-Al_2O_3 等载体上，使贵金属呈高分散状态，载体 γ-Al_2O_3 不仅起结构支撑作用，而且具有分散效应，对甲烷的起燃温度为600 ℃，当反应温度达900 ℃时，其转化率达98%，可实现甲烷的催化燃烧。贵金属催化剂的优点是具有较高的比活性、低温活性和良好的抗硫性，缺点是高温易烧结，且价格昂贵。

过渡金属氧化物作为取代贵金属的催化剂，其氧化性较强，它们对甲烷等烃类和CO亦有较高的活性，如 MnO_x，CoO_x，CuO等，起燃温度可达350 ℃。由于单一过渡金属氧化物活性仍不理想，且随着反应温度的提高易产生相变，而且不同价态的活性差别明显，因此已被复合氧化物所代替。

一般认为，复合氧化物之间由于存在结构或电子调变等相互作用，活性比相应的单一氧化物要高。复合氧化物催化剂主要有钙钛矿型(ABO_3)和尖晶石型(AB_2O_4)2种。常见的钙钛矿型复合氧化物催化剂有 $BaCuO_2$，$LaMnO_3$ 等。纯 ABO_3 型催化剂活性并不理想，可通过添加稀土金属掺杂，产生结构缺陷，提高相应的催化活性。尖晶石型催化剂具有优良的深度氧化催化活性，如对CO的催化燃烧起燃点落在低温区(约80 ℃)，对烃类也可在低温区实现完全氧化。目前研究较多的是 $CuMn_2O_4$ 尖晶石。

5.8.3 CO_2 的催化治理

大量含碳燃料的使用导致大气中 CO_2 累积,这是造成温室效应的原因之一。与脱除 SO_x/NO_x 不同,CO_2 排放量太大,从燃烧尾气中去除实际无法实现,所以节能和开发不含碳的燃料要比治理 CO_2 重要得多。

减少 CO_2 向大气中的排放量有多种方案。可以应用各种工艺从烟气中回收 CO_2,如化学吸收、膜技术分离 CO_2,以及利用双气体汽轮机和蒸汽与 CO_2 气体汽轮机循环等方法回收 CO_2。另外一个重要的研究方向是将 CO_2 作为碳源加以利用,即将 CO_2 转化为汽油、甲醇或合成液态碳氢化合物等。据估计,约占总量 1/3 的 CO_2 是以浓度很高的状态存在的,主要来自发电厂、钢铁厂、水泥厂和石油化工厂等,可以设法将这部分浓缩的或者已经和其他气体分离的 CO_2 转化成有用的化合物。尽管已经做了很多工作,但是到目前为止尚无突破性进展。

如上所述,CO_2 是一种较稳定的物质,活化比较困难,这是制约其应用的一个重要原因。Johnston 等首次在光照条件下将 CO_2 插入过渡金属 C—M 键之间并分离得到产物,从而证实了 CO_2 可以在光照条件下被金属有机物活化,为活化 CO_2 提供了一种新方法。最近,高大彬等在光促进温和条件下用 CO_2 代替 CO,以一系列不同类型的卤代烃及烯烃为底物,采用非贵金属钴盐作催化剂,在常温、常压下实现了羰基化反应,有选择地得到了甲酯化产物。该反应以 CO_2 为碳源合成酸及酯,CO_2 中的 3 个原子全都变成了产物中的原子,因此具有良好的原子经济性,最大限度地利用了原料。另外,CO_2 是地球上丰富的碳源,用 CO_2 代替 CO 进行温和条件下的羰基化反应可以减少环境污染。

另一条可行的途径是将 CO_2 作为一种活性较为温和的氧化剂,从 CO_2 和低碳烷烃分子出发,通过不同的化学反应途径制取高附加值产品。例如,用 CO_2 氧化低碳烷烃,CH_4-CO_2 重整制合成气,CO_2 氧化 CH_4 偶联制 C_2H_4 和 C_2H_6,CO_2 氧化低碳烷烃脱氢制烯烃,CO_2 氧化低碳烷烃芳构化,CO_2 氧化乙苯脱氢制苯乙烯等。在这些反应中,催化剂都发挥了核心作用。

参考文献

[1] 黄仲涛,耿建铭. 工业催化[M]. 3版. 北京:化学工业出版社,2014.

[2] 甄开吉,王国甲,毕颖丽,等. 催化作用基础[M]. 3版. 北京:科学出版社,2005.

[3] 王桂茹. 催化剂与催化作用——石油、非石油资源催化转化制取能源及化学品[M]. 大连:大连理工大学出版社,2015.

[4] EDWARD FURIMSKY. Carbons and Carbon-supported Catalysts in Hydroprocessing[M]. Cambridge:RSC,2008.

[5] KEULKS G W. The Mechanism of Oxygen Atom Incorporation into the Products of Propylene Oxidation over Bismuth Molybdate[J]. J. Catal.,1970,19:232-235.

[6] PECORARO T A,CHIANELLI R R. Hydrodesulfurization Catalysis by Transition Metal Sulfides[J]. J. Catal.,1981,67:430-445.

[7] MCCARTY J G,SANCIER K M,WISE H. Thermodynamics of Sulfur Chemisorption on Metals.

Ⅵ. Alumina-supported Platinum[J]. J. Catal.,1983,82:92-97.

[8] MCCARTY J G,WISE H. Thermodynamics of Sulfur Chemisorption on Metals. Ⅰ. Alumina-supported Nickel[J]. J. Chem. Phys.,1980,72(12):6332-6337.

[9] MCCARTY J G,WISE H. Thermodynamics of Sulfur Chemisorption on Metals. Ⅱ. Alumina-supported Ruthenium[J]. J. Chem. Phys.,1981,74(10):5877-5880.

[10] MCCARTY J G,WISE H. Thermodynamics of Sulfur Chemisorption on Metals. Ⅲ. Iron and Cobalt[J]. J. Chem. Phys.,1982,76(2):1162-1167.

[11] 朱洪法,刘丽芝. 石油化工催化剂基础知识[M]. 北京:中国石化出版社,2021.

[12] LIANG Y,LI Z,NOURDINE M,et al. Methane Coupling Reaction in an Oxy-steam Stream through an OH Radical Pathway by Using Supported Alkali Metal Catalysts[J]. ChemCatChem,2014,6(5):1245-1251.

[13] GÄRTNER C A,VAN VEEN A C,LERCHER J A. Oxidative Dehydrogenation of Ethane: Common Principles and Mechanistic Aspects[J]. ChemCatChem,2013,5(11):3196-3217.

[14] BAERNS M,BUYEVSKAYA O. Simple Chemical Processes Based on Low Molecular-mass Alkanes as Chemical Feedstocks[J]. Catal. Today,1998,45(1-4):13-22.

[15] KUNC H. Oxidative Dehydrogenation of Light Alkanes(C_1 to C_4)[J]. Adv. Catal.,1994,40:1-38.

[16] ZHANG J,LIU X,BLUME R,et al. Surface-modified Carbon Nanotubes Catalyze Oxidative Dehydrogenation of *n*-butane[J]. Science,2008,322:73-77.

[17] 张金龙,陈锋,何斌. 光催化[M]. 上海:华东理工大学出版社,2004.

[18] 温福宇,杨金辉,宗旭,等. 太阳能光催化制氢研究进展[J]. 化学进展,2009,21:2285-2302.

[19] OKADA T,KANEKO M. Molecular Catalysts for Energy Conversion[M]. Berlin:Springer,2009.

[20] FURIMSKY E,MASSOTH F E. Hydrodenitrogenation of Petroleum[J]. Catal. Rev. Sci. Eng.,2005,47:297-489.

[21] 黄瑞. 非金属催化剂上低碳烷烃催化转化制烯烃[D]. 大连:大连理工大学,2015.

[22] 刘玉兰. Li-Mn 氧化物体系催化剂上甲烷氧化偶联反应的研究[D]. 杭州:浙江工业大学,2016.

[23] 郑鹏. 负载型钒基催化剂上丙烷氧化脱氢制丙烯的研究[D]. 北京:北京服装学院,2016.

[24] 乔金硕. 固体氧化物燃料电池甲烷直接氧化阳极制备及反应机理研究[D]. 哈尔滨:哈尔滨工业大学,2008.

[25] GABOR A SOMORJAI,YIMIN LI. Introduction to Surface Chemistry and Catalysis[M]. 2nd Edition. Hoboken:Wiley,2010.

[26] 辛勤,徐杰. 现代催化化学[M]. 北京:科学出版社,2016.

[27] 陈颜龙,祝琳华,司甜. 钒基催化剂上丙烷氧化脱氢制丙烯研究进展:从有氧到无氧[J]. 化工进展,2017,36(5):1698-1710.

[28] WANG H,PRINS R. Hydrodesulfurization of Dibenzothiophene and Its Hydrogenated Intermediates over Sulfided Mo/γ-Al_2O_3[J]. J. Catal.,2008,258:153-164.

[29] WANG H,PRINS R. Hydrodesulfurization of Dibenzothiophene,4,6-Dimethyldibenzothiophene,and Their Hydrogenated Intermediates over Ni-MoS_2/γ-Al_2O_3[J]. J. Catal.,2009,264:31-43.

[30] ZOHOUR B,NOON D,SENKAN S. New Insights into the Oxidative Coupling of Methane from Spatially Resolved Concentration and Temperature Profiles[J]. ChemCatChem,2013,5(10):2809-2812.

第 6 章

配位催化与金属-有机骨架材料

人们在 18 世纪就制备出金属盐与氨基、硝基、氰基等形成的化合物，但这些化合物组成复杂，用经典原子价概念一直无法解释其结构和产生机理，于是将这些难以解释的化合物命名为 complex(复杂物)。1893 年，Wemer 发表了第一篇关于配位学说的论文，其中提出了配位理论，由此创立了配位学说。这是化学史上的一个重要里程碑，它打破了已有的共价理论和价饱和观念的束缚，开辟了化学研究的新领域，即后来逐渐形成的化学分支学科——配位化学。1953 年，齐格勒-纳塔(Ziegler-Natty)发现了金属烯烃催化剂，这进一步促进了配位化合物催化研究的发展。

6.1 基本概念

近几十年来，过渡金属配合物催化剂的工业应用有很大程度的发展，特别是在一些化工产品、高分子材料和精细化学品的生产方面。表 6.1 列出了均相配合催化工业应用的一些例子。

表 6.1 过渡金属配合物催化剂在石油化工中的应用

工艺名称	反 应	所属公司	催化剂
瓦克氧化工艺	$C_2H_4+\frac{1}{2}O_2 \longrightarrow CH_3CHO$	Hocchst	$PdCl_2$-$CuCl_2$
醋酸乙烯工艺	$C_2H_4+\frac{1}{2}O_2 \longrightarrow CH_3CO_2H \longrightarrow$ $CH_3\overset{\overset{\displaystyle O}{\Vert}}{C}—O—CH—CH_2$	Bayer	$PdCl_2$-$CuCl_2$
氢甲酰化工艺	$RCH=CH_2+CO+H_2 \longrightarrow RCH_2CHO$ $RCH=CH_2+CO+H_2 \longrightarrow RCH_2CH_2OH$	UCC Shell	羰基铑 羰基钴
羰基化工艺	$CH_3OH+CO+H_2 \longrightarrow CH_3CO_2H$ $CH_3CO_2CH_3+CO+H_2 \longrightarrow (CH_3CO)_2O$	Monsanto Tennesse Eastmen	羰基铑 羰基铑
齐格勒-纳塔	$nC_2H_4 \longrightarrow (C_2H_4)_n$		α-$TiCl_3^+$
聚合工艺	$nC_3H_6 \longrightarrow (C_3H_6)_n$		烷基铝
齐聚工艺	$nC_2H_4 \longrightarrow \text{-(}C_2H_4\text{)-}_n$	Shell	有机镍
烯烃歧化工艺	$2C_3H_6 \longrightarrow C_2H_4+C_4H_8$	Phillips	羰基钨
丁二烯双端氢氰化	$CH_2=CH—CH=CH_2+2HCN \longrightarrow$ $NC\text{-(}CH_2\text{)-}_4CN$		有机镍

本章主要讨论过渡金属配合物催化剂中的配位理论、催化作用基础，并对过渡金属原子簇、过渡金属配合物的多相化及应用前景进行简单论述。

6.1.1 配位理论

过渡金属配合物是通过配位键形成的，其中配位体围绕着过渡金属原子或离子形成图 6.1 所示的多面体。金属原子或离子以其部分充满的 d 轨道、相邻的较高一层的 s 轨道或 p 轨道与配位体的轨道相互作用，形成金属-配位体化学键——配位键，成键情况如下：

(1) 金属原子或离子的一个半充满轨道与配位体的一个半充满轨道形成配位键；

(2) 金属原子或离子的一个空轨道与配位体的一个充满轨道形成配位键；

(3) 金属原子或离子的一个充满轨道与配位体的一个空轨道形成配位键；

(4) 金属的一个空轨道和一个充满轨道与配位体的一个空轨道和一个充满轨道分别作用，形成金属-配位体间的双键。

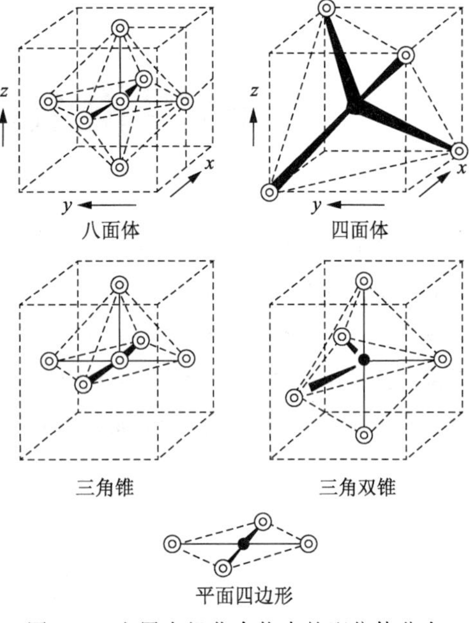

图 6.1 金属有机化合物中的配位体分布

根据提供轨道的情况，配位体可分为 4 类：

(1) 只含一个可与金属作用的充满轨道(孤对电子)的配位体，例如 NH_3 和 H_2O，它们与金属的 d 轨道、s 轨道或 p 轨道作用形成 σ 键。

(2) 只含一个电子的单轨道配位体，如 H 和烷基，它们通过 σ 键与一个半充满的金属轨道形成一个电子对，金属中的一个电子从一个非键轨道向一个成键轨道转移。

(3) 含有两个或更多的能与两个空的金属轨道相作用的满轨道配位体，如 Cl^-，Br^-，I^- 和 OH^-。图 6.2 表明配位体之一(如 p_x)形成一个 σ 键，第二个轨道 p_y 必须垂直于金属-配位体轨道，形成一个没有旋转对称性的 π 键。σ 键和 π 键的电子都由配位体提供，因此又称为 π 给予体配位体。

(4) 同时含有满轨道和空轨道的配位体，例如 CO、烯烃和有机膦。

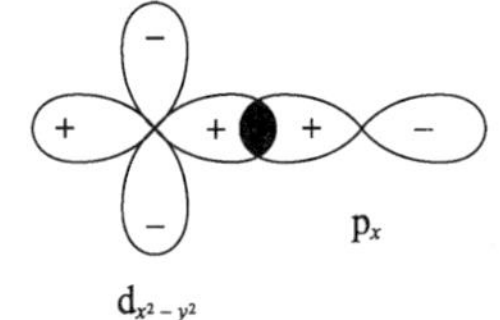

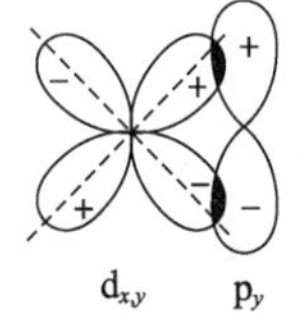

图 6.2 给予体 π 成键作用

这些配位体各不相同，但都对金属有机物的催化作用起着重要作用。图 6.3 表示一个 CO 配位体与一个金属原子的相互作用，其中 CO 的 C 原子具有一个满轨道的孤对电子和一个空的反键 π^* 轨道。孤对电子与金属的空 d 轨道形成一个 σ 键，空的反键 π^* 轨道与金属的满 d 轨道形成 π^* 键。图 6.4 表示一个过渡金属原子与一个 C_2H_4 配位体之间的双键。在双键的形成过程中，金属的空 d 轨道和一个轨道满的配位体成键时，电子从配位体向金属部分转移；而一个金属的满 d 轨道和配位体的一个空轨道成键时，电子则从金属向配位体部分转移，这种相互作用称为反向成键作用。

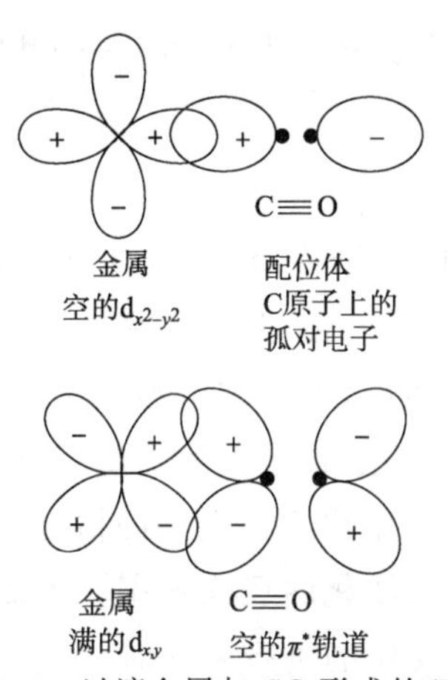

图 6.3 过渡金属与 CO 形成的双键

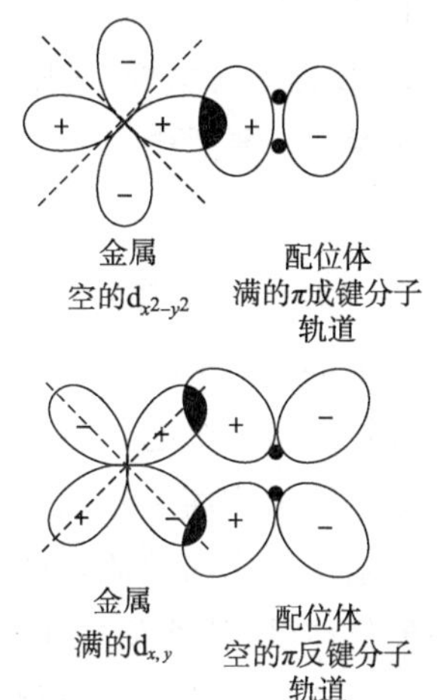

图 6.4 过渡金属与 C_2H_4 形成的双键

6.1.2 配位催化作用

过渡金属具有部分充满的 d 轨道或 f 轨道，这也是它及其配合物最关键的特征。它们之所以能催化许多反应，主要原因如下：

(1) 过渡金属通过配位作用活化相对不活泼的分子(如 CO,C_2H_4 等)；

(2) 过渡金属或配合物可以稳定许多不饱和中间体(如金属氢化物、烷基化合物等)；

(3) 过渡金属具有不同的氧化态和配位数，可以促进配合环境内的配位体迁移；

(4) 在配位环境中，过渡金属或配合物可以集中和调整反应的顺序，如烯烃的氢甲酰化反应中 CO,H_2 和烯烃都是优先与配合物配位，然后进行反应；

(5) 过渡金属或配合物可以调节参与和不参与反应的配位体，通过非参加反应的配位体(如膦)的立体或电子性质产生意想不到的催化活性和选择性，即可以精细调节过渡金属配合物的催化性能。

一般来说，过渡金属配合物所催化的反应通过如下步骤完成：

(1) 配位体离解或交换；

(2) 底物成键和活化；

(3) 配位体迁移或插入；

(4) 产物消除。

这些步骤中的任何一步都包括金属的配位数和氧化态的变化，并且在产物的消除步骤中重新产生催化活性物种。

1) 配位体交换

在一个过渡金属配合物 ML_n(L 为配位体)所催化的分子 A 和分子 B 的反应中，需要金属上存在 2 个空的配位点，下面的化学反应式分别表示空配位点的生成和新配合物 $ML_{n-2}\Delta_2AB$的形成(Δ 代表空配位点)，空配位点的生成通常由热引发。

$$ML_n \longrightarrow ML_{n-2}\Delta_2 + 2L$$

$$ML_{n-2}\Delta_2 + A + B \longrightarrow ML_{n-2}\Delta_2 AB$$

在上述2个反应中，一方面，M—L键不应太强，否则有碍于空配位点的产生；另一方面，M—A和M—B键不宜太弱，否则达不到足够的浓度。这说明在配位体交换过程中，形成的配位键的强度一定要适中。

2）加成活化

中性分子(如CO，C_2H_4等)不能明显改变金属的电子密度，即不改变其氧化态。但像H_2一类分子，由于H—H键断裂后成为H原子再与金属键合，此时金属接受2个H原子配位体的同时必须给出2个电子，从而使金属的氧化态增高，因此称这类活化过程为氧化加成活化。因为金属原子或离子必须给出2个电子，所以氧化加成活化需要2个空配位点和金属配位中心。基于氧化加成活化过程，金属原子或离子给出2个电子的情况，那些能提供高电子密度的配位体(即碱基配位体)可以加快氧化加成活化的反应速率。因此，烷基膦配位体比相应的芳基膦配位体更易于促进氧化活化加成反应的进行。同时，由于金属价态升高伴随着配位数的增加，那些在金属中心占有空间体积较大的配位体将降低氧化加成活化反应速率。

$$L—M^{n+}(□)_2(L)_2—L + AB \rightleftharpoons L—M^{(n+2)+}(B)(L)_3—A$$

当AB分子在金属配位中心进行加成反应时，加成前的每个金属的氧化态将各上升一个单位，称此种反应为均裂加成活化。例如，水溶液中的$Co(CN)_5^{3-}$配合物加氢生成$[Co(H)(CN)_5]^{3-}$，此种配合物对无机和有机化合物均具有强还原性。

$$2ML_n + AB \longrightarrow M(A)L_n + M(B)L_n$$

3）活化分子间的反应

配合催化活性中心活化过的分子之间或活化过的分子与外来的反应物分子之间进一步反应生成新的活化中间体或产品，从而完成一个配合催化的循环。在该反应过程中有2类反应：插入反应(或内配位体迁移作用)和消除反应。

(1) 插入反应。

在此过程中，与催化剂的金属中心键合的2个反应分子或基团X和Y通过插入反应生成一个新的反应分子或基团，但仍然与金属中心键合。单金属中心的插入反应在几乎全部配合催化体系中均可发生，也可以说是所有配合催化过程的基础反应。

$$M(X)—Y \longrightarrow M—(XY)$$

$$M_1(X)—M_2(Y) \longrightarrow M(XY)—M_2$$

(2) 消除反应。

消除反应主要有2类：还原消除反应和β-消除反应(或β-H转移反应)。

① 还原消除反应。

在催化体系中与一个或几个金属中心键合的反应基团 X 和 Y 相互作用形成产物 XY，此产物 XY 随即脱离金属中心的配位场重新形成原来的金属活性中心。例如：

$$\overset{\displaystyle H}{\underset{}{\overset{|}{M}}}—R \longrightarrow M + RH$$

烷基 R 和 H 配位体在金属中心 M 上相互作用形成一个稳定的烷烃后立即脱离金属中心的配位场，此种反应的逆反应为氧化加成活化反应。当金属配位场中存在亲电子的配位体时，金属中心的电子密度将降低，从而加速还原消除反应。一般来说，消除反应在整个催化反应循环中是一个速率控制步骤。

② β-消除反应(或 β-H 转移反应)。

当以 σ 键与金属原子或离子形成配合物的有机配位体中含有碳原子时，该碳原子上的氢容易从碳原子上脱离并与金属形成氢化物，该过程称为 β-消除反应或 β-H 转移反应。例如，烷基金属配合物可以进行 β-消除反应。这类反应过程常在过渡金属配合物催化的烯烃异构化和烯烃聚合反应中发生。实质上，这类反应是内配位体迁移反应的逆反应。

$$MCH_2CH_2R \rightleftharpoons \left[\begin{array}{ccc} \overset{\delta-}{H} & \cdots & \overset{\delta+}{C}H—R \\ \vdots & & \| \\ {}^{\delta+}M & \cdots & CH_2^{\delta-} \end{array}\right] \longrightarrow M—H + CH_2=CHR$$

上面所讨论的催化过程连接起来可建立一个催化循环，该循环可用来说明已知反应的机理或设计新的催化体系。在建立过渡金属配合物催化循环中，根据具有抗磁性的 d 轨道元素形成的含有 16 或 18 个金属价电子配合物而制定的 16 电子、18 电子规则相当重要：

(1) 具有抗磁性的过渡金属有机配合物只有其价电子为 16 或 18 时才能在低温下以“显著浓度”存在。所谓的显著浓度，是指在气、液或固相中可以用光谱法或动力学方法检测出来的浓度。

(2) 在过渡金属有机配合物催化反应中，每一基元反应步骤中只生成含有 16 或 18 个金属价电子的中间体。这说明只有金属价电子数目变化为 0，±2 时反应才有可能进行。

16 电子、18 电子规则具有广泛的适用性，并且在预测反应机理和建立催化循环时极为有用。

6.2 配位聚合物

从最早天然沸石(natural zeolites)的发现到介孔材料的全面发展和应用，又从多孔材料向有机领域不断扩展，科学家们最终合成了一系列金属-有机材料(metal-organic materials)。配位聚合物(coordination polymers，CP)是指利用金属离子与有机桥联配位体通过配位键合作用而形成的一类具有一维、二维或三维无限网络结构的聚合物。近十几年来，配位聚合物的研究得到了迅速发展，大量结构新颖、性能优异的配位聚合物被设计合成出来。相比于单核和多核配位化合物，这类化合物相对分子质量大，难溶于一般溶剂；配体骨架结构形式多样，同时能够通过分子间氢键、π-π 堆积等弱相互作用形成超分子化合物。配位聚合物结合了有机配体和金属离子的特点，表现出比单纯有机超分子材料和无机材料更优异的物理、化学性质，使其不仅具有结构研究的理论意义，而且在磁、光、电学等领域具有一定应用价值，尤其是具有微孔结构的金属-有机配位聚合物，它们在不对称催化、手性分离和吸附等方面具有潜在实际应用价值。

金属-有机配位聚合物的概念于 1964 年首次被提出，金属-有机配位聚合物根据其组成的拓扑结构可以是一维、二维或者三维的。人们经常把金属-有机配位聚合物称为多孔配位聚合物（porous coordination polymers，PCP）、金属-有机骨架材料（metal-organic frameworks，MOF）、无机-有机杂化材料（hybridinorganic-organic materials）。其中，金属-有机骨架材料最为常见，其概念最早于 1995 年由 Yaghi 小组提出，他们在 *Nature* 中报道了一种由均三苯甲酸和金属钴合成的具有二维网络结构的配位聚合物。随后 1999 年，Yaghi 等合成了一种以 Zn 为金属中心、以对苯二甲酸为有机配体的金属-有机骨架材料 MOF-5（图 6.5），该材料具有极大的比表面积（达 2 900 m^2/g）。MOF-5 的出现是 MOF 材料发展史上的一个里程碑，之后陆续有上万种 MOF 材料被报道。MOF 不但适合于存储气体、实现气体与气体间的提纯和分离，也能作为催化剂和传感器。但目前对 MOF 材料的应用研究、多功能 MOF 材料的构建、设计具有特定结构和功能的 MOF 材料等方面还处于起步阶段，MOF 材料的价值远远没有被开发出来，其潜力是无穷的。

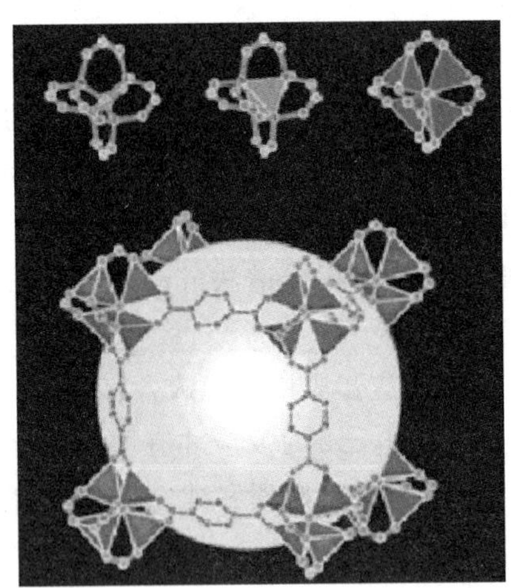
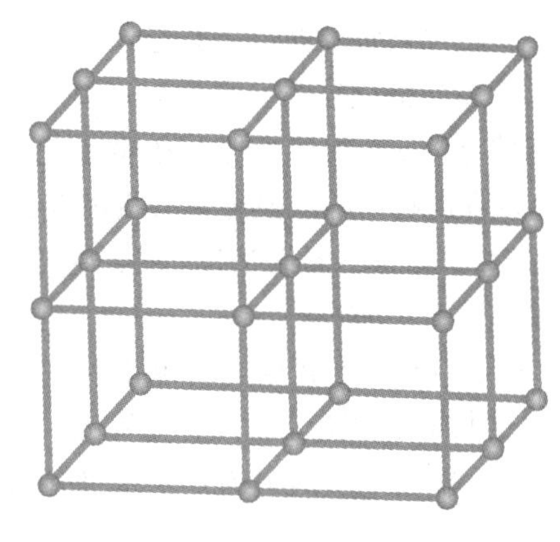

图 6.5　MOF-5 的结构

6.2.1　金属-有机骨架材料的催化性能

1）具有金属活性点的多孔配位聚合物

具有金属活性点的 MOF 可以分为 2 类：一类是只有一种类型的金属中心，该金属中心既维持聚合物的结构，也起着催化作用；另一类是含有不同类型的金属中心，包括维持结构的金属中心 M_2 和起催化作用的金属中心 M_1（图 6.6）。这种具有金属活性点的多孔配位聚合物用于催化的报道十分常见，下面介绍一些比较典型的例子。

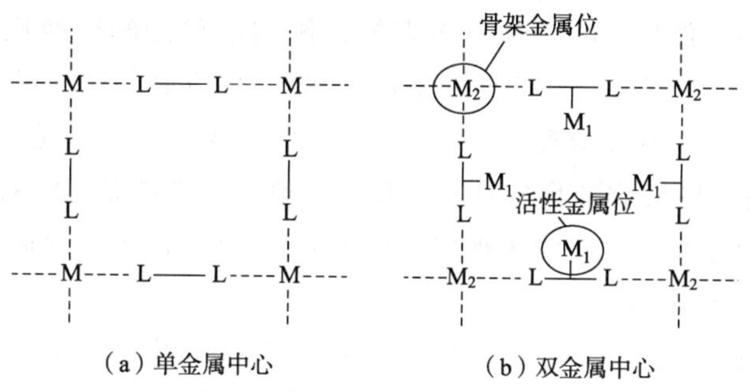

图 6.6 单金属中心和双金属中心的 MOF 结构

2013 年，Angeles Monge 等利用一系列含金属铟的 MOF 作为催化剂，催化羰基化合物(苯甲醛)的硅腈化反应，其中具有[$In_2(dpa)_3(1,10\text{-phen})_2$]·$H_2O$(dpa 为联苯酸，phen 为邻菲罗啉)结构的 MOF 材料 InPF-6 具有最高的催化活性，重复利用 4 次后，活性并没有明显下降。图 6.7 为 InPF-6 可能的催化机理。

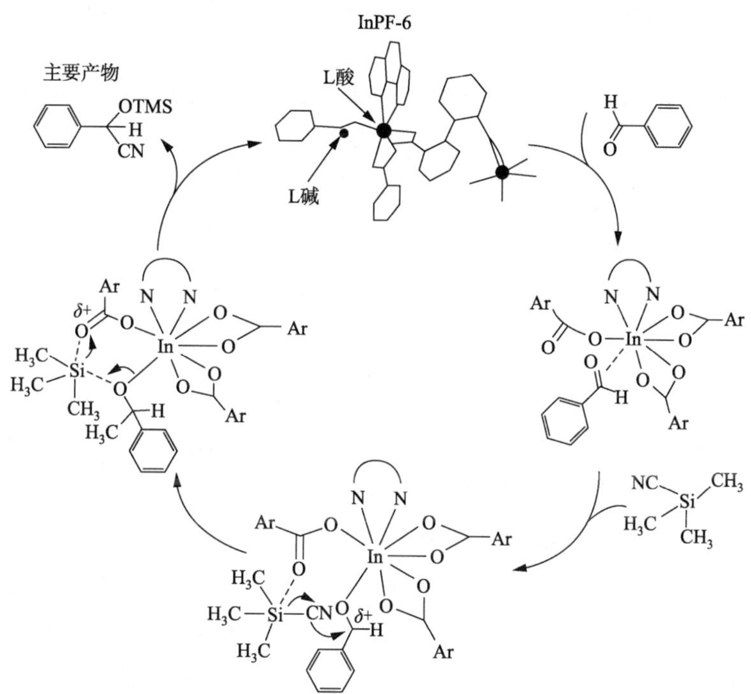

图 6.7 InPF-6 催化苯甲醛硅腈化反应

OTMS 为辛基三甲基硅烷

2) 具有反应官能团的多孔配位聚合物

Seo 等于 2000 年首次提出了具有催化活性官能团的 MOF 材料 POST-1。POST-1 是由一种含羧基和吡啶基的手性化合物 CL-1 与 Zn^{2+} 反应形成的，反应过程如下：

$$\text{CL-1}\xrightarrow[H_2O,\ MeOH]{Zn(NO_3)_2}\text{D-POST-1}$$

POST-1 首先用于催化 2,4-二硝基苯基醋酸酯与乙醇的酯交换反应：在 27 ℃下反应 55 h，乙酸乙酯的产率为 77%。在相同的条件下，若将反应底物由乙醇换成异丙醇、新戊醇或 3,3,3-三苯基-1-丙醇，则反应速率大大降低，这说明该催化反应是在催化剂的孔道中进行的，并且催化剂对反应底物的尺寸具有选择性。值得一提的是，POST-1 催化 2,4-二硝基苯基醋酸酯与乙醇的酯交换反应时表现出一定的立体选择性，但是对映体过量（enantiomerie excess，EE）值只有不到 10%。

Knoevenagel 缩合反应是一种典型的利用 MOF 作为碱中心的催化反应。Hasegawa 等于 2007 年首次提出了一种具有催化活性的 MOF 材料［$Cd(4\text{-btapa})_2(NO_3)_2$］·$6H_2O$·2DMF（4-btapa 为 1,3,5-苯基三羧基酸三［N-(4-吡啶基)酰胺］），该材料被用于催化苯甲醛在丙二腈等物质的 Knoevenagel 缩合反应。其中，苯甲醛与丙二腈的反应产率能够达到 98%。

对 MOF 材料的后修饰是一种将具有催化活性的有机单元构筑在 MOF 结构中的有效方法。虽然这些有机官能团并不是最初合成 MOF 材料时的结构，但利用这种方法可以构造出多种多样的 MOF 材料，并应用于各种类型的催化反应中。2013 年，Canivet 等利用后修饰将 Ni 化合物引入 MOF 材料中，得到一种新型的 MOF 材料［Ni@(Fe)MIL-101］。

(Fe)MIL-101-NH_2　　Ni 修饰的(Fe)MIL-101

该材料在催化乙烯二聚形成 1-丁烯的反应中具有很好的活性，甚至比单核的双亚胺 Ni 化合物的选择性要高，选择性能够达到 95%。

3）负载具有催化活性组分的多孔配位聚合物

多孔配位聚合物材料除自身具有催化功能以外，还可以作为催化剂的载体，金属纳米粒子、金属氧化物、有活性的反应客体都可以负载于其中。因此，具有此特点的多孔配位聚合物用于多相催化的相关报道也比较多。Kaskel 小组利用等体积浸渍法将乙酰丙酮钯负载到 MOF-5 中，在浸润钯粒子之后，比表面积由 2 885 m^2/g 降至 958 m^2/g；将金属钯还原之后，材料在 77 K，1 atm（1 atm＝101 325 Pa）下吸附氢的能力由 1.15%上升到 1.86%。将该材料应用于催化苯乙烯加氢化的反应后获得了较高的活性。

6.2.2 微孔有机聚合物材料的催化应用

MOF 在传统配位化合物使用的均相催化反应中同样具有优异的活性与选择性。为了解决均相催化反应中催化剂难以回收的问题，最近几十年，除 MOF 材料以外，超交联聚合物（HCP）、自具微孔聚合物（PIM）、共价有机骨架聚合物（COF）、共轭微孔聚合物（CMP）在多相催化反应中也得到了广泛的应用。

1）超交联聚合物在多相催化方面的应用

2012年，华中科技大学谭必恩与李涛课题组利用 Pd 与三苯基膦的配位作用，将金属钯负载于织微孔网络 KAPs(Ph-PPh_3)（Ph 为苯，PPh_3 为三苯基膦）中，制备了一种多孔催化剂 KAPs(Ph-PPh_3)-Pd。一系列表征结果显示，该催化剂在保持多孔聚合物骨架结构的同时还具备高分散的 Pd 活性位点。在催化氯苯及其衍生物的 Suzuki-Miyaura 偶联反应中，该催化剂表现出了高催化活性及选择性，能循环使用多次而依然保持较高催化活性，拓展了超交联微孔聚合物材料在传统 Suzuki-Miyaura 偶联反应中的应用。尤为重要的是，该类催化剂的合成方法操作简单，反应条件温和，合成效率高，使其具有重要的工业应用价值。

2）自具微孔聚合物在多相催化方面的应用

2008年，McKeown 等提出了基于金属酞菁骨架的 PIM 材料（CoPc-PIM-A 和 CoPc-PIM-B）和基于金属卟啉骨架的 PIM 材料 FePorph-PIM。

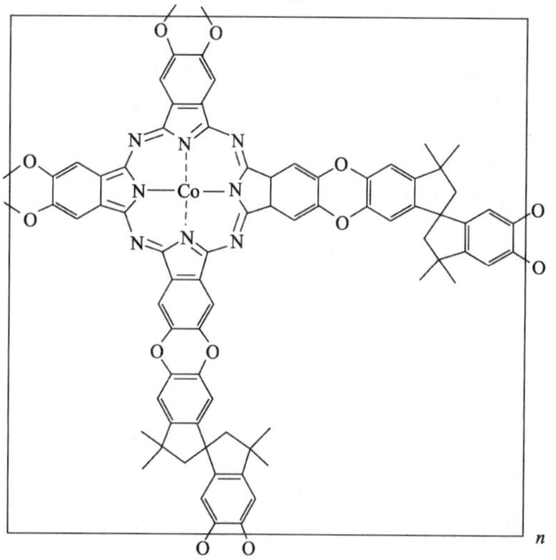

他们利用 CoPc-PIM-A 和 CoPc-PIM-B 这 2 种材料催化叔丁基过氧化氢氧化环己烯的反应，催化活性高于小分子 CoPc 催化剂。CoPc-PIM 和 FePorph-PIM 均能够用来催化对苯二酚的氧化反应，2 种材料的活性与对应的小分子单体化合物相比要高出许多。

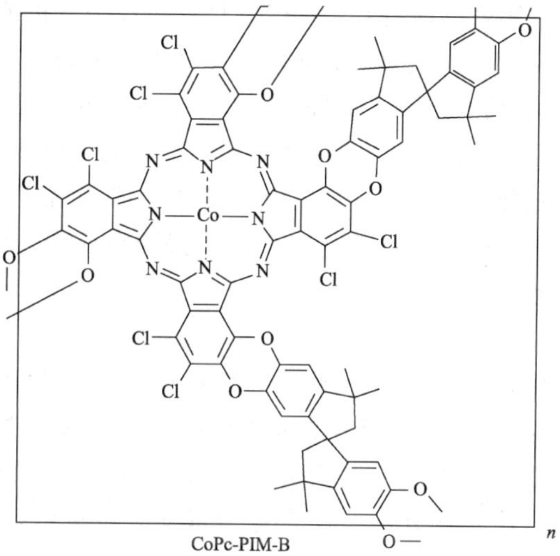

3）共价有机骨架聚合物在多相催化方面的应用

2011年，兰州大学王为组以对苯二胺和均三苯甲醛为原料合成了一种具有结晶性的共价有机骨架材料 COF-LZU1，其孔径为 1.8 nm，比表面积为 410 m^2/g。X 射线粉末衍射证明 COF-LZU1 具有层层平行堆积的结构。他们又通过后合成的方式将醋酸钯引入 COF-LZU1 中，得到了负载化的材料 Pd/COF-LZU1，并将其应用于催化 Suzuki-Miyaura 偶联反应，反应中 Pd/COF-LZU1 表现出优异的催化活性、对底物的普适性以及重复利用性能。

4）共轭微孔聚合物在多相催化方面的应用

共轭微孔聚合物具有高度共轭的结构，并具有能够精确调控微孔尺寸、稳定性较高、比表面积大、制备手段多样化等特点，逐渐成为最具应用潜力的一类多孔有机聚合物。通过调控反应单体的尺寸、几何结构、立体结构等把不同的单体通过某种反应使它们高度聚合成一系列结构不同的 CMP。在 CMP 合成过程中，很容易在反应单体内部引入特定的非均相小分子催化剂或非均相金属催化剂官能团。

2009 年，Thomas 等用三氯化铁氧化偶联的方法合成了 2 种具有聚噻吩结构的 CMP。这 2 种 CMP 具有较大的比表面积，分别为 577 m^2/g 和 1 060 m^2/g，平均孔径为 1.6 nm。由于该聚合物内含丰富的噻吩官能团，这种特征使它们成为负载 Pd 的良好载体。将 Pd^{2+} 与硫原子配位后，再用还原剂将 Pd^{2+} 还原就可以得到纳米钯颗粒，进而形成封装 Pd 纳米粒子的材料 Pd@CMPTAs。将这种材料用于催化加氢反应，2 h 后 1,2-二苯乙炔便全部转化为 1,2-二苯乙烷。

6.3 配位催化剂用于烯烃聚合反应

聚合反应特别是烯烃齐聚反应在当今的石油化学工业中占有极其重要的地位，同时也是衡量石油化学工业和国民经济发展的标准。用聚合反应过程生产的三大高分子材料（塑料、合成纤维和合成橡胶）涉及社会的各个领域。特别是 20 世纪 50 年代初，Ziegler-Natta 催化剂问世以来，不仅为过渡金属有机化合物配合催化和高分子化学开辟了新的研究领域，而且促进了整个化学工业的发展，相继使聚乙烯、聚丙烯、异戊橡胶和乙丙橡胶等工业化。

齐聚反应是反应物分子 A 经聚合反应转化为相对分子质量为 A 的 n 倍的较大分子的过程：

$$nA \longrightarrow A_n$$

式中，$n=2\sim100$。例如，可以根据乙烯齐聚反应程度的不同来生产不同用途的烯烃。用该方法生产的 1-丁烯（二聚体）、1-己烯（三聚体）和 1-辛烯（四聚体）是合成线性低密度聚乙烯（LLDPE）所需的共聚单体，而 $C_{10}\sim C_{18}$ α-烯烃是生产表面活性剂醇的原料。

在人类历史上，烯烃聚合最初采用自由基聚合方式，需要高压反应条件，并且反应过程中存在许多链转移反应，导致大量支化产物被生产，特别是聚丙烯，自由基聚合无法合成高聚合度的聚丙烯。20 世纪 50 年代，德国化学家卡尔·齐格勒（Karl Ziegler）和意大利化学家居里奥·纳塔（Giulio Natta）发明了烯烃聚合催化剂，即 Ziegler-Natta（Z-N）催化剂，开拓了定向聚合新领域，使合成高规整度的聚烯烃成为可能。

Z-N 催化剂主要由Ⅳ～Ⅷ族元素（如 Ti，Co，Ni）的卤化物与Ⅰ～Ⅲ族金属（如 Al，Be，L）的烷基化合物或烷基卤代物组成。目前公认的聚合机理为：

$$\sim\!CH_2\text{—}TiCl_4\cdots\square + CH_2{=}CHCH_3 \longrightarrow \sim\!CH_2\text{—}TiCl_4\cdots(CH_2{=}CHCH_3) \longrightarrow$$

$$\text{Ti}\begin{smallmatrix}\sim CH_2\cdots CHCH_3\\ \vdots\\ CH_2\end{smallmatrix}\ (Cl_4) \longrightarrow \square\ \ TiCl_4\text{—}CH_2\text{—}CHCH_3\text{—}CH_2\!\sim \longrightarrow \sim\!CH_2CHCH_3\text{—}CH_2\text{—}TiCl_4\cdots\square$$

以乙烯聚合为例，四氯化钛首先与有机铝作用，被还原至三氯化钛，然后三氯化钛被烷基化，得到氯化烷基钛，烯烃首先在钛原子的空位上配位，生成 π 络合物。在经过移位和插入，留下的空位又可以给第二个分子烯烃配位，如此重复进行使链增长。

Z-N 催化剂诞生至今已经过去将近 70 年，经历了以下几个发展历程。

第一代 Z-N 催化剂：最初的活性(1 g 钛催化所得的聚烯烃的质量)约为聚烯烃 2 kg、聚丙烯 3 kg。所得聚乙烯还需要用化学试剂(醇、脂肪醇)处理，以除去催化剂残留物，以使钛含量达标。聚丙烯等规度仅有 90%，聚合工艺需要复杂的脱灰、脱无规组分步骤。

第二代 Z-N 催化剂：20 世纪 60 年代末，将 L 碱引入催化体系中，形成了第二代 Z-N 催化剂。使用 L 碱使 Z-N 催化剂得到了更大的表面积，其催化活性也得到提高。典型的第二代 Z-N 催化剂成品的比表面积可以达到 150 m^2/g，催化活性为聚丙烯 20 kg，等规度为 95%，所用的 L 碱有酯、醚、醇、胺、膦等电子给予体。第二代 Z-N 催化剂的特点是催化活性和立体定向性较上一代有了一些提高。但由于催化活性还是比较低，催化剂都残留在聚合物中，需要对聚合物进行脱灰、脱无规物处理。

第三代 Z-N 催化剂：20 世纪 70 年代末到 80 年代初，Z-N 催化剂的载体化成为催化剂的巨大革新和进步。通常这类高活性、高结构规整性的载体催化剂被称为第三代 Z-N 催化剂。三井化学公司于 1975 年成功开发出 $MgCl_2$ 载苯甲酸乙酯的载体型催化剂，催化活性约为聚丙烯 300 kg，等规度为 92%～94%。随后，该公司又在该催化剂聚合过程中，加入 2 种外给电子体——邻苯二甲酸二异丁酯和二苯基二甲氧基硅烷，使催化剂的反应活性超过 1 000 kg，同时等规度超过了 98%，无须再进行脱无规步骤，并且为了提高聚丙烯粒子的流动性，还开发出控制粒径、粒径分布、粒子形状的技术，在全球首次实现了使用高活性、高有规立构性催化剂的无脱灰、无脱无规物工艺的气相聚合工艺。第三代 Z-N 催化剂的出现使 Z-N 催化剂的开发不再以增加催化活性为主要目的，而是以 Z-N 催化剂结构、形态、性能以及烯烃聚合物结构控制的开发为主。

第四代 Z-N 催化剂：20 世纪 80 年代中期出现了第四代 Z-N 催化剂——球型载体催化剂。此类催化剂是由 Himont 公司发展起来的。其特点是能够控制载体本身的物理化学性能，并能控制活性中心在载体上的分布，具有颗粒反应器性能。这类催化剂的催化效率大大提高，高达数十万至数百万克聚乙烯。另外，这类催化剂能生成不同相对分子质量和质量分布的聚烯烃，可以获得不同相对密度的聚烯烃树脂。这些聚烯烃树脂具有球形或类球形的颗粒形态，可以制备形态好、堆密度高的聚烯烃产品，这使人们盼望已久的无造粒工艺成为可能。第四代 Z-N 催化剂的出现标志着聚烯烃聚合催化技术的研究和生产趋于成熟。

目前世界上绝大多数低压聚烯烃生产装置使用的都是第三代和第四代 Z-N 催化剂。

6.4 过渡金属原子簇催化剂

过渡金属原子簇属于过渡金属配合物的一类，但一般指分子内含有 3 个以上相互成键的金属原子的化合物。近十几年来，无论在制备技术还是在应用方面，过渡金属原子簇都取得了显著的发展，其原因有以下几个方面。

(1) 化学键理论的不断发展。过渡金属原子簇分子具有以下特点:① 含有多金属原子中心;② 分子内存在金属原子间的成键(M—M)及金属原子与配位体之间的成键(M—L);③ 配位基团有不同类型和不同的键合方式(如端点连接、桥联),并且骨架和配位结构可以存在不同的立体结构形式。过渡金属原子簇的这些特点为发展和丰富化学键理论提供了理想的研究对象和分子模型。

(2) 过渡金属原子簇分子的均相催化与金属表面的多相催化极为相似。前者可以用各种现代分析手段提供确切的结构信息,但后者是催化和表面科学的难题。金属表面上发生的催化过程至今尚未得到确切的研究结果。人们可以用过渡金属原子簇分子的均相催化作为模型来模拟和表征金属表面所发生的多相催化过程。

(3) 过渡金属原子簇,特别是Ⅷ族过渡金属羰基化合物组成的原子簇本身具有催化活性和选择性,在烯烃的异构化、加氢、羰基化、齐聚和聚合等催化反应中得到广泛的研究。过渡金属原子簇可以直接作为均相催化剂,也可以制备成多相原子簇催化剂并应用到相应的催化反应中。由于其具有不同于单核配合物催化体系的许多特点,因此有望开发为新型催化体系。过渡金属原子簇的应用前景正吸引许多化学家进行该领域的研究开发。

过渡金属单核配合物在石油化工、有机化工和精细化工中已广泛应用。目前人们的目标是提高常规均相催化和多相催化的选择性,制备出同时具有高活性、高选择性和良好稳定性的催化剂,同时要求催化反应条件温和、能耗小和成本低。由于过渡金属原子簇分子的多金属中心可配合催化中的协同效应,同时不同类型配位基可对金属中心和配合环境的电子密度起调节作用,因此过渡金属原子簇分子对相应的反应表现出高催化活性和选择性。

过渡金属原子簇催化剂可以分为 3 种类型:

(1) 过渡金属原子簇均相催化剂。将过渡金属原子簇配成溶液的形式用于均相催化。

(2) 过渡金属原子簇多相催化剂。将过渡金属原子簇配成溶液后负载在各种无机氧化物、分子筛和高聚物上,制备成多相催化剂。

(3) 过渡金属原子簇转化生成的金属微粒催化剂。将过渡金属原子簇多相催化剂在一定条件下处理,脱掉分子内的配位体,可获得高分散的金属微粒,其尺寸小于 1.5 nm。

从过渡金属原子簇的结构特点和催化反应机理分析,其催化性能是单核金属配合物所不能比拟的,因为它同时兼具均相催化剂的高选择性和多相催化剂的高活性。在分子催化原理和催化反应特点等方面,过渡金属原子簇催化剂能填补常规均相催化和多相催化的鸿沟,起到关联不同催化体系的作用。

过渡金属原子簇主要分为 2 种类型:① 低氧化态的金属卤化物;② 羰基化合物。在 24 种 d 轨道过渡金属中,Nb,Ta,Mo 和 W 一般存在于低氧化态的卤化物原子簇,而Ⅷ族金属元素存在于中性和阴离子羰基原子簇以及含膦配位基的羰基原子簇。

过渡金属原子簇在加氢、异构化、氢甲酰化、水煤气转化、环化、氧化、齐聚和 F-T 合成中具有良好的催化活性和选择性(表 6-2),并显示出将来的应用前景。但是,在均相催化反应过程中,反应体系溶液中原子簇分子是否仍保持分子的完整性有待于进一步研究。值得注意的是,合成气在 Rh 和 Ru 原子簇的作用下生成乙二醇和甲醇,这种高压下一步法直接合成乙二醇的反应被认为是在工业上效益显著的重要反应。与其他 F-T 合成的多相催化相比较,这个均相催化反应的乙二醇选择性高达 75%,并且没有甲烷和其他副产物生成,主要副产物是甲醇。

表 6.2 过渡金属原子簇存在下的有机化学反应

反 应	催化剂
[烯烃异构化] $\xrightarrow[50\ ℃]{N_2}$	$Fe_3(CO)_{12}$
[烯烃异构化] $\xrightarrow[70\ ℃]{}$	$H_4Rn_4(CO)_{12}$
$2CO + O_2 \xrightarrow[25\ ℃]{0.1\ MPa} 2CO_2$	$Rh_6(CO)_{16}$
$RCH=CH_2 + CO + H_2 \xrightarrow[75\ ℃]{10\ MPa} RCH_2CH_2O$	$Rh_6(CO)_{12}$
$CO + H_2O \xrightarrow[100\ ℃]{0.1\ MPa} CO_2 + H_2$	$Rn_6(CO)_{12}/KOH$
$nCO + (2n+1)H_2 \xrightarrow[300\ ℃]{100\ MPa} C_nH_{2n+2}(n=1\sim30) + nH_2O$ $2CO + 3H_2 \xrightarrow{>300\ ℃} CH_2OH-CH_2OH$	$H_4Ru(CO)_{12}$
$RNC + H_2 \xrightarrow[90\ ℃]{0.1\sim0.3\ MPa} RHHCH_3 + RHN_2$	$Ni(CNR)_7/Ni(CNR)_4, R=C(CH_3)_3$
$PhNO_2 + 3CO + H_2 \xrightarrow[125\sim130\ ℃]{3.5\ MPa} PhNH_2 + Et_3N$	$Rh_6(CO)_{16}$
$RCHO + H_2 \xrightarrow[100\ ℃]{8.0\ MPa} RCH_2OH$	$Rh(CO)_{16}$

总之,过渡金属原子簇催化尚处于基础研究阶段,但从其特点和发展速度来看,随着研究开发的深入进行,过渡金属原子簇催化剂将在制备技术、分析表征、理论研究和催化应用方面取得突破。

参考文献

[1] 朱洪法,刘丽芝. 石油化工催化剂基础知识[M]. 北京:中国石化出版社,2021.

[2] 李均贤,陈华,付海燕. 均相催化原理及应用[M]. 北京:化学工业出版社,2011.

[3] LI H,EDDAOUDI M,KEEFFE M O,et al. Design and Synthesis of an Exceptionally Stable and Highly Porous Metal-organic Framework[J]. Nature,1999,402:276-279.

[4] CORMA A,GARCÍA H,XAMENA F X L I. Engineering Metal Organic Frameworks for Heterogeneous Catalysis[J]. Chem. Rev.,2010,110:4606-4655.

[5] EFRATY A,FEINSTEIN I. Catalytic Hydrogenation and Isomerization of 1-hexene with [RhCl(CO)(1,4-(CN)$_2$C$_6$H$_4$)] in the Dark and under Irradiation[J]. Inorg. Chem.,1982,21:3115-3118.

[6] AGUIRRE-DÍAZ L M,IGLESIAS M,SNEJKO N,et al. Indium Metal-organic Frameworks as Catalysts in Solvent-free Cyanosilylation Reaction[J]. Crystengcomm,2013,15(45):9562-9571.

[7] SEO J S,WHANG D,LEE H,et al. A Homochiral Metal-organic Porous Material for Enantiose-

lective Separation and Catalysis[J]. Nature, 2002, 404: 982-986.

[8] HASEGAWA S, HORIKE S, MATSUDA R, et al. Three-dimensional Porous Coordination Polymer Functionalized with Amide Groups Based on Tridentate Ligand: Selective Sorption and Catalysis[J]. J. Am. Chem. Soc., 2007, 129: 2607-2614.

[9] MATSUDA R, KITAURA R, KITAGAWA S, et al. Highly Controlled Acetylene Accommodation in a Metal-organic Microporous Material[J]. Nature, 2005, 436: 238-241.

[10] UEMURA T, KITAURA R, OHTA Y, et al. Nanochannel-promoted Polymerization of Substituted Acetylenes in Porous Coordination Polymers[J]. Angew. Chem. Int. Ed., 2006, 45: 4112-4116.

[11] CANIVET J, AGUADO S, SCHUURMAN Y, et al. MOF-supported Selective Ethylene Dimerization Single-site Catalysts through One-pot Postsynthetic Modification[J]. J. Am. Chem. Soc., 2013, 135: 4195-4198.

[12] PROCH S, HERRMANNSDÇRFER J, KEMPE R, et al. Pt@MOF-177: Synthesis, Room-temperature Hydrogen Storage and Oxidation Catalysis[J]. Chem. Eur. J., 2008, 14: 8204-8212.

[13] LI B, GUAN Z, WANG W, et al. Highly Dispersed Pd Catalyst Locked in Knitting Aryl Network Polymers for Suzuki-miyaura Coupling Reactions of Aryl Chlorides in Aqueous Media[J]. Adv. Mater., 2012, 24: 3390-3395.

[14] MACKINTOSH H J, BUDD P M, MCKEOWN N B. Catalysis by Microporous Phthalocyanine and Porphyrin Network Polymers[J]. J. Mater. Chem., 2008, 18: 573-578.

[15] DING S Y, GAO J, WANG Q, et al. Construction of Covalent Organic Framework for Catalysis: Pd/COF-LZU1 in Suzuki-miyaura Coupling Reaction[J]. J. Am. Chem. Soc., 2011, 133: 19816-19822.

[16] SCHMIDT J, WEBER J, EPPING J D, et al. Microporous Conjugated Poly(thienylene arylene) Networks[J]. Adv. Mater., 2009, 21: 702-705.

[17] 李贺. 多孔配位聚合物、有机聚合物的合成、表征及催化性质研究[D]. 长春：吉林大学，2014.

[18] 辛勤，徐杰. 现代催化化学[M]. 北京：科学出版社，2016.

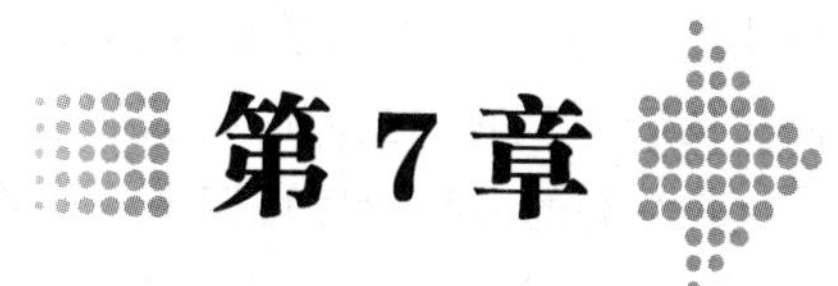

第7章 酶催化

生物催化剂俗称酶(enzyme),是指 in yeast,在酵母中的意思。确实,历史上有关酶的性质的知识都是源于对酵母和其他微生物的研究。酶和一般化学催化剂一样,本质上可以定义为能加速特殊反应的生物分子。酶是生物体内的一类天然蛋白质,但并非所有蛋白质都是酶。

7.1 酶催化的特点

酶是由细胞产生的大分子生物催化剂。大部分酶的主要成分是蛋白质,也有一部分 RNA 和 DNA 分子具有催化活性。与其他非生物催化剂相比,酶的独特性体现在:

(1) 酶具有很高的催化效率。酶的存在能够有效地保证生命体细胞中新陈代谢的正常运行。对同一个化学反应,酶催化反应的效率要比非催化反应高出 $10^{8}\sim10^{20}$ 倍,比一般催化剂高 $10^{7}\sim10^{13}$ 倍。如此高的催化效率使细胞内微量的酶就能催化大量的物质转化。

(2) 酶具有高度专一性。在酶催化反应体系中,反应物分子统称为底物(substrate)。酶对底物有很高的选择性,一般情况下一种酶只能催化特定的底物(或结构类似的化合物)发生特定的化学反应。

酶对底物及其催化的反应有严格的选择性,这种选择性称为酶的专一性。例如,脱氧胸苷二磷酸-葡萄糖-4,6-脱水酶只能催化胸苷二磷酸-葡萄糖发生 4,6 位脱水反应,而不能催化其发生 5,6 位脱水反应。酶的专一性主要取决于酶活性位点的结构和性质,因此不同的酶所表现出的专一性通常会有很大的差异。酶对底物的专一性体现在 2 个方面,即结构专一性和立体异构专一性。

结构专一性包括相对专一性和绝对专一性 2 种情况。相对专一性中酶的作用底物通常不止一种,如血清对氧磷酶不仅能催化酯和内酯水解,也能催化磷酸三酯水解。而绝对专一性中酶对底物的要求更严格,有时甚至只能作用于一种底物分子,如脲酶只能水解尿素,而不能与尿素衍生物作用。

除结构专一性外,酶对底物的立体异构体也有高度的选择性。若底物分子具有旋光异构体(或几何异构体),而酶只能与其中一种作用,这种现象称为旋光异构专一性(或几何异构专一性)。例如,*D*-乳酸脱氨酶只能催化 *D*-乳酸脱氯转化成丙酮酸,而不能与乳酸反应。

(3) 酶易失活。大部分的酶都是蛋白质,反应所需的条件通常比较温和。凡是能使蛋白质变性的因素,如强酸碱、高湿、高压和重金属等都会导致酶活性的丧失。即使是 pH 或温度的轻微变化,也会使酶的活性发生改变。

(4) 酶的催化活性可调节。生命体通过多种机制对酶的活性进行调节,以适应生长发育和外部环境的变化,保证体内新陈代谢有序地进行。

(5) 有些酶的催化活性与辅因子(cofactor)相关。有些酶需要结合辅因子(如金属离子)才能发挥其活性,如果把辅因子从酶中移除,酶就会丧失活性。

(6) 同时具有均相和多相的特点。酶本身是呈胶态分散溶解的,接近于均相;但反应却是从反应物在酶表面上积聚开始的,所以又和多相反应相仿。

正是由于酶具有这些特点,它才能在复杂的生命过程中担负起形形色色的化学反应催化剂的角色。

7.1.1 酶的化学本质

自从 Summer 等从刀豆中首次提取出脲酶并证明它是蛋白质之后,大量研究发现酶具有蛋白质的一系列特性,并且可被蛋白酶水解灭活。这些研究表明大部分酶的主要成分是蛋白质。

根据酶分子的化学组成不同,酶可分为单纯酶和结合酶 2 类。单纯酶都是简单蛋白质,包含其他成分,如脂肪酶、淀粉酶和醋酶都属于单纯酶。而结合酶中除蛋白质(酶蛋白)外,还包含一个非蛋白的辅因子。酶蛋白部分决定了酶的高效性和专一性,辅因子通常为金属离子或者小分子有机化合物,决定了反应的种类和性质。只有酶蛋白和辅因子同时存在时酶才具有催化活性,两者缺一则无活性。

全酶=酶蛋白+辅因子

根据辅因子与酶蛋白结合的牢固程度的不同,辅因子又可分为辅酶或辅基。辅酶与酶蛋白部分结合得比较松散,能够通过透析法除去;而辅基与酶蛋白结合得比较牢固,用透析法不易除去。常见的辅基,如细胞色素 P450 酶中的铁卟啉,通常以共价键结合进入酶蛋白中。

7.1.2 酶的分类

根据国际酶分类和命名法委员会的决定,区分酶专一性的基本依据是它们催化的化学反应,据此确定的 6 种酶可按反应定义如下。

(1) 氧化-还原酶:可作为氧化-还原反应催化剂的酶,它们对氧化、加氧、脱氢、加氢等一般已知的反应均具有酶的作用。例如,含有烟酰胺的酶可将醇类氧化成羧酸:

$$RCH_2OH + 2NAD(P)^+ + H_2O \longrightarrow RCOOH + 2NAD(P)H + 2H^+$$

辅酶Ⅰ: NAD=烟酰胺腺嘌呤二核苷酸

辅酶Ⅱ: NADP=烟酰胺腺嘌呤二核苷酸磷酸

(2) 转移酶:可使官能团发生转移的酶。甲基、羧基、胺基、葡萄糖单元、磷酸基等都是组成生物体的重要官能团,它们在酶的作用下均可发生转移反应。例如,转氨酶有如下功能:

$$\underset{\displaystyle\underset{NH_2}{|}}{RCHCOOH} + \underset{\displaystyle\underset{O}{\|}}{R'CCOOH} \rightleftharpoons \underset{\displaystyle\underset{O}{\|}}{RCCOOH} + R'-\underset{\displaystyle\underset{NH_2}{|}}{CHCOOH}$$

又如酮转移酶，有：

$$RCH_2\overset{\displaystyle\overset{O}{\|}}{C}-SCoA + \underset{\displaystyle\underset{NH_2}{|}}{R'CHCOOH} \rightleftharpoons \underset{\displaystyle\underset{NHCOCH_2R}{|}}{R'CHCOOH} + \underset{\text{辅酶A}}{CoASH}$$

(3) 水解酶。肽、核酸、多糖、脂肪等所有组成生物体的物质几乎都含有可以水解的结构，另外还有不少与消化、代谢等有关的水解酶。例如：

$$RCH=NR'+H_2O \longrightarrow RCHO+R'NH_2$$

$$\text{(}CH_2OR'\text{, O, OR, HNCOCH}_3\text{ ring)}-O-\text{(}NHCOCH_3\text{, OR, O, }CH_2OR'\text{ ring)}-O- \longrightarrow \text{(}CH_2OR'\text{, O, OR, HNCOCH}_3\text{ ring)} + HO-\text{(}NHCOCH_3\text{, OR, O, }CH_2OR'\text{ ring)}-O-$$

(4) 裂解酶：可催化消除反应并形成双键的酶。例如，反丁烯二酸酶可以使羟基丁醇二酸除去水生成丁烯二酸的反应可逆地进行：

$$\begin{array}{c} COO^- \\ | \\ CH_2 \\ | \\ HC-OH \\ | \\ COO^- \end{array} \rightleftharpoons \begin{array}{c} H \quad\quad COO^- \\ \diagdown \quad \diagup \\ C \\ \| \\ C \\ \diagup \quad \diagdown \\ ^-OOC \quad\quad H \end{array} + H_2O$$

(5) 异构酶：可作为各种异构化反应的催化剂。例如，消旋化反应中的消旋酶：

$$\underset{(D\text{型})}{\begin{array}{c} COOH \\ | \\ H-C-NH_2 \\ | \\ R \end{array}} \rightleftharpoons \underset{(L\text{型})}{\begin{array}{c} COOH \\ | \\ H_2NC-H \\ | \\ R \end{array}}$$

顺-反异构酶：

$$\begin{array}{c} HC-COOH \\ \| \\ HOOC-C-H \end{array} \rightleftharpoons \begin{array}{c} HC-COOH \\ \| \\ HC-COOH \end{array}$$

以及分子内的氧化-还原酶：

$$\begin{array}{c} H-C=O \\ | \\ H-C-OH \\ | \\ R \end{array} \rightleftharpoons \begin{array}{c} CH_2OH \\ | \\ C=O \\ | \\ R \end{array}$$

(6) 连结酶：可催化2个分子之间的连结，并同时使ATP(三磷酸腺苷)转变成ADP(二磷酸腺苷)和无机磷酸盐或AMP(一磷酸腺苷)和无机焦磷酸。这类酶都是合成性质的酶，并且都利用焦磷酸键水解所产生的能量。最典型的例子是合成蛋白质时氨基酸和tRNA反应生成氨酰基-tRNA的反应：

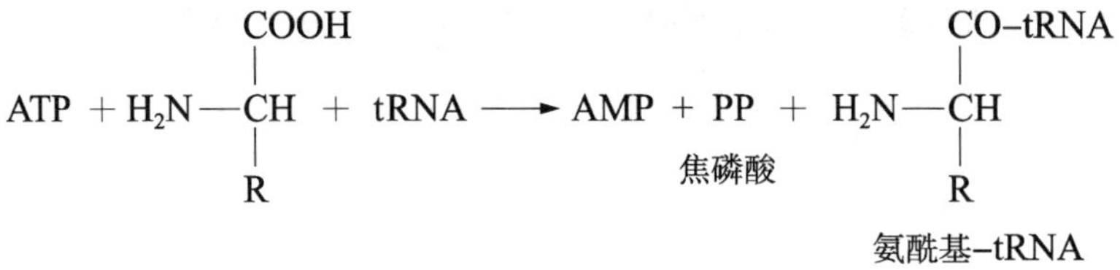

$$ATP + H_2N-\underset{R}{\overset{COOH}{|}}CH + tRNA \longrightarrow AMP + \underset{焦磷酸}{PP} + H_2N-\underset{R}{\overset{CO-tRNA}{|}}CH$$

氨酰基–tRNA

tRNA＝转移核糖核酸

由国际酶分类和命名法委员会对大多数酶反应的分类可知，酶都有相对应的化学催化反应，这就把所有催化反应从分类学上统一起来。

根据酶蛋白分子的结构特点，人们通常把酶分为3类。

单体酶(monomeric enzyme)：只有一条具有活性部位的多肽链，一般是催化水解反应的酶，如核糖核酸酶和羧肽酶。

寡聚酶(oligomeric enzyme)：由2个以上亚基组成，亚基可相同也可不同，单个亚基没有催化活性，亚基之间以非共价键结合，如羧酸酶和烯醇化酶。

多酶复合体(multienzyme system)：几个酶镶嵌而成的复合体，依靠非共价键聚合在一起。这些酶有利于一系列酶催化反应的连续进行，如丙酮酸脱氢酶复合体和脂肪酸合成酶复合体。

图7.1给出了几种常见的酶的结构。

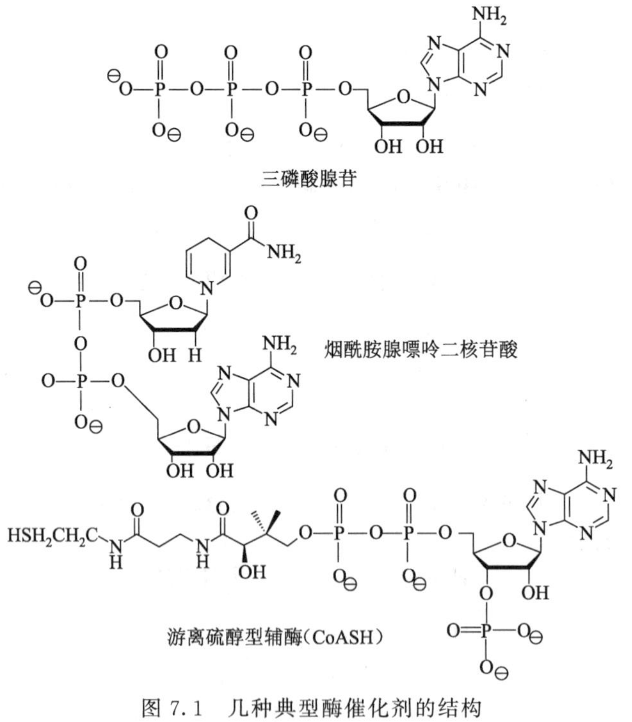

三磷酸腺苷

烟酰胺腺嘌呤二核苷酸

游离硫醇型辅酶(CoASH)

图7.1 几种典型酶催化剂的结构

7.1.3 酶的作用机制

为了解释酶的高度专一性，Fischer于1894年提出了锁钥学说。该学说(图7.2a)认为酶和底物分子的关系就如同锁和钥匙的关系，整个酶分子的结构是刚性的，具有特定的形状，底物分子就像钥匙一样定点定向地插入酶的活性“口袋”。这种学说虽然能够很好地解释酶的立体异构专一性，但却不能解释酶的逆反应，也无法解释酶的专一性中的很多现象。

1958年，Koshland提出了诱导契合学说。该学说(图7.2b)认为酶的活性中心是柔性的而非刚性的。酶分子单独存在时其活性中心并不一定适合与底物结合；当底物分子和酶分子相互接近时，酶蛋白受底物的诱导改变其活性中心的构象，从而与底物准确契合并引发催化反应；当反应完成后，最终产物从酶中分离出来，酶的活性中心又会恢复原状。近年来，X射线晶体衍射法分析实验发现，酶与底物结合确实会导致酶的构象发生变化，这些实验结果都支持诱导契合学说。

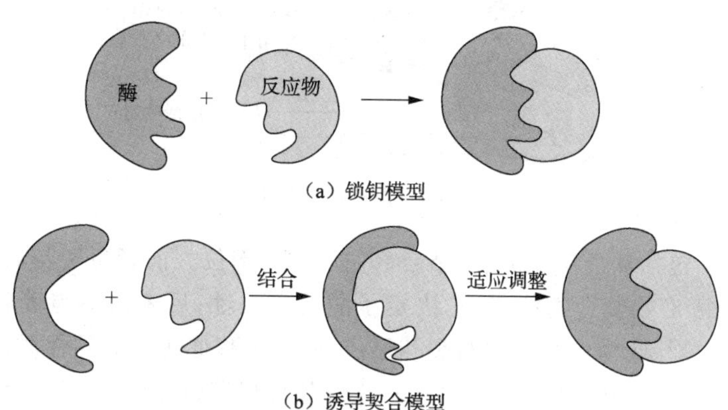

图7.2 锁钥模型和诱导契合模型

对于酶如何降低反应的活化能，目前普遍接受的观点是中间产物学说。该学说认为酶在催化反应时，先和底物结合形成一个不稳定的酶-底物(ES)复合物，随后该复合物裂解得到产物和酶。酶-底物复合物是一种活化状态，能够有效降低反应活化能(图7.3)。

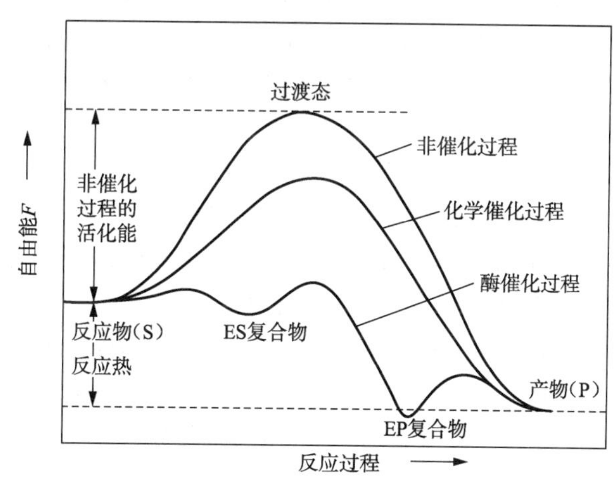

图7.3 酶催化作用机制

7.1.4 酶的活性中心

大多数酶是大分子蛋白质，而底物多为小分子。通常把酶分子中直接与底物结合并起催化作用的关键区域称为酶的活性中心。酶的活性中心(图7.4)除包括一些氨基酸残基的侧链(有时甚至包括氨基酸骨架基团)外,还包括辅酶或辅基的一部分。在一级结构上,活性中心内必需基团有时相距很远,甚至分散在几条肽链上,但是酶的三级结构使这些基团在空间结构上相互靠近,构成了一个具有一定空间形状的区域。

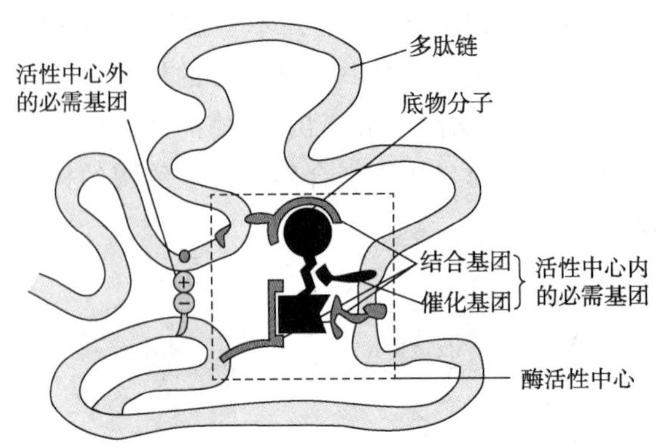

图 7.4 酶的活性中心

酶的活性中心包括 2 个功能部位:结合部位和催化部位。前者负责与底物分子结合,形成有利于反应的酶-底物复合物状态,它决定了酶的专一性;后者由参与催化反应的基团构成,这些基团直接参与底物化学键的断裂和形成,决定了酶催化反应的性质。有些酶的活性中心可能不止一个,如双功能的酮异构酶/N-乙酰基转移酶(FdtD)就有 2 个催化位点,其中一个催化位点在 N 端区域,负责底物的乙酰基化反应;另一个催化位点在 C 端区域,参与底物的异构化反应。有些酶虽然有结合位点,但不一定有催化位点,如 N-乙酰基转移酶(WIbB),乙酰基化反应是在底物的协助下完成的,酶活性中心残基并没有直接参与反应,只是提供一个合适的蛋白环境。

关于使酶具有高催化效率的因素,目前普遍认可的观点是:

(1) 邻近(approximation)效应和定位(orientation)效应。在酶催化反应中,为了提高酶的反应速率,不仅要求底物分子与底物分子之间及底物分子与酶活性部分之间相互靠近以增加底物在酶活性中心的有效浓度,还要求相互靠近的底物之间及底物与酶活性中心的残基之间有严格的定向,使分子间的反应近似于分子内的反应,为反应的发生提供有利条件。

(2) 键扭曲催化。根据诱导契合学说,底物分子与酶蛋白结合时,底物会诱使酶活性中心构象发生变化,而变化的酶分子又反过来诱导底物分子发生构象变化,使底物中的敏感键产生张力甚至变形,进而变得更加敏感,促进反应的发生。

(3) 酸碱催化。在酶催化反应中,酶活性中心的一些残基可作为广义的酸或碱,给反应物提供质子或从底物上夺取质子,进而稳定过渡态,加快反应速率。谷氨酸、天冬氨酸、组氨酸、精氨酸、赖氨酸、半胱氨酸、丝氨酸和酪氨酸等是酶催化反应中常用的广义酸。

(4) 共价催化。有些酶可通过和底物分子作用形成高活性的不稳定共价中间体来降低反应活化能,从而提高反应速率。例如,组氨酸中的咪唑基、丝氨酸中的羟基、谷氨酸中的羧基及一些辅酶的功能基团等都可亲核进攻底物共价键,形成共价中间体。

(5) 多元催化。酶的活性中心一般都包含一个起催化作用的残基侧链,这些残基在酶中有特定的朝向和排列,如短链脱氨酶/还原酶家族中的 Tyr-XXX-Lys 催化三联体。正是这些残基的协同配合才使底物和酶活性中心的结合达到最佳状态。

(6) 静电催化。酶活性中心中的极性氨基酸侧链(如赖氨酸和谷氨酸)或一些金属离子能够通过静电作用稳定反应中形成的过渡态,进而提高反应速率。

7.1.5 影响酶催化作用的因素

酶作为生物催化剂,可催化生命体内的绝大多数化学反应。在酶催化反应中,通常以酶活性来反映酶作用的效率。酶活性是指酶催化一定化学反应的能力,其衡量标准是酶催化反应速率。酶催化反应动力学研究表明,酶催化反应速率受酶浓度和底物浓度、pH、温度、激活剂和抑制剂及别构效应等因素的影响。

(1) 酶浓度和底物浓度:在反应体系温度和 pH 固定不变且底物浓度足够大的情况下,反应速率与酶浓度成正比关系。如果体系温度、pH 和酶浓度固定不变,当底物浓度较低时,反应速率与底物浓度近乎成正比关系,随着底物浓度逐渐增加,反应速率增加得越来越慢,直至趋于极限。

(2) pH:绝大多数酶的活性受 pH 影响,过低或过高的 pH 都不利于酶催化反应的发生,每种酶只有在一定的 pH 下才会表现出最大活性。通常来说,微生物和植物体内的酶的最佳 pH 为 5.5～6.5,而动物体内的酶的最佳 pH 为 6.5～8.0。pH 能够显著影响反应速率的原因是:① 过低、过高会直接影响酶的构象,导致酶变性灭活;② pH 会影响酶分子中极性氨基酸侧链的质子化状态,进而改变酶活性中心的构象;③ pH 会影响底物分子的解离。

(3) 温度:与 pH 对酶催化反应速率的影响类似,每种酶在一定条件下也有一个最佳温度。反应速率会随温度的升高而加快,直至达到最大反应速率。随着温度的持续升高,酶活性会逐渐降低,直至变性失活。

(4) 激活剂和抑制剂。激活剂是指能提高酶活性的物质。常见的激活剂有金属离子(如 Mg^{2+} 和 Zn^{2+})、无机阴离子(如 $Cr_2O_4^{2-}$)、氨离子和某些有机化合物分子(如半胱氨酸和维生素 C)。抑制剂是指能使酶活性钝化甚至使酶失活的物质。常见的抑制剂有 CO,H_2S,EDTA 及表面活性剂和重金属离子等。抑制剂一般分为可逆抑制剂和不可逆抑制剂,前者与酶的结合是可逆的,使用透析等方法能够移除抑制剂,从而使酶恢复活力;后者与酶的结合不可逆,使用透析等方法很难使酶恢复活性。有的物质既可作为一种酶的激活剂,又可作为另一种酶的抑制剂。

(5) 别构效应:某种与酶活性不相关的物质可能会结合进入酶的非活性部位(别构部位),引起酶分子的构象发生变化,从而使酶的活性发生改变。别构效应可细分为同促效应和异促效应 2 类。

7.1.6 酶催化剂的应用

酶不仅在生命活动中发挥着至关重要的作用,在工业、农业、医学和环境保护等方面所起的作用也日益凸显。人们早在几千多年前就已经知道如何使用酶来酿酒、酿醋和治疗一些疾病。随着对酶功能和结构的深入探讨,酶的重要性得到高度重视,其应用也得到更广泛的扩展。

人们的日常生活已经与酶捆绑在一起。在轻工业上,蛋白酶可用于脱毛和软化皮革,角蛋白酶可用于洗涤剂的制造、工业废弃物和化妆品的降解,脂肪酶可用于脱脂和脱毛,淀粉酶可用于纺织、造纸、洗涤剂及淀粉的液化、糖化等。在农业上,酶可用于农产品的加工、保鲜、质量检测及各种饲料的生产。在环境保护上,酶可用于水净化、石油和工业废油的处理、白色污染的治理和环境监测等方面。在临床医学上,常通过检测体内酶的活性来诊断某些疾病,如用葡萄糖氧化酶诊断糖尿病,用胆固醇氧化酶诊断高血脂,用尿素酶诊断肝肾脏病变等。此外,有些酶制剂本身就是药物,如尿酸酶、溶纤酶、以天冬酰胺酶和链激酶等。酶与新陈代谢息息相关,酶的缺乏或变性会导致代谢紊乱,进而引发疾病。

生物酶催化剂可代替一般的化学催化剂用于有机合成,这已受到人们的广泛重视,并取得了重大进展。利用生物酶催化反应的立体选择性可制备手性分子和特殊的精细化学品,如糖类化合物、核酸、氨基酸、多肽和抗生素等。

7.2 酶催化剂在石油化工中的应用

利用生物酶催化取代石化过程进行石油化工和精细石油化工产品的生产或深度加工具有如下优点:

(1) 常温、常压反应取代目前的高温、高压反应,可减少能耗;

(2) 反应选择性高,易制得高纯度产品;

(3) 反应以水为介质,可减少环境污染;

(4) 可以得到传统化学方法难以得到的产品。

随着生物酶的分离和提纯以及固定化技术和生物反应器的开发,生物酶催化剂在石油化工上的应用取得了重大进展。

利用生物技术生产含氧化合物已经取得了重大进展。例如,采用固定化连续发酵技术生产乙醇、异丙醇、正丁醇、柠檬酸、乳酸、长链二元酸和氨基酸等。随着生物酸的分离和固定化技术以及生物反应器的开发,有望在以下几个方面取得突破。

1) 芳烃的羟基化

用化学方法进行芳烃的羟基化一直是芳香族化学品合成工艺中最为复杂、耗资较大的步骤,这主要是因为芳环羟基化反应缺乏特异性,从而生成一些不希望得到的副产物,不能有效地利用起始原料。

利用生物酶技术可以降低芳香族化学品的生产成本,特别是芳环的羟基化。利用生物酶进行的芳环羟基化反应主要靠加氧酶来实现,如利用丁烷同化菌的单加氧酶苯酚羟基化生产对苯二酚。

2) 甲基酮类

酮类化学品是有机化学工业和石油化学工业的重要溶剂和原料,一般低碳原子数的酮是由烯烃水合-脱氢法生产得到的,但存在环境污染等问题;而高碳原子数的酮利用化学法很难实现工业化。

利用微生物脱氢酶使异丙醇、2-丁醇、2-戊醇、2-己醇氧化脱氢生产出相应的丙酮、甲乙酮、甲丙酮和甲丁酮,或直接以丙烷、正丁烷、正戊烷或正己烷为反应物得到相应的甲基酮,目前生产甲基酮的能力已达 10 mmol/(h·g)。

3）环氧化合物

过去生产环氧丙烷一直采用以丙烯为原料的化学合成法，后来日本 Shihetosu 公司提出利用生物法进行生产，但由于反应过于复杂，且在降低成本方面起主要作用的副产品果糖和主产品环氧丙烷不平衡等，最终没能实现工业化。与此同时，人们开发了甲烷同化菌，经筛选培养可成为同化烷烃和烯烃的菌种。烷烃和烯烃同化菌中的单加氧酶可催化丙烯环氧化，不需要氧气或氧化物，也不需要碱和过氧化氢，并且不同长度碳链的烯烃反应物均可得到 1,2-环氧化物，且具有旋光活性。目前，这种菌属的催化性能还不够高，生物酶催化寿命和产物的毒化作用没有解决，固定化连续生产反应器还有待开发。

4）石油馏分油的生物脱硫

在石油加工中，原油或馏分油中的硫不仅腐蚀输送管线、泵和设备，而且会使许多催化剂发生中毒或污染。成品油中硫的存在使产品外观质量下降，甚至使内燃机过早地被损坏。含硫矿物油燃烧后还会造成大气污染，严重影响生态平衡。因此，许多国家制定了含硫气体的排放标准和法规，对含硫燃料的生产管理要求更加严格。随着世界环保意识的加强、高硫原油的增多和对产品要求的不断提高，需要对矿物油燃料进行深度脱硫。传统的加氢脱硫技术很难脱除杂环类分子中的有机硫，而生物催化脱硫(BDS)却为深度脱硫提供了可能。关于生物脱硫的报道始于 20 世纪 50 年代，但大多数生物催化剂的专一性差，在降解含硫分子烃时，有 10%～50%的有价值燃料烃被消耗，从而限制了 BDS 技术的实际应用。在 20 世纪 80 年代后期，DNA 技术为微生物或酶催化脱硫的专一性研究提供了先决条件，为生物催化脱硫的工业化奠定了基础。

1989 年，美国气体工业技术研究所(IGI)J. J. KUone 分离出一株具有脱除杂环类(如 DBT)有机硫功能的 Rhodncoccus Rfiodocrous 细菌 IGTSB，将其命名为 R. thodocroos ATCC No. 53968。而后能源生物系统公司(EBS)的 Monticello 等提出加氢脱硫和生物脱硫相结合可以实现深度脱硫。与此同时，他们发现 Thiobacitlus SP.，Pseudomonas SP. 和 Bacillus SP. 3 种微生物都具有较好的脱硫效果。

7.3 酶催化剂在生物质降解中的应用

7.3.1 酶催化纤维素降解

纤维素酶是将纤维素水解成纤维二糖和葡萄糖的一组复杂酶系的总称，又称纤维素酶系。根据纤维素酶系中各种酶功能的差异，将其分为三大类：内切葡聚糖酶(1,4-*β*-*D*-葡聚糖-甘露糖水解酶或 1,4-*β*-*D*-内切葡聚糖酶，E. C 3. 2. 1. 4，来自真菌，简称 EG)、外切葡聚糖酶(1,4-*β*-*D*-葡聚糖纤维素生物水凝胶或 1,4-*β*-*D*-外切葡聚糖酶，E. C 3. 2. 1. 91，来自真菌，简称 CBH；来自细菌，简称 Cex)、*β*-葡萄糖苷酶(*β*-1,4-缺糖氧化酶，E. C 3. 2. 1. 21，简称 BG)。

Tilbeu 等通过对纤维素酶拆分研究发现，降解纤维素的纤维素酶是由摩尔质量约 56 kD (1 kD=1 000 g/mol) 球状、具有催化(水解)活力的核心蛋白催化区域(CD 或 CP)、连接区域

(linker)和没有催化作用但具有纤维素吸附能力的纤维素结合区域(CBD)三部分组成。后经大量研究证实,半纤维素酶的外切葡聚糖酶 CBH Ⅱ,内切葡聚糖酶 EG Ⅰ、EG Ⅱ和粪类碱纤维单孢菌、热纤维梭菌的多个纤维素酶分子也具有类似的结构,即一个催化活性的头部(即 CD)和楔形的尾部(即 CBD)组成的蝌蚪状分子,如图 7.5 所示。

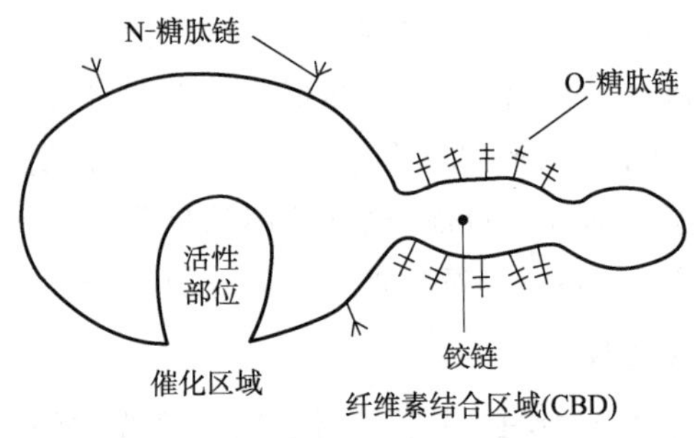

图 7.5　酶的蝌蚪状分子模型

天然纤维素酶解过程可分为 3 个阶段:首先是纤维素对纤维素酶的接近过程;其次是纤维素酶的被吸附与扩散过程;最后是由 CBH-CMCase 和 β-Gase 自组织复合体(C_1)协同作用降解纤维素的结晶区,同时由 CBH-CMCase 和 β-Gase 随机作用纤维素的无定型区。

目前纤维素酶分解纤维素的分子机制大致有 3 种假说:改进的 $C_1 \sim C_x$ 假说、顺序作用假说和竞争吸收假说。这些假说都认为纤维素酶降解纤维素时要先吸附到纤维素表面,然后其中的 EG 在葡聚糖链的随机位点水解底物产生寡聚糖,使纤维素出现更多的纤维素分子端基,CBH 从葡聚糖链的非还原端进行水解产生纤维二糖,BG 水解纤维素二糖为葡萄糖,在整个降解过程中纤维素降解菌中的这 3 类酶协同作用,最终完成对纤维素的降解,即 EG ⟶ CBH ⟶ BG,如图 7.6 所示。

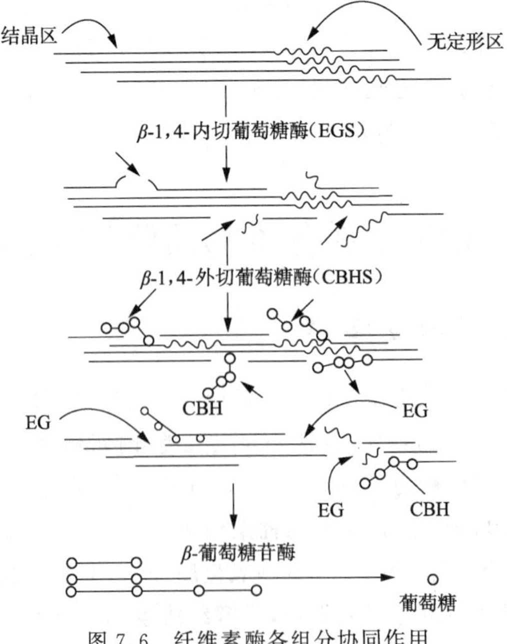

图 7.6　纤维素酶各组分协同作用

影响酶催化降解纤维素的因素有温度、pH、酶催化反应时间、激活剂等。多数研究表明，纤维素酶作用底物的最佳温度为45～65 ℃，最佳pH为4.0～5.0。纤维二糖、葡萄糖和甲基纤维素通常是纤维素酶的竞争性抑制剂；植物体内的某些酚、单宁和花色素也是其天然的抑制剂；此外，卤化物、重金属、去垢剂和染料等也能使其失活。因此，人们通常加入一些过渡金属离子作为激活剂。

7.3.2 酶辅助催化木质素降解

植物纤维素大多嵌入植物组织复合体中，而这个复合体中还大量存在着给纤维素使用造成困难的酚醛聚合物——木质素(lignin)。木质素是一类酚类次生代谢产物，在植物体内行使重要的生理功能，它能影响纤维素水解酶分解纤维素，甚至吸附聚集这些酶，使得酶解过程难以进行，极大影响生物燃料的生产。难以分解的酚醛聚合物木质素还成为造纸生产的主要污染物，而引入反应条件剧烈且成本高昂的木质素预处理环节会使整个行业的发展受到影响。

美国威斯康星大学麦迪逊分校生物化学系约翰·拉尔夫(John Ralph)在利用转基因技术改造原料植物的研究过程中发现，当归等植物可以产生一种称为阿魏酸的物质，阿魏酸盐可以在植物合成木质素过程中"混进"木质素的结构中，并在本来很稳定的高分子长链中带入一个相对容易断裂的酯键，使原本看似"坚不可摧"的木质素有了"软肋"。此研究通过提取当归的总RNA，并将其克隆，得到了相关基因FMT(编码阿魏酰辅酶A)，并把该基因转入杨木的基因组中。

转入FMT基因的转基因杨木在外观上与正常野生株没有明显区别。但通过对木质取样并使用高效液相色谱检测，研究者发现，对于转入了能够自发合成并转运阿魏酸基因的杨木，其合成的木质素中含有阿魏酸，这意味着人为加入的基因能够成功表达对应蛋白，并且这些蛋白可以发挥预期的功能。

FMT能够将阿魏酰辅酶A与木质素单体偶联，最终将阿魏酰辅酶A连入木质素长链，而随之被带入多聚物内的、易于断裂的酯链使木质素的裂解处理过程容易很多。研究发现，使用氢氧化钠于90 ℃处理3 h后，木质素含量就可减少到满足进行后续工业生产的标准，而目前常用的处理温度是160～200 ℃。因此，使用改进后的杨木木料进行工业生产可以大大降低木质素处理环节的技术难度和能源成本。

7.4 酶催化剂在燃料电池中的应用

生物燃料电池(BFC)以生物质为燃料，以生物酶或微生物为催化剂，将燃料中的化学能直接转化成电能。Potter在1911年最早发现生物燃料电池，他利用大肠杆菌作为催化剂建立了微生物电池。生物燃料电池是一类比较特殊的燃料电池，与常规化学电池相比，它具有以下优势：① 燃料来源广。不论是工业生产的各类有机物质还是生物代谢产物都能作为燃料，只要有与燃料对应的生物催化酶即可。② 反应条件温和。通常电池在常温、常压下即可反应，电池维护简单、运行安全。③ 生物相容性好。生物燃料电池本身对人和动物无害，而且能够利用血液中的有机物作为燃料，既可为人体所需的微型电池提供持续的燃料，又可监测人体内物质的含量，这使 BFC 的应用更加广泛。

生物燃料电池(图 7.7 虚线框内)主要由 4 个部分构成：阳极材料、阴极材料(表面覆有催化剂)、两电极中间的电解质隔膜(质子交换膜)和集流体(电解质)。燃料(各种生物质)在阳极催化剂的作用下发生氧化反应，化学反应产生的电子通过外电路到达阴极。氧化剂在阴极催化剂的作用下接收从阳极迁移过来的产物，与外电路传递过来的电子发生还原反应，实现化学能向电能的直接转化，向外电路输出电流。理论上只要不断地提供燃料和氧化物，并不断地排除反应产物，电池就能持续工作，所以燃料电池本身是一种“发电技术”。

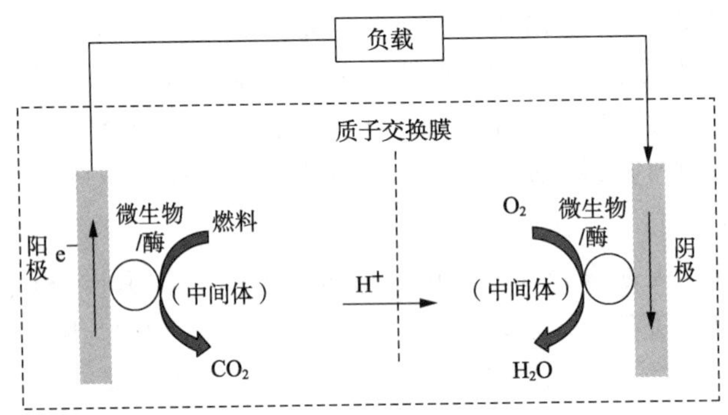

图 7.7　生物燃料电池的结构

按照所用催化剂种类的不同，可将生物燃料电池分为微生物燃料电池(MBFC)、酶生物燃料电池(EBFC)和细胞器生物燃料电池(OBFC)。其中，MBFC 是以整个微生物单位作为催化剂，因为微生物的细胞中含有各种各样的生物酶，所以能够将多种生物质催化氧化，但细胞壁及微生物壳膜等阻碍了内部电子与底物之间的传递，同时细胞中酶的非单一性导致 MBFC 效率低下，限制了其发展。EBFC 恰好能解决这一问题，EBFC 直接以分离提纯的酶作为催化剂并与氧化底物直接接触，酶能够对与之对应的底物实现专一和高效的催化，因此催化效率和利用率都很高，输出功率也有很大提高。OBFC 是最近才发展起来的一种生物燃料电池，利用细胞器尤其是线粒体作为催化剂。与 EBFC 相比，OBFC 对底物的专一性相对弱一些，但细胞器中同时存在多种酶，能够同时实现多种底物的完全氧化；与 MBFC 相比，OBFC 少了细胞壁和微生物壳膜的阻碍，内部电子与底物的传递效率有了很大提高，因此输出功率远高于 MBFC。

EBFC 是利用生物酶作为催化剂构建的一类生物燃料电池，与 MBFC 相比，它消除了细胞壁或细胞膜的电子传递阻力，并且生物酶的纯度和浓度相对较高，因此可产生相对较高的输出电流和功率。对 EBFC 的研究最初主要集中在阳极部分，阴极则通常采用气体扩散电极的形式。20 世纪 80 年代，Plotkin 和 Persoon 分别通过实验证实了固定化的酶催化产生电流的能力和电极的寿命比游离态的酶高得多，因此 EBFC 的研究工作转移到研究酶的固定方法与酶的载体材料上。随着电极修饰方法的不断积累，大部分 EBFC 电极都采用固定化的酶作为催化剂。为了防止阴极池和阳极池电解液相互干扰，通常在固定化的酶电极之间用质子交换膜将阳极池和阴极池隔离，此即有膜的燃料电池。有膜的燃料电池因为隔膜的存在使其结构变得复杂，同时也增加了 EBFC 的电池内阻，使 EBFC 的性能下降。

EBFC 的主要催化剂是酶，最常见的是各种脱氮酶、氧化酶和氧气还原酶。在酶催化反应中，酶通过降低底物活化能来促进反应速率，作为一种高效专一的生物催化剂，酶能够在温和的条件下大幅提高反应速率。在生物体中，细胞的生命活动都需要酶的参与，催化酶高度的专一性使酶只能催化特定的反应。有完整催化能力的酶称为全酶，全酶由蛋白质（酶蛋白）和辅助因子（如金属离子等非蛋白质成分）构成。全酶中的金属离子有多方面功能，它们有的可能是酶活性中心的组成成分，有的可能在稳定酶分子的构象上起作用，有的可能作为桥梁使酶与底物相连接。在催化反应过程中，酶的结构和离子价态会发生一定的改变，但在反应结束后，酶能够恢复到最初的状态。

EBFC 中用到的酶都是氧化-还原系列的酶。EBFC 阳极可用的酶有很多种，其中常见的有葡萄糖氧化酶（GOD）、葡萄糖脱氨酶（GDH）、己醇脱氨酶（ADH）。与阳极相比，EBFC 阴极可选择的酶就很少，目前可利用的酶主要有胆红素氧化酶（BOD）及漆酶（LAC）。这 2 种酶都是典型的多铜氧化酶，能够进行 4 电子的还原，将氧气彻底还原成水，并且对此反应有很高的特异性。

在 EBFC 中，催化剂活性中心到电极表面的电子有 2 种转移方式：直接电子传递（DET）和间接电子传递（MET）。从结构上看，DET 方式对生物燃料电池更加有利，没有中间体的引入，电池电极的组成会相对更简单，更利于实现大规模的应用。但是实际上大多数生物酶催化剂的活性中心都被蛋白质外壳深深包埋或被细胞壁（膜）等阻隔，因此 DET 型生物燃料电池电子传递效率低下的问题限制了大部分 DET 型生物燃料电池的发展。研究发现，电子转移中间体的引入能够大大提高电极反应界面电子传输效率。

同等条件下，引入了中间体的 MET 型 EBFC 比无中间体的 DET 型 EBFC 的电子传递效率和输出功率都高几个数量级。只有当酶的催化活性中心与电极之间形成的通道足够短时，才能实现电子高效的直接转移。因为大多数酶很难实现与电极界面的直接电子传递，所以引入合适的电子转移中间体就成为提高 EBFC 性能的有效途径，中间体的固定成为构建 EBFC 的重要工作之一。对电子转移中间体的选择和固定需要考虑以下条件：

（1）中间体的氧化-还原电位必须尽量与酶对底物的氧化-还原电位接近，这样中间体对电池电位贡献最大，对酶活性降低最小。

（2）中间体的过电位要尽量小，固定方法尽量减小中间体的极化，这样电池的输出电压才能尽可能大。

（3）中间体的氧化态和还原态转化速率要尽量快，且分子本身能够在催化剂和电极之间快速扩散。

（4）中间体必须有良好的稳定性以及良好的生物相容性，且要对酶或细胞无毒害。

近些年来中间体在提高电子传输效率方面作用突出，在各个领域迅速发展，在 EBFC 中的使用频率越来越高，目前应用最多的 2 类中间体为：① 以二茂铁及其衍生物为代表的过渡金属元素配合物，这类中间体是由过渡金属配合物提供共轭电子体系，以实现电子在催化剂与电极之间的快速转移；② 以 2，2-偶氮-双-（3-乙基苯并噻吡咯啉-6-磺酸）二铵盐（ABTS）为代表的有机染料或有机导电盐类等有机化合物，这类中间体是通过分子中特殊官能团的结构变化来实现电子转移的。

参考文献

[1] 朱洪法,刘丽芝.石油化工催化剂基础知识[M].北京:中国石化出版社,2021.

[2] 廖代伟.催化科学导论[M].北京:化学工业出版社,2006.

[3] 博马留斯·安德列亚斯·S,里贝尔·贝蒂娜·R.生物催化——基础与应用[M].孙志浩,许建和,译.北京:化学工业出版社,2006.

[4] 辛勤,徐杰.现代催化化学[M].北京:科学出版社,2016.

[5] 马广才.几类含铁酶和糖相关酶催化反应机理的理论研究[D].济南:山东大学,2016.

[6] 余兴莲,王丽,徐伟民.纤维素酶降解纤维素机理的研究进展[J].宁波大学学报(理工版),2007,20:78-82.

[7] 王文洋.基于多孔碳材料的酶生物燃料电池酶电极的研究[D].长沙:湖南大学,2016.

[8] 高培基.纤维素酶降解机制及纤维素酶分子结构与功能研究进展[J].自然科学进展,2003,13(1):21-29.

[9] 贾鸿飞,谢阳,王宇新.生物燃料电池[J].电池,2000,30:86-89.

[10] 康峰,伍艳辉,李佟茗.生物燃料电池研究进展[J].电源技术,2004,28(11):723-727.

[11] 刘强,许鑫华,任光雷,等.酶生物燃料电池[J].化学进展,2006,18(11):1530-1537.

[12] WILKERSON C G,MANSFIELD S D,LU F,et al. Monolignol Ferulate Transferase Introduces Chemically Labile Linkages into the Lignin Backbone[J]. Science,2014,344:90-93.

第8章

多相催化反应中的单原子催化

催化技术基础研究和工业应用是化学工业的核心问题之一。目前90%以上的化工产品是通过催化生产而来的。21世纪,人类面临着化石燃料日益减少、环境问题日趋严峻以及自然生态逐渐恶化等诸多挑战,化学工业不得不从"重视量产"向"重视功能化"转变,将过去生产大宗化学品的技术与经验转向清洁、高效、低廉的精细化工方向发展。在需求的驱动下,陆续出现了择形催化、手性催化、生物催化、纳米多相催化等高活性、高区域选择性的催化技术。其中,纳米多相催化因具有高活性、高选择性、高稳定性以及易于回收等优点,在催化技术中占有越来越重要的地位。

纳米多相催化剂一般是将金属颗粒以高度分散的状态负载于载体上,其中金属颗粒的尺寸在100 nm以内。微孔分子筛、介孔分子筛、纳米膜催化剂、超细金属催化剂等均属于纳米多相催化剂的范畴。相比于传统催化剂,纳米多相催化剂的活性展现出明显的尺寸效应,其活性组分的表面结构和电子性质对粒子尺寸极其敏感。一般认为,随着金属纳米粒子尺寸减小,催化剂表面的金属中心配位不饱和程度增加,催化剂纳米粒子的活性可呈现指数形式的增长。而纳米粒子尺寸减小的极限就是单个原子的分散尺度,类似于金属酶蛋白中的单个金属中心。于是,单原子催化(single-atom catalysis,SAC)应运而生。

目前,单原子催化剂已成为多相催化领域一个新兴的研究热点,它是指催化剂中活性组分完全以孤立的单个原子形式存在,通过与载体作用或与第二种金属形成合金得以稳定。相比于纳米/亚纳米多相催化剂,单原子催化剂具有诸多优势:① 活性组分达到最大程度的分散(100%),可有效提高金属(特别对贵金属而言)的原子利用率;② 活性位点的组成和结构明确,可显著提高目标产物的选择性;③ 兼具高活性、高选择性和可循环使用的优点,有望成为连接均相催化与非均相催化的桥梁。因此,单原子催化剂提供了一个从原子尺度构建催化机理和构效关系的平台。

8.1 单原子催化剂的发展历程

单原子催化剂源于单位点催化剂。单位点催化剂(single-site catalyst,SSC)是指金属位点在空间上相互分离,在尺寸上具有相同大小的催化剂。其中,金属位点的原子可以为一个或者多个,且每个金属位点具有相同的光谱表征结果。根据催化剂类型,单位点催化剂可分为均相催化剂、酶催化剂、单位点多相催化剂(single-site heterogeneous catalyst,SSHC)。

单位点催化剂具有较为广泛的涵盖范围。例如，20 世纪 80 年代烯烃聚合工业中，著名的茂金属催化剂就是一类典型的单位点催化剂。它们是由两个环戊二烯(CP)及其中间夹着的一个过渡金属 T_{Me}(Me=Ti,Zr,Hf)组成的具有三明治结构的有机金属化合物。与传统的 Ziegler-Natta 型催化剂不同的是，茂金属催化剂的活性中心均一，因此可获得高选择性的聚合物产品。与均相催化剂类似，大部分酶催化剂(血红蛋白、细胞色素等)同样具有活性中心单一的特点，也被认为是一类单位点催化剂。除了均相催化剂和酶催化剂之外，单位点催化剂的另一大类别为单位点多相催化剂。英国剑桥大学 John Meurig Thomas 教授于 2005 年首次提出单位点催化剂的概念，并定义单位点催化剂一般是指具有相同原子数的金属位点或者有机金属络合物分散到高比表面积的载体上，金属位点的原子可为单原子或多原子，各金属位点在空间上具有相互独立的分散状态。

鉴于单位点多相催化剂具有结构明确、金属位点单一等特点，并在众多催化反应中表现出优于传统多相催化剂的催化活性和选择性，其逐渐成为科研工作者的研究热点，获得了极大发展。21 世纪初，美国塔夫茨大学的 Maria Flytzani-Stephanopoulos 教授发现 CeO_2 载体上的氧化态 Au 物种是水气变换反应的活性物种，他使用 NaCN 水溶液将 Au/CeO_2 催化剂中的 Au 纳米颗粒洗掉以后，Au/CeO_2-NaCN 催化剂在水气变换反应中的活性及表观活化能没有发生变化，由此表明滤洗剩下的高价离子态 Au 才是真正的活性中心，同时该项工作改变了纳米多相催化剂上的纳米颗粒是活性中心这一传统观念。与此同时，我国清华大学徐柏庆教授采用相同的策略，使用 KCN 水溶液滤洗 0.76%Au/ZrO_2 催化剂，获得了负载量为 0.08%的 Au/ZrO_2 催化剂，其中 Au 以 Au^{3+} 的形式存在，该催化剂在丁二烯选择性加氢反应中表现出优于纳米颗粒形式的 Au/ZrO_2 催化剂。随后，英国约克大学 Adam F. Lee 教授发现在烯丙醇氧化反应中氧化铝负载的单位点 Pd 催化剂展现出远高于 Pd 纳米粒子的活性，并借助 X 射线吸收精细结构谱(X-ray absorption fine structure，XAFS)和以球差校正高角环形暗场扫描透射电子显微镜(aberration-corrected high-angle annular dark-field scanning transmission electron microscopy，HAADF-STEM)对 Pd/Al_2O_3 单位点多相催化剂进行了表征，证实了单原子 Pd 的存在状态，如图 8.1 所示。这些工作为单原子催化剂概念的提出奠定了基础。

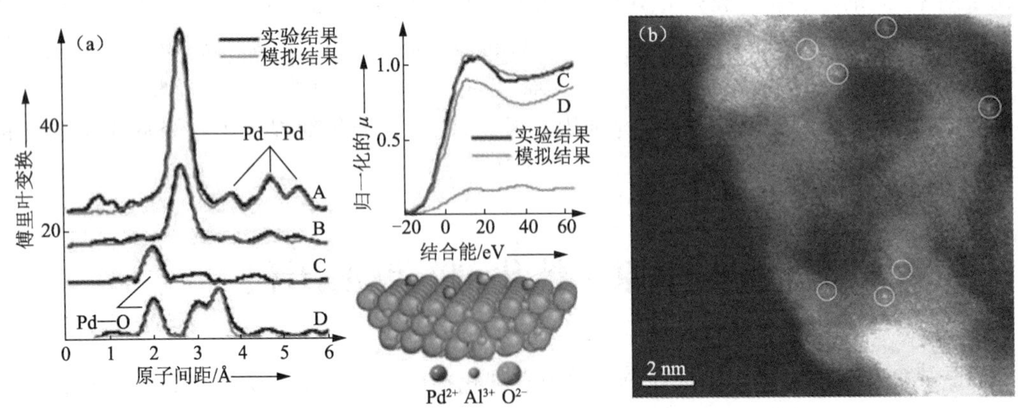

图 8.1 0.03%Pd/meso-Al_2O_3 单位点多相催化剂的 EXAFS(a)和 HAADF-STEM(b)表征结果

μ 为 X 射线吸收系数

2011年，中国科学院大连化学物理研究所张涛团队在长期从事高温稳定的高分散催化剂研究的基础上，通过共沉淀法首次制备出单原子Pt催化剂Pt_1/FeO_x，该催化剂在CO氧化以及PROX(富氢条件下的CO选择氧化)反应中展示出优异的催化性能，其*TOF*为相应的纳米多相催化剂的3倍。张涛团队与电镜专家刘景月教授和理论计算专家李隽教授一起，首次提出了单原子催化(single-atom catalysis,SAC)的概念。单原子催化的概念一经提出便受到科研工作者的广泛关注，现已成为多相催化领域的研究前沿。

这里需要区分单原子催化剂与单位点催化剂。从单原子催化剂的定义可知，单原子催化剂与单位点催化剂中存在一种特殊情况，即当单原子催化剂中的金属位点完全一致时，单原子催化剂就是单位点催化剂。此外，值得注意的是，单原子分散的催化剂并不等于单原子催化剂。一般认为，金属在载体上的分散度为100%的催化剂均可成为单原子分散的催化剂。单原子分散的催化剂中的金属中心可以单个原子、二聚体、三聚体、小团簇、二维竹筏的形式存在，金属物种较为复杂。而单原子催化剂中的金属中心为单个原子的分散状态，结构单一，有利于理解反应机理和构建催化活性与反应位点的构效关系。

8.2 单原子催化剂的特点

单原子催化剂具有如下显著特点：

(1) 单原子催化剂可实现金属原子利用率的最大化。对于贵金属催化剂，如Pt,Pd,Ru,Rh,Ir等，虽然负载型贵金属催化剂广泛应用于各类催化反应、环境治理、石油化工等行业，但贵金属的稀缺性也直接导致了贵金属催化剂具有高昂的成本。此外，对于传统的负载型催化剂，金属的利用率往往低于20%，大部分金属并未起到催化作用。借助单原子催化剂，可实现被负载金属利用率的最大化。

(2) 由于单原子催化剂具有最小的金属尺寸(单原子)，那么伴随而来的是金属表面自由能急剧增加，使金属原子有着明显的聚集长大的趋势，如图8.2所示。为了抑制单原子的迁移行为，就需要选择合适的载体来稳定单原子，因此，通常情况下，单原子催化剂体系具有较强的金属-载体相互作用，金属与载体之间有明显的电荷转移。同时，伴随着金属颗粒尺寸的减小，金属表面原子的不饱和配位程度增加，电子的能带结构发生明显的变化，电子能带由直接带隙转变为间接带隙，进而单原子催化剂表现出有别于纳米多相催化剂的催化活性。

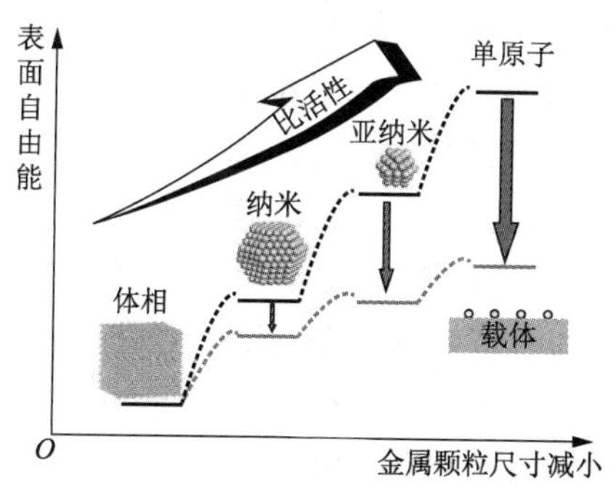

图8.2 金属颗粒表面自由能与颗粒尺寸的关系

(3) 单原子催化剂具有特殊的反应物吸附行为。传统的负载型催化剂因其内在的组成与结构特点，催化剂包含不同尺寸分布的多原子活性中心，因此，反应物在催化剂表面也就存在着多种吸附构型，进而导致目标产物的选择性降低。此外，金属纳米颗粒往往包含多个不同晶面，每个晶面上原子排布的不同直接导致底物具有不同的吸附行为。例如，Pt(111)晶面上存在顶位(T)、桥位(B)、密排六方位(HCP)和面心立方位(FCC)4种吸附位点，而Pt(100)晶面上存在顶位(T)、桥位(B)和体心立方位(BCC)3种吸附位点，并且吸附物种(如氧物种和氢物种)在不同吸附位点具有不同的吸附构型，这进一步加剧了催化剂体系的复杂性，不利于获得特定产物的高选择性。而单原子催化剂在这方面具有独到的优势，根据单原子催化剂的定义，金属位点上仅有一个原子，因此大大减少了催化剂吸附行为的多样性，有利于帮助人们更好地理解催化位点与反应机理。事实上，在实际的单原子催化剂体系中，人们无法保证每个金属位点对反应物具有完全一致的吸附能力，这主要是由于载体的不均一性导致的。单原子催化剂上的单原子并非仅局限于单个原子，还应包括单原子与载体之间的界面，这一微环境才是单原子催化剂起催化活性的场所。

(4) 单原子催化剂兼具均相催化剂的高活性和高选择性以及非均相催化剂易于回收的优势，有望成为连接均相催化与非均相催化的桥梁。因此，单原子催化剂有着广泛的研究空间和重要的研究价值。

8.3 单原子催化剂的制备和表征方法

近年来单原子催化剂的制备方法不断拓展，根据金属的特性，选择合适的制备方法对于成功制备单原子催化剂至关重要。目前，单原子催化剂的制备方法包括湿化学法、共沉淀法、沉积-沉淀法、质量筛分-软着陆法、原子层沉积法、金属刻蚀法、气相捕获法、光化学法、电化学法等。

单原子催化剂的诞生离不开先进表征技术的不断发展。常用的单原子催化剂表征方法主要有电镜技术、X射线吸收精细结构谱和红外光谱技术等。

利用电镜技术可以非常直观地获得催化剂表面的金属分散状态。目前，用于单原子催化剂表征的电镜技术主要有2种：一种是以球差校正高角环形暗场扫描透射电子显微镜，另一种是扫描隧道显微镜(scanning tunneling microscopy，STM)。

近年来，透射电子显微镜的发展迅速带动了纳米材料领域研究的进展。其中，最为突出的是HAADF-STEM技术在众多领域大放异彩。根据透射电子显微镜的原理，限制透射电子显微镜成像分辨率的主要因素是电磁透镜的像差。球差即球面像差，是透镜像差中的一种。透镜系统，无论是光学透镜还是电磁透镜，都无法做到绝对完美。对于凸透镜，透镜边缘的会聚能力比透镜中心更强，从而导致所有的光线(电子)无法会聚到一个焦点，影响成像能力。

STM是根据量子力学中的隧道效应原理，通过针尖探测固体表面原子中电子的隧道电流来分辨固体表面形貌，其分辨率可达原子级尺度，在表征单原子催化剂方面具有独特的优势。该技术对材料具有一定的要求，如要求测试样品有一定的导电性，且表面平整。

电镜技术无疑是单原子催化剂的强有力表征手段，然而，任何电镜技术只能提供催化剂表面微区信息，采用单一的电镜技术不足以获得催化剂表面全部的分散状态，因此，还需要其他表征技术与电镜技术联用。

X射线吸收精细结构谱是研究非晶(包括液体)结构的有力工具，其原理如图8.3(a)所示，它是以近邻原子对中心吸收原子出射光电子的散射为基础，反映物质内部吸收原子周围短程有序的结构状态。X射线吸收精细结构谱可以提供配位距离、配位数、近邻原子种类等吸收原子的近邻几何结构信息及吸收原子的氧化态和配位化学(如四面体、八面体的配位)等信息。此外，X射线吸收精细结构谱对样品的形态要求不高，适用于各类金属/非金属元素，是获得单原子催化剂结构信息的理想表征手段。

实际上，X射线吸收精细结构谱技术是X射线吸收近边结构谱(X-ray absorption near edge structure，XANES)和扩展X射线吸收精细结构谱(extended X-ray absorption fine structure，EXAFS)2种光谱的总称。X射线吸收精细结构谱图如图8.3(b)所示。如果以吸收边为能量的相对零点，那么小于70 eV的低能量区域为XANES，位于70～1 000 eV之间的较高能量区域为EXAFS。从X射线吸收精细结构谱的物理机制来看，将X射线吸收精细结构谱分为3个区域更为合理，即由中心原子内层电子向外层空轨道跃迁主导的边前区域(pre-edge)和边(edge)，由中心原子受激发的光电子被近邻原子多重散射主导的XANES区以及由单散射机制主导的EXAFS区。

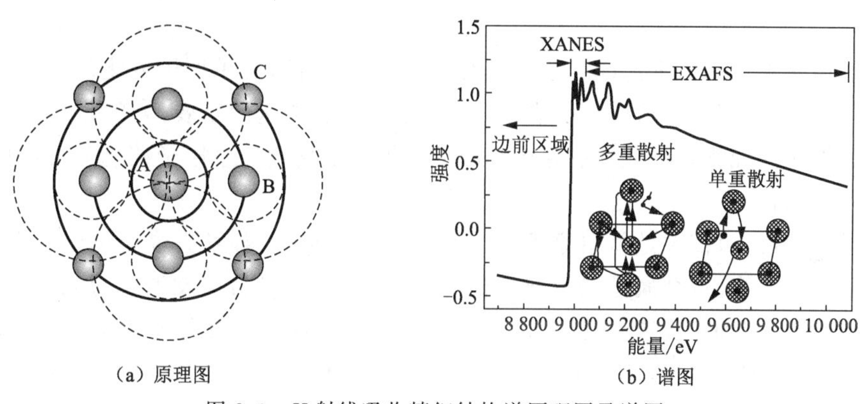

(a) 原理图　　(b) 谱图

图8.3　X射线吸收精细结构谱原理图及谱图

XANES特征峰在鉴定化合物电子结构方面具有独到的优势，被研究者称为指纹谱图，可见其确切和专一程度之高。XANES谱图可提供关于催化剂内层电子(1s，2s，2p，3p)向nd，$(n+1)$s，$(n+1)$p轨道跃迁的证据、电子结构特征以及周围局部区域结构的立体信息，如体系对称性、氧化态、电子填充方式、高低自旋态等，这有助于人们鉴别和定性分析催化剂中心结构。然而，由于XANES的物理机制涉及多重散射共振，谱图的特征峰较为复杂，且从XANES定量地得到吸收原子周围的局部区域结构信息更为困难，这些因素在一定程度上限制XANES的推广与应用。

与XANES相比，基于单重散射共振理论发展而来的EXAFS数据能反映吸收原子周围平面的平均结构信息，其数据处理较为简单，很容易给出定量的近邻结构信息，如配位数、近邻原子种类、键长、无序度等。近年来，EXAFS已成为直接测定催化剂结构的常规实验方法。目前，应用于单原子催化剂表征的X射线吸收精细结构谱中主要指的是EXAFS。

虽然EXAFS目前被广泛地用于单原子催化剂的配位环境表征，但其自身存在一定的局限性。例如，由于 EXAFS 的信噪比比 XANES 的信噪比差得多，这就使得当吸收原子含量太低时样品并不适合进行 EXAFS 测试。此外，基于单重散射的 EXAFS 一般只能给出中心原子平均的结构信息，因此当催化剂存在多种结构位点时，其会掩盖部分重要信息。而发生在 XANES 区域高能一侧的多重散射信号涉及多个近邻散射波的叠加/干涉，因而能反映吸收原子的立体配位环境。两者相互结合才能充分发挥 X 射线吸收精细结构谱的优势，使之成为判定吸收原子配位结构的有力手段。

红外光谱(infrared spectroscopy，IR)由于可直接监测吸附分子(探针分子)与金属或者固体表面的相互作用而成为表征负载型金属催化剂的重要手段。固体催化剂表面不同的活性中心对于探针分子的吸附行为不同，因此，依据红外探测模式的振动频率和峰强度变化可推断催化剂表面活性中心的结构特点。

虽然上述 3 种表征方法在单原子催化剂领域有着很好的应用，但是每种表征方法都有一定的局限性。在研究单原子催化剂的分散状态、活性位点结构以及催化行为时，需要结合多种表征方法，多方面相互印证才能得到真实可靠的结论。

8.4 单原子催化剂的种类

虽然单原子催化剂概念的诞生至今仅有 10 余年的时间，但单原子催化剂由于其独特的物理化学特性，吸引了众多科研工作者的兴趣，并获得了快速的发展，大部分催化反应中常见的过渡周期金属元素均已成功制备出相应的单原子催化剂。单原子催化剂可依据金属种类、载体类型进行分类。

按照金属种类，可简单地将单原子催化剂分为两大类：一类是贵金属单原子催化剂，如 Pt，Au，Rh，Ru，Ir 等，贵金属是最早研究的单原子体系，也是目前发展最为成熟的，广泛应用于各类氧化反应、加氢反应和光电催化中；另一类是非贵金属单原子催化剂，主要集中于Ⅷ族的过渡金属，如 Fe，Co，Ni 等。非贵金属单原子催化剂目前尚处于初步发展阶段，其应用多局限于电催化反应，如氧还原反应(oxygen reduction reaction，ORR)、析氢反应(hydrogen evolution reaction，HER)以及析氧反应(oxygen evolution reaction，OER)。相比贵金属单原子催化剂，非贵金属单原子催化剂中的金属中心在低价态时极易发生氧化，因此，目前报道的非贵金属单原子催化剂的金属价态多为高价态，如＋2，＋3 价等。

按照载体种类，可将单原子催化剂分为金属氧化物单原子催化剂、合金单原子催化剂、分子筛单原子催化剂、碳基单原子催化剂等。单原子催化剂在不同类型的载体上有着不同的稳定机制和催化活性。

8.5 单原子催化剂的应用

目前，单原子催化剂的应用已涉及催化各个领域，如热催化的选择性加氢反应、氧化反应，光催化的析氢反应，电催化的氧还原反应、析氢反应、析氧反应等。

8.5.1 选择性加氢反应

在保持高转化率的情况下，维持高选择性一直是催化加氢反应的终极目标。2014 年，Wei 等研发了一系列不同负载量的 Pt/FeO_x 催化剂并将其应用于 3-硝基苯乙烯选择性加氢制备氨基苯乙烯的反应中。他们发现 Pt/FeO_x 催化剂的活性和 3-氨基苯乙烯的选择性均随 Pt 负载量的减小而增强，其中负载量为 0.08%的 Pt/FeO_x 单原子和准单原子催化剂表现出最优的性能，*TOF* 达到 1 500 h^{-1}，比当时文献报道的最优催化剂的活性高 20 倍；氨基苯乙烯的选择性接近 99%，是当时报道的 Pt 基催化剂中的最高值，而且催化剂具有良好的循环稳定性和底物普适性。通过对照实验以及 in-situ（原位）X 射线吸收近边结构谱分析，单原子和准单原子优异的催化性能归结于催化剂中带正电的 Pt 单原子位点，这些活性位点有利于硝基官能团的优先吸附并同时抑制 C=C 的加氢。

此外，乙烯气中的少量乙炔选择性加氢制备乙烯对于聚乙烯工业具有重要地位。Pd 基催化剂是工业上应用最广泛的催化剂，然而其选择性一直是该领域的难点之一。鉴于此，一系列 Pd 基合金单原子催化剂用于乙炔选择性加氢反应被陆续报道。例如，Sykes 等研究了 Cu(111)晶面上的 Pd 单原子合金催化剂在乙炔选择性加氢反应的催化性能。他们认为 H_2 分子是在 Pd 单原子位点上解离活化，H 原子随后溢流到近邻的 Cu(111)表面并与乙炔分子继续反应生成乙烯。如图 8.4 所示，他们利用 DFT（密度泛函理论）计算了 H_2 分子在 Cu(111)晶面、Pd(111)晶面以及 Pd 单原子上的活化能垒。结果表明，H_2 分子在 Cu(111)晶面上的活化能垒过高，难以活化；H_2 分子在 Pd(111)晶面上容易活化，但 H 原子在 Pd(111)晶面上结合太牢，不易脱附；H_2 分子在 Pd 单原子上的解离活化能小，且 H 原子的结合适中，易于脱附，从而有利于后续的加氢反应。Zhou 等过高温还原 1%Pd/ZnO 获得 Pd-Zn 金属间化合物，其表面为 Pd-Zn-Pd 的结构单元，其中 Pd 为非连续的单原子分散状态。该催化剂在乙炔选择性加氢反应中表现出了优异的催化性能，乙炔转化率高，乙烯选择性高。吸附量热和 DFT 计算表明，乙炔分子以较强的 2σ 吸附态形式在 Pd-Zn-Pd 结构单元的 2 个近邻 Pd 单原子上吸附活化，从而有利于乙炔加氢；同时，乙烯分子则以较弱的 π 键吸附态处于孤立的 Pd 单原子中心，从而有利于乙烯分子在催化剂表面脱附，也避免了乙烯过度加氢生成乙烷。

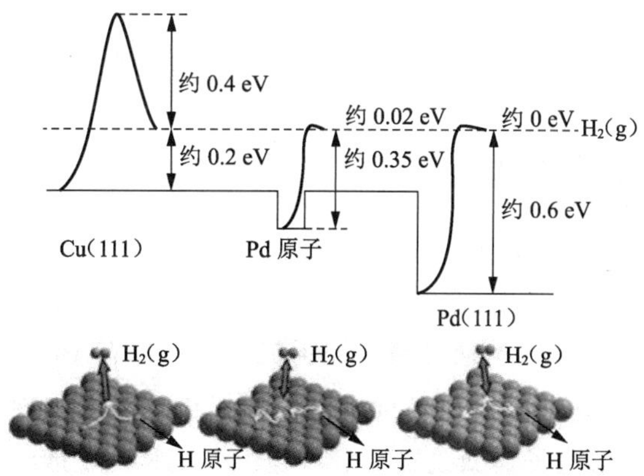

图 8.4 H_2 分子在 Cu(111) 晶面、Pd(111)晶面以及 Pd 单原子上的活化能垒

虽然单原子催化剂不断被应用于各种加氢反应，如 CO_2 加氢、C ═N 双键加氢、C ═C 双键加氢、乙烯氢甲酰化反应等，H_2 分子在单原子位点上的活化方式却一直是困扰着人们的难题。认识 H_2 分子的活化方式对于设计高活性的单原子加氢催化剂具有重要的指导意义。

2016 年，厦门大学郑南峰团队首次借助同位素实验以及 DFT 计算成功揭示出 H_2 分子在 Pd_1/TiO_2 单原子催化剂上的活化方式。他们以乙二醇修饰的超薄二氧化钛纳米片作为载体，采用光化学法，成功地制备出 Pt 负载量高达 1.5%的单原子催化剂。结合以球差校正高角环形暗场扫描透射电子显微镜、X 射线吸收精细结构谱以及 DFT 计算，他们证实了表面上的乙二醇通过 Pd—O 键将 Pd 原子锚定在载体上，形成了独特的 Pd-乙二醇-TiO_2 的界面，该单原子催化剂在苯乙烯(C ═C)的加氢反应中不仅展示出高稳定性，而且其活性是 Pd 纳米颗粒的 9 倍以上(以单位表面原子计算)。更为重要的是，理论计算表明 H_2 分子在 Pd_1/TiO_2 单原子催化剂上采用界面异裂活化方式，同时生成 Pd—H 和 O—H 物种。这种氢气异裂活化方式通常发生在金属有机配合物等均相加氢催化体系中，而在非均相贵金属催化剂上鲜有报道。理论预测 O—H 上的氢转移是加氢过程的速控步骤，该结论得到了氘试剂核磁共振、红外光谱实验以及同位素动力学实验(图 8.5)的证实。氢气在 Pd_1/TiO_2 单原子催化剂上的异裂活化极大地提高了该催化剂在极性不饱和键(如苯乙酮中的 C ═O)加氢反应中的催化活性(活性是 Pd 纳米颗粒的 55 倍)。该研究工作很好地揭示了 H_2 分子在单原子催化剂上的活化方式，同时展示了单原子催化剂的性能特点，为研究复杂界面过程提供了理想实际模型。

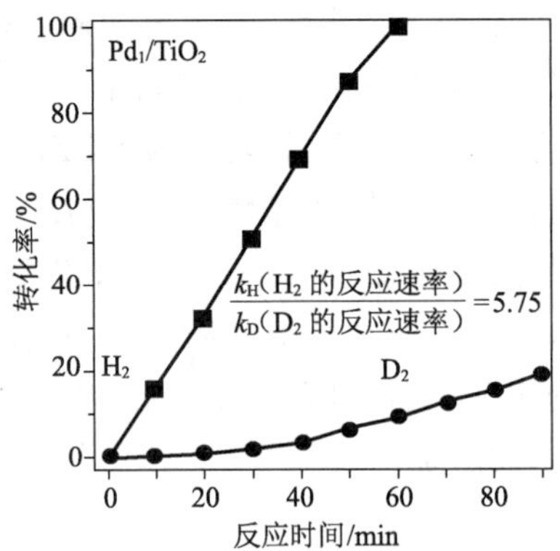

图 8.5 苯乙烯加氢在 Pd_1/TiO_2 单原子催化剂上的一级同位素效应

8.5.2 选择性氧化反应

单原子催化剂最开始应用在以 CO 氧化为典型代表的氧化反应中，随着单原子催化剂的快速发展与普及，其应用范围扩展至 PROX、C—C 偶联、双氧水合成、苯氧化、葡萄糖氧化、甲烷活化等氧化反应。Qiao 等通过精确控制沉淀条件以及 Pt 的含量，首次获得了 Pt_1/FeO_x 单原子催化剂，该催化剂在富氢条件下的 CO 氧化反应中表现出活性是 Pt 纳米颗粒的 2～3 倍。通过扫描透射电子显微镜、FT-IR 以及 X 射线吸收精细结构谱表征，证明催化剂中的 Pt 是以单原子的形式存在的，且占据 FeO_x 中的 Fe 缺陷位点，同时借助理论计算揭示出 CO 氧化在 Pt_1/FeO_x 单原子催化剂上遵循 Langmuir-Hinshelwood(L-H)机理：① H_2 还原处理 Pt/Fe_2O_3 催化剂使与 Pt 相邻的 Fe_2O_3 区域形成一个氧空位(图 8.6a)；② O_2 分子吸附于氧空位并发生活化(图 8.6b)；③ CO 分子吸附于 Pt 单原子位点并与活化的 O_2 分子反应生成气态的 CO_2 分子(图 8.6c)，同时留下一个 O 原子填充氧空位(图 8.6d)；④ 第二个 CO 分子继续吸附于 Pt 单原子位点(图 8.6e)，并迁移至近邻的活性 O 表面反应生成另一个 CO_2 分子(图 8.6f)，完成整个催化循环。值得注意的是，CO 分子在 Pt 单原子位点上的吸附能(1.96 eV)远小于 Pt_{10} 纳米团簇上的吸附能(3.05 eV)，这也解释了 CO 在 Pt 纳米颗粒上的吸附过强，导致催化剂中毒失活，而 Pt 单原子对 CO 的吸附较弱，从而具有较高的氧化活性的原因。然而，对于不同的催化剂体系，单原子与纳米颗粒对 CO 分子的吸附强度规律也不尽相同。例如，Au/CeO_2，Pt/HZSM-5 和 Pt/CeO_2 等体系中单原子对 CO 的吸附强度要高于相应的纳米颗粒。

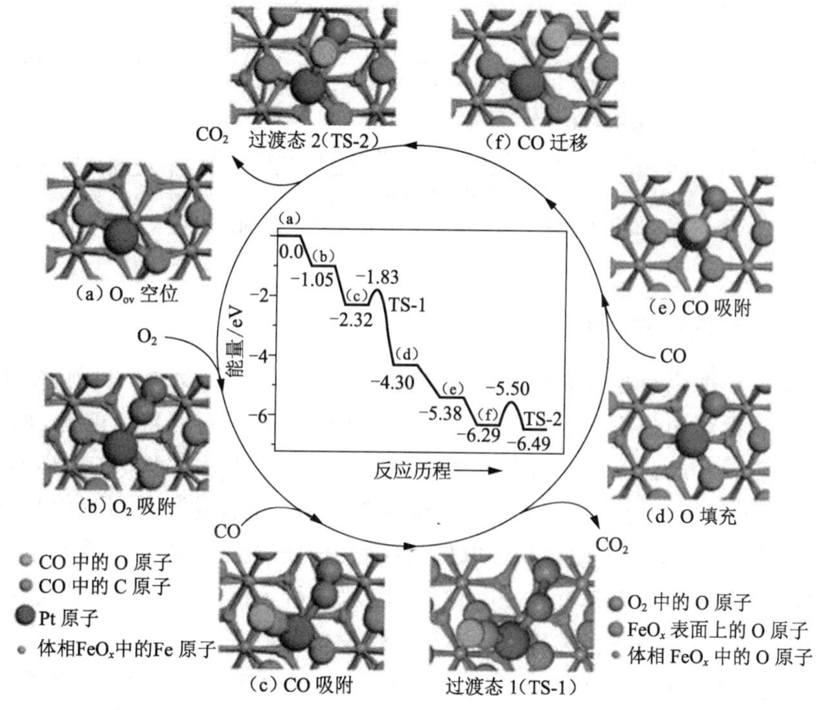

图 8.6 CO 分子在 Pt_1/FeO_x 单原子催化剂上的催化循环机理

单原子催化 C—H 键活化是一个极具挑战性的课题。近年来，以甲烷活化、乙烷氧化、苯氧化等为代表的反应在单原子催化剂上得到了实现。2014 年，Bao 等以 SiC 为载体制备了低价 Fe 单原子催化剂，通过 EXAFS 分析可知，Fe 中心通过 2 个碳原子和 1 个硅原子镶嵌在氧化硅或碳化硅晶格中，形成高温稳定的催化活性中心，该催化剂在反应温度 1 090 ℃ 和空速 21.4 $L \cdot g_{cat}^{-1} \cdot h^{-1}$ 的条件下可直接将 CH_4 氧化偶联生成乙烯、芳烃等产物。该反应中甲烷的单程转化率达 48.1%，乙烯的选择性为 48.4%，所有产物(乙烯、苯和萘)的选择性大于 99%。在 60 h 的寿命评价实验过程中，催化剂保持了极好的稳定性。他们借助多种表征方法，证明甲烷分子在配位不饱和的 Fe 单原子中心上催化活化脱氢，获得表面吸附态的甲基物种，并进一步从催化剂表面脱附形成高活性的甲基自由基，随后在气相中经自由基偶联反应生成乙烯和其他高碳芳烃分子，如苯和萘等。该项研究工作是单原子催化剂首次应用于高温催化反应过程。另外，Shan 等采用浸渍法制备了 Rh 单原子催化剂，并通过 XANES，UV-Vis（紫外-可见分光光度法），CO-DRIFT（CO 吸附的漫反射红外光谱）以及扫描透射电子显微镜证明了 Rh^{+} 在 ZSM-5 的孔道内为单原子分散状态。该催化剂能在 150 ℃温和的液相反应中将甲烷高选择性转化为乙酸和甲醇（选择性 60%～100%），每克催化剂能催化生成 22 000 μmol 乙酸和 230 μmol 甲醇。该项研究工作对于甲烷高效转化催化剂的可控合成和设计具有重大的意义。同时，他们通过优化反应气氛，发现少量 CO 和 O_2 的存在是活化甲烷的关键，缺少任何一个组分都不会有甲烷的转化。如图 8.7 所示，甲烷的转化涉及两步反应路径，即甲烷的活化和 Rh—CH_3 的功能化。一价的 Rh 离子在水合 O_2 的条件下能促进甲烷的活化并生成 Rh—CH_3 物种，O_2 的插入使 Rh—CH_3 物种转化为甲醇，这一步不需要酸性位，而 CO 的插入使得 Rh—CH_3 物种转化为乙酸，水解后一价的 Rh 位点得到恢复，继续催化下一个反应循环。

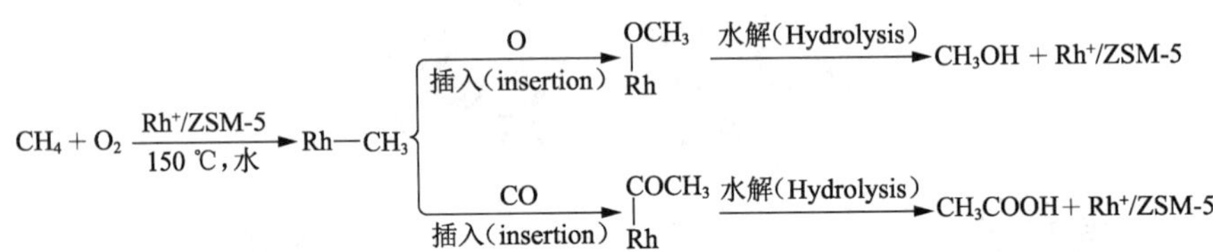

图 8.7　Rh/ZSM-5 催化剂用于甲烷活化制备甲醇和乙酸的反应路径

8.5.3　电催化反应

近年来，单原子催化剂在电催化反应中的应用获得了惊人的发展。目前，传统能源日趋减少，能源的可持续利用越发严峻。一方面，人们积极探索新的可再生能源，如太阳能、风能、生物质能等；另一方面，人们在追求更加清洁高效的能源利用方式。在这样的背景下，电催化过程得到了人们极大的关注。将单原子催化剂应用于电催化转化过程中具有重要的学术基础以及应用潜力。单原子催化剂在电催化反应中的研究主要集中于碳基单原子催化剂体系，碳基单原子催化剂应用于氧还原反应、析氢反应、析氧反应、CO_2 电还原、双氧水合成、甲醇/乙醇/甲酸电氧化反应、合成氨以及其他电催化过程中。

单原子催化剂在反应中表现出有别于纳米颗粒的催化活性和选择性，除了应用于上述涉及的反应体系之外，还不断地被应用于光催化析氢反应、染料敏化太阳能电池的对电极、C—C 偶联反应、NO_x 消除以及生物质转化等领域。

8.6　未来展望

近些年，单原子催化迅速崛起并成为催化领域的前沿科学方向。相比传统的载体负载的纳米和团簇催化剂中以相同原子的金属—金属键为主导，单原子催化剂中以不同原子金属—载体位点为主导，金属在载体上呈现原子分散状态并与载体原子间的键合作用引起部分电子转移，继而产生与纳米颗粒不同的化学性质。调节金属单原子与载体的相互作用成为科学设计单原子催化剂的关键，从某种角度上讲，单原子催化剂更趋近于理想模型催化剂或均相催化剂，载体对金属电子具有本质的作用和影响，其中利用氧化物载体与金属的强相互作用可使金属实现原子级别的分散，通常这些氧化物载体可以通过改变其粒径大小、形貌或缺陷空位的方式来实现与孤立金属原子的作用，从而制备出所需要的单原子催化剂。

理论上，单原子催化剂中高分散的金属状态使其具备100%的原子利用效率。往往孤立分散的金属原子呈现的带有微弱正电荷的属性是单原子催化剂具有特殊催化性能的关键。特别是在一些选择性加氢的反应体系中，单原子催化剂会产生独特和优异的催化选择性，这主要源自其均一的活性中心结构、金属与载体间的相互作用，以及改变反应中不同分子吸附的模式和状态。尽管单原子催化在非均相催化体系的研究发展非常迅猛并在近些年成为主流催化发展方向之一，但是单原子催化仍处在起始阶段，其表征和分析方法仍需进一步发展，特别是动态实时表征技术的发展对理解其催化本质尤为重要。在单原子催化领域，仍然面临如下挑战：① 载体材料的非均一性导致并非所有的单原子处于相同的配位环境，并且不是所有的单原子具备同等的易接近性和同等的催化活性；② 单原子金属中心并不是孤立地进行催化作用，在一些反应过程中，其周围的载体原子也起着不可忽视的催化作用；③ 目前对单原子催化的研究仍缺少动态表征单原子催化剂在反应过程中的行为，这往往需要结合原子分辨级别和高度表面敏感的时空表征技术。

工业上对催化剂的应用往往要求其具备较多的活性位点和较高的稳定性。单个原子级别的催化剂是科学设计催化剂中最小的结构单元，进一步是双原子、三原子乃至团簇级别的催化剂设计。这些具有精巧结构的催化剂是短期未来化学化工反应过程的主要生力军。虽然目前单原子催化剂还没有实现有效的规模化工业应用，但是随着单原子催化研究和应用上的不断发展和突破，相信在不远的未来，发展出具备高稳定性、高活性和高选择性的单原子催化剂并不遥远，推动并实现其在重要反应的工业化应用依然可期。

参考文献

[1] 黄仲涛，耿建铭. 工业催化[M]. 北京：化学工业出版社，2006.

[2] YANG X，WANG A，QIAO B，et al. Single-atom Catalysts：A New Frontier in Heterogeneous Catalysis[J]. Acc. Chem. Res.，2012，46(8)：1740-1748.

[3] QIAO B，WANG A，YANG X，et al. Single-atom Catalysis of CO Oxidation Using Pt_1/FeO_x[J]. Nat. Chem.，2011，3(8)：634-641.

[4] FU Q，SALTSBURG H，FLYTZANI-STEPHANOPOULOS M. Active Nonmetallic Au and Pt Species on Ceria-based Water-gas Shift Catalysts[J]. Science，2003，301(5635)：935-938.

[5] THOMAS J M，RAJA R，LEWIS D W. Single-site heterogeneous Catalysts[J]. Angew. Chem. Int. Ed.，2005，44(40)：6456-6482.

[6] LIU J.Catalysis by Supported Single Metal Atoms[J]. ACS Catal.，2016，7(1)：34-59.

[7] MCKITTRICK M W，JONES C W. Toward Single-site，Immobilized Molecular Catalysts：Site-isolated Ti Ethylene Polymerization Catalysts Supported on Porous Silica[J]. J. Am. Chem. Soc.，2004，126(10)：3052-3053.

[8] ZHANG X，SHI H，XU B Q. Catalysis by Gold：Isolated Surface Au^{3+} Ions are Active Sites for

Selective Hydrogenation of 1,3-butadiene over Au/ZrO_2 Catalysts[J]. Angew. Chem.,Int. Ed.,2005,44(43):7132-7135.

[9] HACKETT S F,BRYDSON R M,GASS M H,et al. High-activity,Single-site Mesoporous Pd/Al_2O_3 Catalysts for Selective Aerobic Oxidation of Allylic Alcohols[J]. Angew. Chem.,Int. Ed.,2007,46(45):8593-8596.

[10] KANG Y,YANG P,MARKOVIC N M,et al. Shaping Electrocatalysis through Tailored Nanomaterials[J]. Nano Today,2016,11(5):587-600.

[11] WEI H,LIU X,WANG A,et al. FeO_x-supported Platinum Single-atom and Pseudo-single-atom Catalysts for Chemoselective Hydrogenation of Functionalized Nitroarenes[J]. Nat. Commun.,2014,5(1):5634.

[12] KYRIAKOU G,BOUCHER M B,JEWELl A D,et al. Isolated Metal Atom Geometries as a Strategy for Selective Heterogeneous Hydrogenations[J]. Science,2012,335(6073):1209-1212.

[13] ZHOU H,YANG X,LI L,et al. PdZn Intermetallic Nanostructure with Pd-Zn-Pd Ensembles for Highly Active and Chemoselective Semi-hydrogenation of Acetylene[J]. ACS Catal.,2016,6(2):1054-1061.

[14] LIU P X,ZHAO Y,QIN R X,et al. Photochemical Route for Synthesizing Atomically Dispersed Palladium Catalysts[J]. Science,2016,352(6287):797-801.

[15] GUO L W,DU P P,FU X P,et al. Contributions of Distinct Gold Species to Catalytic Reactivity for Carbon Monoxide Oxidation[J]. Nat. Commun.,2016,7:13481.

[16] DING K,GULEC A,JOHNSON A M,et al. Identification of Active Sites in CO Oxidation and Water-gas Shift over Supported Pt Catalysts[J]. Science,2015,350(6257):189-192.

[17] JONES J,XIONG H,DELARIVA A T,et al. Thermally Stable Single-atom Platinum-on-ceria Catalysts via Atom Trapping[J]. Science,2016,353(6295):150-154.

[18] GUO X,FANG G,LI G,et al. Direct,Nonoxidative Conversion of Methane to Ethylene,Aromatics,and Hydrogen[J]. Science,2014,344(616):616-619.

[19] SHAN J,LI M,ALLARD L F,et al. Mild Oxidation of Methane to Methanol or Acetic Acid on Supported Isolated Rhodium Catalysts[J]. Nature,2017,551(7682):605-608.

第9章

催化材料和催化剂的制备方法

催化剂的活性、选择性和稳定性取决于催化剂本身的性能、工艺操作参数或反应条件等,其中主要受其活性组分,即催化材料的物理与化学性质的影响。仅通过催化材料或催化剂的化学组成并不能完全确定催化活性或性能,其形貌、粒径大小、孔结构甚至机械强度等物理性质也都极大地影响着催化性能甚至使用寿命。因此,要想获得性能优异的催化剂,其制备方法尤其重要。

催化材料和催化剂的制备方法有很多,即使原料和配方完全相同,但由于制备方法不同,甚至加料顺序不一样,所制备出的催化材料和催化剂的性能仍可能有较大的差异。目前,常用的催化材料和催化剂制备方法可粗分为干法与湿法两类,其中干法包括热熔法、混碾法与喷涂法等,湿法包括胶凝法、沉淀法、浸渍法、离子交换法、沥滤法等。

9.1 沉淀法

9.1.1 沉淀生成的原理与沉淀过程

在难溶电解质溶液中,使用沉淀剂(一般为碱性物质)将可溶性的催化剂组分转化为难溶化合物,再经分离、洗涤、干燥、焙烧、成型等工序制备成催化剂。沉淀法是制备固体催化材料的常用方法之一,已经广泛用于高含量非贵金属、金属氧化物、金属盐催化剂或催化剂载体的制备。

在沉淀法制备催化剂的过程中,沉淀过程是第一步,也是最重要的一步,它给予催化剂基本的物化性质和催化属性,对催化剂的活性、寿命和强度有很大的影响。沉淀过程可分为3个阶段,即过饱和、成核、长大。

当沉淀剂加入配置好的金属盐类水溶液时,形成沉淀物的正负离子浓度乘积大于该物质的溶度积 K_{sp},即达到过饱和状态。在某一温度下,电解质溶液中溶质的饱和浓度为 C^*,即固液达平衡时(固体溶解的速度和固体析出的速度相同)溶质在溶液中的浓度。如果溶质浓度超过饱和浓度,那么溶液为过饱和溶液,它的浓度为 C,则溶液中的过饱和度 $S=C/C^*$。这时,离子互相碰撞就会形成溶质分子,溶质分子聚集就形成微小的晶核,该过程即成核过程。

实质上，晶核的形成是一个新相产生的过程，需要消耗一定的能量才能形成固液界面。在成核过程中，体系总的自由能变化分为两部分，即表面过剩吉布斯自由能(ΔG_s)和体积过剩吉布斯自由能(ΔG_v)。只有当 $\Delta G=\Delta G_s+\Delta G_v<0$ 时，晶核才能形成。微小的晶核具有较大的溶解度，在饱和溶液中，晶核处于一种生成—溶解—再生成的动态平衡中，只有达到一定的过饱和度之后，晶核才能够稳定存在。溶液达到过饱和状态是结晶沉淀的前提，而过饱和度是结晶的推动力。

成核时溶液中的溶质分子同时会出现 2 种情况：一种是溶质分子继续聚集生成晶核，单位时间内在单位体积溶液中生成新核的数目称为晶核生成速率；另一种是溶质分子在溶液中扩散到晶核表面，晶核继续长大为晶体，这种生成晶体的快慢用晶核长大速率(定向速率)来表示。而生成沉淀粒子的途径除了晶核长大以外，晶核聚集也会形成沉淀，只不过这种情况下形成的不是晶型沉淀而是无定型的非晶型沉淀，这种生成沉淀的速率称为聚集速率。需要注意的是，晶核生成速率和晶核长大速率的相对大小会直接影响到所得沉淀物的类型。如果晶核生成速率远大于晶核长大速率，则溶质分子很快聚集为大量的晶核，溶质分子浓度迅速下降，该过程以晶核生成为主。消耗完溶质分子之后，晶核迅速聚集成细小的颗粒，这样就会得到较小晶粒或短程有序的非晶型沉淀，甚至是胶体。如果晶核长大速率远大于晶核生成速率，那么在溶液中形成晶核的同时，更多的离子将以晶核为中心依次排列长大而生成颗粒较大的、长程有序的晶型沉淀。以上 2 个过程涉及晶体的非经典生长理论和经典生长理论。

9.1.2 沉淀法的影响因素

1) 溶液的浓度

沉淀物的类型取决于沉淀过程中晶核生成速率和晶核长大速率的相对大小，而 2 种速率还与溶液的过饱和度有关。

如图 9.1 所示，随着溶液过饱和度的增加，晶核生成速率急剧增大，而晶核长大速率则呈现缓慢增大的趋势，这也就意味着，只有增加溶液过饱和度，才能出现晶核生成速率大于晶核长大速率的情况，得到非晶型沉淀，此时晶体颗粒则随着过饱和度的增加越来越小。反之，若想获得晶型沉淀，就必须控制溶液的过饱和度。由此可得到如下结论：

(1) 若想获得晶型沉淀，则沉淀过程应在稀溶液中进行，稀溶液中更有利于晶核长大；

(2) 当过饱和度不太大时，可得到完整结晶；

(3) 当过饱和度较大时，结晶速率很快，易产生错位和晶格缺陷，但易包藏杂质、晶粒较小；

(4) 沉淀剂应在搅拌下均匀缓慢加入，以免溶液局部饱和度过高；

(5) 非晶型沉淀的沉淀过程应在较浓溶液中进行，沉淀剂应在搅拌下迅速加入。

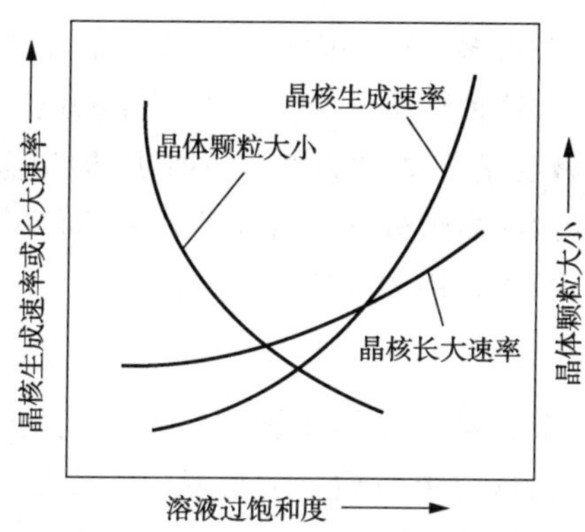

图 9.1 晶核生成速率、晶核长大速率与溶液过饱和度之间的关系

2）溶液的温度

溶液的过饱和度与溶质的溶解度、溶液的浓度和温度有密切的关系。沉淀过程是一个质量与能量的传递过程。如图 9.2 所示，当溶液中的溶质数量一定时，随着温度升高，晶核生成速率先增大后减小，因此，只有在合适的温度范围内，溶液才具有最高的晶核生成速率。此外，与晶核生成速率最大时的温度相比，晶核长大速率最大时所需的温度更高，即低温才有利于晶核生成，一般得到的是细小的颗粒，而高温有利于晶核长大，因此，晶型沉淀应在较热的溶液中进行，并且热溶液中沉淀吸附杂质少、沉淀时间短。另外，随着溶液温度的下降，晶体颗粒尺寸减小，在合成纳米沸石分子筛时即利用了这一点。

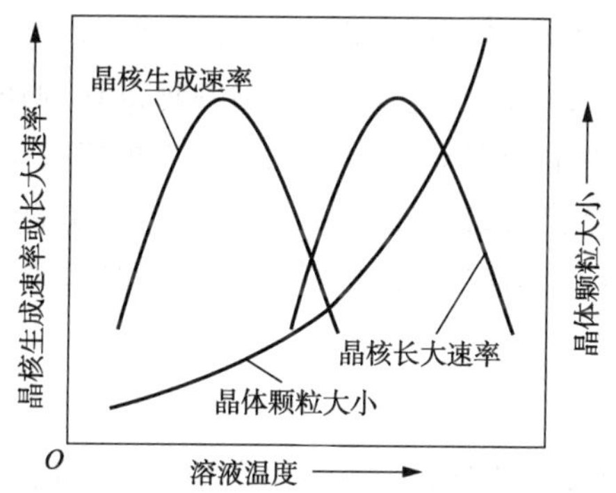

图 9.2 晶核生成速率、晶核长大速率与溶液温度之间的关系

3）溶液的 pH

除了要注意溶液的浓度、温度外，还需要注意溶液的 pH，因为沉淀法常用碱性物质作为沉淀剂，沉淀过程必然受到溶液 pH 变化的影响。例如氧化铝的制备，当溶液的 pH 小于 7 时，得到的是无定型胶体，即非晶型；当溶液的 pH 为 9 时，能够得到针状胶体；当溶液的 pH 大于 10 时，能够得到球状结晶。因此，为了保证沉淀颗粒的均一性、均匀性，沉淀过程中溶液的 pH 必须保持相对稳定。

4）加料顺序

加料顺序对沉淀过程的影响可以分为 3 种情况：① 顺加法，即把沉淀剂加入金属盐溶液里，沉淀过程中碱度不断上升，不同组分会先后沉淀，导致沉淀物组成不均匀，因为在沉淀剂加入的过程中沉淀剂少，金属盐多，先和沉淀剂接触的盐就能够先沉淀下来；② 逆加法，即把金属盐溶液加入沉淀剂里，这种情况下金属盐少，沉淀剂多，所以金属盐能够完全、同时沉淀，且沉淀均匀，整个体系碱度呈下降趋势；③ 并加法，即把金属盐溶液和沉淀剂按比例同时并流加到沉淀槽里，可以达到多组分同时沉淀的效果，而且体系的碱度比较稳定。制备时一般优先使用并加法，但有时也采用顺加法及逆加法。

5）熟化

熟化也称 Ostwald 熟化，其推动力是界面能的作用，由于小颗粒消溶，大颗粒通过摄取小颗粒溶解后的溶质分子长大，这时单位质量的比界面能逐渐减小，系统总的自由能降低，变得更加稳定。熟化发生在沉淀物形成之后，所发生的一系列变化为不可逆变化。这些变化主要是结构变化和组成变化，若把沉淀物和母液一起放置一段时间，由于小晶体的溶解度比粗晶体大，当溶液对粗晶体达饱和时，对小晶体尚未饱和，于是，小晶体逐渐溶解，并沉淀在粗晶体上，如此反复溶解和析出，最后基本上消除了小晶体，得到的是颗粒较大的粗晶体。通过熟化可获得较好的晶型沉淀。

9.1.3 沉淀的分类

沉淀法可以分为单组分沉淀法、多组分沉淀法、均匀沉淀法、超均匀共沉淀法、导晶沉淀法、配位沉淀法、水热合成法。

1）单组分/多组分沉淀法

单组分沉淀法是指溶液中只有一种金属盐与沉淀剂作用，形成单一组分沉淀物的沉淀方法。若溶液中含有 2 种或 2 种以上金属盐，其和一种沉淀剂作用时可得到含有多组分的沉淀物，这种沉淀方法称为多组分沉淀法或共沉淀法。单组分沉淀法和多组分沉淀法的操作原理基本相同，但多组分沉淀法组成较为复杂，为了得到分散性和均匀性好的沉淀物，还需要注意金属盐的浓度、沉淀剂的浓度、溶液的 pH、加料顺序等条件，满足各个组分同时沉淀的要求。

2）均匀沉淀法

均匀沉淀法与常见的沉淀法不同，它先是把金属盐溶液和沉淀剂母体进行充分混合，形成一个十分均匀的体系，然后通过调节体系的温度，使沉淀剂母体逐步转化为沉淀剂，从而使沉淀缓慢进行，最终得到均匀纯净的沉淀物。通过该方法可以控制沉淀反应在所需的 pH 下进行，而且过饱和度在溶液中较为均匀，所以沉淀物颗粒尺寸较为均一且致密，便于过滤和洗涤。均匀沉淀法克服了一般沉淀法中沉淀剂与待沉淀溶液混合不均匀、沉淀颗粒粗细不均、沉淀含杂质较多等缺点。表 9.1 列出了常用的一些均匀沉淀剂母体。

表 9.1 常用的均匀沉淀剂母体

沉淀剂	母　体	沉淀剂	母　体
OH^-	尿　素	S^{2-}	硫代乙酰胺
PO_4^{3-}	磷酸三甲酯	S^{2-}	硫　脲
$C_2O_4^{2-}$	尿素与草酸二甲酯或草酸	CO_3^{2-}	三氯乙酸盐

续表

沉淀剂	母　体	沉淀剂	母　体
SO_4^{2-}	硫酸二甲酯	CrO_4^{2-}	尿素与 $HCrO_4^-$
SO_4^{2-}	黄酰胺		

3）水热合成法

水热合成法是非常重要的一类催化剂制备方法。水在高温、高压下的状态称为水热状态，在此状态下合成无机化合物的方法称为水热合成法，发生的反应称为水热反应。利用水热合成法可以合成各种多晶、大的单晶以及沸石分子筛等。

水热合成法具有以下特点：

（1）提高了水的有效溶剂化能力，使反应物或最初生成的非均匀的凝胶混合均匀并溶解。

（2）提高了成核速度和晶化速度。

（3）水热条件下某些特殊的氧化还原中间态和介稳相易于生成，有利于生长缺陷少、控制取向和完美的晶体，且易于控制产物晶体的粒度与形貌。

（4）水热条件下易于调节环境气氛和相关物料的氧化还原电位，有利于低价态、中间价态和特殊价态化合物的生成，并能均匀地进行掺杂。

9.2 浸渍法

与沉淀法一样，浸渍法也是一种非常重要的催化材料制备方法。浸渍法是将催化剂载体放进含有活性组分的溶液中，浸泡一段时间后将浸泡过的载体分离取出，经过干燥、煅烧、活化等步骤，最后得到催化剂产品。

9.2.1 浸渍法的原料

浸渍法必须有2种原料：一是载体，二是浸渍液。

1）载体的选择

多相催化反应使用的固体催化剂大多是由活性组分、助剂和载体三大部分组成。活性组分和助剂对催化剂的活性及选择性起决定性作用；载体也起助剂作用，但更主要的是改进催化剂的物理性能，如提供合适的比表面、孔结构以及提高催化剂的机械强度等。因此，在采用浸渍法制备催化剂时，首先要考虑选择合适的载体，而载体种类繁多，作用各异，对载体的选择应从物理因素和化学因素两方面进行考虑。

物理因素主要指载体颗粒的大小、形貌、比表面积和孔结构、机械强度等。通常都是选用成型好的载体进行浸渍操作，以省去后期催化剂的成型步骤。成型载体应具有适合于反应过程的一定形状和大小。如果催化剂用于流化床，则载体应是微球形的，其强度和大小都要适用于流化床。浸渍前载体的比表面和孔结构与浸渍催化剂的比表面和孔结构有一定的关系，一般要求浸渍前载体的比表面稍大。这样，可以保证浸渍后催化剂的比表面和孔结构的需要。载体应具有足够的机械强度，经得起机械冲击以及磨损等因素的影响。此外，载体要耐热，且不含使催化剂中毒的物质。

从化学因素考虑时，根据载体的性质可分为 3 种情况：① 若载体为惰性，则载体仅能为活性组分提供依附场所，使活性组分得到适当的分布，同时给催化剂提供一定的形状、大小、孔结构和机械强度，如小比表面积、低孔容的 α-Al_2O_3 等就属于这一类；② 若载体与活性组分具有相互作用，将会促使活性组分有良好的分散并趋于稳定，从而改变催化剂的性能，如催化丁烯气相氧化的负载型 MoO_3 催化剂，负载于 SiO_2，Al_2O_3，MgO 载体上时活性很低，而负载于 TiO_2 载体上时具有较高的活性和选择性，这是因为 MoO_3 与 TiO_2 发生作用生成了固溶体；③ 若载体自身具有催化作用，则载体除了具有负载活性组分的功能外，还可与所负载的活性组分一起发挥催化作用，如铂重整催化剂的载体 Al_2O_3 就具有催化异构化反应的能力，它与促进加氢、脱氢反应的 Pt 一起构成双功能催化剂。

2）载体的分类

载体按来源可分为天然的载体和合成的载体两类，其中天然的载体有硅藻土、沸石等，合成的载体有硅胶、活性氧化铝、沸石分子筛、硅酸铝等；按形状可分为成型的载体和未成型的载体两类，其中成型的载体有片状、圆球状、柱状、蜂窝状以及微球等，未成型的载体通常为粉末或块状；按比表面可分为高表面载体和低比表面载体。

3）载体的预处理

购入或储存一段时间的载体由于长时间与空气接触，载体的表面会吸附水和杂质而影响其附载能力。因此，载体使用前需要对其进行预处理，使载体结构稳定。常用的处理方法包括对载体的干燥或煅烧等。当载体孔径不够大时，可采取扩孔处理。选用天然的载体时，一般还需要经过水煮或酸洗等化学处理，以除去其中的杂质。需要注意的是，预处理条件不同，所得载体的结构也会不一样，因此，预处理条件需要根据载体本身的物理化学性质和使用要求而定。

4）浸渍液的选择

载体进行浸渍时，通常是把活性组分的易溶盐配成溶液，所用的活性组分化合物应易溶于溶剂（常用的溶剂是水），且对热不稳定，这样在以后的煅烧工序时易分解得到所需要的活性组分。在煅烧和还原中，活性组分应不挥发，且不残留对催化剂有毒的成分，因此，较为常用的是硝酸盐、铵盐、碳酸盐和有机酸盐，而氯化物、硫酸盐一般不常用。此外，应尽量选择价廉易得的活性组分化合物。

9.2.2 浸渍法的分类及特点

浸渍法可以分为过量溶液浸渍法、等体积溶液浸渍法、多次浸渍法、蒸气浸渍法等。

1）过量溶液浸渍法

过量溶液浸渍法是将载体浸入过量的浸渍液中，待吸附平衡后将载体分离出来，再经干燥、焙烧、活化等步骤后便制得负载型催化剂。该方法常用于已经成型的大颗粒载体的浸渍，或用于多组分的分段浸渍。浸渍时需要注意选用适当的液固比，通常借助调节浸渍液的浓度和体积来控制吸附量。

2）等体积溶液浸渍法

等体积溶液浸渍法是预先测定干燥载体的饱和吸附量，然后加入恰好使载体完全浸渍所需的溶液量。该方法可省去过滤多余浸渍液的步骤,而且便于控制催化剂中的活性组分含量。浸渍过程可以在转鼓式拌和机中进行,也可以在流化床中进行。

3) 多次浸渍法

如果活性组分的溶解度较小,一次浸渍不能得到足够大的吸附量,就需要将浸渍、干燥、焙烧等步骤重复进行多次,或者进行多组分的浸渍,即多次浸渍法。每次浸渍后,必须进行干燥和焙烧,使其转化为不溶性物质,以防在下一次的浸渍当中流失。多次浸渍法的工艺操作复杂、劳动效率低、生产成本高,一般情况下应尽量少用。

4) 蒸气浸渍法

蒸气浸渍法是借助活性组分的挥发性,以蒸气相的形式将其负载于载体上的方法。该方法制备的催化剂在使用中活性组分易于流失,为了维持催化剂性能的稳定,需要引入含活性组分化合物的蒸气以随时补充活性组分。

浸渍法的特点如下:

(1) 用浸渍法所制得的催化剂,其表面积与孔结构接近于所用载体的数据,因此可使成品的宏观结构预先受到控制,即可根据反应所要求的催化剂宏观结构选择所需的载体。

(2) 在适当的操作条件下,浸渍法可使活性组分以均匀的薄层附着在载体表面上,因此大大提高了活性组分的利用率,这对用贵金属作为活性组分的催化剂尤为有利。

(3) 浸渍法所涉及的过程比沉淀法单纯得多,而且在工艺上比较简单,技术上也比较容易掌握。

(4) 浸渍物干燥后,一般不能用洗涤法或离子交换法脱除杂质,这是由于活性组分常常是物理附着在载体表面上,并且使用时可能会由于活性组分附着不牢而流失。

9.3 离子交换法

离子交换法利用载体表面存在着可进行离子交换的离子将活性组分通过离子间的变换(一般是阳离子交换)而交换到载体上,然后经过适当的后处理,如洗涤、干燥、焙烧、还原,最后得到金属负载型催化剂。该过程是化学计量的、动态平衡的以及可逆的(个别交换反应不可逆)过程。相比于浸渍法制备的催化剂,离子交换法制备的催化剂活性组分的晶粒度小、热稳定性高、分散度好、活性高,适用于制备低含量、高利用率的贵金属催化剂。另外,均相络合催化剂的固相化和沸石分子筛、离子交换树脂的改性过程都常采用这种方法。

参考文献

[1] 朱洪法. 催化剂载体制备及其应用技术[M]. 2版. 北京:石油工业出版社,2014.

[2] 张继光. 催化剂制备过程技术[M]. 3版. 北京:中国石化出版社,2019.